Einführung in die Funktionentheorie

Hermann Weyl

Bearbeitet von
Ralf Meyer
Samuel J. Patterson

 Birkhäuser

Bearbeiter:

Ralf Meyer
Universität Göttingen
Mathematisches Institut
Göttingen
Deutschland

Samuel J. Patterson
Universität Göttingen
FB Mathematik
Mathematisches Institut
Göttingen
Deutschland

Bibliografische Information der Deutschen Bibliothek
Die Deutsche Bibliothek verzeichnet diese Publikation in der Deutschen Nationalbibliografie;
detaillierte bibliografische Daten sind im Internet über <http://dnb.ddb.de> abrufbar.

ISBN 978-3-7643-8845-4   ISBN 978-3-7643-8846-1 (eBook)
DOI 10.1007/978-3-7643-8846-1
Springer Basel Heidelberg New York Dordrecht London

Library of Congress Control Number: 2008931388

© Springer Basel 2008, 2013

Gedruckt auf säurefreiem und chlorfrei gebleichtem Papier

Springer Basel ist Teil der Fachverlagsgruppe Springer Science+Business Media (www.birkhauser-science.com)

Inhaltsverzeichnis

Preface

Hermann Weyl's Lectures on Function Theory

Hermann Weyl gave two courses on complex function theory at the Georg-August-Universität Göttingen in the winter terms of 1910–11 and 1911–12, two years after he finished his thesis on eigenfunctions of differential operators in 1908. This book is a transcription of the first of these two courses. The second one was the basis of Hermann Weyl's book *Die Idee der Riemannschen Fläche* [26], which is often regarded as one of the most important books on mathematics of its era. Nevertheless, it is not at all easy to read because it is the second of two courses. The first part already paves the way for the integration of Riemann's geometric approach with Weierstraß' analytic approach, which is the hallmark of [26]. Several important concepts that are nowadays treated differently, are explained carefully in the first part. An example of this is Weierstraß' version of complex function theory, which has been subsumed in the sheaf-theoretic language of today.

Before going further a remark is called for here. From the period around 1825 onwards—roughly the time Crelle's Journal was established—pure mathematics developed as a separate discipline in Germany as it did nowhere else. The use of the words "reine" and "angewandte" on the title "Journal für die reine und angewandte Mathematik" represents an early use of the words "pure" and "applied" (in translation) in essentially the senses we use today. When Gauß was growing up he was more or less entirely isolated as a mathematician. The Prussian state, which was recovering from the trauma of the Napoleonic period, made mathematics, and for the first time pure mathematics, a central academic concern. Gauß became the model for the first (Dirichlet, Jacobi) and second (Weierstraß, Kummer, Riemann, Eisenstein) generations of German mathematicians and their successors (Dedekind, Kronecker, Klein, Cantor, Hilbert). The development from 1825 on was very dynamic. It exposed the imprecision of much of the foundations of mathematics and forced mathematicians to confront problems of a foundational nature. This process began in the 1870s with the development of ideal theory in algebraic number theory (Dedekind, Kronecker), in the theory of trigonometric series (Riemann, Cantor), in analysis (Weierstraß), the theory of algebraic functions (Riemann, Weierstraß, Klein). In the end, it was necessary to go back to

the notion of a real number (Dedekind) and of sets (Cantor) and to the foundations of mathematics itself (Frege, Hilbert). All of these developments took place
in a relatively short time; the beginnings were in the 1870s and 1880s and there
was great activity up to 1900–1910. A very large number of them were rooted in
the German mathematical community, although they widened to other countries
(especially Italy) in the following decades.

Very different points of view were expressed, and more by chance than anything else there emerged two schools, the "Berlin school" and the "Göttingen
school". The first was based on an arithmetical approach to mathematics—typical
of this were Weierstraß' ε–δ approach to analysis and Kronecker's constructive
approach to algebraic number theory. The "Göttingen school" combined two sets
of ideas that were not immediately or obviously connected with one another. One
was a geometric ("anschaulich") approach to mathematics propagated by Felix
Klein. The other was a set-theoretic foundation, which was one of Dedekind's
most revolutionary innovations. He was the first to define or construct mathematical objects as sets. The best known examples of his work are the theory of ideals
and his construction of the real numbers using Dedekind cuts. Dedekind had been
a student of Gauß in Göttingen and taught later in Braunschweig. Hilbert was
profoundly influenced by Dedekind's ideas and took them much further. These
ideas were very suspect to some members of the Berlin mathematical community,
especially Kronecker, for they were not rigorous by his standards. See [19] for a
discussion of the two schools.

Several protagonists in these debates were very strong personalities, and there
were passionate arguments, which collectively went under the name of "Grundlagenkrise." Besides the mathematical differences, there were more material grounds
for an antipathy between Berlin and Göttingen: Klein had the ear of the Minis-
terialrat F. Althoff in Berlin, and in Berlin this was taken badly, especially by G.
Frobenius. These debates continued, in varying forms, for a long time. One of the
most ferocious outbreaks was the locking of horns of Hilbert and L. E. J. Brouwer
over the editorship of Mathematische Annalen (see [24]). Weyl himself was very
much involved in this debate, see [27, 28]; see his remarks on the events of that
time in the Nachtrag to [28]. The heat went out of most of these arguments after
Gödel's work appeared in the early 1930s.

I. Lakatos ([12]) stressed the role of dialectic in the development of mathematics, in bringing together differing points of view. This is often done by mathematicians of one generation absorbing the achievements of their predecessors and
uniting them in their minds. In this fashion, debates of the past lose their force; we,
for example, do not really decide between Kronecker's and Dedekind's approach
to algebraic number theory; they are combined into one theory and we use what is
most appropriate to the problem in hand. One can regard the arguments as being
essentially productive even if they were not so experienced by the participants.

This is the case with Weyl's "Idee der Riemannschen Fläche" [26]. At the
time Weyl gave his course, Göttingen was at its zenith as a centre of mathematics,
not only in Germany but in the world. What Weyl united here were Weierstraß' rig-

orous and ungeometrical approach to the theory of "analytische Gebilde" (roughly the theory of the structure sheaf) with Riemann's much more geometrical viewpoint, especially as propagated by Klein. In particular, as early as 1874, Klein had begun to think of Riemann surfaces as abstract entities, see [9, page x] . (Klein ascribes his epiphany to Prym but, as R. Remmert discovered, Prym claimed that he had neither told Klein anything of this nature, nor had he thought it himself, see [17].)

We can see this idea already in Riemann's "Über die Hypothesen, welche der Geometrie zugrunde liegen" ([18, pages 304–317]; Riemann speaks of "Massverhältnisse" for what we would now call local coordinates); it was with Klein that Riemann's germ took root and flourished. Klein liked to stress the visual (anschaulich) aspects of mathematics and had little time for foundational questions. His approach was an anathema to Weierstraß and his followers, and this led to a Göttingen school which in many respects was the obverse of the strict Berlin school. Klein's notion was not rigorous in a sense that the Berlin school could recognise. What was needed was a formal definition of a Riemann surface, and this is the crucial step taken by Weyl in [26]. The definition follows Dedekind and Hilbert in defining a Riemann surface as a set with further properties, namely an atlas and transition functions. In order to do this he used Weierstraß' ideas. For a very compact argument, in the case of algebraic functions, see [14].

One problem before this was that one could not always talk about a Riemann surface. At the time of Weyl's lectures, the general uniformisation theorem of P. Koebe and H. Poincaré was still quite new (1909), and function theory was correspondingly very topical. See [1] for a discussion of this. Even the uniformisation theorem was not expressed as a theorem about Riemann surfaces, but rather as a statement about (a connected component of) solutions of systems of analytic equations which were one-dimensional (an "analytisches Gebilde"). This makes both the formulation and the proof of the uniformisation theorem considerably more difficult. After Weyl's formal definition, the whole theory became much more transparent and flexible. It is worth noting that Koebe ends his paper [10] with the remark, "Damit ist ein Problem, welches, wie man wohl sagen darf, im Sinne der Weierstraß'schen Gedankenbildung liegt, durch die Anwendung von Prinzipien gelöst, welche dem Riemannschen Ideenkreis eigentümlich sind." See here the discussion in [23].

The present-day formulation of the uniformisation theorem considers a Riemann surface R and a signature σ on it. The signature is a function on R taking values in $\{1, 2, \ldots, \infty\}$ and such that $R \setminus \sigma^{-1}(1)$ is discrete. One calls a point where the weight is ∞ *parabolic* and where it is ≥ 1 but finite *elliptic*. Then one has to construct a "covering" surface $\tilde{R}$ and a map $p \colon \tilde{R} \to R \setminus \sigma^{-1}(\{\infty\})$ which is a covering map on $\sigma^{-1}(1)$ and so that if P is such that $\sigma(P) > 1$ and P' such that $p(P') = P$ then for local variables z' at P' and z at P, one has that $z'^{\sigma(P)}/z \circ p$ is holomorphic and non-vanishing in a neighbourhood of P'. The general uniformisation theorem then states that $\tilde{R}$ is holomorphically equivalent to the unit disc, the plane or the Riemann sphere. Moreover to a parabolic element P of σ there

exists a parabolic subgroup H of the group G of deck transformations for which
there exists a horocyclic neighbourhood U of the fixed point so that $H \backslash U$ can be
identified biholomorphically with a punctured neighbourhood of P. (A horocyclic
neighbourhood of ∞ on the boundary of the upper half-plane $\mathbb{H}$ is a set of the
form $\{z \mid \text{Imag}(z) > c\}$ for $c > 0$.)

The apparent core of the proof is the demonstration of Riemann's mapping
theorem, namely that a simply connected Riemann surface is biholomorphically
equivalent to the Riemann sphere, the plane or the unit disc. One fixes a point
and attempts to construct a harmonic function u with a logarithmic singularity
at that point and which "tends to zero at infinity." This is generally done by an
exhaustion argument which is based on the Poincaré–Volterra "Lemma" (proved in
1888); this essentially shows that $\tilde{R}$ is paracompact if R is, as one always assumes,
see [22]. The construction of $\tilde{R}$ is subtle and is rarely given in full generality. For
an admirable exception, see [13][Kap.4]. If we assume that R is compact, so that σ
has a finite support, the whole argument is much simpler.

If R is compact, then a combinatorial argument allows to determine the group
of deck transformations. This most remarkable fact goes back to Möbius and
Jordan. It is one of the reasons why the theory of Riemann surfaces and Fuchsian
groups (that is, the groups of deck transformations) is much more complete than
in any other situation.

These results are the goals of [26]. In this first lecture course, we see that
he had not yet completed his major step but is thinking towards it. He gave a
course with its own distinctive flavour, as Weyl always did, but not revolutionary.
Most results covered in this course are contained in the introductory text by Burckhardt [2] and the treatises by Osgood [15] and Hensel and Landsberg [6]. But
the tasteful selection of topics already hints at Weyl's later achievements.

As befits a student of the Göttingen school, he emphasised visual aspects and
connections to mathematical physics wherever possible. He discussed kinematical
aspects of fractional linear transformations in remarkable detail—following Klein's
ideas on mathematics education (see [11]). This led him to an excursion on one-
parameter subgroups of Lie groups. The care taken in discussing topology was
very much cutting-edge at the time. In the final chapter, he introduced Riemann
surfaces—still without the rigour of [26]—and Weierstraß' theory of analytic con-
tinuation, and argued that both approaches are equivalent.

The interest of this lecture course is, first of all, that it clarifies some of the
concepts that for a modern reader are difficult in "Die Idee der Riemannschen
Fläche" and, secondly, that it shows the path taken by Weyl to his conception.
For these reasons, this course is of considerable interest both to the historian of
mathematics and to the historically interested mathematician.

Samuel J. Patterson

Zur Entstehung dieses Buches

Dieses Buch beruht auf der Vorlesung „*Einleitung in die Funktionentheorie*", die Hermann Weyl im Wintersemester 1910–11 an der Georg-August-Universität Göttingen gehalten hat. Wie damals üblich, wurde einer der Hörer – hier Fritz Frankfurther – damit beauftragt, eine autorisierte Vorlesungsmitschrift zu erstellen; diese wurde vom Dozenten gegebenenfalls kommentiert und korrigiert und verblieb dann in der Bibliothek des Mathematischen Instituts, die entsprechend heute über eine große Zahl von Vorlesungsmitschriften aus dieser Zeit verfügt.

Dass diese Handschrift schließlich als Buch herausgebracht werden kann, ist eine Nebenwirkung der Studienreform. Bei dieser Gelegenheit wurde in Göttingen nämlich ein LATEX-Kurs im Bereich Schlüsselqualifikationen eingeführt, in dem die Studierenden als Projektarbeit auch einen etwa zehnseitigen mathematischen Text in LATEX erstellen. Als ich diesen Kurs im Oktober 2007 erstmals hielt, habe ich auf Anregung von Yuri Tschinkel und Samuel Patterson den Studierenden angeboten, jeweils zehn Seiten der Vorlesungsmitschrift von Weyls Vorlesung zu transkribieren. Mehrere Studierende griffen diesen Vorschlag bereitwillig auf. Insofern beruht dieses Buch hauptsächlich auf der Arbeit von Kathrin Becker, Malte Böhle, Sandra Bösiger, Steven Gassel, Jan-Niklas Grieb, Alexander Hartmann, Robert Hesse, Carolin Homann, Torsten Klampfl, Simon Naarmann, Patrick Neumann, Christian Otto, Mila Runnwerth, Sophia Scholtka und Hannes Vennekate, denen ich hier nochmals meinen besonderen Dank ausspreche. Dieser gilt auch Prof. Dr. Samuel Patterson, der das Vorwort beisteuerte, und Robert Schieweck, der die knapp 200 Skizzen und Illustrationen im Original mit dem Programm Asymptote nachzeichnete.

Der Inhalt dieses Buches ist im Wesentlichen identisch mit dem Original. Ich hielt es aber für angemessen, einige Kleinigkeiten zu verbessern, ohne dies jeweils im Detail anzugeben:

- Das Original kennt keine nummerierten Sätze und kaum nummerierte Gleichungen, und Textverweise beziehen sich immer auf die Seitennummer. Ich habe mir erlaubt, einige wichtige Sätze, entsprechend den heutigen Gepflogenheiten, als nummerierte Sätze aus dem Text herauszuheben, und Verweise darauf entsprechend angepasst.

- Die Abbildungen wurden ebenfalls teilweise nummeriert und mit erklärenden Bildunterschriften versehen, die von Robert Schieweck oder von mir stammen.

- Alle Fußnoten mit Ausnahmen der Fußnoten in Abschnitt 1.10 stammen von mir. Im Original gibt es keine Fußnoten, sondern nur spätere Ergänzungen, die sich fast immer direkt in den Text einfügen.

- Ich habe eine Reihe von Tippfehlern im Original korrigiert und in einigen Punkten die Notation dem modernem Gebrauch angepasst. Letzteres betrifft unter anderem die Schreibung von Grenzwerten, die Bezeichnung von Gebieten, und die Verwendung von Klammern. (Im Original wird ein Gebiet meist mit g bezeichnet, daraus wurde G; geschweifte oder eckige Klammern im Original wurden durch größere runde Klammern ersetzt, weil diese Klammern heute spezielle Bedeutungen haben.)

- Die Rechtschreibung wurde an die heutige Norm angepasst, an manchen Stellen habe ich die Satzstellung verändert.

Außerdem wurden zusammen mit der Vorlesung noch ein korrigiertes Übungsblatt und zwei aus Papier ausgeschnittene Versuche eines Modells der aufgeschnittenen Riemannschen Fläche aus Abbildung 5.11 überliefert. Es ist unklar, inwieweit es noch mehr Übungen gab außer dieser. Das Übungsblatt wurde als Abschnitt 1.10 in das Buch aufgenommen, aber mit den Papiermodellen ließ sich wenig anfangen.

Mein eigener Beitrag zu diesem Buch ist vor allem die Endredaktion und die Zusammenführung der verschiedenen Beiträge.

Ralf Meyer, Mai 2008

Einleitung:
Vom Begriff der Funktion

Es handelt sich bei dem elementaren *Funktionsbegriff* um die Bestimmung einer *Abhängigkeit von Größen in einem Intervall*, sagen wir von 0 bis 1. Die Funktionen $f(x) = x$ oder noch einfacher $f(x) = 1$ werden bekanntlich dabei durch gerade Linien dargestellt. Ein Beispiel einer komplizierteren Funktion ist e^x. Auch kann in verschiedenen Intervallen die Funktion durch verschiedene analytische Ausdrücke gegeben sein.

Allgemein ist der Funktionsbegriff dadurch charakterisiert, dass durch eine Funktion *Größen einander zugeordnet* werden.

Durch Analyse des Funktionsbegriffs gelangt man dann zu dem Begriff der Stetigkeit, Differenzierbarkeit, mehrmaligen Differenzierbarkeit, und so weiter. Doch eine Unannehmlichkeit haftet dem Funktionsbegriff, wie wir ihn hier dargestellt haben, noch an: Ist etwa die Funktion im Intervall von 0 bis 1 wohl definiert, so herrscht in Bezug auf die Bestimmung der Funktion über 1 hinaus noch eine große Willkür, und doch können wir dabei die Voraussetzungen der Differenzierbarkeit, und so weiter, festhalten.

Das *Wesen nun der Funktionentheorie*, oder, wie man auch sagt, der *Theorie der analytischen Funktionen*, besteht darin, dass sie in den Funktionen das *Ideal des Funktionsbegriffs* verwirklicht, indem sie durch Definition in einem beliebigen Bereich den weiteren Verlauf einer Funktion festsetzt. Es ist dies das so genannte *Prinzip der analytischen Fortsetzung*. Die *Funktionen komplexen Arguments*, die dieses anzustrebende Ideal verwirklichen, heißen *analytische Funktionen*.

Nachdem dieses Prinzip gefunden war, war es klar, dass die Funktionentheorie eine große Rolle zu spielen begann. Dies beruht eben gerade darauf, dass durch Definition einer Funktion in einem noch so kleinen Intervall in einem ganzen gewünschten Intervall der Verlauf der Funktion bestimmt wird.

Die komplexen Variablen haben eine *durchaus reale Bedeutung*. Ihre Funktionen lassen eine geometrische Deutung durch Abbildung, außerdem eine physikalische als Bild der elektrischen Strömung zu. Auf Grund beider Bedeutungen hat sich ihre Entwicklung vollzogen. Man kann die Funktionentheorie geradezu auffassen als einen Teil der mathematischen Physik. Der Aufbau des Gebietes knüpft sich an die Namen *Cauchy, Riemann, Weierstraß.*

Riemann ging von der *mathematischen Physik* aus; er entnahm aus ihr die Fragestellung, die für seine funktionentheoretischen Entwicklungen charakteristisch ist. *Weierstraß* nahm, von *Potenzreihen* ausgehend, eine ganz andere Richtung. Im Wesen der Sache kommen sie auf dasselbe hinaus, und man muss die Cauchy-Riemannsche und die Weierstraßsche Methode berücksichtigen.

Kapitel 1

Stereographische Projektion und die linearen Substitutionen

1.1 Einführung der komplexen Zahlen und ihre Interpretation durch Gauß und Riemann

Die Definition der *Addition* zweier komplexer Zahlen

$$\alpha = a + \mathrm{i}b \qquad \text{und} \qquad \gamma = c + \mathrm{i}d$$

wird gegeben durch die Gleichung

$$\alpha + \gamma = a + c + \mathrm{i}(b + d).$$

Es gilt dabei das *kommutative Gesetz*

$$\alpha + \gamma = \gamma + \alpha \tag{1.1}$$

und das assoziative Gesetz

$$(\alpha + \beta) + \gamma = \alpha + (\beta + \gamma), \tag{1.2}$$

wie man zufolge der Definition leicht verifizieren kann, weil für die Addition reeller Zahlen diese Gesetze gelten. Zur Ausführung der *Multiplikation* dient die Definition

$$\alpha\gamma = (a + \mathrm{i}b)(c + \mathrm{i}d) = ac - bd + \mathrm{i}(ad + bc),$$

was wir erhalten, indem wir rein formal die Multiplikation ausführen und $\mathrm{i}^2 = -1$ setzen. Die philosophischen Erörterungen, zu denen das führt, wollen wir zunächst außer Acht lassen. Es ist leicht zu verifizieren, dass auch für die Multiplikation das kommutative und assoziative Gesetz gilt: $\alpha\beta = \beta\alpha$, $(\alpha\beta)\gamma = \alpha(\beta\gamma)$. Bemerkenswert ist noch der Satz, dass ein Produkt nur dann verschwinden kann, wenn mindestens ein Faktor 0 ist.

Dabei verstehen wir unter 0, dass der reelle und imaginäre Teil einzeln verschwinden sollen.

Ebenso ist leicht zu erkennen, dass für unsere komplexen Zahlen das Gesetz der Distribution der Multiplikation hinsichtlich der Addition gilt: $\alpha(\beta + \gamma) = \alpha\beta + \alpha\gamma$.

1.1.1   Geometrische Interpretation der komplexen Zahlen und der Grundrechnungsarten nach Gauß

Wir fassen die x-Achse eines rechtwinkligen kartesischen Koordinatensystems als Achse des Reellen, die y-Achse als Achse des rein Imaginären auf. Jeder komplexen Zahl $a + ib$ entspricht dann ein Punkt und jedem Punkte eine komplexe Zahl, sodass die ganze Ebene die Gesamtheit der allgemeinen komplexen Zahlen eineindeutig darstellt. Ersetzt man den Punkt

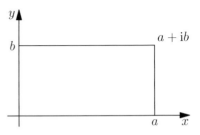

P durch die Strecke $\overline{OP}$, so erkennt man, dass die Addition der komplexen Zahlen nach dem Gesetze der Vektor-Zusammensetzung erfolgt. Dabei stellt ein Vektor in der üblichen Bezeichnungsweise die Bewegung eines Systems in der komplexen Zahlenebene um eine bestimmte Strecke und in einer bestimmten Richtung mit Sinn dar, wobei parallele Vektoren als gleichberechtigt angesehen werden.

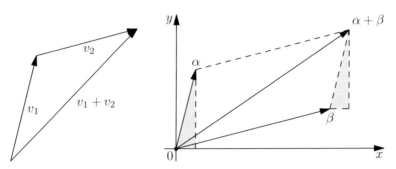

Abbildung 1.1: Addition komplexer Zahlen als Vektoraddition

Aus der Definition der Summe zweier Vektoren durch Parallelogrammkonstruktion können wir mittels dieser geometrischen Deutung der komplexen Zahlen die obigen Grundgesetze der Addition wieder ohne Weiteres entnehmen, da es ja ohne Weiteres evident ist, dass unsere Definition der Vektorenaddition und der Addition komplexer Zahlen einander entsprechen.

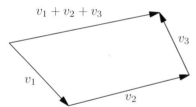

Die Abbildung links gibt uns eine bequeme Vorstellung für die Bedeutung des assoziativen Gesetzes, dessen Gültigkeit hervorgeht, wenn wir einmal die eine, dann die andere Diagonale des gezeichneten Vierecks als Hilfslinie einführen.

Um zu einer geometrischen Deutung der Multiplikation zu gelangen, benutzen wir die bekannte Auffassung der Punkte einer Ebene in Polarkoordinaten. Dazu setzen wir

$$a = r \, \cos(\varphi), \qquad b = r \, \sin(\varphi),$$

wo unter r eine positive Größe, unter φ ein reeller Winkel verstanden wird, deren Bedeutung aus

$$r = \sqrt{a^2 + b^2} \qquad \text{(mit positivem Vorzeichen genommen)}$$

und

$$\varphi = \begin{cases} \arctan \frac{b}{a} & \text{für } a \geq 0, \\ \pi + \arctan \frac{b}{a} & \text{für } a \leq 0 \end{cases}$$

folgt. Die Zahl r ist die positiv genommene Entfernung des Punktes $a + ib$ von 0 und heißt *absoluter Betrag* dieser Zahl; die so genannte *Amplitude* φ ist der Winkel, den diese Gerade mit der positiven x-Achse bildet.[1]

Da für die komplexen Zahlen das distributive Gesetz gilt, können wir aus

$$a + ib = r \, \cos \varphi + ir \, \sin \varphi$$

die Formel

$$a + ib = r \, (\cos \varphi + i \, \sin \varphi) \tag{1.3}$$

erhalten, nach der wir jede komplexe Zahl in diese trigonometrische Form bringen können. Als Definition der Multiplikation hatten wir den Ausdruck angesehen, der bei formaler Berechnung des Produktes nach den üblichen Rechenregeln entstand. Es wird

$$(a_1 + ib_1) \cdot (a_2 + ib_2) = r_1(\cos \varphi_1 + i \, \sin \varphi_1) \cdot r_2(\cos \varphi_2 + i \, \sin \varphi_2)$$
$$= r_1 r_2 \big(\cos(\varphi_1 + \varphi_2) + i \, \sin(\varphi_1 + \varphi_2) \big), \tag{1.4}$$

was auch durch Auswertung der Mollweideschen Formel hervorgeht. Daraus entnehmen wir die Regel für die Produktbildung komplexer Zahlen in trigonometrischer Form: *Die absoluten Beträge sind zu multiplizieren, die Azimute zu addieren.* Dies gestattet auch die in Abbildung 1.2 dargestellte Ausführung der Multiplikation, wobei – wie die Dimensionenbetrachtung lehrt – die Einheitsstrecke zu

---

[1] Die Bezeichnung „Azimut" statt „Amplitude" ist gebräuchlicher.

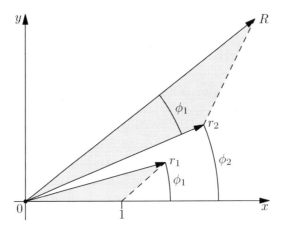

Abbildung 1.2: Geometrische Interpretation der Multiplikation

berücksichtigen ist. Die aus der Ähnlichkeit der entstehenden Dreiecke in Abbildung 1.2 hervorgehende Gleichung $R : r_2 = r_1 : 1$ liefert die erforderliche Relation $R = r_1 r_2$. So bekommen wir in der Tat die das Produkt darstellende komplexe Zahl durch Drehung eines Dreiecks bei gleichzeitiger Vergrößerung (oder eventuell Verkleinerung) der Seiten im selben Verhältnis.

Das Gesetz der Kommutativität der Multiplikation kann man analytisch folgern oder aus der Figur. Beides kommt eigentlich auf dasselbe hinaus, da wir beide Male zu beachten haben, dass der absolute Betrag und der Azimut für sich zu betrachten sind. Die Benutzung der Figur ist eigentlich nur ein Umweg, da die Symmetrie der Formel viel durchsichtiger ist.

Auch die *Umkehrungs-Operationen* wollen wir uns geometrisch veranschaulichen, weil dies überhaupt die Behandlung der Funktionentheorie sehr erleichtert.

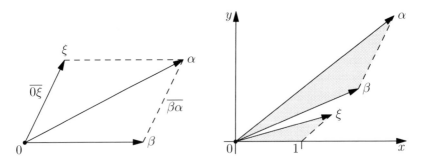

Abbildung 1.3: Geometrische Deutung von Subtraktion (links) und Division (rechts)

Die Definition der Subtraktion wird gegeben durch $\beta + \xi = \alpha$, $\xi = \alpha - \beta$. Dass die in Abbildung 1.3 links angedeutete Konstruktion richtig ist, erkennt man daran, dass die erstgenannte Gleichung nach Definition der Vektorenaddition besteht, sodass ξ die verlangte Strecke beziehungsweise der verlangte Punkt ist. Man hat einfach $\overline{\beta\alpha}$ zu ziehen und dazu die Parallele $\overline{0\xi}$.

Analog wird durch $\beta\xi = \alpha$, $\xi = \frac{\alpha}{\beta}$ die Division definiert und geometrisch wieder gedeutet, durch Umkehrung der Konstruktion, die bei der Multiplikation anzuwenden war. Das Dreieck ist quasi zurückzudrehen und die Längenverhältnisse der Seiten wieder passend zu wählen. Das Nähere hierüber zeigt sofort die Abbildung 1.3 rechts.

Die geometrischen Bilder für die Addition und Subtraktion legen folgende Ungleichheitsbedingungen nahe:

$$|\alpha + \beta| \leq |\alpha| + |\beta| \qquad \text{und} \, |\alpha - \beta| \geq \big||\alpha| - |\beta|\big|. \tag{1.5}$$

Dabei besagt die letztere Gleichung für $|\alpha| \geq |\beta|$ einfach $|\alpha - \beta| \geq |\alpha| - |\beta|$ und für $|\alpha| \leq |\beta|$ umgekehrt $|\alpha - \beta| \geq |\beta| - |\alpha|$. Die Hinzusetzung des Absolutzeichens bedeutet also keine Beschränkung sondern höchstens eine Verschärfung, da $|\alpha - \beta| \geq |\alpha| - |\beta|$ für $|\beta| \geq |\alpha|$ eine Trivialität wäre.

Außer aus den bekannten elementaren Dreieckssätzen kann man die Richtigkeit dieser Formel natürlich auch rein analytisch, also ohne die Anschauung zu Hilfe zu nehmen, mit Leichtigkeit beweisen.

Die Beziehungen

$$|\alpha\beta| = |\alpha| \cdot |\beta| \qquad \text{und} \qquad |\alpha : \beta| = |\alpha| : |\beta| \tag{1.6}$$

folgen unmittelbar aus der Definition der Multiplikation und der absoluten Beträge komplexer Zahlen.

1.1.2 Die Methode der stereographischen Projektion

Nun gehen wir über zu *der* Darstellung der komplexen Größen, die von *Riemann* mit großem Erfolg in die Funktionentheorie eingeführt wurde, und zwar bedient man sich dabei der uralten, schon vor Ptolemäus (150 nach Christi Geburt) bekannten (Hipparch, um 150 vor Christi Geburt) Methode der *stereographischen Projektion*.

Wir wollen auf unsere z-Ebene der komplexen Zahlen im Punkte 0 eine tangierende Kugel vom Durchmesser 1 legen. Vom Gegenpunkt von 0, den wir (den Nordpol) N nennen wollen, ziehen wir Strahlen aus, die, da sie die Kugel bereits einmal in N schneiden, noch je einen Duchstoßpunkt P und P' mit der Ebene und mit der Kugeloberfläche haben – mit dem Inneren der Kugel haben wir es überhaupt nicht zu tun. So sind wir in der Lage, eine umkehrbar eindeutige Zuordnung der Punkte der Kugeloberfläche und der Ebene einzuführen. Eine Sonderstellung nimmt der Punkt N ein. Verbinden wir ihn mit sehr nahe benachbarten Kugelpunkten, so kommen wir zu sehr weit entfernten Punkten der Ebene, und dies

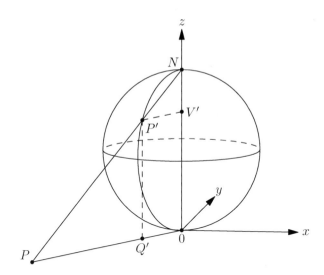

Abbildung 1.4: Stereographische Projektion

führt dazu, dem Punkte N selbst das unendlich Ferne der Ebene zuzuordnen. Den Kugelpunkten ordnen wir dieselbe komplexe Zahl zu, die wir nach Gauß seinem zugeordneten Punkt der z-Ebene zugeordnet hatten.

Die Deutung der komplexen Zahlen auf der Kugel ist überhaupt eigentlich gerade darum von besonderem Interesse, weil das *unendlich Weite der Ebene sich auf der Kugel punktförmig* zusammenzieht. In der Funktionentheorie muss, wie wir noch genauer sehen werden, das Unendliche zweckmäßig als *eine* Zahl aufgefasst werden, während in der projektiven Auffassung bekanntlich eine andere Festsetzung getroffen wird. Darum gerade bietet die Riemannsche Darstellung einen großen Vorteil.

Wir wollen nun die *analytische Darstellung des Übergangs von der Ebene auf die Kugeloberfläche* verfolgen, indem wir die rechtwinkligen Koordinaten X, Y, Z des Kugelpunktes P' aus den Koordinaten x, y des zugeordneten Punktes in der Ebene P berechnen. Die erforderlichen Hilfslinien sind in der Hauptachse in Abbildung 1.5 eingetragen.

Wir fällen von P' auf die Verbindungslinie von 0 und P das Lot $\overline{P'Q'}$ und auf $\overline{0N}$ das Lot $\overline{P'V'}$. Da $\overline{N0}$ Durchmesser der Kugel und P' ein dritter Punkt der Kugeloberfläche ist, wird durch die Ebene $0Q'PP'N$, die wir nun in die Zeichenebene klappen wollen, aus der Kugel ein Halbkreis $0P'N$ herausgeschnitten. Demnach ist $\angle NP'0 = \frac{\pi}{2}$ als Peripheriewinkel über dem Durchmesser.

Die herumgeklappten Punkte, deren Koordinaten nochmals zusammengestellt seien:

$$P \sim (x, y), \qquad P' \sim (X, Y, Z), \qquad Q' \sim (X, Y),$$

sind in Abbildung 1.5 umklammert worden.

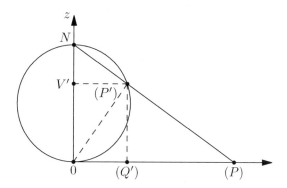

Abbildung 1.5: Punkte und Hilfslinien zur stereographischen Projektion

Zunächst besteht nach einem bekannten Satze über das rechtwinklige Dreieck[2] die Relation

$$\overline{NP'} \cdot \overline{NP} = \overline{N0}^2.$$

Wir führen die Bezeichnungen ein:

$$\overline{NP} = R, \qquad \overline{NP'} = R'.$$

Dann gibt uns wegen $\overline{N0} = 1$ die Gleichung

$$R \cdot R' = 1 \tag{1.7}$$

eine Zuordnung der Punkte der Kugel zu denen der Ebene, die von der Vorstellung der Kugel unabhängig ist. Wir können dies als eine andere Definition unserer stereographischen Projektion auffassen; nach der ermittelten Beziehung können wir mit Leichtigkeit auf jeder Verbindungslinie $\overline{NP}$ den zu P zugeordneten Punkt P' eindeutig gewinnen. Wir werden diese Relation sofort und auch künftig vielfach anwenden.

Weiter ist wegen $\overline{V'P'} = \overline{0Q'}$:

$$\overline{0Q'} : \overline{0P} = R' : R = \frac{RR'}{R^2} = \frac{1}{R^2} = \frac{1}{1 + x^2 + y^2},$$

wobei noch $\overline{NP}^2 = \overline{N0}^2 + \overline{0P}^2$ oder $R^2 = 1 + x^2 + y^2$ benutzt wurde.

Dieses Teilverhältnis überträgt sich, wie die analytische Geometrie der Ebene lehrt und unsere Grundrisszeichnung zeigt, ohne Weiteres auf die Koordinaten der Punkte P und Q', sodass wir die Gleichung erhalten:

$$X : x = R' : R = \frac{1}{1 + x^2 + y^2}, \qquad Y : y = R' : R = \frac{1}{1 + x^2 + y^2},$$

---

[2]Die Dreiecke ONP und $P'NO$ sind ähnlich, weil sie beide rechtwinklig sind und einen Winkel gemeinsam haben.

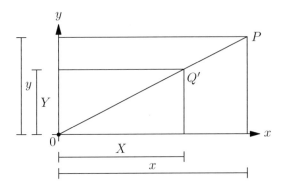

Abbildung 1.6: Veranschaulichung der Verhältnisse $X : x = Y : y = R' : R$

aus denen unmittelbar folgt:

$$X = \frac{x}{1 + x^2 + y^2}, \qquad Y = \frac{y}{1 + x^2 + y^2}.$$

Dazu tritt zufolge

$$Z : 1 = \frac{R - R'}{R} = 1 - \frac{1}{1 + x^2 + y^2} = \frac{x^2 + y^2}{1 + x^2 + y^2}$$

als dritte der gesuchten Gleichungen:

$$Z = \frac{x^2 + y^2}{1 + x^2 + y^2}.$$

Dies können wir noch etwas anders schreiben, indem wir möglichst die komplexen Zahlen selbst benutzen. Dazu führen wir die zu $z = x + iy$ konjugierte komplexe Zahl, die durch Spiegelung an der x-Achse erhalten wird, ein:

$$z = x + iy, \qquad \bar{z} = x - iy. \tag{1.8}$$

Daraus folgt

$$x = \frac{z + \bar{z}}{2}, \qquad y = \frac{z - \bar{z}}{2i}. \tag{1.9}$$

Aus diesen Gleichungen oder bequemer den vorigen ist noch zu bilden:

$$z\bar{z} = x^2 + y^2. \tag{1.10}$$

Benutzen wir diese *komplexen Koordinaten* z und $\bar{z}$, so erhalten wir die Endformeln:

$$X = \frac{1}{2} \cdot \frac{z + \bar{z}}{1 + z\bar{z}}, \qquad Y = \frac{1}{2i} \cdot \frac{z - \bar{z}}{1 + z\bar{z}}, \qquad Z = \frac{z\bar{z}}{1 + z\bar{z}}. \tag{1.11}$$

1.2 Die stereographische Projektion als Spezialfall der Transformation durch reziproke Radien

Die durch die stereographische Projektion bewirkte Substitution ist aufzufassen als *Transformation durch reziproke Radien.* Darunter ist Folgendes zu verstehen.

Um den Ursprung sei mit dem gegebenen Radius ϱ ein Kreis geschlagen, den wir als *Direktrix* der Transformation durch reziproke Radien bezeichnen.

Definition 1.12. Die Transformation der – wie hauptsächlich die Franzosen sagen – *Inversion* durch reziproke Radien besteht dann in Folgendem. Gegeben sei ein Punkt P in der Ebene. Dann soll man auf der Geraden $\overline{0P}$ einen Punkt P' so bestimmen, dass, wenn man die Abstände der Punkte von 0 mit r und r' bezeichnet, die Relation besteht:

$$rr' = \varrho^2.$$

Die bekannte Größe ϱ^2 heißt die *Transformationspotenz* der Transformation durch reziproke Radien.

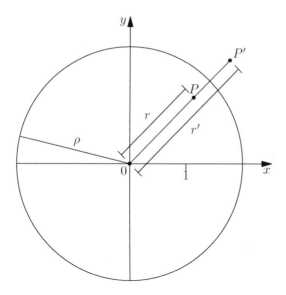

Abbildung 1.7: Direktrix mit $\varrho = 2$, $r = 1{,}6$, $r' = 2{,}5$

Auf diese Weise geht fast jeder Punkt der Ebene in einen Punkt über. Nur beim Nullpunkt trifft dies nicht zu. Damit für $r = 0$ die Relation bestehen bleibt, muss r' unendlich werden. Das ist aber für funktionentheoretische Betrachtungen gerade gut, indem das Unendliche wie ein Punkt zu betrachten ist. Dieser unendlich ferne Punkt wird hier sichtbar ins Endliche, nach 0, projiziert.

Die Transformation durch reziproke Radien ist von großer Bedeutung für die Funktionentheorie. Wir wollen einige wichtige Eigenschaften von ihr besprechen.

Zunächst ist die von ihr bewirkte Paarung der Punkte *umkehrbar eindeutig*; jedem Punkte innerhalb der Direktrix entpricht gerade ein Punkt außerhalb und diesem wieder der erstere. Ein Punkt der Direktrix entspricht sich selbst. Das können wir aus der Gleichung (bei Beachtung der Vorzeichen von r und r') unmittelbar ablesen. Dann behaupten wir:

Satz 1.13. *Die durch die Transformation durch reziproke Radien vermittelte Paarung der Punkte stellt eine* kreisverwandte Abbildung, *eine* Kreisverwandtschaft *der Ebene in sich dar, das heißt, die Kurve, die einem Kreise entspricht, ist wieder ein Kreis, wobei die Geraden auch als Kreise anzusehen sind.*

Um das zu beweisen, nehmen wir zwei Punkte $P \sim (x, y)$, $\tilde{P} \sim (\tilde{x}, \tilde{y})$ an, die durch die Transformation durch reziproke Radien ineinander übergehen, sodass ihre Koordinaten, für die ja

$$\tilde{x} : x = \tilde{r} : r, \qquad \tilde{x} = x\tilde{r}/r,$$
$$\tilde{y} : y = \tilde{r} : r, \qquad \tilde{y} = y\tilde{r}/r$$

gilt, vermöge der geforderten Relation $r\tilde{r} = \varrho^2$, aus der $\tilde{r} : r = \varrho^2 : r^2$ folgt, unter schließlicher Berücksichtigung von $r^2 = x^2 + y^2$ bestimmt sind durch die Gleichungen:

$$\tilde{x} = \frac{\varrho^2 x}{x^2 + y^2}, \qquad \tilde{y} = \frac{\varrho^2 y}{x^2 + y^2}.$$

Daneben können wir aus Symmetriegründen die Gleichungen stellen, die den Übergang von $\tilde{P}$ zu P darstellen und die auch durch dieselbe Überlegung direkt zu finden sind:

$$x = \frac{\varrho^2 \tilde{x}}{\tilde{x}^2 + \tilde{y}^2}, \qquad y = \frac{\varrho^2 \tilde{y}}{\tilde{x}^2 + \tilde{y}^2}.$$

Endlich kann man diese Gleichungen auch aus den vorigen folgern. Nebenbei bemerkt geschieht das besonders bequem so: Durch Quadrieren und Addieren der Gleichungen erhält man

$$\tilde{x}^2 + \tilde{y}^2 = \frac{\varrho^4}{x^2 + y^2}, \qquad \text{also} \qquad \frac{x^2 + y^2}{\varrho^2} = \frac{\varrho^2}{\tilde{x}^2 + \tilde{y}^2}$$

und unter Benutzung hiervon geht aus der ersten beziehungsweise zweiten Gleichung sofort hervor:

$$x = \tilde{x} \cdot \frac{x^2 + y^2}{\varrho^2} = \frac{\varrho^2 \tilde{x}}{\tilde{x}^2 + \tilde{y}^2}, \qquad y = \tilde{y} \cdot \frac{x^2 + y^2}{\varrho^2} = \frac{\varrho^2 \tilde{y}}{\tilde{x}^2 + \tilde{y}^2}$$

Dies sind die Formeln unserer Transformation in der Sprache der analytischen Geometrie. Fassen wir nun alle Punkte P auf, die der Kreisgleichung der allgemeinen Form

$$A(x^2 + y^2) + Bx + Cy + D = 0$$

genügen, so erkennen wir, dass die Gesamtheit der Punkte $\tilde{P}$, in die sie übergehen, auf der Kurve liegen, die ich erhalte, wenn ich die Gleichung betrachte, die aus der Kreisgleichung dann hervorgeht, wenn ich x, y nach den aufgestellten Formeln durch $\tilde{x}, \tilde{y}$ substituiere. Ich erhalte

$$A\frac{\varrho^4(\tilde{x}^2 + \tilde{y}^2)}{(\tilde{x}^2 + \tilde{y}^2)^2} + B\frac{\varrho^2\tilde{x}}{\tilde{x}^2 + \tilde{y}^2} + C\frac{\varrho^2\tilde{y}}{\tilde{x}^2 + \tilde{y}^2} + D = 0$$

oder nach Multiplikation mit $\tilde{x}^2 + \tilde{y}^2$ die Gleichung

$$A\varrho^4 + B\varrho^2\tilde{x} + C\varrho^2\tilde{y} + D(\tilde{x}^2 + \tilde{y}^2) = 0,$$

die sich im Allgemeinen als Gleichung eines Kreises in $\tilde{x}, \tilde{y}$ darstellt.

Nun können *besondere Fälle* vorkommen. Was tritt zunächst ein, wenn in der erhaltenen Gleichung die quadratischen Glieder wegfallen, also $D = 0$ ist? Dies bedeutet geometrisch, dass der gegebene Kreis durch 0 geht, indem seine Gleichung durch den Punkt $(0,0)$ erfüllt wird. Das hätten wir auch erraten können: Denn der Nullpunkt wird ja in den unendlich fernen Punkt abgebildet, während die übrigen Punkte des Kreises durch 0 in Punkte im Endlichen übergehen. Daher musste ein Kreis durch 0 abgebildet werden in einen Kreis, der im Endlichen liegende Punkte hat, außerdem aber durch den unendlich fernen Punkt geht, also in eine Gerade. Um zu sehen, was umgekehrt aus einer geraden Linie wird, habe ich $A = 0$ zu setzen und erkenne, dass ich einen Kreis durch 0 erhalte; der unendlich ferne Punkt der Geraden wird eben hier wie immer in 0 abgebildet.

Sind insbesondere A und D gleich 0, so liegt eine Gerade durch den Nullpunkt vor, und diese wird wieder in eine Gerade durch den Nullpunkt abgebildet. Auch dies lässt sich mit Leichtigkeit wieder daraus erkennen, dass die Gerade den Nullpunkt und den unendlich fernen Punkt enthält, also ihr Bild den unendlich fernen Punkt und den Nullpunkt, sodass es wieder eine Gerade duch 0 ist. Dass diese Gerade sogar in sich abgebildet wird, ergibt sich analytisch besonders einfach, indem wir im betrachteten Falle $A = D = 0$ den Faktor ϱ^2 fortstreichen können und eine Gleichung in x', y' erhalten, die mit der in x, y übereinstimmt. Übrigens ist dieser Fall eigentlich trivial, indem er unmittelbar aus der Definition der Transformation durch reziproke Radien folgt.

Also beherrscht das Gesetz der Kreisverwandtschaft all diese Ausnahmefälle, wenn wir nur die Geraden als Kreise auffassen, deren Mittelpunkt in passender Weise ins Unendliche gerückt ist. Später sollen noch andere wichtige Eigenschaften der Transformation durch reziproke Radien besprochen werden. Hier betrachten wir zunächst die Transformation durch reziproke Radien im *Raum*. Es gelten dafür ganz analoge Gesetze, deren Herleitung auch ganz ebenso ist. Die Direktrix ist hier die Kugel vom gegebenen Radius ϱ um den Ursprung 0, und der Punkt P wird auf den Punkt P' des Strahles $\overline{0P}$ abgebildet, für den die Relation $rr' = \varrho^2$ besteht, wo ϱ^2 wieder die *Transformationspotenz* heißt.

Hier ergeben sich unmittelbar die Transformationsformeln

$$x' = \frac{\varrho^2 x}{x^2 + y^2 + z^2}, \qquad y' = \frac{\varrho^2 y}{x^2 + y^2 + z^2}, \qquad z' = \frac{\varrho^2 z}{x^2 + y^2 + z^2},$$

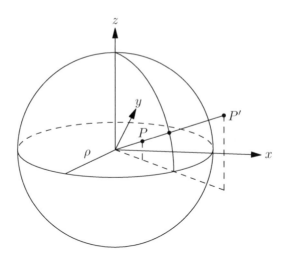

Abbildung 1.8: Kugel als Direktrix mit $\varrho = 2$, $r = 1$, $r' = 4$

die zeigen, dass die Kugel

$$A(x^2 + y^2 + z^2) + Bx + Cy + Dz + E = 0$$

übergeht in die Kugel

$$A\varrho^4 + B\varrho^2 x' + C\varrho^2 y' + D\varrho^2 z' + E(x'^2 + y'^2 + z'^2) = 0.$$

Wenn speziell die Kugel durch 0 geht, so wird sie in eine Ebene abgebildet, nämlich in eine Kugel, deren Mittelpunkt passend ins Unendliche gerückt ist. Das Unendliche wird sichtbar in 0 transformiert. Eine Ebene bildet sich ab als Kugel durch 0, eine Ebene durch 0 in sich selbst. Das ist alles wie früher.

Es tritt im Raume hinzu, dass man das Bild eines Kreises suchen kann. Dann denken wir uns den Kreis als Schnitt einer Ebene und einer Kugel oder zweier Kugeln. Diese gehen wieder über in zwei Kugeln, sodass der Schnitt sich wieder als Kreis abbildet. Doch kann dieser wieder ausarten zu einer geraden Linie. Ein Kreis durch 0 lässt sich nämlich auffassen als Schnitt zweier Kugeln durch 0, sodass er sich notwendig als Schnitt zweier Ebenen, also als Gerade abbildet. Das liegt wieder daran, dass der gegebene Kreis 0 enthält, sodass sich sein Bild ins Unendliche erstrecken muss. Außerdem ist zu bemerken, dass diese Gerade, die das Bild eines Kreises durch 0 ist, mit dem Kreise in einer Ebene liegt, wie man unmittelbar aus der Definition unserer Transformation entnehmen oder dadurch bestätigen kann, dass man bedenkt, dass eine durch 0 gehende Ebene sich in sich selbst abbildet. Leicht zu erkennen ist auch: Eine Gerade geht in einen Kreis durch 0, eine Gerade durch 0 in sich selbst über.

Hiervon machen wir in Kürze *Anwendung auf die stereographische Projektion.* Da ist $RR' = 1^2$ wegen (1.7), also 1 der Radius der Direktrixkugel, die in Abbildung 1.9 angedeutet ist.

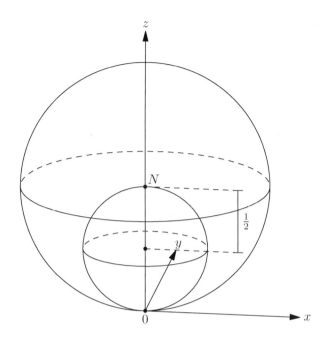

Abbildung 1.9: Riemannsche Kugel als Direktrix

Als Ursprung haben wir hier den vorher mit N bezeichneten Punkt anzusehen. Durch Transformation durch reziproke Radien im Raum, wie sie die Gleichung $RR' = 1^2$ definiert, geht die Gaußsche Zahlenebene in die Riemannsche Kugelfläche über, wobei 0 sich in sich selbst abbildet. *So erscheint die stereographische Projektion hier als Spezialfall einer viel allgemeineren Methode.*

Wir können die früheren Resultate ohne Weiteres übertragen. Kreise in der Ebene werden in Kreise auf der Kugel übergeführt, die den Nordpol N nicht enthalten, da dieser dem unendlich fernen Punkt eindeutig zugeordnet ist. Gerade deshalb werden Geraden in der Ebene als Kreise auf der Kugel durch N abgebildet. Speziell Geraden durch 0 als Meridiane. Nach Geraden auf der Kugel brauchen wir nicht zu fragen, da imaginäre Geraden für unsere Auffassung nicht in Betracht kommen.

1.3 Gruppencharakter der linearen Substitution

Nun wollen wir die *Theorie der linearen Substitution* so weit entwickeln, um zu erkennen, dass sie die Lehre von der Kreisverwandtschaft beherrscht. Dabei machen wir davon Gebrauch, dass wir gesehen haben, dass den komplexen Größen in der Gaußschen Zahlenebene bereits eine gewisse sehr reale Bedeutung zukommt.

Diese geometrische Anwendung auf die Kreisverwandtschaft ist eine der schönsten der Funktionentheorie.

Die Funktion

$$z' = \frac{\alpha z + \beta}{\gamma z + \delta}$$

komplexen Arguments, die wir jetzt betrachten wollen, gehört zu den analytischen Funktionen. Überhaupt sind die bisher uns bekannten Funktionen alle analytisch, sodass die Sätze, die wir später für die genauer als „analytisch" zu definierenden Funktionen zeigen werden, sehr allgemeinen Charakters sind und auch für jede elementare Funktion gelten werden.

Ein Spezialfall unserer Funktion wäre $z' = \alpha z + \beta$, wo z' eine ganze lineare Funktion von z ist. Doch bleiben wir vorläufig bei dem allgemeinen Falle der gebrochen linearen Substitution, wie sie dargestellt wird durch

$$z' = \frac{\alpha z + \beta}{\gamma z + \delta},$$

wo $\alpha\delta - \beta\gamma \neq 0$ sein muss. Denn wäre $\alpha\delta - \beta\gamma = 0$, also $\alpha : \beta = \gamma : \delta$, sodass $\alpha = \lambda\gamma$, $\beta = \lambda\delta$ gesetzt werden könnte, so wäre $z' = \lambda$, z käme gar nicht vor, sodass z' gar keine Funktion von z wäre. Daher wollen wir also die genannte Voraussetzung machen, dass die Determinante der Koeffizienten nicht verschwindet.

Indem wir die Gleichung

$$z'(\gamma z + \delta) = \alpha z + \beta$$

nach z auflösen, bekommen wir die zu der gegebenen *inverse Substitution*

$$z = \frac{-\delta z' + \beta}{\gamma z' - \alpha}, \tag{1.14}$$

die aus ihr durch die Substitutionen

$$\alpha \mapsto -\delta, \quad \delta \mapsto -\alpha \qquad \text{und natürlich} \qquad z' \mapsto z, \quad z \mapsto z'$$

hervorgeht, während β und γ stehen bleiben.

Nun wollen wir zeigen, dass die linearen gebrochenen Substitutionen die Gruppeneigenschaften erfüllen, dass also das Produkt zweier wieder eine lineare gebrochene Substitution ist. Dabei ist der Ausdruck „Produkt" rein formal so zu verstehen, dass die Aufeinanderfolge zweier derartiger Substitutionen vorliegt. Wir überzeugen uns von der Richtigkeit der Behauptung durch einfache Ausrechnung. Ist nämlich

$$z' = \frac{\alpha z + \beta}{\gamma z + \delta}, \qquad z'' = \frac{\alpha' z' + \beta'}{\gamma' z' + \delta'},$$

so vollzieht sich der Übergang von z nach z'' direkt durch

$$z'' = \frac{(\alpha\alpha' + \gamma\beta')z + (\beta\alpha' + \delta\beta')}{(\alpha\gamma' + \gamma\delta')z + (\beta\gamma' + \delta\delta')},$$

und das ist wieder eine gebrochen lineare Substitution.

Es ist nützlich, das Koeffizientenschema anzumerken, das durch folgende Kombination dargestellt wird:[3]

1. Spalte von I · 1. Zeile von II   2. Spalte von I · 1. Zeile von II
1. Spalte von I · 2. Zeile von II   2. Spalte von I · 2. Zeile von II.

Man kann sofort durch Benutzung des Multiplikationstheorems für Determinanten erkennen, dass die Determinante der neuen Substitution ungleich 0 ist, wenn wir dies von denen der gegebenen Substitutionen voraussetzen. In der Tat haben wir uns ja davon überzeugt, dass die Determinante der Koeffizienten so gebildet ist, wie es nach dem Multiplikationstheorem geschieht. Also bleibt man durch lineare Substitutionen im Bereich der linearen Substitutionen, und das war die zu beweisende Gruppeneigenschaft.

Leicht erkennt man jetzt, dass auch die übrigen Gruppeneigenschaften erfüllt sind. Dass zunächst das assoziative Gesetz gilt, ist selbstverständlich. Das Einheitselement ist $z' = z$. Zum reziproken Element endlich kommen wir, indem wir $z'' = f(z')$ solche Koeffizienten erteilen, dass die in $z'' = f(z')$ auftretenden Koeffizienten die Gleichheit $z'' = z$ ergeben. Das geschieht, wenn wir sie nach

$$\alpha\alpha' + \gamma\beta' = 1, \qquad \beta\gamma' + \delta\delta' = 1$$
$$\beta\alpha' + \delta\beta' = 0, \qquad \alpha\gamma' + \gamma\delta' = 0$$

folgendermaßen wählen:

$$\alpha' = \frac{\begin{vmatrix} 1 & 0 \\ \gamma & \delta \end{vmatrix}}{\begin{vmatrix} \alpha & \beta \\ \gamma & \delta \end{vmatrix}}, \qquad \beta' = \frac{\begin{vmatrix} \alpha & \beta \\ 1 & 0 \end{vmatrix}}{\begin{vmatrix} \alpha & \beta \\ \gamma & \delta \end{vmatrix}}, \qquad \gamma' = \frac{\begin{vmatrix} 1 & 0 \\ \delta & \gamma \end{vmatrix}}{\begin{vmatrix} \beta & \alpha \\ \delta & \gamma \end{vmatrix}}, \qquad \delta' = \frac{\begin{vmatrix} \beta & \alpha \\ 1 & 0 \end{vmatrix}}{\begin{vmatrix} \beta & \alpha \\ \delta & \gamma \end{vmatrix}}$$

oder kürzer

$$\alpha' = \frac{\delta}{\Delta}, \qquad \beta' = \frac{-\beta}{\Delta}, \qquad \gamma' = \frac{-\gamma}{\Delta}, \qquad \delta' = \frac{\alpha}{\Delta}, \qquad \text{mit} \quad \Delta = \begin{vmatrix} \alpha & \beta \\ \gamma & \delta \end{vmatrix},$$

die Determinante der Transformation. Statt dieser Koeffizienten können wir auch, da der konstante Faktor $-\frac{1}{\Delta}$ unerheblich ist, einfach

$$\alpha' = -\delta, \qquad \beta' = \beta, \qquad \gamma' = \gamma, \qquad \delta' = -\alpha$$

wählen. Dass wir so zu den geforderten Beziehungen kommen, bestätigt sich durch die Gleichung auf voriger Seite unten, die durch Auflösung der Gleichung $z' = f(z)$ nach z erhalten wurde und die natürlich $z' = z$ ergeben muss, wenn man nachträglich wieder $z' = f(z)$ einsetzt. Überhaupt ist klar, dass wir zum reziproken Element schon dort kommen mussten, indem wir die Substitution rückwärts vornehmen, siehe (1.14). Jetzt ist bewiesen:

Satz 1.15. *Die linearen gebrochenen Substitutionen bilden eine Gruppe.*

---

[3]Dies ist das Produkt von Matrizen in umgekehrter Reihenfolge.

1.4   Die linearen gebrochenen Substitutionen und die Kreisverwandtschaft

Nun wollen wir beweisen:

Satz 1.16. *Die linearen gebrochenen Substitutionen stellen alle (direkten) kreisverwandten Abbildungen der z-Ebene in sich dar.*

Dazu ist nötig, zwei Tatsachen zu beweisen:

1. Jede lineare gebrochene Substitution bewirkt eine direkte kreisverwandte Abbildung der z-Ebene in sich.

2. Jede direkte kreisverwandte Abbildung der z-Ebene in sich wird durch eine lineare gebrochene Substitution vermittelt.

Den Beweis des ersten Teils können wir wesentlich bequemer führen, wenn wir zunächst seinen einfachsten Spezialfall untersuchen. Dieser wird dargestellt durch die Funktion

$$z' = az,$$

wo a eine komplexe Konstante ist, die wir in die trigonometrische Form

$$a = \varrho(\cos\varphi + \mathrm{i}\sin\varphi)$$

setzen wollen, sodass wir die Funktion $z' = \varrho(\cos\varphi + \mathrm{i}\sin\varphi)z$ in der Form $z' = \varrho z_1$ schreiben können, wo $z_1 = z(\cos\varphi + \mathrm{i}\sin\varphi)$ ist. Dabei ist unter φ ein konstanter Winkel und unter ϱ eine positive reelle Konstante zu verstehen.

Durch diese Zerlegung haben wir erreicht, dass wir die verlangte Transformation jetzt in zwei Schritten ausführen können. Die Produktbildung $z(\cos\varphi + \mathrm{i}\sin\varphi)$ vollzieht sich, wie wir bei der Multiplikation komplexer Größen erkannten, durch Drehung der Ebene um φ um den Nullpunkt; eine Vergrößerung ist hier nicht mehr vorzunehmen, da $\cos\varphi + \mathrm{i}\sin\varphi$ vom absoluten Betrage 1 ist (siehe Seite 5). Nun erst kommt mit der zweiten Transformation $z' = \varrho z_1$ eine Streckung der Ebene. Was wir hier getrennt vorgenommen haben, haben wir eigentlich bei der geometrischen Deutung der Multiplikation komplexer Zahlen bereits auf einmal behandelt. So haben wir nun gefunden:

Die Funktion $z' = az$ stellt geometrisch eine Ähnlichkeitstransformation dar, und jede solche lässt sich zerlegen in zwei Operationen, nämlich in eine durch $z_1 = z(\cos\varphi + \mathrm{i}\sin\varphi)$ vermittelte Drehung der Ebene um den Ursprung, wobei alle Figuren sich kongruent bleiben, und eine durch $z = \varrho z_1$ vermittelte Streckung der Ebene vom Ursprung aus, wobei die Figuren sich ähnlich bleiben.

Umgekehrt lässt sich jede durch Drehung und Dehnung vom Ursprung aus vorgenommene Ähnlichkeitstransformation auch durch $z' = az$ darstellen, indem man einfach $a = \varrho(\cos\varphi + \mathrm{i}\sin\varphi)$ setzt. Doch sagt diese Bemerkung eigentlich nichts Neues, da die Transformation selbst hier eigentlich als durch ϱ und φ gegeben angesehen wurde. Immerhin ist sie aber für das Folgende von Belang (siehe die Sätze 1.17 und 1.20).

Statt die durch $z' = az$ vermittelte Ähnlichkeitstransformation in der hier dargestellten Weise vorzunehmen, kann man auch erst eine Streckung vom Nullpunkt aus und dann eine Drehung um ihn ausführen. Es genügt die Bemerkung, dass man dazu als vermittelnde Funktion $z_2 = \varrho z$ zu wählen hat, womit $z' = (\cos \varphi + \mathrm{i} \sin \varphi) z_2$ wird.

Jetzt sei daran erinnert, dass die Transformation $z' = z + \beta$ eine Parallelverschiebung der Ebene bedeutet, wie aus unserer Deutung der Addition komplexer Größen unmittelbar hervorgeht, und dass umgekehrt durch eine Parallelverschiebung der Ebene ein Vektor bestimmt wird, eben der, um den sie verschoben wurde, sodass sie sich durch die Transformation $z' = z + \beta$ darstellen lässt.

Nun können wir erkennen, dass auch die allgemeine lineare ganze Transformation

$$z' = \alpha z + \beta$$

eine Ähnlichkeitstransformation bedeutet. Um das zu zeigen, brauchen wir bloß $z'' = az$ zu setzen, sodass $z' = z'' + \beta$ wird.

Bei dem Bisherigen ist noch Folgendes zu beachten. Haben wir in der Ebene ein beliebiges Dreieck, so gibt es in ihr ein symmetrisch liegendes Dreieck, das wir bei Verschiebung in der Ebene mit ersterem nicht zur Deckung bringen können, wohl aber, wenn wir es um eine seiner Seiten zunächst herumklappen. Denken wir uns für die Punkte des ersten Dreiecks eine bestimmte Reihenfolge festgehalten, so wird damit ein Drehungssinn definiert, und die Punkte des symmetrisch liegenden Dreiecks liefern dann den umgekehrten Drehungssinn. Durch die hier betrachteten Transformationen wird ein Dreieck aber offenbar nicht in ein symmetrisch gelegenes, sondern in ein gleich orientiertes übergeführt. Eine derartige Ähnlichkeitstransformation, wo der Drehungssinn ungeändert bleibt, wird eine *direkte* genannt. Hiernach können wir schärfer den Satz aussprechen:

Satz 1.17. *Die allgemeine lineare ganze Funktion $z' = \alpha z + \beta$ stellt eine direkte Ähnlichkeitstransformation dar.*

Umgekehrt lässt sich leicht einsehen, dass jede direkte Ähnlichkeitstransformation, *da sie sich aus einer Verschiebung und Drehung mit Dehnung zusammensetzen lässt, durch eine* ganze lineare Funktion darstellbar ist.

Speziell werden natürlich bei der Ähnlichkeitstransformation Kreise in Kreise übergeführt, sodass jede Ähnlichkeitstransformation auch eine Kreisverwandtschaft darstellt. (Nicht dagegen ist die Kreisverwandtschaft ein hinreichendes Kriterium einer Ähnlichkeitstransformation.) Nun wollen wir zeigen, dass auch die allgemeine *gebrochene* lineare Funktion eine Kreisverwandtschaft bewirkt.

Dazu zerlegen wir die zu untersuchende Funktion

$$z' = \frac{\alpha z + \beta}{\gamma z + \delta}$$

in

$$z'' = \gamma z + \delta, \qquad z' = \frac{\alpha'' z'' + \beta''}{z''} = \alpha'' + \frac{\beta''}{z''},$$

wobei der Ausdruck für z' durch Einsetzen des Wertes $z = \frac{1}{\gamma}z'' - \frac{\delta}{\gamma}$ hervorgeht. Weiter führen wir ein:

$$\frac{1}{z''} = z''', \qquad \text{sodass wird} \qquad z' = \alpha'' + \beta'' z'''.$$

Die Funktionen z'' in Abhängigkeit von z und z' in Abhängigkeit von z''' sind ganze lineare Funktionen, und diese haben wir bereits behandelt. Um die Behauptung zu beweisen, brauchen wir also bloß noch das Bindeglied – z'' als Funktion von z''' – zu untersuchen, also die spezielle lineare Substitution von der Form

$$Z' = \frac{1}{Z}.$$

Dazu setzen wir Z in die trigonometrische Form $Z = \varrho(\cos\varphi + \mathrm{i}\sin\varphi)$, sodass

$$Z' = \frac{1}{Z} = \varrho^{-1}(\cos\varphi - \mathrm{i}\sin\varphi)$$

wird.

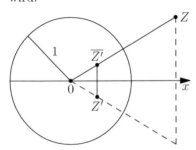

Den Punkt $\overline{Z'} = \varrho^{-1}(\cos\varphi + \mathrm{i}\sin\varphi)$ finden wir zunächst, da er gleichen Azimut hat und einen reziproken absoluten Wert, durch Transformation durch reziproke Radien, wobei die Direktrix der Einheitskreis ist. Sodann gehen wir zum Punkte Z', der die konjugierte komplexe Zahl darstellt, durch Spiegelung an der x-Achse über. Natürlich könnten wir die Transformation durch reziproke Radien und die Spiegelung an der reellen Achse auch in umgekehrter Reihenfolge vornehmen. Da diese beiden Transformationen indirekt sind, ist die durch beide hintereinander vermittelte Transformation wieder direkt. Wenn wir noch die Ergebnisse unserer Betrachtung über die Transformation durch reziproke Radien berücksichtigen – wobei auch die Gleichwertigkeit von Geraden mit Kreisen zu beachten ist – haben wir jetzt gezeigt, dass folgender Satz besteht:

Satz 1.18. *Die durch die Formel $Z' = 1/Z$ bewirkte Transformation stellt eine direkte Kreisverwandtschaft dar. Wir stellen sie dar durch eine Transformation durch reziproke Radien mit dem Einheitskreis als Direktrix, die zu verbinden ist mit einer Spiegelung an der Achse der reellen Punkte.*

Eben aber hatten wir erkannt, dass die lineare gebrochene Funktion darstellbar ist durch lineare ganze Transformationen unter Zuhilfenahme der speziellen gebrochenen Funktion $Z' = 1/Z$. Von den linearen ganzen Funktionen war vorher bewiesen worden, dass sie direkte Ähnlichkeitstransformationen, also auch immer direkte Kreisverwandtschaften darstellen. Somit dürfen wir jetzt den allgemeinen Satz aussprechen:

Satz 1.19. *Die durch die allgemeine lineare gebrochene Funktion*

$$z' = \frac{\alpha z + \beta}{\gamma z + \delta}$$

bewirkte Transformation stellt eine direkte Kreisverwandtschaft dar.

Damit ist der erste Teil unseres zu Beginn von §1.4 aufgestellten Satzes bewiesen. Um ihn vollkommen zu beweisen, müssen wir den zuletzt genannten Satz umzukehren suchen. Dabei ist aber zunächst noch eine Einschränkung zu machen. Zunächst nämlich ist, wie oben bemerkt wurde, die Spiegelung an einer geraden Linie eine indirekte Kreisverwandtschaft, indem der Drehungssinn an jedem Punkte geändert wird, und diese Tatsache muss bei Aufstellung unseres Satzes berücksichtigt werden, indem wir von vornherein zwischen direkter und indirekter Kreisverwandtschaft zu unterscheiden haben. Wenn wir die Kreisverwandtschaft irgendwie geometrisch definiert haben, führen wir einen Nullpunkt und Einheitspunkte ein, und dann findet die genannte Tatsache folgendermaßen Berücksichtigung. Wir behaupten: Die vorliegende Kreisverwandtschaft lässt sich, wenn z die einem Punkte eines Kreises, z' die dem entsprechenden des anderen zugeordnete Zahl ist, darstellen durch

$$z' = \frac{\alpha z + \beta}{\gamma z + \delta} \qquad \text{oder} \qquad z' = \frac{\alpha \bar{z} + \beta}{\gamma \bar{z} + \delta},$$

wo $z = x + iy$, $\bar{z} = x - iy$ ist, je nachdem ob die Kreisverwandtschaft direkt oder indirekt war.

Zunächst also ist die Kreisverwandtschaft genau geometrisch zu definieren. Die Ebene wird als solche mit *einem* unendlich fernen Punkt angesehen; diese Auffassung muss ja von vornherein in der Funktionentheorie zugrunde gelegt werden. Nun sei eine umkehrbar eindeutige Zuordnung der Punkte vorhanden, wobei auch dem unendlich fernen Punkt gerade ein Punkt entspricht. Nun soll der Charakter der Zuordnung derart sein, dass immer vier Originalpunkte, die auf einem Kreis liegen mögen – der auch durch den unendlich fernen Punkt gehen kann – wieder in Punkte eines Kreises übergehen. (Das ist in der Tat eine spezielle Voraussetzung über die Art der Zuordnung, und sie ist überdies hinreichend.)

Es ist interessant, dass diese Art der Zuordnung sofort darauf zurückgeführt werden kann, dass der unendlich ferne Punkt sich selbst entspricht, und damit wird die weitere Untersuchung dann besonders einfach. Ich will mir die Darstellung der einander zugeordneten Punkte in verschiedenen Ebenen ausgeführt denken. Wenn der unendlich ferne Punkt der z-Ebene dem Punkte a der z'-Ebene entspricht, dann kann ich von der z'-Ebene zu einer z''-Ebene übergehen vermöge $z'' = \frac{1}{z'-a}$. Damit ist nach dem vorher Bewiesenen, da es sich nur um Vornahme einer linearen gebrochenen Transformation handelt, die ja eine kreisverwandte Abbildung vermittelt, die Kreisverwandtschaft der Punkte der z-Ebene und z''-Ebene erhalten geblieben, indem vier auf einem Kreise liegenden Punkte der z'-Ebene und damit auch vier auf einem Kreise liegenden Punkte der z-Ebene immer vier auf einem Kreise liegende Punkte der z''-Ebene eindeutig umkehrbar zugeordnet sind.

Und außer dass die Kreisverwandtschaft erfüllt bleibt, entspricht jetzt noch der unendlich ferne Punkt der z-Ebene dem der z''-Ebene.

Das ist ein wesentlicher Fortschritt. Denn nun will ich sogar beweisen: Der Übergang von E nach E'' ist möglich durch

$$z'' = \alpha z + \beta \qquad \text{oder durch} \qquad z'' = \alpha \overline{z} + \beta,$$

wo z'' den zu z zugeordneten Punkt, $\overline{z}$ den zu z (in E) konjugierten imaginären Punkt bedeutet.

Habe ich dies bewiesen, dann ist alles fertig, was zum formalen Beweise erforderlich war. Denn der weitere Gedankengang ist dann folgender. Ist der Nachweis geliefert, dass der Übergang von E nach E'' sich durch eine lineare ganze Funktion – die ein Spezialfall einer linearen gebrochenen Funktion ist – vollzieht, so mache ich den Übergang von E nach E' in zwei Schritten: Ich gehe erst von E nach E'' und dann von E'' nach E' über, wobei auch dieser letzte Schritt durch eine lineare gebrochene Funktion dargestellt wird, nämlich durch die zu $z'' = \frac{1}{z'-a}$ inverse Funktion (vergleiche (1.14)). Die durch Aneinanderfügen dieser beiden Transformationen hervorgehende Transformation ist wegen der in Satz 1.15 bewiesenen Gruppeneigenschaft der linearen gebrochenen Transformationen dann wieder eine lineare gebrochene Transformation, womit dann wirklich bewiesen ist, dass der Übergang von E nach E' sich durch eine lineare gebrochene Transformation vollzieht.

Zur vollkommenen Durchführung unseres Beweises haben wir also bloß noch die genannte Lücke auszufüllen: Wir haben nachzuweisen, dass eine Kreisverwandtschaft, bei der der unendlich ferne Punkt sich selbst entspricht, vermittelt wird durch eine ganze lineare Transformation, falls sie direkt ist, während bei indirekter Kreisverwandtschaft noch eine Spiegelung an der reellen Achse hinzutritt. Übrigens war das behauptete Auftreten einer ganzen Funktion hier zu erwarten, wo der unendlich ferne Punkt dem unendlich fernen Punkt entspricht. Es entsprechen sich jetzt, können wir sagen, speziell die endlichen Punkte der Ebenen.

Ich behaupte zunächst: drei Punkte einer geraden Linie von E werden auf drei Punkte einer geraden Linie von E'' abgebildet. Denn da die gerade Linie durch den unendlich fernen Punkt geht und diesem der unendlich ferne Punkt in E'' entspricht, muss der Kreis in E'', auf dem nach Voraussetzung die Bildpunkte liegen, durch den unendlich fernen Punkt gehen, das heißt, eine Gerade sein. Also entspricht jeder Geraden in E eine Gerade in E''.

Weiter behaupte ich: Parallelen Geraden entsprechen parallele. Denn sonst müsste dem endlichen Schnittpunkt der Bildgeraden entgegen der Voraussetzung der unendlich ferne Schnittpunkt der Originalgeraden in E entsprechen. Also kann kein endlicher Schnittpunkt der Bildgeraden existieren: Die Parallelität bleibt erhalten. Damit bleibt ein Parallelogramm in seinem Bilde ein Parallelogramm, wobei die Transformation eventuell indirekt sein mag, sodass sich der Umlaufsinn ändern kann. Jedenfalls aber bleibt die Reihenfolge der Eckpunkte dieselbe, wie aus dem Bestehenbleiben der Parallelität zu erschließen ist.

Dann gehen auch die Eckpunkte eines Rechtecks in Eckpunkte eines Rechtecks über, da sie sicher Eckpunkte eines Parallelogramms werden und der dem Rechteck umschriebene Kreis außerdem in einen Kreis übergeht.

Darin liegt, dass rechte Winkel in rechte Winkel übergehen, ein Quadrat daher in ein Quadrat, da es als Rechteck mit aufeinander senkrecht stehenden Diagonalen aufgefasst werden kann. Der Schnittpunkt der Diagonalen im Parallelogramm muss natürlich in den Schnittpunkt der ja entsprechenden Diagonalen übergehen, woraus zu entnehmen ist, dass der Mittelpunkt einer Strecke in den Mittelpunkt der entsprechenden Strecke übergeht.

Nun können wir leicht auf die Verdopplung kommen. Wir verlängern die Strecke $\overline{PQ}$ um sich selbst bis R. Wenn diesen Punkten P'', Q'', R'' entsprechen, die wieder auf einer Geraden liegen müssen, so wissen wir, dass auch $\overline{P''Q''} = \overline{Q''R''}$ wird, und das war nur zu zeigen. Diese Teilung und Vervielfältigung können wir nun noch weiter treiben, indem wir durch ständige Verdopplung einer Strecke unsere Ergebnisse auf die drei-, vier-, fünffache Vergrößerung übertragen und von hier aus am bequemsten zur Teilung in beliebigem rationalen Verhältnis zurückkehren. Wichtig ist es, sich zu überlegen, dass auch das „Zwischenliegen" erhalten bleibt, und das wollen wir auch noch einmal besonders durchführen.

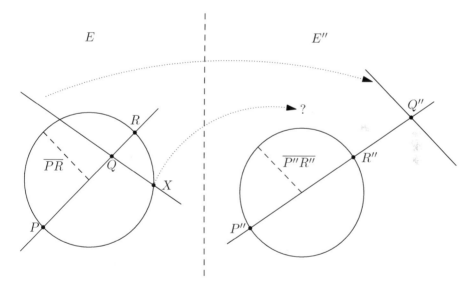

Abbildung 1.10: Das Zwischenliegen bleibt erhalten.

Dazu gehen wir indirekt vor. Die Punkte P, Q, R mögen in dieser Reihenfolge in irgendwelchen Abständen auf einer Geraden liegen, jedenfalls aber Q zwischen P und R. Dann liegen die Bildpunkte P'', Q'', R'' auch auf einer Geraden. Angenommen nun, Q'' läge nicht zwischen P'' und R'', dann könnte ich über $\overline{P''R''}$ nach beiden Seiten einen Halbkreis schlagen, und dieser Kreis müsste dem Kreise entsprechen, der $\overline{PR}$ zum Durchmesser hat. Dann würde Q innerhalb, Q'' außerhalb entsprechender Kreise liegen. Man könnte dann durch Q'' eine den Kreis (über $\overline{P''R''}$) nicht schneidende Gerade ziehen, und dieser würde in der Ebene E eine Gerade durch Q entsprechen, die aber notwendig den Kreis (über $\overline{PR}$) schneiden müsste. Dem Durchschnittspunkt würde dann in der Ebene E'' kein Punkt entsprechen, und das ist unmöglich. Damit ist bewiesen, dass die Eigenschaft des Zwischenliegens bei unserer betrachteten Kreisverwandtschaft erhalten bleibt. So brauchen wir keine Stetigkeit vorauszusetzen. Da der Charakter des Zwischenliegens gewahrt bleibt, können wir das über die Erhaltung rationaler Abstandsverhältnisse ausgesprochene Gesetz auf irrationale Verhältnisse ausdehnen.

Nun sind wir am eigentlichen Ziele. Wir können in der z-Ebene ein rechtwinkliges Koordinatensystem nebst Einheitsstrecke annehmen und in der z''-Ebene den zugehörigen Nullpunkt und Einheitspunkt bestimmen. Damit wird, da rechte Winkel erhalten bleiben, auch in der zweiten Ebene ein entsprechendes rechtwinkliges Koordinatensystem festgelegt, und zwar wird die Einheitsstrecke auf der neuen reellen und imaginären Achse gleich groß, weil auch Quadrate erhalten bleiben. Demnach lassen sich jetzt die Punkte der x- wie der y-Achse in ihrer Reihenfolge eineindeutig auf die der x''- beziehungsweise y''-Achse derart beziehen, dass wegen Erhaltung der Abstandsverhältnisse von 0 entsprechenden Punkten dieselbe Zahl zugeordnet wird.

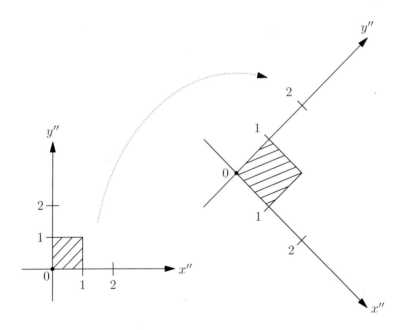

Abbildung 1.11: Transformation des Koordinatensystems

Diese eineindeutig umkehrbare Zuordnung der Achsenpunkte überträgt sich wegen der Erhaltung der Parallelität endlich auf die Punkte der Ebenen überhaupt. Denken wir uns danach in der z-Ebene irgendeine Figur gezeichnet, so entsteht in der z''-Ebene eine durch eine direkte oder indirekte Ähnlichkeitstransformation zu erhaltende Figur. Ist sie direkt, sodass sie durch eine Verschiebung und Drehung mit Dehnung zu erhalten ist, so ist sie durch eine lineare ganze Funktion darstellbar; ist sie indirekt, so tritt noch eine Spiegelung an der reellen Achse hinzu. Damit ist bewiesen:

Satz 1.20. *Eine Transformation, die Kreise in Kreise überführt und bei der der unendlich ferne Punkt sich selbst zugeordnet ist, ist eine direkte oder indirekte Ähnlichkeitstransformation und lässt sich als solche durch eine lineare ganze Funktion – eventuell mittels der konjungiert komplexen Variablen – darstellen.*

Damit ist die Lücke im Beweis (Seite 22) unseres allgemeinen Satzes ausgefüllt, und die Umkehrung von Satz 1.19 bewiesen, sodass gilt (vergleiche Satz 1.16):

Satz 1.21. *Die linearen gebrochenen Substitutionen stellen – wenn man noch die konjugiert komplexen Variablen zulässt – alle Kreisverwandtschaften dar.*

Die allgemeine lineare gebrochene Substitution der Form $z' = \frac{az+b}{cz+d}$ konnten wir auffassen als Transformation der z-Ebene in die z'-Ebene oder der z-Ebene in sich. Damit die Zuordnung der Punkte eineindeutig ist, ist es notwendig, das unendlich Ferne als Punkt anzusehen, da, wenn das unendlich Ferne sich nicht gerade selbst entspricht

$$z'|_{z=\infty} = \frac{a + \frac{b}{z}}{c + \frac{d}{z}}\bigg|_{z=\infty} = \frac{a}{c}$$

ein bestimmter Punkt wird. Daher ist auch gerade – wie gesagt – die stereographische Projektion für die Funktionentheorie so zweckmäßig.

Es ist gezeigt worden, dass die lineare gebrochene Substitution die allgemeinste kreisverwandte Abbildung der z-Ebene auf die z'-Ebene vermittelt. Wollen wir nun die lineare Substitution auf der Kugel deuten, so können wir das in der Weise tun, dass wir zunächst die Kugelpunkte durch stereographische Projektion kreisverwandt auf die Ebene übertragen, dann in der Ebene die vorgelegte Substitution ausführen und durch stereographische Projektion zur Kugel zurückführen. Da wir bei diesen drei Schritten jeweils kreisverwandte Abbildungen erhalten, folgt:

Satz 1.22. *Die linearen Substitutionen stellen auch auf der Kugel alle Kreisverwandtschaften dar.*

„Alle" konnten wir hinzufügen, weil, wenn eine Kreisverwandtschaft auf der Kugel vorliegt, wir diese auch umgekehrt durch eine lineare Substitution darstellen können, indem wir einfach die z-Ebene einführen, auf sie die Kreisverwandtschaft durch stereographische Projektion übertragen und dann in der z-Ebene die – nach dem Bewiesenen sicher vorhandene – zugehörige lineare Substitution aufsuchen.

Die beiden Hilfsschritte der stereographischen Projektion mussten wir hier machen, um überhaupt zu einer Definition der linearen Substition auf der Kugel zu kommen. Auch sonst sind sie vielfach mit Nutzen anzuwenden.

1.5 Winkeltreue der stereographischen Projektion und der durch die lineare gebrochene Substitution vermittelten Abbildungen

Nun wollen wir weitere *Eigenschaften der linearen Substitutionen* ableiten. Zunächst behaupten wir:

Satz 1.23. *Die stereographische Projektion vermittelt eine winkeltreue Abbildung.*

Wir denken uns von einem Punkte P der z-Ebene zwei Strahlen ausgehen in der z-Ebene. Den durch O, N und P gelegten Meridian wählen wir als Zeichenebene. In ihm liegt auch der durch stereographische Projektion P zugeordnete Kugelpunkt P'. Zu untersuchen ist nun der Winkel, den in P' die beiden Kreise bilden, die den durch P gehenden Geraden zugeordnet sind und daher erhalten werden, wenn man einmal durch N und den einen Strahl, dann durch N und den anderen Strahl die Ebene legt. Diese beiden Ebenen schneiden sich in der Geraden NP, sodass sie einen keilförmigen Teil aus dem Raum ausschneiden, wie es in Abbildung 1.12 angedeutet werden soll.

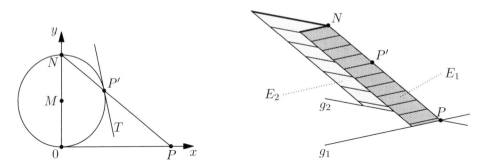

Abbildung 1.12: Winkeltreue der stereographischen Projektion

Der Winkel der beiden durch P' gezogenen Kreise wird gemessen durch deren Tangenten in P. Diese liegen einmal in der Tangentialebene der Kugel in P', dann auch in den Ebenen der Kreise, das heißt, in den Ebenen, die den Keil bilden. Der Winkel der Kreise in P' ist demnach der Winkel, den die Ebenen des Keils aus der Tangentialebene $P'T$ herausschneiden. Wir haben jetzt nur zu zeigen, dass dieser Winkel ebenso groß ist wie der Winkel, den diese Ebenen des Keils aus der z-Ebene herausschneiden, da das ja nichts anderes ist als der Winkel in P, von dem wir ausgingen.

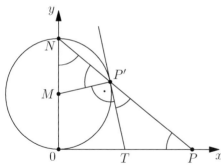

Von der Gleichheit der genannten Winkel überzeugen wir uns leicht.

Wir ziehen die Strecke $\overline{MP}$. Zunächst ist $\angle TP'P$ der Komplementwinkel von $\angle MP'N$, da $\angle MP'T = \pi/2$ ist, und $\angle TPP'$ ist der Komplementwinkel von $\angle ONP$, da $\angle NOP = \pi/2$ ist. Aus der Gleichheit

$$\angle MP'N = \angle MNP' = \angle ONP$$

folgt daher:

$$\angle TP'P = \angle TPP'.$$

Was bedeuten diese Winkel? Denken wir uns in P' auf der Spur $P'T$ in der Tangentialebene ein Lot errichtet, so steht dieses außer auf $P'T$ auch auf $P'M$ senkrecht, weil es in der Tangentialebene liegt. Somit steht dieses Lot und daher auch die Tangentialebene auf der Ebene der Zeichnung senkrecht. Ebenso lässt sich zeigen, dass die in 0 gelegte Tangentialebene – die z-Ebene – auf der Zeichenebene senkrecht steht. Folglich ist die Zeichenebene die Ebene des Neigungswinkel der Tangentialebene in P' gegen die z-Ebene. Da aber PP' in der Zeichenebene darin liegt, sind die beiden Winkel $\angle TP'P$ und $\angle TPP'$ die Neigungswinkel der Geraden PP' gegen die beiden Ebenen, und wir haben abgeleitet:

Die Gerade PP' ist gegen die *z-Ebene und* gegen die *in P' gedachte Tangentialebene* gleich geneigt oder, wie man auch sagt: Diese beiden Ebenen sind *antiparallel in Bezug auf PP'*.

Diese Ausdrucksweise ist so zu erklären, dass wir antiparallele Ebenen auf folgende Art erhalten können: Wir verbinden einen Punkt P einer Ebene mit einem Punkt P' einer parallelen Ebene und drehen eine der beiden Ebenen *um PP'* als Achse um zwei rechte Winkel herum; dann kommt sie in die Lage, die wir als antiparallel in Bezug auf PP' bezeichnet haben.

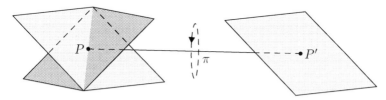

Abbildung 1.13: Die hellgrauen Ebenen sind parallel, die dunkelgraue ist antiparallel in Bezug auf PP'.

Wie nun parallele Ebenen die Eigenschaft haben, aus zwei beliebigen sie schneidenen Ebenen gleiche Winkel auszuschneiden – es folgt dies aus der Parallelität der Schenkel – so gilt dies bei antiparallelen Ebenen in Bezug auf die Ebenen, die durch die Achse hindurchgelegt sind.

Um uns von der Richtigkeit dieser – durch eine elementare stereometrische Betrachtung nachweisbaren – Tatsache durch die Anschauung zu überzeugen, tun wir gut, uns die gedrehte Ebene um die Achse zurückzudrehen, bis sie der antiparallelen wieder parallel wird.

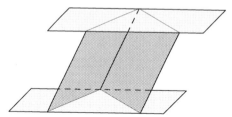

In unserem Falle ist die Achse PP' der antiparallelen Ebene gerade die Kante des Keils in Abbildung 1.12; es werden also aus den antiparallelen Ebenen, der z-Ebene und der Tangentialebene $P'T$, durch die Ebenen, die den Keil bilden, gleiche Winkel herausgeschnitten, womit, nach den Erörterungen der vorigen Seite die Behauptung bewiesen ist.

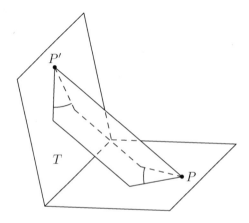

Abbildung 1.14: Die beiden eingezeichneten Winkel sind gleich.

Was wir hier von dem Winkel von Geraden bewiesen haben, überträgt sich auf den von Kurven, der ja am Schnittpunkt durch die Tangente gemessen wird. Wir haben hierbei von der Tatsache Gebrauch zu machen, dass auch die Berührung bei der stereographischen Projektion erhalten bleibt; das seinerseits folgt daraus, dass wir zwei sich berührende Kurven an der Berührungsstelle in einen beliebig kleinen Winkelraum einschließen können.

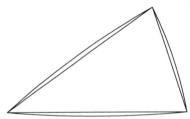

Aus der Winkeltreue folgt, dass die Abbildung „in den kleinsten Keilen ähnlich" ist, wie man sagt. Wir können uns nämlich ein Dreieck in der Ebene so zusammengezogen denken, dass die Seitenverhältnisse gegen eine bestimmte Grenze konvergieren, und diesem Grenzwerte streben dann auch die Verhältnisse der Seiten des entsprechenden sphärischen Dreiecks zu, indem die Seiten bis auf unendlich

kleine Größen zweiter Ordnung durch die zugehörigen Sehnen ersetzt werden können. Das ist später genauer analytisch zu verfolgen.

Nun ist es leicht nachzuweisen, dass die lineare gebrochene Substitution

$$z' = \frac{az + b}{cz + d}$$

eine winkeltreue Abbildung vermittelt. Wäre $c = 0$, dann wäre die Substitution
ganz und nichts mehr zu beweisen, da sie dann sogar im Großen ähnlich wäre
(siehe Satz 1.17). Also können wir nun $c \neq 0$ annehmen. Alsdann entspricht dem
unendlich fernen Punkt der z-Ebene ein endlicher Punkt U' der z'-Ebene. Dem
Punkt U' wollen wir nun durch stereographische Projektion einen Punkt U'' auf der
Einheitskugel zuordnen, die wir im Nullpunkt der z'-Ebene auf diese aufzulegen
haben.

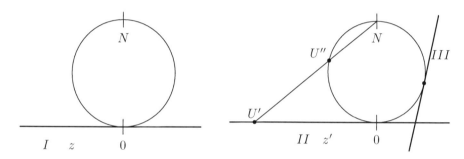

Abbildung 1.15: Veranschaulichung der Zuordnung

Nun führen wir die Hilfsebene III ein, die die II berührende Kugel im Gegenpunkt von U'' tangiert. Jetzt ist Folgendes erreicht: Dem unendlich fernen Punkt
der Ebene I (oder dem Kugelpunkt N) ist der Punkt U', diesem U'', diesem endlich der unendlich ferne Punkt von III zugeordnet. Gehen wir also von Ebene I
zu Ebene II, so entsprechen sich in ihnen die unendlich fernen Punkte. Da sich
überdies der Übergang, wie die einzelnen Schritte zeigen, kreisverwandt vollzieht,
lässt er sich (nach Satz 1.20) durch eine ganze lineare Funktion darstellen. Diese vermittelt aber eine winkeltreue Abbildung nach Satz 1.17. Folglich wird die
Ebene I winkeltreu auf die Ebene III abgebildet.

Nachdem dies festgestellt ist, ändern wir den bisher eingeschlagenen Weg. Um
von I nach II zu gelangen, gehen wir nämlich nunmehr erst von I nach III, dann
von III nach der tangierenden Kugel, endlich von dort nach II. Von dem ersten
Schritt haben wir soeben erkannt, dass er eine winkeltreue Abbildung vermittelt,
von den beiden anderen, die stereographische Projektionen sind, wurde das vorher
bewiesen (Satz 1.23). Demnach werden bei Übergängen von Ebene I zu Ebene II
die Winkel nicht geändert. Somit gilt der Satz:

Satz 1.24. *Die linearen gebrochenen Substitutionen vermitteln eine winkeltreue
Abbildung.*

Beim Beweis haben wir uns hier darauf gestützt, dass die stereographische Projektion winkeltreu ist. Dagegen ließe sich einwenden, dass es sich hier um eine Eigenschaft handelt, die Figuren in der Ebene zukommt, sodass die Reinheit der Beweise es erfordern würde, den Raum nicht zu Hilfe zu nehmen. In der Tat ließe sich das auch leicht machen. Der Gang wäre der, dass man die allgemeine lineare gebrochene Substitution in der Art, wie es bisher bereits öfters geschehen ist, in einzelne Schritte zu zerlegen hätte. So erkennt man, dass es sich hier eigentlich nur darum handeln würde, zu zeigen, dass die Transformation durch reziproke Radien winkeltreu ist. Doch darauf wollen wir nicht eingehen.

1.6 Kinematische Deutung der linearen ganzen Substitution

Im Folgenden fassen wir die *Transformationen als solche der Ebene* in sich auf und *studieren sie einmal im Ganzen*, was noch nicht so ohne Weiteres zu übersetzen ist wie die einzelnen Schritte, die wir bisher bloß gesondert betrachtet haben. Eine solche Deutung wie die hier folgende ist für die ganze Funktionentheorie wichtig. Wir geben eine *kinematische Deutung*, zu der wir dadurch kommen, dass wir uns die zu deutende Transformation kontinuierlich hintereinander vorgenommen denken und nach der Bewegung fragen, die die einzelnen Punkte des Punktfeldes, als das wir uns die Ebene denken, ausführen. Wir können etwa an eine Strömung denken, womit wir allerdings nicht die Vorstellung einer inkompressiblen Flüssigkeit verbinden dürfen, wie wir nachher sehen werden.

Zunächst untersuchen wir in dieser Hinsicht die allgemeine *lineare ganze Substitution* $z' = az + b$, wo $a \neq 0$ anzunehmen ist, wenn nicht z' einfach konstant sein soll. Ich suche zunächst den Fixpunkt der Transformation, das heißt, den Punkt, der bei der Transformation in sich überführt wird, sich also aus $\xi = a\xi + b$ als $\xi = {}^{b}/_{1-a}$ ergibt. Demnach existiert ein Fixpunkt, wenn $a \neq 1$ ist. In der Tat hätten wir für $a = 1$ einfach eine Verschiebung der ganzen Ebene in sich um den Vektor b, wobei für $b \neq 0$ kein Punkt fest bleiben kann. Auf diesen Spezialfall werden wir nachher noch einmal kurz zurückkommen; zunächst bleibt also nur der Fall $a \neq 1$ zu untersuchen. Aus unseren Gleichungen folgt

$$z' - \xi = a(z - \xi).$$

Nun setzen wir

$$z - \xi = Z, \qquad z' - \xi = Z',$$

das heißt, wir machen durch eine Parallelverschiebung des Koordinatensystems den Fixpunkt der Transformation zum Ursprung, und nun bleibt die Transformation $Z' = aZ$ zu untersuchen; dabei kann a eine beliebige komplexe Zahl sein, wobei nur die reellen Werte 0 und 1 auszuschalten sind.

Bevor wir uns zur allgemeinen Deutung dieser Substitution wenden, wollen wir zwei Spezialfälle herausheben:

1. dass $|a| = 1$ ist, die so genannte *elliptische* Substitution;

2. dass a reell und positiv ist, die so genannte *hyperbolische* Substitution.

(Auf die Begründung dieser Bezeichnung wollen wir verzichten.)

1.6.1 Die elliptische Substitution

Falls $|a| = 1$ ist, können wir $a = \cos\alpha + \mathrm{i}\sin\alpha = \mathrm{e}^{\mathrm{i}\alpha}$ setzen, sodass $Z' = \mathrm{e}^{\mathrm{i}\alpha}Z$ wird.

Es sei vorläufig ein für allemal bemerkt, dass wir zunächst das Symbol $\mathrm{e}^{\mathrm{i}\alpha}$ immer bloß zur Abkürzung gebrauchen, ohne über die Funktion irgendetwas vorauszusetzen. Später werden wir die Exponentialfunktion für komplexe Exponenten überhaupt erst definieren und damit die hier gebrauchte Schreibweise rechtfertigen (siehe Abschnitt 2.6). Dass wir sie nicht bis dahin vermeiden, geschieht lediglich der bequemeren Bezeichnungsweise wegen.

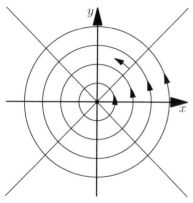

Abbildung 1.16: Drehung

Die neue Lage der Punkte erhalten wir also durch eine Drehung der Ebene um den Fixpunkt. Das sahen wir schon früher auf Seite 18. Jetzt bei unserer kinematischen Auffassung wollen wir uns nun zur Veranschaulichung die Drehung kontinuierlich ausgeführt denken.

Das versuchen wir zu erreichen, indem wir einen Parameter t, die Zeit, einführen, der uns gestatten soll, Zwischentransformationen passend einzuschalten. Wir setzen

$$Z'_t = \mathrm{e}^{\mathrm{i}\alpha t}$$

und denken uns den Parameter t variiert. Nehmen wir etwa die Substitutionen

$$Z'_{t_1} = \mathrm{e}^{\mathrm{i}\alpha t_1}, \qquad Z'_{t_2} = \mathrm{e}^{\mathrm{i}\alpha t_2}$$

vor, so wird

$$Z'_{t_2} = \mathrm{e}^{-\mathrm{i}\alpha(t_1 - t_2)}Z'_{t_1},$$

das heißt, die Transformation von Z'_{t_1} nach Z'_{t_2} ist immer nur von der Zeitdifferenz $t_1 - t_2$ abhängig. So gleiten bei der Transformation alle Punkte auf konzentrischen Kreisen in gleichen Zeiten um gleiche Winkel fort, das heißt, mit gleicher Winkelgeschwindigkeit.

Diese Kreise sind die Strömungslinien der Punkte der Ebene. Das können wir auch so ausdrücken:

Satz 1.25. *Bei einer elliptischen Substitution in der z-Ebene werden alle Kreise um den Fixpunkt in sich, die Strahlen durch den Fixpunkt ineinander transformiert.*

Eine Gruppe von Transformationen wie die hier betrachtete, die nur von einem Parameter t abhängt, heißt *einparametrig* oder *eingliedrig*.

1.6.2   Die hyperbolische Substitution

Es sei a eine reelle Zahl und positiv. (Den Fall eines negativen reellen a betrachten wir nicht, sondern schließen ihn in die Betrachtung des allgemeinen Falls ein.) Die Transformation, um die es sich hier handelt, ist $Z' = aZ$. Wir wollen uns ihr Resultat auch wieder durch eine kontinuierliche Strömung herbeigeführt denken. Dabei haben wir für jeden festen Punkt Z das a als veränderlich aufzufassen, und zwar erhalten wir bei dieser Vorstellung wieder eine *eingliedrige Gruppe* von Transformationen, da a reell ist (vergleiche im Gegensatz hierzu den allgemeinen Fall).

Da die Transformation als Ganzes genommen eine Dehnung des Abstandes aller Punkte vom Fixpunkte $Z = 0$ aus bedeutet, oder bei $0 < a < 1$ eine Zusammenziehung, oder, wie wir allgemein sagen wollen, eine *Dilatation*, worin auch der Begriff der Kontraktion ein für allemal mit eingeschlossen sein soll, wird es nahe liegen, den variablen Parameter t dadurch einzuführen, dass man sich in jedem fest gedachten Momente t die Lage festgelegt denkt durch die Beziehung

$$Z'_t = a^t Z.$$

Denn dies bedeutet ja immer eine bloße Dilatation vom Fixpunkt aus. Nun fassen wir wieder genau wie eben zwei Momente ins Auge, t_1 und t_2, für die gilt:

$$Z'_{t_1} = a^{t_1} Z, \qquad Z'_{t_2} = a^{t_2} Z;$$

dann ist

$$Z'_{t_2} = a^{-(t_1-t_2)} Z,$$

sodass diese Endlagen auch wieder durch die Dilatation stattfinden. Wollen wir umgekehrt das verlangen, so müssen wir gerade die hier angegebene Einschaltung wählen. Doch gehen wir auf den Beweis hiervon nicht ein.

Satz 1.26. *Die Strahlen durch den Fixpunkt werden hier in sich, die Kreise um ihn ineinander überführt.*

1.6.3   Die allgemeine ganze lineare Substitution

Nun kommen wir zu dem allgemeinen Fall, wo a eine komplexe Zahl ist, sodass es sich darstellt in der Form $a = |a|\, e^{\alpha i}$. Die zu betrachtenden Transformationen $Z' = aZ$, wo a diese Form hat, bilden nun eine *zweiparametrige Gruppe*, indem sich die *beiden* hier auftretenden Parameter $|a|$ und α offenbar unabhängig voneinander ändern können. Wie werden wir hier zweckmäßig die Zwischenlagen einschalten? Das machen wir, indem wir auch sie aus Drehung und Dilatation zusammensetzen, wie es unsere Formel nahelegt. Wir setzen nämlich

$$Z'_t = |a|^t\, e^{i\alpha t} Z,$$

sodass nur noch ein Parameter darin ist. Für einen festen Punkt Z geht seine neue Lage Z'_t durch diese „*loxodromische*" Substitution hervor. Fassen wir wieder die zu den Zeitpunkten t_1 und t_2 erreichten Zwischenlagen Z'_{t_1} und Z'_{t_2} ins Auge, so hängen sie offenbar zusammen durch die Substitution

$$Z'_t = |a|^{t_1-t_2}\, \mathrm{e}^{\mathrm{i}\alpha(t_1-t_2)} Z'_{t_2},$$

die wieder dieselbe Form hat und bei der der Koeffizient offenbar auch wieder bloß von der Zeitdifferenz $t_1 - t_2$ abhängt.

Nun wollen wir die Transformation

$$Z'_t = |a|^t\, \mathrm{e}^{\mathrm{i}\alpha t} Z,$$

wieder kinematisch deuten. Aus unseren Gleichungen folgt für die absoluten Beträge, das heißt, für die Entfernungen von dem als Ursprung $Z = 0$ gewählten Fixpunkt die Beziehung

$$|Z'_t| = |a|^t\, |Z|, \qquad \text{daher} \qquad \log|Z'_t| = \log|Z| + t\,\log|\alpha|,$$

und für die Azimute, wenn wir die von Z und Z'_t mit φ_0 und φ_t bezeichnen:

$$\varphi_t = \varphi_0 + \alpha\,t.$$

Dabei bedeutet $\log$ immer den natürlichen Logarithmus. Also wachsen $\log|Z_t|$ und φ_t proportional mit der Zeit t, und wir haben die Eigenschaft abgeleitet, die die *logarithmische Spirale* definiert.

Für den Winkel γ, den diese Kurve in jedem Punkt mit dem Radiusvektor bildet, bekommen wir leicht einen Ausdruck unter Benutzung der Formel $\tan\gamma = r\frac{\mathrm{d}\varphi}{\mathrm{d}r}$. Dazu schreiben wir, indem wir $\varphi_0 = 0$ setzen – was ja bloß eine passende Wahl des Koordinatensystems bedeutet und so ohne Spezialisierung geschehen kann – die Gleichung der Strömungskurve in der Form

$$\varphi_t = \frac{\alpha}{\log|a|}\log|Z'_t| - \frac{\alpha}{\log|a|}\log|Z|$$

und erhalten für den Winkel γ, den die Bahn, die der Punkt Z durchströmt, in jedem Augenblick mit dem Radiusvektor bildet, die Formel

$$\tan\gamma = |Z'_t|\,\frac{\mathrm{d}\varphi_t}{\mathrm{d}\,|Z'_t|} = |Z'_t| \cdot \frac{\alpha}{\log|a|} \cdot \frac{1}{|Z'_t|} = \frac{\alpha}{\log|a|}.$$

Das heißt, dieser Winkel ist konstant im Laufe der Zeit; er ändert sich nicht, wenn sich der variable Faktor $a_t = |a|^t\, \mathrm{e}^{\mathrm{i}\alpha t}$ im Laufe der Zeit ändert. Die Bedeutung dieser Konstanten ergibt sich, wenn man a_t in der Form schreibt:

$$a_t = \mathrm{e}^{t(\log|a|+\mathrm{i}\alpha)},$$

die deutlich zeigt, dass $\log|a|$ und α durch den anfangs gewählten Wert des Faktors a ihrem Verhältnis nach festgelegt werden, und gerade wenn wir den Parameter so einführen, wie es geschehen ist, können wir a_t ändern mit t und doch das Verhältnis $\alpha/\log|a|$ ungeändert lassen.

Die hier abgeleitete Eigenschaft der logarithmischen Spirale, mit allen Strahlen des Büschels durch den Fixpunkt $Z = 0$ gleiche Winkel einzuschließen, genügt auch, um diese Kurve zu charakterisieren. Da die Größe des Winkels nur von dem durch den Anfangswert von a (oder natürlich den zu irgendeiner späteren Zeit) festgelegten Wert des Verhältnisses $^\alpha/_{\log|a|}$ abhängt, hingegen nicht von Z, bewegen sich alle Punkte der Ebene in derartigen logarithmischen Spiralen, die sämtlich kongruent sind. Diese Kurven winden sich unendlich oft um den Nullpunkt herum und laufen andererseits ins Unendliche aus (von Spezialfällen allerdings abgesehen).

Nehmen wir nun noch Kurven an, die alle Strahlen des Strahlenbüschels durch den Fixpunkt unter dem konstanten Winkel $\pi/2 - \gamma$ schneiden, so bekommen wir eine zweite Schar von logarithmischen Spiralen, die die orthogonalen Trajektorien der Kurven der ersten Schar sind und auch durch den Fixpunkt gehen. Bei der Transformation muss eine Kurve der zweiten Schar, da wir es mit einer Ähnlichkeitstransformation zu tun haben, wieder in eine logarithmische Spirale durch den Fixpunkt übergehen, und zwar genauer gesagt, da die Form ihrer Gleichung durch die Transformation nicht berührt wird, wieder in eine Spirale der zweiten Schar. Nehmen wir zwei derartige logarithmische Spiralen an, so werden sie in der gleichen Zeit um denselben Winkel gedreht.

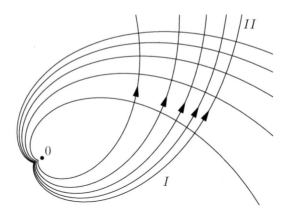

Abbildung 1.17: Logarithmische Spiralen

Bei der Transformation drehen sich also die logarithmischen Spiralen der ersten Schar in sich selbst, die der orthogonalen zweiten Schar ineinander. Vergleiche Tafel XVIII, Figur 58 bei [7].

Durch Spezialisierung kämen wir von diesem allgemeinen auf die vorher behandelten Fälle. All diese Bilder können wir durch stereographische Projektion auf die Kugel übertragen. Dort tritt noch ein zweiter Fixpunkt auf, nämlich der Nordpol, da ja der unendlich ferne Punkt bei der linearen Substitution in sich selbst übergeht. Die Kreise um den Fixpunkt, den man mit dem Südpol zusammen fallen lässt, gehen in Breitenkreise, die Strecken durch den Fixpunkt in Meridiane, die

Spiralen in „Loxodromen" über, die die Meridiane alle unter demselben Winkel schneiden (wegen der Winkeltreue der Abbildung); Nord- und Südpol treten völlig gleichberechtigt auf: Die Meridiane gehen ja durch beide, weil die Strahlen unseres Strahlbüschels ja nach dem unendlich fernen Punkt zusammenlaufen, und auch die beiden Scharen von Loxodromen ziehen sich nach dem Nord- genau wie nach dem Südpol hin, indem sie sich unendlich oft um jeden der beiden Pole herumwinden.

1.6.4   Der parabolische Fall

Wir zeigten, dass die lineare ganze Substitution $z' = az + b$ sich je nach dem Werte von a verschieden in der z-Ebene darstellt, nahmen aber bisher immer einen Fixpunkt an, in dem wir von vornherein den Fall $a = 1$ ausschalteten (Seite 30) oder wenigstens nicht genügend berücksichtigten. Wir müssen deshalb nun noch einmal kurz auf ihn zurückkommen.

Während der elliptische und der hyperbolische Fall sich als Spezialfälle dem loxodromischen unterordneten, ist der Fall $a = 1$, der der *parabolische* heißt, noch spezieller. Es bedeutet nämlich die so resultierende Transformation $Z' = z + b$ eine bloße Schiebung in der Ebene um $|b|$ in Richtung des Vektors b wie in Abbildung 1.18. Variieren wir wieder passend b, indem wir $Z'_t = z + bt$ setzen, so erkennen wir, dass auch wieder in gleichen Zeiten eine gleiche Bewegung erfolgt. Die kinematische Deutung, zu der das führt, ist sehr anschaulich.

Die Schar der Parallellinien in Richtung des Vektors b bewegt sich so, dass jeder Strahl in sich fortschreitet, die Orthogonalschar der Geraden wird ineinander übergeführt. Einen Fixpunkt gibt es natürlich nicht. Auf der Kugel gibt es jedoch einen Fixpunkt, den Nordpol N; das ist ja auch klar, weil er dem unendlich fernen Punkt entspricht. Der durch den Ursprung gehende Strahl wird in einen Meridian, seine Parallelstrahlen in andere Kreise auf der Kugel abgebildet, die zu beiden Seiten dieses Meridians liegen, alle durch N gehen und sich dort berühren, da sie den Winkel Null einschließen. Auch die Orthogonalenschar wird von Kreisen gebildet, die sich alle in N berühren, sodass wir das Bild in Abbildung 1.19 erhalten.

1.7   Die kinematische Deutung der linearen gebrochenen Substitution

In der gleichen Weise wollen wir nun die gebrochene Substitution

$$z' = \frac{az + b}{cz + d}$$

kinetisch deuten, und zwar werden wir sie sehr einfach auf die Deutung der ganzen zurückführen. Natürlich werden wir die Determinante $ad - bc \neq 0$ voraussetzen. Außerdem setzen wir $c \neq 0$ voraus, damit die Transformation, die wir untersuchen wollen, auch wirklich gebrochen ist. Zunächst fragen wir wieder nach Fixpunkten

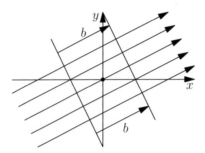

Abbildung 1.18: Schiebung um b

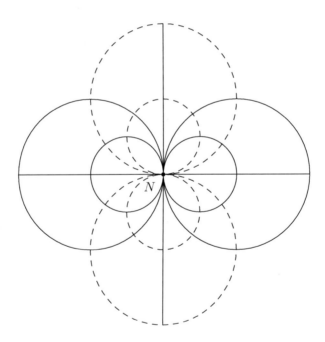

Abbildung 1.19: Bilder der Parallellinien (gestrichelt) und der Orthogonalenschar (durchgezogen) auf der Zahlenkugel

der Transformation. Für einen solchen muss sein:

$$\xi = \frac{a\,\xi + b}{c\,\xi + d} \qquad \text{oder} \qquad c\,\xi^2 + (d - a)\xi - b = 0.$$

Wir finden also für ξ eine wegen $c \neq 0$ sicher quadratische Gleichung, aus der sich

$$\xi = \frac{a - d}{2c} \pm \sqrt{\left(\frac{a - d}{2c}\right)^2 + \frac{b}{c}}$$

ergibt, sodass wir im Allgemeinen zwei im Endlichen – c ist $\neq 0$ angenommen – liegende Fixpunkte bekommen werden.

Die beiden Punkte fallen nur zusammen, wenn der Ausdruck unter der Quadratwurzel Null ist. Diesen *Fall der Gleichheit* der Wurzeln der quadratischen Gleichung wollen wir *zunächst ausschalten*, indem wir

$$(a - d)^2 + 4bc \neq 0$$

voraussetzen.

Ich bilde nun, indem ich die beiden Fixpunkte mit ξ_1 und ξ_2 bezeichne, folgende Ausdrücke:

$$Z = \frac{z - \xi_1}{z - \xi_2}, \qquad Z' = \frac{z' - \xi_1}{z' - \xi_2};$$

Z' will ich jetzt als Transformation von Z deuten. Zwischen diesen beiden Größen wird wegen des Gruppencharakters der linearen gebrochenen Transformation wieder eine lineare Beziehung bestehen, die ich durch Rechnung ermitteln könnte. Doch lässt sich ihre Form sehr leicht unmittelbar feststellen. Wir betrachten einfach Folgendes. Dem Punkte $z = \xi_2$ entspricht $Z = \infty$, dem Punkte $z' = \xi_2$ entspricht $Z' = \infty$. Da ξ_2 aber ein Fixpunkt war, erkennt man, dass $Z = \infty$ der Punkt $Z' = \infty$ entspricht, sodass die Transformation, durch die Z in Z' übergeht, $Z' = AZ + B$ lautet. Da aber ξ_1 auch ein Fixpunkt ist und sich deshalb bei der Transformation in der z-Ebene selbst entspricht, geht auch der Punkt $Z = 0$, der $z = \xi_1$ entspricht, bei der Transformation in der Z-Ebene in den Punkt $Z' = 0$ über, der $z' = \xi_1$ entspricht. Daher muss das konstante Glied B noch wegfallen, und es bleibt eine Gleichung von der Form

$$Z' = AZ \qquad \text{oder} \qquad \frac{z' - \xi_1}{z' - \xi_2} = A\,\frac{z - \xi_1}{z - \xi_2},$$

wo A eine komplexe Konstante ist. Damit sind wir auf die ungebrochenen Substitutionen zurückgekommen und können zur kinematischen Deutung der gebrochenen Substitutionen unsere früheren Resultate anwenden, wobei wir dieselbe Unterscheidung der Fälle zu machen haben:

1. $|A| = 1$

2. $A > 0$

3. A beliebig komplex.

Dabei ist immer $(a - d)^2 + 4bc \neq 0$ vorausgesetzt.

Wollen wir also die Transformation der z-Ebene deuten, so deuten wir vorerst die entsprechende in der Z-Ebene, wie es früher geschehen ist; um dann zur z-Ebene zurückgehen zu können, betrachten wir Folgendes. Der Übergang vollzieht sich kreisverwandt, wobei dem Fixpunkte $Z = Z' = 0$ der Fixpunkt $z = z' = \xi_1$ und dem Fixpunkte $Z = Z' = \infty$ der Fixpunkt $z = z' = \xi_2$ entspricht. Also entsprechen den Kreisen durch den Nullpunkt der Z-Ebene Kreise durch den Fixpunkt ξ_1 der z-Ebene, speziell den Geraden durch den Nullpunkt der Z-Ebene Kreise durch beide Fixpunkte ξ_1 und ξ_2 der z-Ebene; es ist dies eine einfach unendliche Schar von Kreisen, die durch diese Punkte hindurchlaufen (dazu gehört die Gerade $\xi_1\xi_2$). Letzteres lässt sich auch analytisch leicht erkennen. Die Punkte eines Halbstrahls durch $Z = 0$ sind durch die Beziehung Azimut von $Z = \varphi_0 = $ const verbunden (Gleichung eines Strahles), sodass die Punkte, die ihnen in der z-Ebene entsprechen, der Gleichung

$$\text{Azimut}(z - \xi_1) - \text{Azimut}(z - \xi_2) = \text{const}$$

genügen müssen, das heißt, der Winkel $\angle \xi_1 z \xi_2$ ist konstant, sodass alle Punkte z, die ein fester Wert φ_0 liefert, auf einem Kreise durch ξ_1 und ξ_2 liegen.

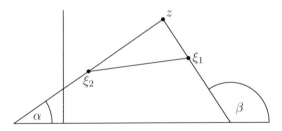

Abbildung 1.20: $\alpha = \text{Azimut}(z - \xi_2)$, $\beta = \text{Azimut}(z - \xi_1)$

Der andere Halbstrahl Azimut $Z = \varphi_0 + \pi$ gibt die auf der anderen Seite der Linie $\xi_1\xi_2$ liegende Partie des Kreises durch ξ_1 und ξ_2.

Indem man φ_0 variiert, bekommt man dann die einfach unendliche Schar von Kreisen durch ξ_1 und ξ_2. Den Kreisen um den Nullpunkt in der Z-Ebene, die die Gleichung $|Z| = $ const haben, entsprechen in der z-Ebene natürlich auch Kreise, deren Gleichung

$$\frac{|z - \xi_1|}{|z - \xi_2|} = \text{const}$$

lautet und die alle Kreise der ersten Schar (wegen der Winkeltreue der Transformation) orthogonal schneiden müssen. Das bestätigt sich in der Tat sofort. Denn unsere Gleichung besagt, dass das Abstandsverhältnis $z\xi_1 : z\xi_2$ konstant sein muss, und die Punkte z liegen daher nach elementargeometrischen Sätzen (*Apollonischer*

Halbkreis) auf einem Kreise, dessen Mittelpunkt auf der Geraden $\xi_1\xi_2$ liegt. Die Variation der Konstante $|Z|$ führt uns zu unserer zweiten Kreisschar, die in der Tat die erste orthogonal schneidet. Sie liegt zu beiden Seiten des Mittellotes von $\xi_1\xi_2$, das übrigens auch dazu gehört. Es entspricht dem Einheitskreis in der Z-Ebene und trennt die Kreise der Schar, die den Kreisen innerhalb und außerhalb des Einheitskreises in der Z-Ebene entsprechen. Das folgt alles aus unserer Beziehung

$$Z = \frac{z - \xi_1}{z - \xi_2}$$

aus elementargeometrischen Gründen. (Vergleiche [21], insbesondere Seite 12, Figur 8.) Wir gewinnen demnach das Bild in Abbildung 1.21, welches Abbildung 1.16

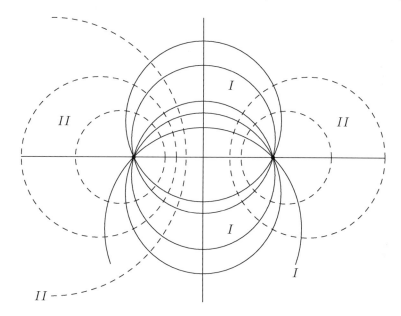

Abbildung 1.21: Bizirkulares Koordinatensystem

entspricht. Nach obigen Auseinandersetzungen ist das dortige Strahlenbüschel in die Kreisschar *I*, die dortige Kreisschar hier in die Kreisschar *II* übergegangen.

Dieses Bild führt zu dem *bizirkularen Koordinatensystem* in der Ebene, das in der Physik eine Rolle spielt. Beispielsweise werden beim Problem der elektrischen Resonanz im Äther derartige Koordinaten angewendet.

Wenn wir dies stereographisch auf die Kugel übertragen, bekommen wir dort genau so ein Bild.

Nun können wir natürlich ohne Weiteres eine kinematische Deutung der gebrochenen Substitution angeben. Im elliptischen Falle, wo $|A| = 1$ ist, bewegen sich die Kreise der Schar *II* in sich selbst, die Kreise der Schar *I* in einander; im hyperbolischen Falle, wo A reell und > 0 ist, vertauschen die beiden Scharen der Orthogonalkreise gerade ihre Rolle.

Im loxodromischen Falle endlich eines beliebigen komplexen A müssen wir uns noch isogonale Trajektorien gezogen denken, und zwar auch wieder zwei zueinander orthogonale Scharen, von denen eine Schar die Kreisschar I – die dem früheren Strahlenbündel entspricht – die andere Schar die Kreisschar II – die natürlich deren früheren Kreisschar entspricht – unter lauter gleichen Winkeln schneidet. Es sind dies spiralartige Linien, die von einem der Fixpunkte ausgehen und (zum Teil durch das Unendliche hindurch; das tut eine Kurve von jeder der beiden Scharen) auf den anderen zulaufen. Die Vorstellung hiervon ist schon recht schwierig. (Vergleiche Tafel XIX, Figur 59 bei [7].)

Nun ist noch der Fall der *parabolischen* Substitution (für die gebrochene Substitution) zu behandeln, wo in

$$z' = \frac{az + b}{cz + d} \qquad (c \neq 0)$$

zwischen den Koeffizienten die Beziehung $(a - d)^2 + 4bc = 0$ besteht. Diesmal gibt es nur einen Fixpunkt ξ im Endlichen, nämlich $\frac{a-d}{2c}$; auch der unendlich ferne Punkt ist hier kein Fixpunkt, sondern geht in den Punkt $z' = a/c$ über. Wir führen nun folgende Hilfssubstitutionen ein:

$$Z = \frac{1}{z - \xi}, \qquad Z' = \frac{1}{z' - \xi},$$

wodurch Z' eine Funktion von Z wird, die wir als Transformation der Z-Ebene in sich kinematisch deuten wollen.

Der Fixpunkt $z = \xi$ geht bei der vorliegenden Transformation über in den Punkt $z' = \xi$; folglich muss die *lineare gebrochene* Beziehung (Gruppeneigenschaft) zwischen Z und Z' derart sein, dass sie die entsprechenden Punkte $Z = \infty$, beziehungsweise $Z' = \infty$ ineinander überführt, also eine lineare *ganze* Substitution sein:

$$Z' = AZ + B.$$

Diese Beziehung vereinfacht sich wieder noch. Wäre $A \neq 1$, so gäbe es in der z-Ebene einen *endlichen* Fixpunkt; dies fanden wir überall, als wir die drei Typen der linearen ganzen Substitutionen bei $A \neq 1$ betrachteten (siehe Seite 30). Wegen der Eineindeutigkeit der durch die gebrochenen Substitutionen vermittelten Abbildungen gäbe es dann in der z-Ebene *noch einen* – endlichen oder unendlich fernen – Fixpunkt, da der *alte* Fixpunkt ja $Z = \infty$ entsprach. Da dies entgegen unserer Voraussetzung ist, muss $A = 1$ sein und die Substitution die Form $Z' = Z + B$ haben, was wir natürlich auch durch Rechnung finden würden.

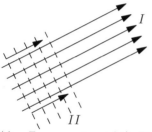

Die Bahnkurven sind also in der Z-Ebene Parallel-strahlen (I) von der Richtung des Vektors B, und ihre orthogonale Strahlenschar (II) besteht aus Strahlen, von denen jeder in einen anderen übergeht, wobei in der gleichen Zeit gleiche Wege zurückgelegt werden (vergleiche Seite 35).

Statt dieses Bildes bekommen wir in der z-Ebene das Bild zweier Kreisscharen durch den Fixpunkt ξ (der $Z = \infty$ entspricht). Die Kreise von jeder der Scharen berühren sich in ξ (der Winkel 0 der Parallellinien bleibt erhalten) und werden von denen der anderen Schar rechtwinklig geschnitten, wie es Abbildung 1.22 andeutet.

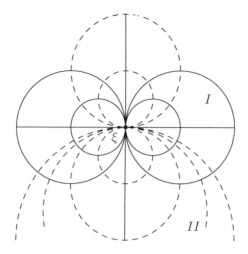

Abbildung 1.22: Kreisscharen durch Fixpunkt ξ

Von den Kreisen der einen Schar gleitet bei der Transformation jeder in sich, während zugleich die Kreise der Orthogonalschar ineinander übergehen.

Wir kennen dieses Bild schon auf der Kugel. Das liegt darin, dass wir früher, als wir dasselbe Bild der Strahlenbündel stereographisch auf die Kugel übertrugen (siehe Abbildung 1.19), auch eine winkeltreue Abbildung erhielten, und dem unendlich fernen Punkte der z-Ebene entsprach der Nordpol als Fixpunkt gerade wie hier.

1.8 Gruppentheoretische Grundlagen der Lieschen Theorie

Nun kommen wir auf die *allgemeine Idee* zu sprechen, auf die sich unsere Erfahrung eigentlich gründet, die wir bei der kinematischen Deutung der linearen Substitution gemacht haben. Es hängt dies mit der *allgemeinen Gruppentheorie von Lie* aufs Engste zusammen. Dabei ist zunächst die Einteilung in *kontinuierliche und diskrete Gruppen* besonders wichtig.

Die Transformation $z' = z + a$ bedeutet die Schiebungen einer geraden Linie in sich, die bei stetigen Änderungen von a eine kontinuierliche Gruppe bilden. Liegt dagegen die auch eine Schiebung darstellende Transformation $z' = z + n$ vor, wo n die Reihe der ganzen Zahlen durchlaufen soll, also der Parameter nur diskret verteilte Werte annehmen darf, so bilden diese Schiebungen zwar auch noch eine Gruppe, aber eine diskrete.

Die gebrochene lineare Substitution nun enthielt acht Parameter, von denen sechs wesentlich sind, weil nur die Verhältnisse in Betracht kommen. Daher bilden die linearen gebrochenen Substitutionen bei stetiger Änderung der Parameter eine sechsgliedrige kontinuierliche Gruppe (sechs Freiheitsgrade gleichsam). Indem wir von ihren Fixpunkten einen als den Nullpunkt, den anderen als unendlich fernen Punkt einer neuen Transformation wählten, konnten wir unsere Betrachtung auf die zweigliedrige Transformation $Z' = AZ$ einschränken, und darunter waren einparametrig die Fälle $|A| = 1$ und $A > 0$ (reell) ausgezeichnet.

Ganz allgemein sucht man, um Substitutionen zu verstehen, *eingliedrige Gruppen herauszuschälen*. Wir denken uns eine eingliedrige Transformation Γ_a der Ebene in sich, die die *Stetigkeitseigenschaft* erfüllen soll – das heißt, für die bei genügend geringer Änderung des Parameters a sich die Lage der Punkte beliebig wenig ändern soll. Ferner sollen für die Gesamtheit dieser Transformationen folgende Forderungen erfüllt sein:

- Die Identität soll darunter enthalten sein ($z' = z$).

- Zu jeder Transformation soll es eine inverse geben.

  (So gibt es zu $z' = z + a$ und $z' = Az$ als inverse Transformationen $z' = z - a$ und $z' = z/A$.)

- Die Zusammensetzung soll dem assoziativen Gesetz gehorchen. (Diese Eigenschaft ist sehr wesentlich!)

Das ist der Begriff der eingliedrigen kontinuierlichen Transformationsgruppe in der Ebene.

Jetzt wollen wir speziell versuchen, bei linearen Transformationen die Punkte auf Bahnkurven so zu bewegen, dass

1. ihr Ort in jedem Augenblick durch die Transformation gegeben ist, durch die er aus der Anfangslage hervorgeht;

2. außerdem aber wollen wir noch fordern, dass in gleichen Zeiten die gleiche Bewegung vor sich geht. Die Frage, ob das bei beliebigen einparametrigen Gruppen möglich ist, hat Lie bejaht.

Damit zunächst die Zusammensetzung zweier Transformationen Γ_a und Γ_b – wofür wir auch symbolisch die Bezeichnung „Produkt" gebrauchen wollen – überhaupt eine Transformation desselben Komplexes ergibt, ist vorauszusetzen, dass

$\Gamma_a\Gamma_b = \Gamma_c$ ist, wo sich $c = \varphi(a, b)$ derart berechnen lassen muss. Die Voraussetzung der Existenz einer Einheitstransformation Γ_{a_0} besagt, dass

$$\Gamma_a\Gamma_{a_0} = \Gamma_a, \qquad \Gamma_{a_0}\Gamma_b = \Gamma_b \qquad (1.27)$$

sein soll oder:

$$\varphi(a, a_0) = a, \qquad \varphi(a_0, b) = b. \qquad (1.28)$$

Ferner sollen sich zu jeder Transformation Transformationen Γ_χ und Γ_ζ so bestimmen lassen, dass

$$\Gamma_a\Gamma_\chi = \Gamma_{a_0}, \qquad \Gamma_\zeta\Gamma_b = \Gamma_{a_0} \qquad (1.29)$$

ist, das heißt, die Gleichungen

$$\varphi(a, \chi) = a_0, \qquad \varphi(\zeta, b) = a_0 \qquad (1.30)$$

sollen eindeutig nach χ und ζ auflösbar sein.

(Die Voraussetzungen (1.28) und (1.30) und die Eindeutigkeit von χ und ζ sind überflüssig, indem sie sich mittels des assoziativen Gesetzes als Folgerungen der übrigen darstellen lassen, wie in der abstrakten Gruppentheorie gezeigt wird.)

Die Voraussetzung endlich, dass die Transformationen Γ dem assoziativen Gesetz gehorchen sollen, können wir in einer der Formen schreiben:

$$(\Gamma_a\Gamma_b)\Gamma_c = \Gamma_a(\Gamma_b\Gamma_c) \qquad \text{oder}$$
$$\Gamma_{\varphi(a,b)}\Gamma_c = \Gamma_a\Gamma_{\varphi(b,c)} \qquad \text{oder endlich}$$
$$\varphi\big(\varphi(a, b), c\big) = \varphi\big(a, \varphi(b, c)\big).$$

So können wir überall statt mit Transformationen einfach mit den Parametern arbeiten.

Wählen wir in der Transformation $z_t = \Gamma_a z$ den Parameter $a = f(t)$, dann wird unsere erste Forderung der Angabe des Ortes bereits erfüllt. Wir wollen nun annehmen, wir hätten $f(t)$ so bestimmt, dass auch die zweite Forderung erfüllt ist, die Folgendes bedeutet: Nehmen wir zwei Transformationen

$$z_{t_1} = \Gamma_{f(t_1)}z \qquad \text{und} \qquad z_{t_2} = \Gamma_{f(t_2)}z$$

an und daneben

$$z_{t_1+t_2} = \Gamma_{f(t_1+t_2)}z,$$

so soll diese aus z_{t_1} durch Transformation hervorgehen:

$$z_{t_1+t_2} = \Gamma_{f(t_2)}z_{t_1}, \qquad \text{oder} \qquad \Gamma_{f(t_1+t_2)} = \Gamma_{f(t_1)}\Gamma_{f(t_2)};$$

oder, wenn wir dies wieder in Relation zwischen den Parametern schreiben, lautet die Forderung:

$$\varphi\big(f(t_2), f(t_1)\big) = f(t_1 + t_2).$$

Dies soll gelten für alle Parameterwerte t_1 und t_2. Ist das der Fall, dann können wir t als Zeit deuten, und in gleichen Zeiten geht dann wirklich die gleiche Transformation vor sich. Wenn wir jetzt für *diese* Transformation $\Gamma_{f(t)}$ das Zeichen S_t einführen, können wir sagen:

Lemma 1.31. *Unter den Transformationen* $\Gamma_{f(t)}$, *die die Forderung* (1) *erfüllen, können wir Transformationen* S_t *aussondern, für die auch die Forderung* (2)

$$S_{t_1+t_2} = S_{t_2}S_{t_1}$$

erfüllt ist, falls es gelingt, zu der gegebenen Funktion φ *eine Funktion* f *zu bestimmen, für die gilt:*

$$\varphi\big(f(t_2), f(t_1)\big) = f(t_1 + t_2)$$

für jedes t_1 *und* t_2.

Bei der Multiplikation leistet das die Exponentialfunktion; denn ist $a = e^{t_1}$ und $b = e^{t_2}$, so ist $ab = ba = e^{t_1+t_2}$. Bekanntlich hat dies auch eine große rechnerische Bedeutung, indem der Logarithmus, die inverse Funktion, so die Zurückführung der Multiplikation auf die Addition gestattet. Es lässt sich nun beweisen, dass es wirklich möglich ist, zu unserer Funktion φ eine derartige Funktion f zu bestimmen. Gerade daran, dass die Multiplikation die über φ vorausgesetzten Eigenschaften hat, vornehmlich daran, dass sie assoziativ ist, liegt es somit überhaupt, dass wir die Exponentialfunktion einführen können. Beim Beweise dieser Tatsache ist bei der Einführung gebrochener und beim Übergang zu irrationalen Exponenten von der Stetigkeit von φ Gebrauch zu machen. Doch soll hier der Beweis nicht ausgeführt werden.

Wir brauchen t nicht als Zeit zu deuten, sondern können es auch anders auffassen. Wir ordnen jeder Transformation eine Schiebung $x \mapsto x+t$ zu. Diese bilden die „Schiebungsgruppe". Eine derartige Substitution sei mit s_t bezeichnet. Da nun für diese tatsächlich auch die Eigenschaft

$$s_{t_1+t_2} = s_{t_2}s_{t_1}$$

erfüllt ist, sehen wir, dass die Zuordnung der beiden Gruppen derart ist, dass der Zusammensetzung $s_{t_1+t_2}$ zweier Substitutionen s_{t_1} und s_{t_2} der einen die Zusammensetzung $S_{t_1+t_2}$ (das „Produkt") der entsprechenden Substitutionen S_{t_1} und S_{t_2} der Schiebungsgruppe entspricht. Diese Tatsache meint man, wenn man sagt:

Die allgemeinsten linearen gebrochenen Substitutionen bilden eine Gruppe, die „isomorph" ist mit der Schiebungsgruppe, wenn wir sie als eingliedrige Gruppe passend darstellen.[4]

Dass tatsächlich der Komplex der linearen gebrochenen Substitution Gruppencharakter hat, davon haben wir uns ja in Satz 1.15 überzeugt.

Damit haben wir die allgemeinen Gedanken angedeutet, die unserer Untersuchung der linearen Substitutionen zugrunde lagen. Sie finden sich eingehend dargelegt in den Werken von Lie und Lie-Scheffers. Ihre Hauptanwendung finden sie in der Theorie der Integration der Differentialgleichungen.

Es soll hier aus dem angeführten Satze nur noch ein sehr wichtiger Schluss gezogen werden. Betrachten wir die linearen gebrochenen Substitutionen in ihrer

---

[4]Damit ist gemeint, dass alle eingliedrigen Untergruppen zur Schiebungsgruppe isomorph sind.

allgemeinen Form, wie sie zunächst vorliegen können, so wird das Resultat zweier von ihnen gewöhnlich von der Reihenfolge abhängen. Da aber die Schiebungsgruppe offenbar kommutativ ist (vergleiche (1.1)), jede eingliedrige Gruppe aber, wie wir sahen, mit der Schiebungsgruppe isomorph ist, folgt aus der Eindeutigkeit der Zuordnung:

Satz 1.32. *Die Substitutionen der eingliedrigen Gruppe sind kommutativ.*

Es sei noch folgende bemerkenswerte Tatsache erwähnt. Ist a eine reelle Zahl, so stellt

$$z' = \left(\sqrt{1 - a^2} + \mathrm{i}a \right) z$$

offenbar eine Drehung dar, da der absolute Betrag des Koeffizienten 1 ist. Dies ist eine ungeschickte Darstellung unserer früheren Transformation $z' = \mathrm{e}^{\mathrm{i}\alpha} z$. Aus unseren allgemeinen Erörterungen könen wir nun direkt schließen, dass es eine Funktion $a = f(t)$ geben muss, die die Transformation in passender Form darzustellen gestattet, und das würde uns zu Cosinus und Sinus führen. Lie hat das verfolgt und ist so zu der durch die Reihe

$$t - \frac{t^3}{3!} + \frac{t^5}{5!} \mp \cdots$$

dargestellten Sinusfunktion gelangt.

Immer überhaupt kann man eine mehrgliedrige Gruppe auf eine eingliedrige zurückführen, die eine vorgegebene Substitution enthält. Wir haben ja im Vorausgehenden überall Substitutionen eingeführt, die mit den früheren Fixpunkten übereinstimmten, und haben so gebrochene lineare Substitutionen auf ganze zurückgeführt, wobei der elliptische Charakter (wie auch der hyperbolische, und so weiter) erhalten blieb.

1.9 Invarianz des Doppelverhältnisses

Als Letztes bei unseren Untersuchungen über lineare Substitutionen wollen wir nun noch den *Begriff des Doppelverhältnisses* erörtern.

Liegt eine lineare *ganze* Transformation $z' = az + b$ vor, so ergibt sich, wenn wir zwei Punkte z_1 und z_2 ins Auge fassen, die in $z_1' = az_1 + b$ beziehungsweise $z_2' = az_2 + b$ übergehen, dass

$$z_1' - z_2' = a(z_1 - z_2)$$

ist, und, wenn wir noch einen dritten Punkt hinzunehmen, dass auch

$$z_3' - z_2' = a(z_3 - z_2)$$

ist, woraus dann folgt, dass ist:

$$\frac{z_1 - z_2}{z_3 - z_2} = \frac{z_1' - z_2'}{z_3' - z_2'}.$$

Dies können wir wieder leicht geometrisch deuten, indem wir beachten, dass diese Beziehung zwischen den komplexen Größen sofort in zwei zerfällt, von denen die eine sich auf die absoluten Beträge, die andere auf die Azimute bezieht. Denn setzen wir an

$$z_1 - z_2 = \varrho\, e^{i\varphi}, \qquad z_3 - z_2 = r\, e^{i\vartheta},$$

dann wird

$$\frac{z_1 - z_2}{z_3 - z_2} = \frac{\varrho}{r}\, e^{i(\varphi-\vartheta)}.$$

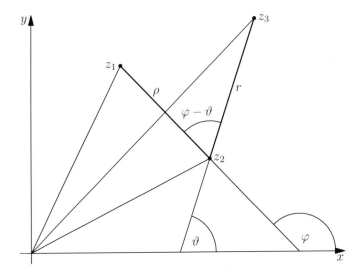

Abbildung 1.23: Die Beziehung zwischen z_1, z_2 und z_3 zerfällt in eine zwischen den Azimuten und eine zwischen den absoluten Beträgen.

Unsere Gleichung besagt dann, dass bei der Transformation das Abstandsverhältnis je zweier Punkte von einem beliebigen dritten Punkte wie auch der Winkel der von dem Punkte nach den beiden anderen ausgehenden Richtungen bei der linearen *ganzen* Substitution erhalten bleibt (siehe Abbildung 1.23).

Nun bilden wir die analogen Ausdrücke für die lineare *gebrochene* Substitution

$$z' = \frac{az + b}{cz + d};$$

wir erhalten aus

$$z'_1 = \frac{az_1 + b}{cz_1 + d} \qquad \text{und} \qquad z'_2 = \frac{az_2 + b}{cz_2 + d}$$

zunächst

$$z'_1 - z'_2 = \frac{\begin{vmatrix} az_1 + b & az_2 + b \\ cz_1 + d & cz_2 + d \end{vmatrix}}{(cz_1 + d)(cz_2 + d)},$$

und wenn wir den Index 1 durch 3 ersetzen und die beiden Ausdrücke für die Differenzen durcheinander dividieren:

$$\frac{z_1' - z_2'}{z_3' - z_2'} = \frac{(cz_3 + d)(cz_2 + d)}{(cz_1 + d)(cz_2 + d)} \cdot \frac{\begin{vmatrix} az_1 + b & az_2 + b \\ cz_1 + d & cz_2 + d \end{vmatrix}}{\begin{vmatrix} az_3 + b & az_2 + b \\ cz_3 + d & cz_2 + d \end{vmatrix}} = \frac{cz_3 + d}{cz_1 + d} \cdot \frac{\begin{vmatrix} a & b \\ c & d \end{vmatrix} \cdot \begin{vmatrix} z_1 & 1 \\ z_2 & 1 \end{vmatrix}}{\begin{vmatrix} a & b \\ c & d \end{vmatrix} \cdot \begin{vmatrix} z_3 & 1 \\ z_2 & 1 \end{vmatrix}}.$$

Ein Faktor hat sich weggehoben, und dann haben wir auf die Determinanten das Multiplikationstheorem angewandt. Dieser Ausdruck vereinfacht sich weiter, indem wir die als von 0 verschieden vorausgesetzte Determinante der Substitution wegkürzen können, sodass bleibt:

$$\frac{z_1' - z_2'}{z_3' - z_2'} = \frac{cz_3 + d}{cz_1 + d} \cdot \frac{z_1 - z_2}{z_3 - z_2}.$$

Also ist dieser Quotient hier nicht mehr konstant. Immerhin können wir aus dieser Formel bereits auf die Winkeltreue und Ähnlichkeit im Kleinen schließen. Nun wollen wir aber eine Beziehung herstellen, die exakt gilt. Dazu nehmen wir einen vierten Punkt z_4 und wenden auf unsere Gleichung die Permutation $2 \leftrightarrow 4$ an. Dann bleibt der erste Faktor unberührt, und wenn wir dividieren, fällt dieser Teil fort. Wir erhalten so für das so genannte *Doppelverhältnis* die Beziehung:

$$\frac{z_1' - z_2'}{z_3' - z_2'} : \frac{z_1' - z_4'}{z_3' - z_4'} = \frac{z_1 - z_2}{z_3 - z_2} : \frac{z_1 - z_4}{z_3 - z_4},$$

sodass wir erkennen:

Satz 1.33. *Bei einer linearen gebrochenen Substitution bleibt das Doppelverhältnis von vier Punkten invariant.*

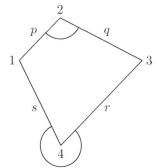

Um zu erkennen, was das geometrisch bedeutet, nehmen wir wieder die Zerlegung in zwei Gleichungen für die absoluten Beträge und Azimute vor. So zeigt sich, dass

$$\frac{p}{q} : \frac{s}{r} = \frac{pr}{qs} = \text{const}$$

ist und die Summe zweier gegenüberliegender Winkel ungeändert bleibt.

Wir wollen noch die Frage nach der Bedeutung der Realität des Doppelverhältnisses berühren. Alsdann muss das Azimut 0 oder π sein, und beides besagt nach einfachen planimetrischen Sätzen, dass die vier Punkte auf einem Kreise liegen. Auch umgekehrt folgt für das Doppelverhältnis von vier auf einem Kreise gelegenen Punkten, dass es reell ist. Also erkennen wir:

Satz 1.34. *Dann und nur dann ist das Doppelverhältnis von vier Punkten reell, wenn sie auf einem Kreise liegen.*

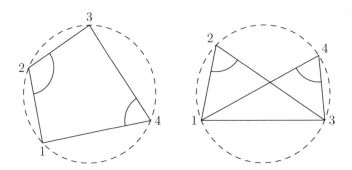

Abbildung 1.24: Reelles Doppelverhältnis

Wir können nun leicht die Aufgabe analytisch lösen, eine lineare Substitution anzugeben, die drei gegebene Punkte z_1, z_2, z_3 in drei Punkte z_1', z_2', z_3' überführt. Denn angenommen, z sei ein weiterer variabler Punkt, der in z' übergehe; dann besteht wegen Satz 1.33 die Beziehung

$$\frac{z_1' - z_2'}{z_3' - z_2'} : \frac{z_1' - z'}{z_3' - z'} = \frac{z_1 - z_2}{z_3 - z_2} : \frac{z_1 - z}{z_3 - z}.$$

Die gesuchte Substitution kann keine andere sein, und diese ist es auch, da sie die gegebenen Punkte z_1, z_2, z_3 in der verlangten Weise transformiert. Es gibt immer eine und nur eine Lösung.

Von besonderem Interesse ist noch die Aufweisung des Zusammenhangs der geometrischen Lagebeziehungen bei linearen Transformationen mit der nichteuklidischen Geometrie, für die die Kugel Fundamentalfläche ist. Doch wollen wir nun diese einleitenden Betrachtungen abschließen.

1.10   Ein Übungsblatt zur Vorlesung

Zusammen mit der Vorlesungsmitschrift wurde folgende Lösung eines Übungsblatts zur Vorlesung von Fritz Frankfurther überliefert, datiert am 6.11.1910. Die Fußnoten in diesem Abschnitt sind Korrekturen von Hermann Weyl.

Gegeben sei eine komplexe Größe $A \neq 0$. Es soll bewiesen werden, dass es bei positivem ganzen n genau n Zahlen x gibt, für die $x^n = A$ ist, und angegeben werden, wo sie in der Gaußschen Zahlenebene liegen.

Ich setze A in die trigonometrische Form; dann besteht die Aufgabe darin, die Größen x zu bestimmen, die der Gleichung $x^n = A = \varrho \cdot (\cos \varphi + \mathrm{i} \sin \varphi)$ genügen. Indem ich bedenke, dass der Azimut bloß bis auf ein ganzes Vielfaches von 2π bestimmt ist, werde ich durch den Moivreschen Satz zu der Behauptung geführt, dass alle Größen x von der Form

$$x = \sqrt[n]{\varrho}\left(\cos \frac{\varphi + 2k\pi}{n} + \mathrm{i} \sin \frac{\varphi + 2k\pi}{n}\right), \qquad (1.35)$$

wo $\sqrt[n]{\varrho}$ die eindeutig definierte positive n-te Wurzel aus dem absoluten Betrage ϱ bedeutet, der gestellten Forderung genügen. In der Tat bestätigt sich das durch Einsetzen.

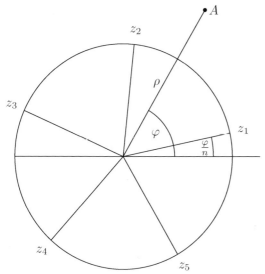

Nun ist noch die Anzahl dieser Wurzeln zu untersuchen. Zunächst kann k jede ganze Zahl bedeuten. Nehmen wir $k = 0, 1, 2,$ $\ldots, n{-}1$ an, so durchläuft bei den ersten $n/2$ oder bei ungeradem n bei den ersten $n{-}1/2$ Werten von k der Cosinus lauter verschiedene Werte, während im übrigen Teil der Sinus nur negative, vorher dagegen nur positive Werte annimmt. Daher erhalten wir mindestens n verschiedene Werte von x. Dass wir auch nicht mehr erhalten, liegt daran, dass sich die Vergrößerung des Winkels φ/n um $2k\pi/n$ bei größer gewähltem k in zwei Teile zerlegen lässt entsprechend $k = ln+k_1$, wo l positiv ganz und $0 \leq k_1 < n$ ist, so dass der eine Zuwachs einen solchen um ein ganzes Vielfaches von 2π bedeutet, wobei sin und cos ungeändert bleiben. Auf negative Werte von k brauchen wir nicht zu achten, da wir statt solcher jederzeit positive durch Vermehrung um ein hinreichendes Vielfaches von 2π einführen können.

In der Gaußschen Ebene liegen die Punkte in (1.35), da ihr Abstand von 0 gleich ist, auf einem Kreise um den Ursprung; und da ihre Azimute alle, wenn man je zwei benachbarte Punkte betrachtet, gleichen Unterschied $2\pi/n$ haben und diese Teilung nach n Schritten aufgeht, indem sie zu dem ersten Punkte zurückführt, so bilden die Punkte die Ecken eines regulären n-Ecks. In der Figur ist der Fall $n = 5$ angedeutet.

In der Schifffahrt sind die Loxodromen von Bedeutung, das sind die Kurven, die alle Meridiane unter gleichem Winkel schneiden. Es soll die Gleichung der stereographischen Projektion der Loxodrome in Polarkoordinaten aufgestellt werden.

Da die stereographische Projektion der Meridiane durch das Strahlenbüschel durch 0 gegeben ist, die stereographische Projektion aber eine winkeltreue Abbildung vermittelt, handelt es sich darum, in der Ebene die Funktion $y = f(x)$ zu finden, die alle Radienvektoren unter gleichem Winkel ξ schneidet. Demnach lautet, da $\tan\xi = c$ konstant sein soll, die Bedingung $-r\frac{d\varphi}{dr} = c$. Die Integration der separierten Differentialgleichung $-d\varphi = c\,dr/r$ liefert $-\varphi = c\ln(r/r_0)$, also $\varphi = c\ln(r_0/r)$, wenn wir den Winkel φ von einem Anfangsstrahl von der Länge r_0

aus nehmen. Somit drückt sich r als Funktion von φ aus durch

$$r = r_0 e^{-\varphi/c}.$$

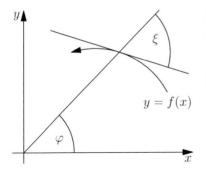

Der Nullpunkt wird – vom trivialen Fall $r_0 = 0$ abgesehen – erst erreicht, wenn sich die Kurve unendlich oft herumgewunden hat. Es bestätigt sich, dass für $\xi = \pi/2$, wo $\tan \xi$ nicht definiert ist, die Projektion und damit die Loxodrome auf der Kugel in einen Kreis übergeht.

Vom Mittelpunkt einer tangierenden Kugel vom Radius 1 ist die Ebene auf die Halbkugel zu beziehen.

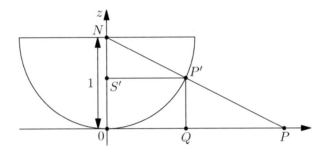

Abbildung 1.25: Projektion der Halbkugel auf die Ebene

Zunächst sehe ich $P = (x, y)$ als gegeben an und suche den entsprechenden Punkt $P' = (X, Y, Z)$ zu bestimmen. Als Bezeichnungen führe ich ein $PO = r$, $P'S' = r'$, $PN = R$, $P'N = NO = R' = 1$. Es ist

$$\frac{P'Q'}{R'} = \frac{R - R'}{R} \qquad \text{oder} \qquad P'Q' = 1 - \frac{1}{R} = Z.$$

Wegen $P'S' = r = 1 : R$ und $r' = r/R$ wird

$$X = x\frac{r'}{r} = x\frac{1}{R}, \qquad Y = y\frac{r'}{r} = y\frac{1}{R}, \qquad Z = 1 - \frac{1}{R}.$$

Die Einführung von $R = \sqrt{r^2 + 1} = \sqrt{x^2 + y^2 + 1}$ liefert

$$X = \frac{x}{\sqrt{x^2 + y^2 + 1}}, \qquad Y = \frac{y}{\sqrt{x^2 + y^2 + 1}}, \qquad Z = 1 - \frac{1}{\sqrt{x^2 + y^2 + 1}},$$

und wenn wir noch die komplexen Koordinaten $z = x + iy$, $\overline{z} = x - iy$ einführen,

$$X = \frac{z + \overline{z}}{2\sqrt{z\overline{z} + 1}}, \qquad Y = \frac{z - \overline{z}}{2i\sqrt{z\overline{z} + 1}}, \qquad Z = 1 - \frac{1}{\sqrt{z\overline{z} + 1}}.$$

Die Ungleichung $|A + B| \leq |A| + |B|$ ist zu beweisen.

Die behauptete Ungleichung bedeutet, wenn wir $A = a + a'i$ und $B = b + b'i$ setzen, sodass $A + B = a + b + i(a' + b')$, $|A| = \sqrt{a^2 + a'^2}$, $|B| = \sqrt{b^2 + b'^2}$, $|A + B| = \sqrt{(a + b)^2 + (a' + b')^2}$ wird:

$$\sqrt{(a + b)^2 + (a' + b')^2} \leq \sqrt{a^2 + a'^2} + \sqrt{b^2 + b'^2}.$$

Diese Ungleichung ist äquivalent mit der Reihe der hier folgenden, indem sie dann und nur dann besteht, wenn sie bestehen:

$$a^2 + b^2 + a'^2 + b'^2 + 2ab + 2a'b' \leq a^2 + a'^2 + b^2 + b'^2 + 2\sqrt{(a^2 + a'^2)(b^2 + b'^2)},$$
$$ab + a'b' \leq \sqrt{(a^2 + a'^2)(b^2 + b'^2)},$$
$$a^2b^2 + a'^2b'^2 + 2aba'b' \leq a^2b^2 + a'^2b'^2 + a^2b'^2 + a'^2b^2,$$
$$0 \leq (ab' - ba')^2.$$

Da rechts eine wesentlich positive Größe steht, ist die Ungleichung im Allgemeinen erfüllt, da wir nach einer obigen Bemerkung auch rückwärts zur Behauptung aufsteigen können.

Besonders untersucht werden muss nur der Fall des Verschwindens der Differenz, die hier aufgetreten ist. Dieser Fall bedeutet, dass ist

$$\frac{a}{b} = \frac{a'}{b'} = \varrho,$$

also $a = \varrho b$, $a' = \varrho b'$, somit $A = \varrho B$, wo ϱ eine reelle Größe bedeutet. Man überzeugt sich leicht davon, dass – abgesehen von dem trivialen Fall $\varrho = 0$ – nur im Falle $\varrho > 0$ die Ungleichung versagt und die Gleichheit eintritt, während im Falle $\varrho < 0$ die Ungleichung bestehen bleibt. Denn es ist

$$|\varrho B + B| = |(\varrho + 1)B| = |\varrho + 1|\,|B|,$$

und für $\varrho > 0$ ist $|\varrho + 1| = |\varrho| + 1$, für $\varrho < 0$ ist $|\varrho + 1| < |\varrho| + 1$, sodass im ersten Falle der Ausdruck der linken Seite gleich, im zweiten kleiner wird als

$$\big(|\varrho| + 1\big)\,|B| = |\varrho|\,|B| + |B| = |\varrho B| + |B| = |A| + |B|.$$

Hier mussten wir uns auch auf die Sätze über die absoluten Beträge reeller Zahlen stützen, die sich unmittelbar erkennen lassen.

Es seien n komplexe Zahlen irgendwie in der Ebene verteilt:

$$\alpha_1, \alpha_2, \ldots, \alpha_n.$$

Wir denken sie uns alle mit der Masse 1 belegt und als Kraftzentrum. Sie mögen eine Anziehungskraft ausüben nach dem Gesetz $1/r$. Es soll bewiesen werden, dass die Kräfte in den Punkten der Ebene sich im Gleichgewicht befinden, die sich darstellen lassen als Nullstellen von $f'(z) = 0$, wenn

$$f(z) = (z - \alpha_1) \cdot (z - \alpha_2) \cdots (z - \alpha_n)$$

ist.

Ich bilde den natürlichen Logarithmus[5]

$$\ln f(z) = \ln(z - \alpha_1) + \ln(z - \alpha_2) + \cdots + \ln(z - \alpha_n)$$

und erhalte durch Differentiation dieser Gleichung nach z:

$$\frac{f'(z)}{f(z)} = \sum_{k=1}^{n} \frac{1}{z - \alpha_k}.$$

Der rechts stehende Ausdruck gibt aber gerade die Kraft an, die auf einen in z befindlichen Massepunkt (von der Masse 1) ausgeübt wird.[6] Er kann im Endlichen nur verschwinden – den unendlich fernen Punkt lassen wir außer Acht – wenn $f'(z)$ verschwindet, also an den $n-1$ Punkten, die die Wurzeln von $f'(z) = 0$ darstellen. Allerdings ist eine Einschränkung zu machen: $f(z)$ kann ja auch an einem solchen Punkte verschwinden. Nach dem Verhalten in diesen Punkten zu fragen hat keinen Sinn, da dort das angenommene Anziehungsgesetz die Kraft ∞ liefern würde, wie obige Gleichung bestätigt. Von den Doppelwurzeln von $f(z) = 0$ müssen wir also absehen. Ist also unter den gegebenen Punkten keiner doppelt vorhanden, so gibt es in dem endlichen Teile der Ebene gerade $n-1$ Punkte, wo sich die Anziehungskräfte das Gleichgewicht halten, und diese stellen sich dar in der behaupteten Weise.

---

[5]Was bedeutet ln bei komplexem $f(z)$?

[6]Die Komponenten des Kraftfeldes sind nicht Real- und Imaginärteil von $\sum \frac{1}{z - \alpha_k}$, sondern von $\sum \frac{1}{\bar{z} - \alpha_k}$, wobei $\bar{z}$ die konjugierte komplexe Zahl zu z ist.

Kapitel 2

Begriff der analytischen Funktion einer komplexen Veränderlichen und seine anschauliche Auslegung in der Theorie der konformen Abbildung und der wirbelfreien Flüssigkeitsströmung

2.1 Bedingungen der Konformität einer Abbildung

Wir beschäftigen uns hier damit, die Bedingungen aufzusuchen, unter denen eine Abbildung konform ist. Wir wollen denken, wir haben zwei Ebenen, eine xy-Ebene und eine uv-Ebene. Die erste soll auf die zweite abgebildet werden, und zwar werde die Abbildung vermittelt durch die Funktionen u und v, die in dem abzubildenden Gebiet wohl definiert seien:

$$u = u(x,y), \qquad v = v(x,y).$$

Ferner wollen wir die Stetigkeit der Abbildung voraussetzen, indem wir annehmen, diese Funktionen seien stetig und stetig differenzierbar. Nun fragen wir, wann die Abbildung zunächst einmal *winkeltreu* ist. Dazu müssen wir noch einige Bemerkungen vorausschicken.

Fassen wir x und y als Funktionen einer Variablen auf, so wird durch

$$x = x(t), \qquad y = y(t)$$

eine Kurve in der xy-Ebene definiert. Bilden wir an einer Stelle P die Ableitungen $\left(\frac{\mathrm{d}x}{\mathrm{d}t}\right)_P$ und $\left(\frac{\mathrm{d}y}{\mathrm{d}t}\right)_P$ so wird, falls dort nicht beide verschwinden, der Neigungswinkel der Tangente gegen die x-Achse gegeben durch

$$\tan \alpha = \frac{\mathrm{d}y}{\mathrm{d}t} : \frac{\mathrm{d}x}{\mathrm{d}t}.$$

Für das Bogenelement $\mathrm{d}s$ besteht die Beziehung

$$\left(\frac{\mathrm{d}s}{\mathrm{d}t}\right)^2 = \left(\frac{\mathrm{d}x}{\mathrm{d}t}\right)^2 + \left(\frac{\mathrm{d}y}{\mathrm{d}t}\right)^2.$$

Ferner ist

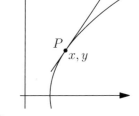

$$\frac{\mathrm{d}x}{\mathrm{d}t} = \frac{\mathrm{d}s}{\mathrm{d}t}\cos\alpha, \qquad \frac{\mathrm{d}y}{\mathrm{d}t} = \frac{\mathrm{d}s}{\mathrm{d}t}\sin\alpha.$$

Doch dies gilt alles nur, falls nicht $\frac{\mathrm{d}x}{\mathrm{d}t}$ und $\frac{\mathrm{d}y}{\mathrm{d}t}$ zugleich 0 sind an der Stelle. Dann ist es anders. Für diesen Fall wollen wir noch die Existenz zweiter Differentialquotienten voraussetzen, sodass wir zu einer Stelle eine Nachbarstelle erhalten können, indem wir die Funktionen in eine Taylorsche Reihe entwickeln:

$$x = x_0 + \frac{x''(t)}{2!}t^2 + \text{Glieder höherer Ordnung},$$

$$y = y_0 + \frac{y''(t)}{2!}t^2 + \text{Glieder höherer Ordnung}.$$

Wir erhalten hiernach dann als Tangens des Neigungswinkels $\frac{y''}{x''}$ – sofern diese beiden Werte nicht zugleich verschwinden, was wir vorläufig ausschließen. Es wird dann bei zu- oder abnehmendem t der Zuwachs von x und y im selben Sinne erfolgen, sodass wir eine Spitze erhalten. Von derartigen Singularitäten werden wir zunächst abzusehen haben. Das wird bei unseren Ansätzen zur Geltung kommen.

Jetzt denken wir uns x und y als Funktionen der Bogenlänge selbst – die wir von dem betrachteten Punkte P aus auf der Kurve rechnen – dargestellt in der Form

$$x = x(s), \qquad y = y(s),$$

wobei diese Funktionen alle nötigen Voraussetzungen erfüllen sollen. Um die durch

$$u = u(x,y), \qquad v = v(x,y)$$

definierte Bildkurve auch mittels der Hilfsveränderlichen s allein darzustellen, brauchen wir bloß die Ausdrücke für x und y einzusetzen und erhalten:

$$u = u\big(x(s),y(s)\big), \qquad v = v\big(x(s),y(s)\big).$$

Für die Bildkurve ist s ein Parameter, der mit ihrer Bogenlänge zunächst nichts zu tun hat. Wir bilden Ableitungen

$$\frac{\mathrm{d}u}{\mathrm{d}s} = \frac{\partial u}{\partial x}\frac{\mathrm{d}x}{\mathrm{d}s} + \frac{\partial u}{\partial y}\frac{\mathrm{d}y}{\mathrm{d}s},$$

$$\frac{\mathrm{d}v}{\mathrm{d}s} = \frac{\partial v}{\partial x}\frac{\mathrm{d}x}{\mathrm{d}s} + \frac{\partial v}{\partial y}\frac{\mathrm{d}y}{\mathrm{d}s}.$$

Sei P' der Bildpunkt von P. Nun führen wir die folgenden Bezeichnungen ein:

$$\left(\frac{\partial u}{\partial x}\right)_{P'} = A, \qquad \left(\frac{\partial u}{\partial y}\right)_{P'} = B, \qquad \left(\frac{\partial v}{\partial x}\right)_{P'} = C, \qquad \left(\frac{\partial v}{\partial y}\right)_{P'} = D.$$

Das sind Größen, die durch die Stelle x, y bestimmt sind, dagegen nicht von der speziellen durchgelegten Kurve $x = x(s)$, $y = y(s)$ abhängen. Für den Neigungswinkel ϑ der Originalkurve im Punkte P gilt, da s von P aus gerechnet werden sollte:

$$\cos(\vartheta) = \left(\frac{\mathrm{d}x}{\mathrm{d}s}\right)_{s=0}, \qquad \sin(\vartheta) = \left(\frac{\mathrm{d}y}{\mathrm{d}s}\right)_{s=0}.$$

Daher wird

$$\left(\frac{\mathrm{d}u}{\mathrm{d}s}\right)_{P'} = A\cos(\vartheta) + B\sin\vartheta,$$

$$\left(\frac{\mathrm{d}v}{\mathrm{d}s}\right)_{P'} = C\cos(\vartheta) + D\sin(\vartheta). \tag{2.1}$$

Nun wollen wir von singulären Vorkommnissen absehen; das Auftreten einer Spitze würde überhaupt der Winkeltreue widersprechen, wie wir später beweisen werden. Wäre die Determinante $\begin{vmatrix} A & B \\ C & D \end{vmatrix} = 0$, so könnte man aber immer eine Kurve mit einer derartigen Singularität angeben. Wir werden deshalb diese aus den partiellen Ableitungen gebildete Determinante, die so genannte *Funktionaldeterminante, als von 0 verschieden voraussetzen.*

Nun führen wir die Bogenlänge σ der Bildkurve ein und fassen sie auch als Funktion von s auf. Wir rechnen sie von P' aus und mit demselben Vorzeichen wie das dem Sinne nach entsprechende s. Das Verhältnis der Bogenlängen – sozusagen das „Vergrößerungsverhältnis" im Punkte P – ist

$$r = \left(\frac{\mathrm{d}\sigma}{\mathrm{d}s}\right)_{P} = \sqrt{\left(\frac{\mathrm{d}u}{\mathrm{d}s}\right)_{P}^{2} + \left(\frac{\mathrm{d}v}{\mathrm{d}s}\right)_{P}^{2}},$$

wobei nach unseren Festsetzungen die Wurzel positiv zu nehmen ist.

Für den Neigungswinkel Θ der Tangente gilt wieder

$$\frac{\mathrm{d}u}{\mathrm{d}s} = \frac{\mathrm{d}\sigma}{\mathrm{d}s}\cos(\Theta), \qquad \frac{\mathrm{d}v}{\mathrm{d}s} = \frac{\mathrm{d}\sigma}{\mathrm{d}s}\sin(\Theta). \tag{2.2}$$

Führen wir hierin noch r ein, so erhalten wir aus (2.1) und (2.2):

$$r\cos(\Theta) = A\cos(\vartheta) + B\sin(\vartheta),$$

$$r\sin(\Theta) = C\cos(\vartheta) + D\sin(\vartheta). \tag{2.3}$$

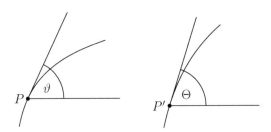

Abbildung 2.1: Winkel ϑ und Θ

Daraus können wir r und Θ berechnen als Funktionen von x, y und ϑ, wobei Θ sogar Funktion von ϑ wird: Sind für zwei durch P gehende Kurven die Werte von ϑ an dieser Stelle gleich, so gilt dies auch für Θ. Daher *bleibt bei der Abbildung die Berührung erhalten.*

Nun führen wir die Bedingung ein, dass die Abbildung winkeltreu ohne Umlegung der Winkel sein soll, sodass $\Theta = \vartheta + \alpha$ wird, wobei α eine Konstante bedeutet, das heißt, α muss durch P allein bestimmt sein, dagegen unabhängig von der durch P gelegten Richtung. Aus

$$\cos(\Theta) = \cos(\vartheta)\cos(\alpha) - \sin(\vartheta)\sin(\alpha),$$
$$\sin(\Theta) = \cos(\vartheta)\sin(\alpha) + \sin(\vartheta)\cos(\alpha)$$

folgt mittels (2.3):

$$r\cos(\alpha)\cos(\vartheta) - r\sin(\alpha)\sin(\vartheta) = A\cos(\vartheta) + B\sin(\vartheta),$$
$$r\sin\alpha\cos(\vartheta) + r\cos(\alpha)\sin(\vartheta) = C\cos(\vartheta) + D\sin(\vartheta).$$

Da dies für jeden Wert von ϑ gelten muss – beispielsweise für $\vartheta = 0$ und $\vartheta = \frac{\pi}{2}$ – ergibt sich:

$$A = r\cos(\alpha), \qquad B = -r\sin(\alpha), \qquad C = r\sin(\alpha), \qquad D = r\cos(\alpha).$$

Also sind $A = D$ und $B = -C$ *notwendige Bedingungen für die direkte Winkeltreue der Abbildung.*

Wir werden nun beweisen, dass umgekehrt unter diesen Bedingungen die Abbildung auch winkeltreu ist. Voraussetzung ist also jetzt, dass die in (2.3) auftretenden Koeffizienten die Bedingungen $A = D$ und $B = -C$ erfüllen.

Ich führe zwei Hilfsgrößen R und α ein durch

$$A = R\cos(\alpha), \qquad C = R\sin(\alpha),$$

wo $R = \sqrt{A^2 + B^2}$ positiv sein soll. Dann muss

$$B = -R\sin\alpha, \qquad D = R\cos(\alpha)$$

werden. Aus (2.3) folgt dann

$$r\cos(\Theta) = R\cos(\alpha)\cos(\vartheta) - R\sin(\alpha)\sin(\vartheta) = R\cos(\vartheta + \alpha),$$
$$r\sin(\Theta) = R\sin(\alpha)\cos(\vartheta) + R\cos(\alpha)\sin(\vartheta) = R\sin(\vartheta + \alpha).$$

Daraus erkennt man zunächst, dass das Vergrößerungsverhältnis

$$r = R = \sqrt{A^2 + B^2}$$

nur von der betrachteten Stelle x, y, dagegen nicht von der hindurchgelegten Kurve abhängig ist. *Ist also die Abbildung winkeltreu, dann ist* – da hieraus $A = D$, $B = -C$ folgt – *sie auch konform.*

Insbesondere folgt dann weiter:

$$\cos(\Theta) = \cos(\vartheta + \alpha), \qquad \sin\Theta = \sin(\vartheta + \alpha), \qquad \Theta = \vartheta + \alpha,$$

das heißt, die Abbildung ist an der betreffenden Stelle winkeltreu. Denn für die betrachtete feste Stelle x, y, von der ja α vermöge $\tan\alpha = {}^{C}\!/\!_{A}$ allein abhängt, wird die Neigung jeder Kurve $x(s), y(s)$ gegen die x-Achse zu einer um den festen Winkel α vergrößerten der Bildkurve gegen die u-Achse, sodass der Winkel irgendzweier Richtungen, die man durch x, y legt, bei der Abbildung erhalten bleibt.

Unser Hauptergebnis ist:

Satz 2.4. *Notwendig und hinreichend dafür, dass an einer Stelle eine Abbildung direkt winkeltreu ist, ist, dass die Funktionaldeterminante*

$$\begin{vmatrix} \frac{\partial u}{\partial x} & \frac{\partial u}{\partial y} \\ \frac{\partial v}{\partial x} & \frac{\partial v}{\partial y} \end{vmatrix}$$

nicht verschwindet und die Cauchy-Riemannschen Differentialgleichungen

$$\frac{\partial u}{\partial x} = \frac{\partial v}{\partial y}, \qquad \frac{\partial v}{\partial x} = -\frac{\partial u}{\partial y} \tag{2.5}$$

bestehen.

Bestehen die Cauchy-Riemannschen Differentialgleichungen, so ist die Abbildung sicher überall da winkeltreu, wo die Funktionaldeterminante nicht gerade Null ist, bis in beliebig nahe Umgebung dieser Stellen hinein. Daraus, dass beim Bestehen der Cauchy-Riemannschen Differentialgleichungen die Funktionaldeterminante

$$\begin{vmatrix} \frac{\partial u}{\partial x} & \frac{\partial u}{\partial y} \\ \frac{\partial v}{\partial x} & \frac{\partial v}{\partial y} \end{vmatrix} = \left(\frac{\partial u}{\partial x}\right)^2 + \left(\frac{\partial u}{\partial y}\right)^2$$

ist, ist schon zu erkennen, dass es sehr unwahrscheinlich ist, dass die Funktionaldeterminante überall verschwände, weil hieraus hervorgeht, dass *dort beim Bestehen von* (2.5)

$$\frac{\partial u}{\partial x} = \frac{\partial u}{\partial y} = 0$$

sein müsste. Wir werden *später in der Tat exakt beweisen*, dass es bei einer winkel-
treuen Abbildung nur isolierte, das heißt, nicht durch eine Kurve zusammenhängende Punkte gibt, wo die Funktionaldeterminante verschwindet (siehe Seite 195).
Auch werden wir zeigen, dass dort wirklich die Winkeltreue durchbrochen wird.
Vorläufig ist nur die Möglichkeit hiervon einzuräumen.

Hier war immer von einer Winkeltreue ohne Umlegung der Winkel die Rede.
Es sei nebenbei bemerkt, dass, wenn man nach den Bedingungen für *Winkeltreue
mit Umlegung der Winkel* fragt, man auf die umgekehrten Beziehungen

$$A = -D, \qquad B = C$$

geführt wird.

Wir hatten aus der Winkeltreue einer Abbildung ihre Konformität gefolgert,
die besagte, dass das mit r bezeichnete „Vergrößerungsverhältnis" vom Orte, dagegen nicht von der Fortschreitungsrichtung ϑ abhängt. Wir wollen nun fragen,
ob wir auch umgekehrt aus der Konformität auf die Winkeltreue schließen können.
Aus Gleichung (2.3) folgern wir

$$r^2 = (A^2 + C^2)\cos^2(\vartheta) + (B^2 + D^2)\sin^2(\vartheta) + 2(AB + CD)\sin(\vartheta)\cos(\vartheta).$$

Die Voraussetzung der Konformität nun besagt, dass diese Gleichung, in der ja
A, B, C, D lediglich durch den Ort bestimmt sind, bei beliebigen ϑ denselben Wert
von r für einen fest gedachten Ort ergeben muss.

Für $\vartheta = 0$ folgt nun $r^2 = A^2 + C^2$, für $\vartheta = \frac{\pi}{2}$ folgt $r^2 = B^2 + D^2$. Folglich
muss

$$A^2 + C^2 = B^2 + D^2$$

sein, wonach sich unsere Gleichung reduziert auf

$$r^2 = A^2 + C^2 + 2(AB + CD)\sin(\vartheta)\cos(\vartheta).$$

Da r und ϑ unabhängig sein sollen, folgt weiter

$$AB + CD = 0.$$

Die beiden hier abgeleiteten Gleichungen sind auch hinreichend für die Konformität, indem sie die Unabhängigkeit des Vergrößerungsverhältnisses r von der
Fortschreitungsrichtung ϑ sichern. Aus ihnen muss sich also alles Weitere folgern
lassen.

In der vorliegenden Gestalt sind sie noch unübersichtlich. Ich setze

$$A = R\cos(\alpha), \qquad C = R\sin(\alpha);$$

so kann ich ja eine positive Größe R und einen Winkel α bestimmen. Nun wird
$A^2 + C^2 = R^2$.

Unter Benutzung unserer ersten Gleichung $A^2 + C^2 = B^2 + D^2$ folgt also, dass ich weiter setzen kann

$$B = -R\sin(\beta), \qquad D = R\cos(\beta),$$

da mit der so eingeführten neuen Größe der einzig erforderlichen Bedinung $B^2 + D^2 = R^2$ genügt wird. Die zweite Gleichung $AB + CD = 0$ liefert jetzt die gesuchte Abhängigkeit

$$R^2 \sin(\alpha - \beta) = 0.$$

Wäre $R = 0$, so wären die Ausdrücke für A, B, C, D Null und damit die Funktionaldeterminante; wir könnten dann nichts weiter schließen. Daher *müssen wir wieder die Funktionaldeterminante als von Null verschieden voraussetzen* – wie zu erwarten war, sodass A, B, C, D nicht zugleich verschwinden können und $R^2 = \frac{1}{2}(A^2 + C^2 + B^2 + D^2)$ und damit $R \neq 0$ wird. Die abgeleitete Gleichung besagt alsdann, dass sich α und β nur durch ganzzahlige Vielfache von π unterscheiden können, also, wenn wir uns – was wir ja können – auf das Intervall von 0 bis 2π beschränken, dass entweder $\alpha - \beta = 0$ oder $|\alpha - \beta| = \pi$ ist. Daraus folgt, dass entweder die Gleichungen

$$A = D, \qquad B = -C \qquad \text{oder} \qquad A = -D, \qquad B = C$$

bestehen, das heißt, dass die Abbildung winkeltreu ohne oder mit Umlegung der Winkel ist.

Satz 2.6. *Wenn eine Abbildung überall konform ist, so ist sie überall winkeltreu.*

Bei einem zusammenhängenden Gebiet ist dann die Abbildung überall winkeltreu ohne oder überall mit Umlegung der Winkel. Bei Annahme anderer Verhältnisse würde man auf einen Widerspruch mit der Stetigkeit stoßen.

Es sei noch einmal ausdrücklich darauf hingewiesen, dass wir uns überall die Betrachtung des Falles, wo die Funktionaldeterminante verschwindet, vorbehalten haben.

Nachdem nun der Nachweis geführt ist, dass notwendig Konformität Winkeltreue und Winkeltreue Konformität zur Folge hat, wollen wir diese *Begriffe* von jetzt ab überhaupt *identifizieren*. Ferner sei, wenn wir von Winkeltreue (Konformität) schlechtweg sprechen, immer eine solche ohne Umlegung der Winkel gemeint.

2.2 Begriff der analytischen Funktion

Was die vorangehenden Betrachtungen mit dem Begriff der analytischen Funktion einer komplexen Veränderlichen, zu dem wir hier gelangen wollen, zu tun haben, werden wir bald erkennen. Zunächst nehmen wir einen ganz anderen Ausgangspunkt.

2.2.1 Einfache Beispiele: Polynome und rationale Funktionen

Bevor wir uns dem Begriff der Funktion im zwei-dimensionalen Gebiet in seiner Allgemeinheit zuwenden, fassen wir noch einmal die *einfache Potenz*

$$w = z^n$$

ins Auge, die wir allerdings nicht mehr so eingehend behandeln wollen wie vorher die linearen Fuktionen. Unter $z = x+iy$ verstehen wir eine komplexe Zahl, während der Exponent n eine natürliche Zahl sein soll. Durch Trennung von Reellem und Imaginärem können wir w in die Form

$$w = u + iv$$

setzen, wo u und v reelle Funktionen der reellen Variablen x und y sind.

Stetigkeit der Potenzfunktion

Wir behaupten, diese Funktion $f(z) = z^n$ sei *stetig*, womit wir meinen, dass wir, wenn z_0 ein beliebig fest gewählter Wert der komplexen Variablen, z ein veränderlicher ist, die Differenz $|f(z) - f(z_0)| < \varepsilon$ bei beliebig klein vorgegebenem ε machen können, indem wir nur z so auf ein Intervall beschränken, dass $|z - z_0| < \delta$ wird, wo δ sich entsprechend dem ε wählen lassen muss. Dies ist die *allgemeine Definition der Stetigkeit*, die wir überall zugrunde legen.

Dass die Potenz in diesem Sinne stetig ist, wird dadurch gezeigt, dass man den binomischen Satz anwendet, der ja sicher bei ganzzahligen Exponenten auch im komplexen Gebiet gilt:

$$(z + \Delta z)^n = z^n + nz^{n-1}\Delta z + \frac{n(n-1)}{2}z^{n-2}(\Delta z)^2 + \cdots + (\Delta z)^n.$$

Diese Reihe bricht wegen der Ganzzahligkeit von n mit dem $(n-1)$-ten Gliede ab. Wir bilden nun an der Stelle z_0 die Differenz

$$(z_0 + \Delta z)^n - z_0^n = \Delta z \cdot \left[nz_0^{n-1} + \frac{n(n-1)}{2}z_0^{n-2}\Delta z + \cdots \right].$$

Der in der eckigen Klammer stehende Ausdruck, der aus einer endlichen Anzahl von endlichen Gliedern besteht, liegt sicher unterhalb einer endlichen festen Grenze. Da er also noch mit dem Faktor Δz multipliziert ist, können wir es erreichen, dass die links stehende Differenz beliebig klein wird, indem wir nur Δz hinreichend klein wählen und damit $z = z_0 + \Delta z$ auf einen genügend engen Bereich beschränken. So aber lautete die Behauptung.

Differenzierbarkeit der Potenzfunktion

Wir behaupten auch die *Differenzierbarkeit unserer Funktion*. Dazu bilden wir einfach

$$\frac{(z_0 + \Delta z)^n - z_0^n}{\Delta z} = nz_0^{n-1} + \Delta z \cdot \left(\frac{n(n-1)}{2}z_0^{n-2} + \frac{n(n-1)(n-2)}{3!}z_0^{n-3}\Delta z + \cdots \right).$$

Der Ausdruck in der Klammer bleibt sicher endlich, sodass wir hier eine Ungleichung

$$\left| \frac{f(z) - f(z_0)}{z - z_0} - nz_0^{n-1} \right| < \varepsilon$$

für alle Punkte z erhalten können, die der Ungleichung $|z - z_0| < \delta$ genügen.
Diese Tatsache meinen wir, wenn wir sagen, der Differenzenquotient sei *limitiert*
und schreiben

$$\lim_{z \to z_0} \frac{f(z) - f(z_0)}{z - z_0} = \frac{\mathrm{d}f}{\mathrm{d}z}\bigg|_{z_0} = f'(z_0) = nz_0^{n-1}$$

bei $f(z) = z^n$ an der Stelle z_0.

Diese Tatsache ist keineswegs etwa selbstverständlich. Schon im reellen Gebiet ist die Aussage der Existenz des Differentialquotienten wesentlich, insbesondere die Aussage, dass man zu demselben Grenzwert des Differenzenquotienten
kommt, wenn man sich von beiden Seiten her der Grenze annähert. Hier aber hat
man sogar unendlich viele Richtungen zur Verfügung, in denen Nachbarpunkte
liegen, sodass die Tatsache der Differenzierbarkeit hier viel inhaltsreicher ist.

Um zu erkennen, dass sie auch für eine ganze rationale Funktion $f(z) =
a_0 + a_1z + a_2z^2 + \cdots + a_nz^n$ gilt, bilden wir einfach

$$\frac{\sum_\nu a_\nu z^\nu - \sum_\nu a_\nu z_0^\nu}{z - z_0} = \sum_\nu a_\nu \frac{z^\nu - z_0^\nu}{z - z_0},$$

wo jedes Glied den Grenzwert $a_\nu \nu z^{\nu-1}$ hat, und erhalten als Differentialquotienten

$$f'(z) = a_1 + 2a_2z + 3a_3z^2 + \cdots + na_nz^{n-1}.$$

Nun können wir bloß noch die beliebige *gebrochen rationale Funktion* in Bezug auf ihre Stetigkeit und Differenzierbarkeit betrachten, da nur mittels der vier
Spezies aufgebaute Funktionen komplexen Arguments für uns vorläufig einen Sinn
haben. Wir können diese Funktionen in der Form

$$f(z) = \frac{P(z)}{Q(z)}$$

schreiben, wo $P(z)$ und $Q(z)$ ganze rationale Funktionen sind, die wir uns bald von
gemeinsamen Nullstellen befreit denken wollen. Von den Nullstellen des Nenners
müssen wir absehen. Aber dies ist nur eine endliche Anzahl von Punkten, wie
der Grad des Nenners angibt. Diese Tatsache wird mittels des *Fundamentalsatzes
der Algebra* bewiesen, den wir aber hier nicht voraussetzen wollen; er ist ein in
die Funktionentheorie gehöriger Satz und soll auch später bewiesen werden. Doch
brauchen wir auch gar nicht die ganze Anzahl der Wurzeln zu kennen; wir haben
nur davon Gebrauch zu machen, dass diese Anzahl *jedenfalls endlich* ist, und dass
eine algebraische Gleichung *nicht mehr* Wurzeln hat als ihr Grad angibt, das lässt
sich ohne Kenntnis des Fundamentalsatzes leicht zeigen.

Wenn wir von diesen Stellen absehen, so können wir die Stetigkeit und Differenzierbarkeit von $f(z)$ beweisen, indem wir den Ausdruck für den Differenzenquotienten aufstellen und beim Grenzübergang von der eben bewiesenen Differenzierbarkeit der ganzen Funktionen Gebrauch machen. Näher durchzuführen brauchen
wir das nicht, weil es formal genau mit der Bildung des Differentialquotienten einer
gebrochen rationalen Funktion im reellen Gebiet übereinstimmt. So überträgt sich
auch das Resultat

$$f' = \frac{QP' - PQ'}{Q^2}. \tag{2.7}$$

2.2.2   Der allgemeine Begriff

Was wir hier bei rationalen Funktionen gemacht haben ist vorbildlich, wenn wir
jetzt den Begriff der analytischen Funktion allgemein einführen. Bei einer reellen
Funktion einer reellen Veränderlichen hatten wir jedem Punkt einer auf einer Strecke gelegenen Punktmenge einen Funktionswert zugeordnet und sprachen dann
von einer Funktion in diesem Bereiche, die Zuordnung mochte vorgenommen sein,
wie sie wollte. Nun könnten wir eine komplexe Funktion komplexen Arguments
entsprechend so definieren, dass sie bei der unabhängigen Variablen $z = x + iy$
allgemein die Form $u + iv$ haben sollte, wo u und v zwei reelle Funktionen von
zwei reellen Variablen x und y sein sollten. Es wird sich nun fragen, ob wir den
Begriff so beibehalten oder einschränken sollen.

Gelegentlich findet sich die Bemerkung, man solle fordern, dass die Funktion
nur die Verbindung $x + iy$ enthalten solle. Sagt man aber von einer Funktion
$F(x, y)$, sie enthalte nur die Verbindung $x + ay$, so kann das nur bedeuten, aus
$x_1 + ay_1 = x_2 + ay_2$ folge $F(x_1, y_1) = F(x_2, y_2)$. Hier könnte dies also nur bedeuten,
aus $x_1 + iy_1 = x_2 + iy_2$ folge $u(x_1, y_1) + iv(x_1, y_1) = u(x_2, y_2) + iv(x_2, y_2)$, und das
ist selbstverständlich, da die Gleichung $x_1 + iy_1 = x_2 + iy_2$ überhaupt $x_1 = x_2$ und
$y_1 = y_2$ bedeutet. Die angegebene Bemerkung ist also nichtssagend.

Wir wollen aber den Funktionsbegriff in anderer Weise passend einschränken.
Indem wir an die genannte Bemerkung noch einmal anknüpfen, bilden wir

$$dF(x + ay) = F'(x + ay) \cdot (dx + ady).$$

Wenn wir für die Funktion komplexen Arguments dasselbe anschreiben, erhalten
wir $df = f'(z)(dx + i\,dy) = f'(z)\,dz$, wenn wir den Ausdruck in der Klammer dz
nennen. Dies bedeutet, dass $\frac{df}{dz}$ nur von der Stelle, nicht von der Richtung abhängen soll, und die angegebene Entwicklung soll zeigen, dass dies eine ganz natürliche
Begriffsbildung ist. So kommen wir dazu, folgende *Definition* als Grundlage auf-
zustellen:

Definition 2.8. Eine Funktion $f(z)$ soll *analytisch* heißen, wenn sie

1. an jeder Stelle ihres Definitionsbereichs stetig ist (in dem auf Seite 60 erwähnten Sinne),

2. überall in ihrem Definitionsbereich einen von der Richtung unabhängigen Differentialquotienten hat.

Die letztere Forderung können wir exakt so formulieren:

Es soll für jedes z_0 im Innern des Definitionsbereiches ein A geben, sodass man bei beliebig klein vorgegebenem positivem ε ein δ immer so bestimmen kann, dass

$$\left| \frac{f(z) - f(z_0)}{z - z_0} - A \right| < \varepsilon$$

wird für alle z in der Umgebung von z_0, das heißt, für alle z, die der Ungleichung $|z - z_0| < \delta$ genügen.

Die Zahl A bezeichnen wir dann mit $f'(z_0)$ und nennen sie den *Differentialquotienten*, den wir allgemein mit $f'(z)$ bezeichnen. Ist $f'(z)$ *auch noch stetig*, so liegt eine so genannte *reguläre* analytische Funktion vor.

Nach unseren vorangehenden Untersuchungen wissen wir also, dass die allgemeine rationale Funktion unter Ausschluss der endlichen Anzahl von Nullstellen des Nenners eine reguläre analytische Funktion ist.

Nun müssen wir über den *Definitionsbereich* der Funktion noch eine Aussage machen. Zunächst wollen wir festsetzen, dass *nicht etwa isolierte Punkte* zu der Punktmenge gehören sollen; denn dann hätte es ja keinen Sinn, von Stetigkeit zu sprechen. Ferner soll es irgendeine Regel geben, die gestattet, anzugeben, ob ein Punkt dem Bereiche angehört oder nicht. Derartiges könnte etwa durch die *Vorschrift* $|z| \leq 1$, $|z| < 1$ oder $z \neq 0$, und so weiter, geleistet werden. Endlich wollen wir das Gebiet noch so einschränken, dass es nur aus „*inneren*" Punkten besteht, das heißt, es soll zu jedem Punkte einen Kreis um ihn geben, in dem *alle* Punkte dem Bereiche angehören. Danach werden wir also eine Vorschrift wie $|z| \leq$ 1 nicht zulassen, wohl aber $|z| < 1$. Die *Grenze* des Definitiongebiets dürfen wir also *nicht mehr zu dem Gebiet zurechnen.* Das ist alles nötig, damit die aufgestellten Definitionen von Stetigkeit und Differenzierbarkeit immer einen guten Sinn haben.

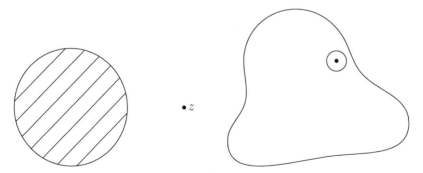

Abbildung 2.2: Links ist z ein isolierter Punkt, rechts ist ein innerer Punkt veranschaulicht.

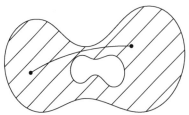

Außerdem wollen wir auch den Bereich als *zusammenhängend* voraussetzen, das heißt, es soll für irgendzwei Punkte immer eine *verbindende Kurve* geben, die dem Bereiche ganz angehört. Das also sei noch als Ergänzung zugefügt. Die Abbildung links zeigt einen aus lauter inneren Punkten bestehenden, zusammenhängenden Bereich. Die Ränder gehören nicht dazu. Eine Punktmenge, die diese beiden Eigenschaften hat, wollen wir „Gebiet" nennen.

Nun wollen wir die *Bedingungen der Differenzierbarkeit* untersuchen, und fragen zunächst nach den *notwendigen*, das heißt, wir stellen fest, welche Folgerungen sich aus der vorausgesetzten Analytizität einer Funktion komplexen Arguments ergeben. Es sei bald erwähnt, dass wir finden werden, dass eine derartige Funktion $w = f(z)$ die Eigenschaft hat, eine konforme Abbildung zu vermitteln. Unser nächstes Ziel wird der Nachweis dieser Tatsache sein.

Wir gehen von einer Stelle $z_0 = x_0 + iy_0$ des Definitionsbereiches zu Nachbarstellen $z = z_0 + \Delta z$ über, indem wir $x = x_0 + \Delta x$ und $y = y_0 + \Delta y$ setzen, wo Δx und Δy die voneinander unabhängigen relativen Koordinaten der Nachbarpunkte in Bezug auf den Punkt z_0 sind. Diese beiden variablen, klein gedachten Größen bestimmen den Zuwachs des Arguments z, der $\Delta z = \Delta x + i\Delta y$ ist.

Ist nun $w = f(z) = u(x,y) + iv(x,y)$ eine vorgelegte Funktion komplexen Arguments, so bilden wir

$$\frac{f(z) - f(z_0)}{z - z_0} = \frac{\big(u(x_0 + \Delta x, y_0 + \Delta y) - u(x_0, y_0)\big)}{\Delta x + i\Delta y}$$
$$+ \frac{i\big(v(x_0 + \Delta x, y_0 + \Delta y) - v(x_0, y_0)\big)}{\Delta x + i\Delta y}. \quad (2.9)$$

Wir machen nun von der Voraussetzung Gebrauch, dass die Funktion f analytisch sein soll. Danach muss definitionsgemäß unabhängig von der Richtung, in der wir den Grenzprozess vornehmen, derselbe Differentialquotient sich ergeben. Wir rücken nun einmal von der Richtung der x-Achse an den Punkt z_0 heran, wobei wir y_0 ganz ungeändert lassen, also Δy von vornherein gleich Null setzen, und schreiten ein zweites Mal auf der y-Achse fort, indem wir von vornherein $\Delta x = 0$ setzen. Da beide Male dasselbe herauskommen muss, erhalten wir

$$f'(z_0) = \lim_{z \to z_0} \frac{f(z) - f(z_0)}{z - z_0}$$
$$= \lim_{\Delta x \to 0} \left(\frac{u(x_0 + \Delta x, y_0) - u(x_0, y_0)}{\Delta x} + i\frac{v(x_0 + \Delta x, y_0) - v(x_0, y_0)}{\Delta x} \right)$$
$$= \lim_{\Delta y \to 0} \left(\frac{u(x_0, y_0 + \Delta y) - u(x_0, y_0)}{\Delta y} \cdot \frac{1}{i} + \frac{v(x_0, y_0 + \Delta y) - v(x_0, y_0)}{\Delta y} \right).$$

Diese Gleichung besagt, dass zunächst einmal $\left(\frac{\partial u}{\partial x}\right)_{z_0}$, $\left(\frac{\partial v}{\partial x}\right)_{z_0}$, ebenso $\left(\frac{\partial u}{\partial y}\right)_{z_0}$, $\left(\frac{\partial v}{\partial y}\right)_{z_0}$ existieren müssen, wobei der Index z_0 bedeuten soll, dass die partiellen

Differentialquotienten an dieser Stelle genommen werden sollen. Wenn nämlich eine komplexe Zahl gegen Null konvergieren soll, müssen ja sowohl Real- wie Imaginäranteil dieser Grenze zustreben. Zufolge unserer Definition einer analytischen Funktion haben wir also zu verlangen, dass ist:

$$\frac{\partial u}{\partial x} + i\frac{\partial v}{\partial x} = \frac{\partial v}{\partial y} - i\frac{\partial u}{\partial y},$$

und diese Gleichung zerfällt in

$$\frac{\partial u}{\partial x} = \frac{\partial v}{\partial y}, \qquad \frac{\partial v}{\partial x} = -\frac{\partial u}{\partial y}$$

Nach den Untersuchungen in Abschnitt 2.1 (Sätze 2.4 und 2.6) erkennen wir hieraus, dass die Analytizität einer Funktion sich geometrisch als Konformität der vermittelten Abbildung kundgibt.

Es ist nun zu untersuchen, ob *umgekehrt* das Bestehen der Cauchy-Riemannschen Differentialgleichungen hinreicht, um die Analytizität einer Funktion zu sichern. Wir gehen wieder aus von dem angegebenen Differenzenquotienten (2.9).

Auf die in den Klammern stehenden Differenzen, die ja reelle Funktionen reellen Arguments sind, wenden wir den Mittelwertsatz an und erhalten, wenn wir die partiellen Ableitungen in üblicher Weise kurz durch Indizes bezeichnen:

$$\frac{f(z) - f(z_0)}{z - z_0} = \frac{((u_x \cdot \Delta x + u_y \cdot \Delta y) + i(v_x \cdot \Delta x + v_y \cdot \Delta y))_{x_0 + \Theta_1 \cdot \Delta x, y_0 + \Theta_2 \cdot \Delta y}}{\Delta x + i\Delta y},$$

wo $|\Theta_1| < 1, |\Theta_2| < 1$ ist. Die Indizes an der geschweiften Klammer sollen andeuten, an welcher Stelle die partiellen Ableitungen zu nehmen sind. Nun benutzen wir die vorausgesetzten Cauchy-Riemannschen Gleichungen, indem wir $v_y = u_x, u_y = -v_x$ einsetzen (und $i^2 = -1$ beachten):

$$\frac{f(z) - f(z_0)}{z - z_0} = \frac{((u_x \cdot \Delta x + u_y \cdot \Delta y) + i(v_x \cdot \Delta x + v_y \cdot \Delta y))_{x_0 + \Theta_1 \cdot \Delta x, y_0 + \Theta_2 \cdot \Delta y}}{\Delta x + i\Delta y}$$

$$= (u_x + iv_x)_{x_0 + \Theta_1 \cdot \Delta x, y_0 + \Theta_2 \cdot \Delta y}$$

Jetzt können wir aber rechts zur Grenze $\Delta z = 0$ übergehen, indem wir die *Stetigkeit von u_x und v_x voraussetzen*. Dann folgt, dass auch links ein Grenzwert existiert:

$$f'(z) = \lim_{z \to z_0} \frac{f(z) - f(z_0)}{z - z_0} = u_x + iv_x = v_y - iu_y. \qquad (2.10)$$

Genauer könnten wir so schließen: Durch die Wahl eines genügend kleinen Δz können wir erreichen, dass sich u_x und v_x an den Stellen

$$x_0, y_0 \qquad \text{und} \qquad x_0 + \Theta_1 \cdot \Delta x, y_0 + \Theta_2 \cdot \Delta_y$$

um weniger als eine beliebig kleine Größe ε unterscheiden, sodass der Fehler des Quotienten kleiner ist als $2\varepsilon\dfrac{|\Delta x|+|\Delta y|}{\sqrt{(\Delta x)^2+(\Delta y)^2}} \leq 2\varepsilon\sqrt{2}$ (denn $\sqrt{2}$ ist der größtmögliche Wert von $\dfrac{|\Delta x|+|\Delta y|}{\sqrt{(\Delta x)^2+(\Delta y)^2}}$).

Noch genauer:[1]

$$
\begin{aligned}
\frac{f(z)-f(z_0)}{z-z_0} &= \frac{\big((u_x\cdot\Delta x + u_y\cdot\Delta y) + \mathrm{i}(v_x\cdot\Delta x + v_y\cdot\Delta y)\big)_{x_0+\Theta_1\cdot\Delta x,\, y_0+\Theta_2\cdot\Delta y}}{\Delta x + \mathrm{i}\Delta y} \\[2ex]
&= \frac{\big((u_x\cdot\Delta x + u_y\cdot\Delta y) + \mathrm{i}(v_x\cdot\Delta x + v_y\cdot\Delta y)\big)_{x_0,y_0}}{\Delta x + \mathrm{i}\Delta y} + \eta \\[2ex]
&= (u_x + \mathrm{i}v_x)_{x_0,y_0} + \eta,
\end{aligned}
$$

wobei mit $\tilde{z} = (x_0 + \Theta_1\cdot\Delta x) + \mathrm{i}(y_0 + \Theta_2\cdot\Delta y)$ gilt:

$$
\begin{aligned}
\eta &= \frac{\big((u_x)_{\tilde{z}} - (u_x)_{z_0}\big)\Delta x + \big((u_y)_{\tilde{z}} - (u_y)_{z_0}\big)\Delta y}{\Delta x + \mathrm{i}\Delta y} \\[2ex]
&\quad + \frac{\mathrm{i}\big((v_x)_{\tilde{z}} - (v_x)_{z_0}\big)\Delta x + \mathrm{i}\big((v_y)_{\tilde{z}} - (v_y)_{z_0}\big)\Delta y}{\Delta x + \mathrm{i}\Delta y} \\[2ex]
&< 2\varepsilon\frac{|\Delta x| + |\Delta y|}{\sqrt{\Delta x^2 + \Delta y^2}} \leq 2\varepsilon\sqrt{2},
\end{aligned}
$$

wenn Δx und Δy so klein sind, dass die Differenzen der Intervallwerte der vier stetigen Ableitungen kleiner als ε sind.

Doch ist diese Fehlerabschätzung hier überflüssig, wo die unabhängigen Variablen nur an der Stelle, wo nach ihnen differenziert wird, variiert auftreten.

Damit also eine Funktion komplexen Arguments differenzierbar ist, waren die wesentlichen Forderungen zu machen, dass die Real- und Imaginärteile, $u(x,y)$ und $v(x,y)$, für sich stetig nach x und y partiell differenzierbar sein mussten, und dass außerdem die Gleichungen $u_x = v_y$, $u_y = -v_x$ bestanden. Dann aber können wir auch wirklich, wie wir bewiesen haben, die Analytizität der Funktion behaupten. Damit ist ein Anschluss an die Betrachtungen des vorigen Paragraphen erzielt, indem wir nun wissen, dass die Analytizität einer Funktion eine winkeltreue Abbildung sichert an allen Stellen, wo die Funktionaldeterminante $\neq 0$ ist, und dass *umgekehrt eine winkeltreue Abbildung Analytizität der Funktion verbürgt.* Die Funktionaldeterminate lautet aber beim Bestehen der Cauchy-Riemannschen Gleichungen

$$
\begin{vmatrix} u_x & u_y \\ v_x & v_y \end{vmatrix} = \left(\frac{\partial u}{\partial x}\right)^2 + \left(\frac{\partial u}{\partial y}\right)^2 = |f'(z)|^2,
$$

---

[1] Die folgende Nebenrechnung wurde, sicher auf Nachfrage von Studenten, nachträglich ergänzt und fügt sich entsprechend nicht in den zusammenhängenden Text ein. Ich habe wegen der besseren Lesbarkeit die Bezeichnung $\tilde{z}$ eingeführt.

sodass *hier* $f'(z) = 0$ die Bedingung für das Verschwinden der Funktionaldeterminante wird. So sind im Wesentlichen die Forderung der analytischen Regularität und geometrischen Konformität identisch. Unsere neuen Resultate können wir kurz so zusammenfassen:

Satz 2.11. *Eine Funktion* $w = f(z) = u(x,y) + iv(x,y)$ *komplexen Arguments ist dann und nur dann regulär analytisch, wenn Real- und Imaginärteil stetig nach* x *und* y *differenzierbar sind und diese partiellen Ableitungen den Cauchy-Riemannschen Differentialgleichungen* $u_x = v_y$, $v_x = -u_y$ *genügen. Alsdann vermittelt die analytische Funktion überall da eine konforme Abbildung, wo* $f'(z) = u_x + iv_x \neq 0$ *ist.*

Es erheben sich im Anschluss hierzu *zwei Fragen*:

1. Ist die *Ableitung* einer analytischen Funktion wiederum *analytisch*?

2. Lässt sich der *Differentiationsprozess* auch im komplexen Gebiet *umkehren*?

Auf die zweite Frage lautet die Antwort nur bedingt bejahend; man muss das Definitionsgebiet in gewisser Weise einschränken. Darüber wird uns später der *Cauchysche Integralsatz* belehren, der im Zentrum der Funktionentheorie steht (siehe Satz 3.36).

Die erste Frage ist leichter zu behandeln. Es ist

$$f' = \frac{\partial u}{\partial x} + i\frac{\partial v}{\partial x} = u' + iv',$$

wenn wir die Beziehungen $u' = \frac{\partial u}{\partial x}, v' = \frac{\partial v}{\partial x}$ einführen. Differenzieren wir die Cauchy-Riemannschen Differentialgleichungen

$$\frac{\partial u}{\partial x} = \frac{\partial v}{\partial y}, \qquad \frac{\partial v}{\partial x} = -\frac{\partial u}{\partial y}$$

noch einmal nach x, so erhalten wir wegen der Vertauschbarkeit der Reihenfolge zweiter Differentiationen:

$$\frac{\partial}{\partial x}\frac{\partial u}{\partial x} = \frac{\partial}{\partial x}\frac{\partial v}{\partial y} = \frac{\partial}{\partial y}\frac{\partial v}{\partial x}, \qquad \frac{\partial}{\partial x}\frac{\partial v}{\partial x} = -\frac{\partial}{\partial x}\frac{\partial u}{\partial y} = -\frac{\partial}{\partial y}\frac{\partial u}{\partial x}$$

und unter Benutzung der neuen Bezeichnungen:

$$\frac{\partial u'}{\partial x} = \frac{\partial v'}{\partial y}, \qquad \frac{\partial v'}{\partial x} = -\frac{\partial u'}{\partial y},$$

und diese Gleichungen haben wieder die Cauchy-Riemannsche Form. Also:

Satz 2.12. *Der Differentialquotient* $f'(z)$ *einer analytischen Funktion ist wiederum analytisch, falls die zweiten Differentialquotienten des Real- und Imaginärteils von* f *existieren.*

Später wird die Existenz aller folgenden Differentialquotienten und die Möglichkeit der Entwicklung einer analytischen Funktion in eine Taylorsche Reihe bewiesen werden.

Beispiele

Wir wollen nun unsere allgemeinen Betrachtungen an speziellen einfachen *Beispielen* illustrieren, die uns schon früher begegnet sind. Wie wir sahen, sind alle rationalen Funktionen komplexen Arguments überall regulär analytisch, wo der Nenner nicht verschwindet (Seite 62).

Daher ist es zunächst die *lineare gebrochene Funktion* $\frac{az+b}{cz+d}$, wenn wir $z = -\frac{d}{c}$ ausschließen. Daraus können wir sofort schließen, dass die Abbildung überall konform ist, wo die Ableitung

$$\frac{(cz+d)a - (az+b)c}{(cz+d)^2} = \frac{ad - bc}{(cz+d)^2}$$

ungleich Null ist, und da der Zähler als Determinante der Koeffizienten von Null verschieden vorausgesetzt ist, ist dies in der Tat nirgends der Fall. Also ergibt es sich hier als ganz spezielle Folgerung, dass die Abbildung überall im Endlichen konform ist.

Die durch die *Potenz* $w = f(z) = z^n$, wo wir n als positiv ganz und natürlich größer 1 voraussetzen, vermittelte Abbildung ist überall konform, wo $f'(z) = nz^{n-1} \neq 0$, also an allen Stellen mit Ausnahme des Nullpunkts, über den unsere allgemeine Theorie noch nichts aussagt. Setzen wir $z = re^{\varphi i}$ und $w = Re^{\Phi i}$, dann wird $r^n e^{n\varphi i} = Re^{\Phi i}$, womit $r = \sqrt[n]{R}$ eindeutig bestimmt ist, während $\varphi = \frac{\Phi}{n} + \frac{k}{n} \cdot 2\pi$ für $k = 0, 1, 2, \ldots, n-1$ gerade n Werte annimmt; das liegt daran, dass man Φ um ganzzahlige Vielfache von 2π und nur um solche vermehren kann. So bilden die Wurzelpunkte z die Ecken eines regulären n-Ecks, das einem Kreise um den Nullpunkt mit dem Radius r einbeschrieben ist. Für jeden Wert von w nimmt z also n Werte an, falls nicht $w = 0$ ist. Den Wert $w = 0$ hat allerdings $f(z) = z^n$ nur an der Stelle $z = 0$.

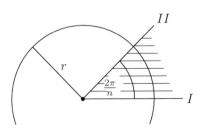

Ziehen wir nun von 0 aus zwei Strahlen I und II, die einen Winkel $\frac{2\pi}{n}$ bilden, so nimmt die Funktion in dessen Inneren jeden Wert an, den sie überhaupt annehmen kann, und auch jeden nur einmal. Deshalb spielt dieser Winkelraum eine besondere Rolle. Man nennt allgemein einen derartigen Bereich einen *Fundamentalbereich* der Funktion. Der Schenkel I etwa wäre zu dem Fundamentalbereich hinzuzurechnen inklusive Nullpunkt, von dem anderen Schenkel nur dieser Punkt.

Es sei noch darauf hingewiesen, dass, wenn zwei Kurven durch 0 den Winkel α bilden, die nach der Transformation erhaltenen Kurven den Winkel $n \cdot \alpha$

einschließen. Also sehen wir hier jedenfalls, dass bei 0 die Konformität durchbrochen ist.

2.3 Die durch die rationalen Funktionen vermittelten konformen Abbildungen

Wir wollen noch am Spezialfall der rationalen Funktionen die konformen Abbildungen betrachten, da dort bereits alle wesentlichen Eigenschaften dieser Abbildungen hervortreten. Das liegt daran, dass, wie wir später sehen werden, jede analytische Funktion sich durch rationale beliebig approximieren lässt, sodass unsere Betrachtungen doch nicht so spezieller Natur sind, wie es zunächst scheinen könnte.

Zunächst untersuchen wir die Funktion $w = z^2$, indem wir dabei die bei $w = z^n$ gewonnenen Resultate beachten. Es wird hier etwa die rechte Hälfte der Ebene mit Ausschluss der sie begrenzenden imaginären Achse auf die Vollebene abgebildet, die längs der negativen Achse aufgeschnitten ist, wobei der Nullpunkt mit auszuschließen ist.

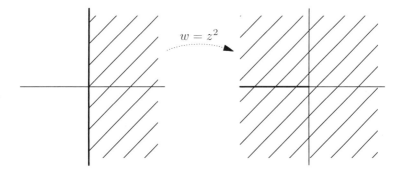

Abbildung 2.3: Transformation durch $w = z^2$

Wollen wir umgekehrt die Vollebene auf die Halbebene abbilden, das heißt, die Gleichung nach z auflösen, so haben wir von den zwei Wurzeln die zu nehmen, deren reeller Bestandteil positiv ist. Den Punkten der negativen reellen Achse mit Einschluss des Nullpunkts käme kein Bild zu. So ist die gesamte Abbildung umkehrbar eindeutig. Man kann sich eine bequeme Vorstellung von ihr machen, indem man sich die Ebene als Fächer deutet, der längs der negativen reellen Achse gehalten und dann zusammengeklappt wird, bis der Winkel von 360° auf die Hälfte zusammengeschrumpft ist. Umgekehrt ist es natürlich, wenn wir wieder die vorgelegte Funktion $w = z^2$ betrachten. Außerdem haben wir uns zu denken, dass gleichzeitig eine Verzerrung vor sich geht, indem die Halbstrahlen durch 0, die kleiner als 1 sind, verkleinert, die weiter entfernt liegenden Teile vergrößert werden bei $w = z^2$, während der Einheitskreis sich nur in sich selbst bewegt. Analoges gilt für die linke Halbebene. Das System der Strahlen durch 0 geht auch in sich über, während eine Verdopplung der Winkel eintritt.

Durch Trennung von Real- und Imaginärteil erhalten wir $u + iv = (x + iy)^2$, und diese Gleichung zerfällt in $u = x^2 - y^2$ und $v = 2xy$, wo sich die Cauchy-Riemannschen Differentialgleichungen sofort bestätigen:

$$u_x = 2x = v_y; \qquad u_y = -2y = -v_x.$$

Wir können nun einfach ausrechnen, worin die Parallelstrahlen $y = c$ beziehungsweise $x = $ const beziehungsweise die y-Achse übergehen. Die Elimination von x gibt $v^2 = 4y^2(u + y^2)$, und dies stellt bei festem y eine Parabel dar, deren Scheitel im Punkte $u = -y^2$ liegt; da aber y^2 gerade der Viertel-Parameter der Parabel ist, liegt der Brennpunkt im Ursprung. Speziell liefert $y = 0$ die positive reelle Achse. So erhalten wir lauter konfokale Parabeln, deren Brennpunkt der Nullpunkt ist, und die sich nach rechts ins Unendliche erstrecken. Umgekehrt erhalten wir als Bildkurven der Parallelen $x = $ const zur y-Achse wegen $v^2 = -4x^2(u - x^2)$ eine Schar von Parabeln mit dem Nullpunkt als Brennpunkt, deren Äste sich ins negativ Unendliche erstrecken (siehe Abbildung 2.4).

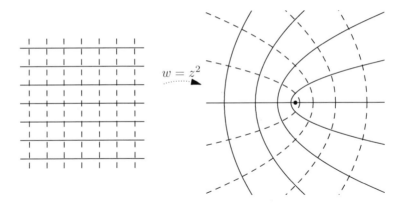

Abbildung 2.4: Transormation der z-Ebene in die w-Ebene durch $w = z^2$

Aus der Konformität folgt, dass die beiden Scharen von Parabeln in der uv-Ebene sich orthogonal schneiden.

Unendlich kleine Quadrate werden als solche abgebildet. Eine Verzerrung findet auch bei kleinen Längen nur beim Nullpunkt ziemlich stark statt.

Die Veranschaulichung der Funktion geschieht hier anders als im reellen Gebiet, weil man im komplexen bei analoger Darstellung den vier-dimensionalen Raum bräuchte, was nicht anschaulich wäre. Deshalb suchen wir lieber die Bilder bequem gelegener Kurven auf.

Wir wollen auch noch umgekehrt nach den Urbildkurven fragen, wenn wir die w-Ebene in derselben Weise netzartig überdecken. Den Parallelen $u = $ const zur imaginären Achse entsprechen gleichseitige Hyperbeln $x^2 - y^2 = $ const, die die

x- und y-Achse als Achsen haben. Die mit der x-Achse als Hauptachse entsprechen den Punkten der rechten beziehungsweise linken Halbebene, also denen mit positivem beziehungsweise negativem Realteil. Der imaginären Achse $u = 0$ entspricht die zur Asymptote $x = y$ ausgeartete Hyperbel.

Die Urbildkurven der Parabeln $v = \text{const}$ zur reellen Achse sind die gleichseitigen Hyperbeln $2xy = \text{const}$, die die Achsen zu Asymptoten haben. Die beiden in der xy-Ebene erscheinenden Hyperbelscharen bilden wieder näherungsweise Quadrate in Quadrate ab, die in der Nähe des Nullpunkts am meisten verzerrt sind.

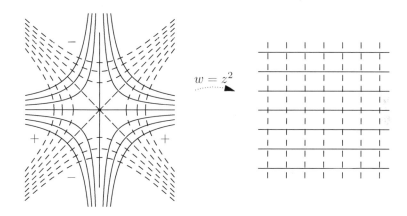

Abbildung 2.5: Urbild in der xy-Ebene des Netzes in der uv-Ebene

Auch hier wollen wir noch, obwohl dies bei einer ganzen Funktion keinen rechten Sinn zu haben scheint, den unendlich fernen Punkt einführen, das heißt, wir wollen die Abbildung stereographisch auf die Kugel übertragen und den Nordpol hinzunehmen. Wenn wir zunächst vom Nordpol absehen, ist es klar, dass die Abbildung überall konform ist außer im Südpol. Wir fragen aber nun, wie es sich in der Nähe des Nordpols verhält.

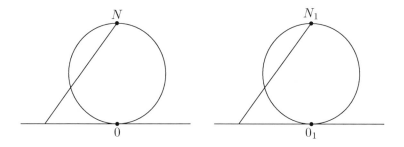

Abbildung 2.6: Stereographische Übertragung der Abbildung auf die Kugel

Schreite ich auf der z-Ebene sehr weit weg, sodass $|z| > M$ ist, wo wir uns M sicher größer als 1 denken können, dann ist auch $|w| > M$. Da Kreise um O wieder in Kreise um O_1 übergehen, werden Kreise in der Nähe von N hiernach in Kreise in der Nähe von N_1 übergehen, sodass noch sehr kleinen Kalotten in der Umgebung von N Kalotten in der Umgebung von N_1 entsprechen. Ich werde daher N und N_1 einander zuordnen; dann ist die Abbildung auch noch in N stetig. So hat die Zuordnung von $z = \infty$ und $w = \infty$ auf der Kugel noch guten Sinn.

Nun ist zu fragen, ob die Abbildung in N auch konform ist. Das ist nicht der Fall. Um es zu erkennen, nehmen wir die Hilfsabbildungen $z' = 1/z$ und $w' = 1/w$ hinzu, die die unendlich fernen Punkte der z- beziehungsweise w-Ebene in den Nullpunkt $z' = 0$ beziehungsweise $w' = 0$ überführen. Dann hängen z' und w' durch $w' = z'^2$ zusammen, und von dieser Abbildung wissen wir, dass in 0 die Winkeltreue durchbrochen ist. Da aber die Transformation durch reziproke Radien winkeltreu ist, folgt, dass auch bei $z = \infty$, das heißt, im Nordpol der Kugel, die Abbildung nicht konform ist.

Die Winkeltreue der Transformation durch reziproke Radien ihrerseits ist, wenn wir sie am Einheitskreis vornehmen und auf eine Kugel vom *Durchmesser* 1 stereographisch übertragen, dort ohne Weiteres ersichtlich, da sich zeigen lässt, dass sie sich hier durch Spiegelung an der Äquatorebene, also überhaupt kongruent darstellt. Denn[2] führe ich als Bezeichnungen $OP = R$, $OQ = r$ ein, so ergibt sich

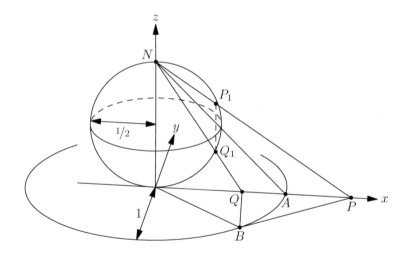

Abbildung 2.7: Winkeltreue der Transformation durch reziproke Radien

---

[2]Da folgende Argument wurde nachträglich ergänzt und fügt sich deshalb nicht optimal in den Text ein.

unter Beachtung von $1 = Rr$ (das Dreieck OPB ist rechtwinklig):

$$\frac{\overline{NP}^2}{\overline{NQ}^2} = \frac{1+R^2}{Rr+r^2} = \frac{R}{r},$$

$$\frac{\overline{AP}^2}{\overline{AQ}^2} = \frac{(R-1)^2}{(1-r)^2} = \frac{R^2-2R+1}{1-2r+r^2} = \frac{R^2-2R+Rr}{Rr-2r+r^2} = \frac{R}{r}$$

also $NP : NQ = AP : AQ$, daher $\angle ANP = \angle ANQ$. So erkennt man, dass Q_1 aus P_1 durch Spiegelung an der Äquatorebene hervorgeht.

Dazu tritt noch, entsprechend einer Spiegelung an der reellen Achse, eine Spiegelung an der durch diese Achse gelegten Meridianebene, und beide zusammen bewirken die Transformationen $z' = \frac{1}{z}$ sowie $w' = \frac{1}{w}$ (siehe Satz 1.18).

Danach erkennen wir, wenn wir die genannten Hilfsabbildungen einführen und dann wieder zurückgehen, dass auch im Nordpol gerade eine Verdoppelung der Winkel eintritt.

Schließlich können wir statt der Kugel und Ebene eine Kegelfläche einführen, was besonders anschaulich ist. Wenn wir die Halbebene zusammenbiegen ohne Dehnung, so besteht zunächst einmal Konformität, wenn wir vom Kegel zur Vollebene durch $w = z^2$ übergehen, und dabei von den Punkten der Naht, die der rein imaginären Achse entspricht, absehen. Beim Zusammenbiegen fallen aber zwei von 0 gleich weit entfernte Punkte der rein imaginären Achse, die bei der Transformation in einen Punkt zusammenfallen würden, auch auf dem Kegel gerade zusammen, sodass bei Abbildung des Kegels auf die Vollebene auch die Naht noch konform abgebildet wird. Hier ist bloß noch die dem Nullpunkt entsprechende Spitze auszunehmen.

Um die inverse Funktion $w = \sqrt{z}$ zu betrachten, brauchen wir bloß die Bezeichnungen w und z zu vertauschen. Die Gleichung $(u+iv)^2 = x+iy$ spaltet sich in

$$u^2 - v^2 = x, \qquad 2uv = y,$$

und hieraus folgt durch Quadrieren und Addieren

$$u^2 + v^2 = \sqrt{x^2 + y^2}.$$

Somit ist

$$u = \sqrt{\frac{1}{2}(x + \sqrt{x^2+y^2})}, \qquad v = \text{sign}(y)\sqrt{\frac{1}{2}(-x + \sqrt{x^2+y^2})},$$

wobei wir, wenn wir bei u die Wurzel positiv wählen, v das Zeichen von y zu geben haben, damit $2uv = y$ wird. Diese Funktionen erfüllen überall die Cauchy-Riemannschen Differentialgleichungen mit Ausnahme der Stelle $x = 0$, $y = 0$. Folglich ist, abgesehen von den Stellen des Schnitts, die durch $w = \sqrt{z}$ vermittelte Abbildung konform.

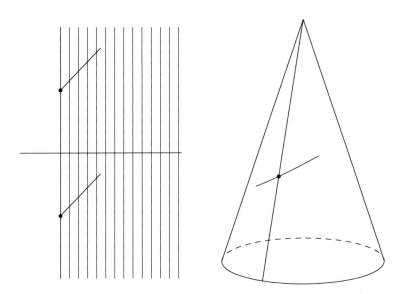

Abbildung 2.8: Kegel mit Naht

$$\frac{\partial u}{\partial x} = \frac{1}{2} \cdot \frac{\frac{1}{2}\left(1 + \frac{x}{\sqrt{x^2+y^2}}\right)}{\sqrt{\frac{1}{2}\left(x + \sqrt{x^2+y^2}\right)}} = \frac{1}{2} \cdot \frac{\frac{1}{2}\left(\sqrt{x^2+y^2}+x\right)}{\sqrt{\frac{1}{2}\left(x + \sqrt{x^2+y^2}\right)}} \cdot \frac{1}{\sqrt{x^2+y^2}}$$

$$= \frac{\sqrt{\frac{1}{2}\left(x + \sqrt{x^2+y^2}\right)}}{2\sqrt{x^2+y^2}} = \frac{u}{2(u^2+v^2)},$$

$$\frac{\partial u}{\partial y} = \frac{1}{2} \cdot \frac{\frac{1}{2}\frac{y}{\sqrt{x^2+y^2}}}{\sqrt{\frac{1}{2}\left(x + \sqrt{x^2+y^2}\right)}} = \frac{1}{2} \cdot \frac{\frac{2uv}{2(u^2+v^2)}}{u} = \frac{v}{2(u^2+v^2)},$$

$$\frac{\partial v}{\partial x} = \operatorname{sign} y \cdot \frac{1}{2} \cdot \frac{\frac{1}{2}\left(-1 + \frac{x}{\sqrt{x^2+y^2}}\right)}{\sqrt{\frac{1}{2}\left(-x + \sqrt{x^2+y^2}\right)}}$$

$$= \operatorname{sign} y \frac{-\frac{1}{2}\left(-x + \sqrt{x^2+y^2}\right)}{2\sqrt{\frac{1}{2}\left(-x + \sqrt{x^2+y^2}\right)} \cdot \sqrt{x^2+y^2}}$$

$$= \frac{-\operatorname{sign} y \sqrt{\frac{1}{2}\left(-x + \sqrt{x^2+y^2}\right)}}{2\sqrt{x^2+y^2}} = -\frac{v}{2(u^2+v^2)},$$

$$\frac{\partial v}{\partial y} = \operatorname{sign} y \cdot \frac{1}{2} \cdot \frac{\frac{1}{2} \cdot \frac{y}{\sqrt{x^2+y^2}}}{\sqrt{\frac{1}{2}\left(-x + \sqrt{x^2+y^2}\right)}} = \frac{uv}{2v(u^2+v^2)} = \frac{u}{2(u^2+v^2)}.$$

Genauso wie die Funktion $w = z^2$ kann man die Potenz $w = z^n$ mit beliebigen ganzzahligen Exponenten n untersuchen. Dem Punkte $z = \infty$ entspricht $w = \infty$; um zu sehen, ob die Abbildung auch dort – das heißt, im Nordpol der Kugel – konform ist, führen wir die aus der Transformation durch reziproke Radien und Spiegelung an der reellen Achse zusammengesetzten Zwischentransformationen ein:

$$z' = \frac{1}{z}, \qquad w' = \frac{1}{w},$$

womit $w' = (z')^n$ wird. Die durch diese Transformation vermittelte Abbildung ist im Punkte $z' = 0$ nicht konform, während die Zwischentransformationen überall konform sind. Folglich ist die Transformation $w = z^n$ im Nordpol (bei $z = \infty$) auch nicht konform.

Ein Ausschnitt der z-Ebene von der Winkelgröße $\frac{2\pi}{n}$ wird auf die ganze w-Ebene abgebildet, wenn wir die Begrenzung ausnehmen. Diese Beschränkung können wir auch hier wieder vermeiden durch Einführung eines Kegels von leicht zu berechnendem Öffnungswinkel (siehe Abbildung 2.9):

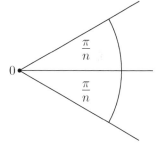

$$2r\pi = s\frac{2\pi}{n}, \qquad r = \frac{s}{n}, \qquad \sin\frac{\alpha}{2} = \frac{r}{s} = \frac{1}{n}.$$

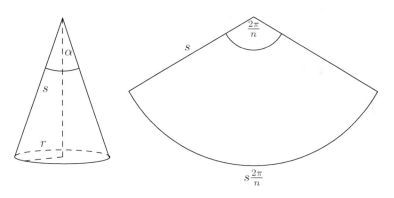

Abbildung 2.9: Kegel, auf dem $\sqrt[n]{w}$ definiert ist

Wir stellen jetzt einige Betrachtungen an über die *ganze rationale Funktion*

$$w = f(z) = a_0 + a_1 z + a_2 z^2 + \cdots + a_n z^n, \qquad a_n \neq 0.$$

Die höchste, wirklich auftretende Potenz ist also n.

Hier wollen wir uns darauf beschränken, nachzuweisen, dass überall dort, wo die Ableitung verschwindet, die Konformität durchbrochen ist. Ordnen wir dem Punkte $z = \infty$ den Punkt $w = \infty$ zu – immer in dem Sinne verstanden, den dies auf der Kugel hat – dann bleibt, wie wir beweisen wollen, auch dort die Abbildung stetig. Es ist

$$w = a_n z^n \left(1 + \frac{a_{n-1}}{a_n} \cdot \frac{1}{z} + \frac{a_{n-2}}{a_n} \cdot \frac{1}{z^2} + \cdots + \frac{a_0}{a_n} \cdot \frac{1}{z^n} \right)$$

$$|w| \geq |a_n|\, |z|^n \left(1 - \sum_{\nu=1}^{n} \left| \frac{a_{n-\nu}}{a_n} \right| \cdot \frac{1}{|z|^\nu} \right) \geq |a_n|\, |z|^n \left(1 - \frac{1}{|z|} \sum_{\nu=1}^{n} \left| \frac{a_{n-\nu}}{a_n} \right| \right),$$

falls $|z|$ bereits größer als 1 ist, da alsdann im Minuend der Nenner verkleinert, also der Minuend vergrößert und damit die rechte Seite sicher verkleinert ist. Führe ich

$$A = \left| \frac{a_{n-1}}{a_n} \right| + \left| \frac{a_{n-2}}{a_n} \right| + \cdots + \left| \frac{a_0}{a_n} \right|$$

als Bezeichnung ein, so wird

$$|w| \geq |a_n|\, |z|^n \left(1 - \frac{A}{|z|} \right),$$

und indem ich nun $|z| > 2A$ wähle, sodass $A/|z| < 1/2$ wird, kann ich erreichen, dass $|w| > 1/2 |a_n|\, |z|^n$ wird, da ich rechts wieder nur verkleinert habe. Lasse ich nun $|z|$ über alle Grenzen wachsen, so wächst auch $|w|$ über alle Grenzen; und das war zu beweisen.

Nun betrachten wir eine Stelle $z = \alpha$ im Endlichen, für die $f(z) = f(\alpha)$ verschwindet. Ist α gerade eine m-fache Nullstelle von $f(z) = 0$, so hat $f'(z) = m(z-\alpha)^{m-1} g(z)$ bei α gerade eine $m-1$-fache Nullstelle, und wir sprechen die Behauptung aus, dass für $m > 1$ die Konformität durchbrochen ist. Dazu wollen wir zwei Punkte z_1 und z_2 der z-Ebene in bestimmter Richtung nach α hineinrücken lassen, sodass $\frac{z_1-\alpha}{z_2-\alpha}$ einem Grenzwert zustrebt. Da $f(z) = (z-\alpha)^m f_1(z)$ ist, wird

$$f(z_1) = w_1 = (z_1-\alpha)^m f_1(z_1), \qquad f(z_2) = w_2 = (z_2-\alpha)^m f_1(z_2)$$

und folglich

$$\frac{w_1}{w_2} = \left(\frac{z_1-\alpha}{z_2-\alpha} \right)^m \frac{f_1(z_1)}{f_1(z_2)}.$$

Gehen wir nun zur Grenze, dann erhalten wir wegen der Stetigkeit von $f_1(z)$ und wegen $f_1(\alpha) \neq 0$ die Beziehung:

$$\lim \frac{w_1}{w_2} = \lim \left(\frac{z_1-\alpha}{z_2-\alpha} \right)^m.$$

Wenn wir bloß die hieraus für die Azimute resultierende Beziehung betrachten, erhalten wir, indem wir die $z = \alpha$ entsprechende Stelle $w = f(z)$ der w-Ebene mit 0 bezeichnen:

$$\lim \angle(w_1 0 w_2) = m \lim \angle(z_1 \alpha z_2).$$

Der Winkel im Punkte α geht also in einen m-mal so großen im entsprechenden Punkte 0 über. Sobald also $m \geq 2$ ist, ist die Konformität durchbrochen.

Die Entscheidung darüber, wievielmal der Winkel an einer Stelle vervielfacht wird, hängt davon ab, eine wievielfache Nullstelle von $f(z)$ sie ist: Der Winkel wird an einer n-fachen Nullstelle ver-n-facht, und dann wäre an allen andern als an dieser einen Stelle die Abbildung konform. Wir brauchen α nicht als Wurzel von $f(z)$ anzunehmen. Ist nun α eine beliebige Nullstelle von $f'(z)$ an dieser Stelle $f(\alpha) = \varrho$, dann kann man $f(z)$ wie folgt entwickeln (das lehrt die Algebra; es ist in Wirklichkeit die Taylorsche Reihe):

$$ f(z) - f(\alpha) = A_m(z-\alpha)^m + A_{m+1}(z-\alpha)^{m+1} + \cdots, $$

wo die Voraussetzung $A_m \neq 0$, $m > 1$ bedeutet, dass

$$ f'(z) = mA_m(z-\alpha)^{m-1} + \cdots $$

an der Stelle α eine $(m-1)$-fache Wurzel ist. Der Quotient

$$ \frac{w_1 - \varrho}{w_2 - \varrho} = \frac{(z_1-\alpha)^m}{(z_2-\alpha)^m} \cdot \frac{A_m + A_{m+1}(z_1-\alpha) + \cdots}{A_m + A_{m+1}(z_2-\alpha) + \cdots} $$

hat, wenn wir beim Hereinrücken von z nach α für den Quotienten $\frac{z_1-\alpha}{z_2-\alpha}$ einen Limes voraussetzen, hiernach auch einen Grenzwert:

$$ \lim \frac{w_1 - \varrho}{w_2 - \varrho} = \lim \left(\frac{z_1-\alpha}{z_2-\alpha} \right)^m \cdot 1, $$

wobei wir wegen $A_m \neq 0$ durch A_m kürzen durften. Hieraus folgt $\lim \measuredangle\, w_1\varrho w_2 = m \lim \measuredangle\, z_1\alpha z_2$. Also gilt:

Satz 2.13. *Überall da, wo $\frac{\mathrm{d}f}{\mathrm{d}z} = 0$ ist, wird der Winkel vergrößert, und zwar hängt die Entscheidung des Weiteren davon ab, wievielfach die Nullstelle ist. Winkel an einer $(m-1)$-fachen Nullstelle von $\frac{\mathrm{d}f}{\mathrm{d}z}$ gehen in m-mal so große über.*

Das können wir auch beweisen, ohne vorauszusetzen, dass die Entwicklung nach Potenzen von $z - \alpha$ gerade die Taylorsche ist, indem wir dieselbe Methode wie beim Beweis von Satz 2.16 anwenden.

Wenn wir von dem Falle $n = 1$ absehen, können wir erkennen, dass auch im Unendlichen die Winkeltreue durchbrochen ist. Indem wir wieder die Zwischen-transformationen $z' = \frac{1}{z}$, $w' = \frac{1}{w}$ einführen, erhalten wir aus

$$ w = z^n \left(a_n + a_{n-1} \cdot \frac{1}{z} + a_{n-2} \cdot \frac{1}{z^2} + \cdots + a_0 \cdot \frac{1}{z^n} \right) $$

die Formel

$$ w' - z'^n \frac{1}{a_n + a_{n-1}z' + a_{n-2}z'^2 + \cdots + a_0z'^n}. $$

Das Schlussverfahren ist hier genau ebenso. Wir betrachten zwei Punkte z_1 und z_2 und bilden den Quotienten

$$\frac{w_1'}{w_2'} = \left(\frac{z_1'}{z_2'}\right)^n \cdot \frac{a_n + a_{n-1}z_2' + a_{n-2}z_2'^2 + \cdots + a_0 z_2'^n}{a_n + a_{n-1}z_1' + a_{n-2}z_1'^2 + \cdots + a_0 z_1'^n}.$$

Lassen wir z_1' und z_2' auf $z' = 0$ zurücken, und zwar so, dass der Grenzwert ihres Quotienten existiert, wobei w_1' und w_2' in den Nullpunkt der w'-Ebene hineinrücken, dann wird – unter Benutzung von $a_n \neq 0$:

$$\lim \frac{w_1'}{w_2'} = \lim \left(\frac{z_1'}{z_2'}\right)^n,$$

oder, wenn wir bloß die Azimute berücksichtigen:

$$\lim \angle(w_1' 0 w_2') = n \lim \angle(z_1' 0 z_2').$$

Wenn wir nun dieselben, überall konformen Hilfstransformationen rückwärts vornehmen, erhalten wir den Satz:

Satz 2.14. *Im Punkte $z = \infty$ ist die Konformität der durch $f(z) = a_0 + a_1 z + \cdots + a_n z^n$ vermittelten Abbildung durchbrochen, indem dort eine Ver-n-fachung der Winkel eintritt.*

Endlich wollen wir noch ähnliche Betrachtungen anstellen für die *allgemeine rationale Funktion*. Wir stellen sie dar in der Form

$$w = \frac{P(z)}{Q(z)} = f(z),$$

wo wir uns die gemeinsamen Nullstellen von $P(z)$ und $Q(z)$ beseitigt denken wollen. Definiert ist diese Funktion an allen Stellen der z-Ebene mit Ausnahme der Nullstellen des Nenners $Q(z)$. Da für z_0, wo $Q(z_0) = 0$ ist, $w = \infty$ ist, ist bei Zuordnung dieser beiden Punkte die Abbildung der z-Kugel auf die w-Kugel auch bei z_0 stetig.

Jetzt wollen wir auch dem Punkte $z = \infty$ ein w zuordnen. Dazu müssen wir zeigen, dass

$$\lim_{z \to \infty} \frac{P(z)}{Q(z)} = A$$

existiert, und zwar im Sinne der Unterscheidung folgender Einzelfälle. Der Grad von P sei mit m, der von Q mit n bezeichnet. Wir erkennen unmittelbar:

1. Ist $m < n$, so ist $A = 0$. Dann bilden wir $z = \infty$ auf $w = 0$ ab.

2. Ist $m = n$, so ist $A = a_n/b_n$. Dann bilden wir $z = \infty$ auf $w = a_n/b_n$ ab.[3]

---

[3] Hierbei sind a_n und b_n die führenden Koeffizienten von P und Q.

3. Ist $m > n$, so ist $A = \infty$. Es existiert dann im gewöhnlichen Sinne ein Limes nicht, aber in dem übertragenen Sinne, wenn wir die Kugel uns eingeführt denken.

Auf diese Weise erreichen wir es, dass *überall* – auch im Nordpol – die *Abbildung stetig* ist.

Nun wollen wir beweisen, dass in den Punkten $z = \alpha$, wo $dw/dz = 0$ ist, die Abbildung nicht konform ist. Wir müssen dazu einzelne Fälle gesondert behandeln. Zunächst nehmen wir α *im Endlichen* an und setzen $Q(\alpha) \neq 0$ voraus. Wir führen die Bezeichnung

$$\varrho = \frac{P(\alpha)}{Q(\alpha)}$$

ein. Nun bilden wir

$$w - \varrho = \frac{P(z)Q(\alpha) - Q(z)P(\alpha)}{Q(z)Q(\alpha)} = \frac{\big(P(z) - P(\alpha)\big)Q(\alpha) - \big(Q(z) - Q(\alpha)\big)P(\alpha)}{Q(z)Q(\alpha)},$$

wo wir im Zähler die Glieder $\mp P(\alpha)Q(\alpha)$ ergänzt haben. Die im Zähler auftretenden Differenzen entwickeln wir wieder nach steigenden Potenzen von $z - \alpha$ in die Taylorsche Reihe, wie die Algebra lehrt:

$$\begin{aligned}
P(z) - P(\alpha) &= (z - \alpha)P'(\alpha) + (z - \alpha)^2 P''(\alpha) + \cdots, \\
Q(z) - Q(\alpha) &= (z - \alpha)Q'(\alpha) + (z - \alpha)^2 Q''(\alpha) + \cdots.
\end{aligned} \tag{2.15}$$

Von der Bedeutung der Koeffizienten von $(z - \alpha)^\nu$ für $\nu > 1$ machen wir nicht Gebrauch.

Durch Einsetzen hiervon in $w - \varrho$ erhalten wir

$$\begin{aligned}
w - \varrho &= \frac{(z - \alpha)^m C_m + (z - \alpha)^{m+1} C_{m+1} + \cdots}{Q(\alpha)\big(Q(\alpha) + (z - \alpha)Q'(\alpha) + \cdots\big)} \\
&= (z - \alpha)^m \frac{C_m + (z - \alpha)C_{m+1} + \cdots}{Q(\alpha)^2 + Q(\alpha)(z - \alpha)Q'(\alpha) + \cdots},
\end{aligned}$$

wenn $(z - \alpha)^m$ das erste Glied ist, das nicht verschwindet. Danach haben wir als Voraussetzung zu machen $C_m \neq 0$, indem dies nichts anderes bedeutet, als dass wir das erste wirklich auftretende Glied im Zähler hingeschrieben haben. Wir wollen nun nachträglich beweisen, dass m größer als 1 ist.

Wenn wir von der – durch einen Grenzübergang unmittelbar evidenten – Bedeutung der ersten Koeffizienten in (2.15) Gebrauch machen, erhalten wir

$$w - \varrho = \frac{(z - \alpha)\big(Q(\alpha)P'(\alpha) - P(\alpha)Q'(\alpha)\big) + (z - \alpha)^2(\cdots) + \cdots}{Q(z)Q(\alpha)},$$

und hier verschwindet wegen der Voraussetzung

$$\left(\frac{dw}{dz}\right)_\alpha = \frac{Q(\alpha)P'(\alpha) - P(\alpha)Q'(\alpha)}{Q^2(\alpha)} = 0$$

das erste Glied (siehe (2.7)), während wegen der vorläufigen Beschränkung $Q(\alpha) \neq 0$ der Nenner endlich ist. Damit ist $m > 1$ bereits bewiesen.

Nun bilden wir wieder $\frac{w_1 - \varrho}{w_2 - \varrho}$ und machen dann den Grenzübergang, wobei wir $\frac{z_1 - \alpha}{z_2 - \alpha}$ gegen eine Grenze konvergieren lassen. Wieder erhalten wir an der Grenze den von Null verschiedenen endlichen und konstanten Faktor $\frac{C_m}{Q(\alpha)^2}$ im Zähler wie im Nenner und können ihn wegkürzen. So bleibt

$$\lim \frac{w_1 - \varrho}{w_2 - \varrho} = \lim \left(\frac{z_1 - \alpha}{z_2 - \alpha} \right)^m ,$$

und daher

$$\lim \angle(w_1 \varrho w_2) = m \lim \angle(z_1 \alpha z_2).$$

An der Stelle α wird also jeder Winkel ver-m-facht, wo m eine ganze Zahl ≥ 2 ist. Also:

Satz 2.16. *An einer im Endlichen gelegenen Stelle α des verschwindenden Differentialquotienten ist die Konformität der durch die gebrochene Funktion vermittelten Abbildung unterbrochen.*

Bisher hatten wir angenommen, dass α im Endlichen liegt und $Q(\alpha) \neq 0$ ist. Nun betrachten wir für ein endliches α den Fall $Q(\alpha) = 0$ und fragen, ob dort die Abbildung konform ist oder nicht. Um dies zu entscheiden, führen wir eine Zwischentransformation

$$w' = \frac{1}{w}$$

ein. Die neue Funktion $w' = \frac{Q(z)}{P(z)}$ hat bei α eine Nullstelle, und ihre Ableitung verschwindet dort, wenn es sich nicht um eine einfache Nullstelle handelt. Also liefert Satz 2.16, dass die Abbildung an der Stelle α genau dann konform ist, wenn Q dort eine einfache Nullstelle hat, es sich hier also um einen einfachen Pol handelt.

Nun betrachten wir eine Stelle z im Unendlichen. Sollte $\left(\frac{P(z)}{Q(z)} \right)_{z=\infty} = \infty$ sein, so würden wir die Funktion $\frac{Q(z)}{P(z)}$ betrachten, die dort Null ist. Hätte $\frac{P(z)}{Q(z)}$ aber bei $z = \infty$ den endlichen Wert a, so würden wir die Hilfsfunktion

$$w' = w - a$$

einführen, die auch im Unendlichen eine konforme Abbildung vermittelt. Also können wir uns von vornherein auf die Betrachtung von gebrochenen Funktionen beschränken, die im Unendlichen den Wert Null annehmen:

$$w = \frac{P(z)}{Q(z)} = \frac{z^m a_m + z^{m-1} a_{m-1} + \cdots}{z^n b_n + z^{n-1} b_{n-1} + \cdots},$$

wo $a_m \neq 0$, $b_n \neq 0$, $m < n$ ist. Führen wir die überall konforme Zwischentransformation

$$z' = \frac{1}{z}$$

ein, so erhalten wir

$$w = z^{m-n} \frac{a_m + \frac{1}{z}a_{m-1} + \cdots}{b_n + \frac{1}{z}b_{n-1} + \cdots} = z'^{n-m} \frac{a_m + a_{m-1}z' + \cdots}{b_n + b_{n-1}z' + \cdots}.$$

Die Winkel im Unendlichen werden also ver-$(n-m)$-facht, sodass Konformität besteht, wenn der Grad des Nenners um 1 größer ist als der des Zählers. Also:

Satz 2.17. *Verschwindet*

$$\frac{\mathrm{d}w}{\mathrm{d}z} = \frac{\mathrm{d}\frac{P(z)}{Q(z)}}{\mathrm{d}z}$$

für $z = \infty$, so ist dort die Konformität durchbrochen, außer wenn der Grad von P und Q sich gerade um 1 unterscheidet.

Wir betrachten jetzt noch ein einfaches Beispiel einer rationalen Funktion, das wir auf Seite 124 brauchen werden:

$$w = \frac{1}{2}\left(z + \frac{1}{z}\right).$$

Hierdurch werden $z = 0$ und $z = \infty$ übergeführt in $w = \infty$. Überhaupt entsprechen jedem Punkte w (außer ± 1) zwei Punkte der z-Ebene. Ist nämlich z der eine, so ist $\frac{1}{z}$ ein anderer entsprechender Punkt. Diese beiden Punkte liegen aber in der z-Ebene so, dass immer der eine innerhalb, der andere außerhalb des Einheitskreises sich befindet. Es wird also *das Innere des Einheitskreises für sich umkehrbar eindeutig und konform auf die ganze w-Ebene abgebildet, ebenso das Äußere.*

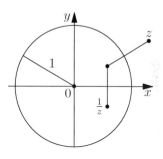

Nur die Punkte des Einheitskreises nehmen eine gewisse Sonderstellung ein. Um diese näher zu untersuchen, führen wir Polarkoordinaten ein. Alsdann können wir die auf dem Einheitskreis liegenden Punkte dadurch charakterisieren, dass für sie $z = \mathrm{e}^{\varphi \mathrm{i}}$ ist, wo φ reelle Zahlen bedeutet. Hier wird also

$$w = \frac{1}{2}\left(\mathrm{e}^{\varphi \mathrm{i}} + \mathrm{e}^{-\varphi \mathrm{i}}\right) = \cos\varphi.$$

Für $\varphi = 0$ ist $w = +1$, für $\varphi = \pi$ ist $w = -1$. Wenn also z auf dem Einheitskreise herumläuft im positiven Sinne, bewegt sich w auf der reellen Achse der w-Ebene von $+1$ bis -1 und dann von -1 bis $+1$ zurück.

Die w-Ebene ist auf der Strecke von -1 bis $+1$ aufgeschnitten zu denken. Alsdann wird der Einheitskreis der z-Ebene auf diesen Schlitz abgebildet, und die *Abbildung des Inneren des Einheitskreises ohne Rand* (des Äußeren ebenso) findet umkehrbar eindeutig und konform auf die so geschlitzte w-Ebene statt, wobei der Nullpunkt der z-Ebene in den unendlich fernen Punkt der w-Ebene übergeht.

In derselben Weise wird auch die obere Halbebene abgebildet, nur tritt dabei natürlich ein anderer Schlitz auf, nämlich von $+1$ bis $+\infty$ und zugleich von -1 bis $-\infty$. Das erkennt man daraus, dass für die Punkte des Randes der so begrenzten z-Ebene, also für $\varphi = 0$ und $\varphi = \pi$, sich für $w = u + \mathrm{i}v$ ergibt:

$$ u = \begin{cases} \frac{1}{2} \cdot \left(r + \frac{1}{r}\right) & \text{für } \varphi = 0, \\ -\frac{1}{2} \cdot \left(r + \frac{1}{r}\right) & \text{für } \varphi = \pi \end{cases}, \qquad v = 0. $$

Dabei kann u, dessen kleinster Betrag 1 bei $r = 1$ liegt, alle Werte von $+1$ bis $+\infty$ und von -1 bis $-\infty$ annehmen. Das ist also das Bild der x-Achse, das bei Abbildung der oberen Halbebene auszuschließen ist.

Abbildung 2.10: Links: x-Achse; rechts: u-Achse

Durchliefe ein Punkt den positiven Halbstrahl von 0 über 1 bis ∞, so käme sein Bildpunkt aus dem Unendlichen bis $+1$ und liefe von da ins Unendliche zurück (siehe Abbildung 2.10).

Außer der Änderung des Schlitzes bleibt bei dieser Abbildung alles Folgende bestehen (vergleiche Seite 124).

Um noch genauer zu verfolgen, wie die Kreise um den Nullpunkt und das Strahlenbüschel durch ihn von der z-Ebene auf die w-Ebene abgebildet werden, ist das Natürlichste die Verwendung von Polarkoordinaten. Wenn wir

$$ z = r \mathrm{e}^{\mathrm{i}\varphi} = r \left(\cos \varphi + \mathrm{i} \sin \varphi\right) $$

einsetzen, erhalten wir aus

$$ w = u + \mathrm{i}v = \frac{1}{2} \left(r \cos \varphi + \mathrm{i}r \sin \varphi + \frac{1}{r} \cos \varphi - \mathrm{i}\frac{1}{r} \sin \varphi \right) $$

durch Trennung in Real- und Imaginärteil:

$$ u = \frac{1}{2} \left(r + \frac{1}{r} \right) \cos \varphi = \frac{r^2 + 1}{2r} \cos \varphi, \qquad v = \frac{1}{2} \left(r - \frac{1}{r} \right) \sin \varphi = \frac{r^2 - 1}{2r} \sin \varphi. $$

Die Elimination von φ beziehungsweise r aus diesen Gleichungen liefert

$$ \frac{u^2}{\left(\frac{r^2+1}{2r}\right)^2} + \frac{v^2}{\left(\frac{r^2-1}{2r}\right)^2} = 1, \qquad \text{beziehungsweise} \qquad \frac{u^2}{\cos^2 \varphi} - \frac{v^2}{\sin^2 \varphi} = 1. $$

Das heißt, den konzentrischen Kreisen um den Nullpunkt der z-Ebene entsprechen konfokale Ellipsen der w-Ebene, worunter sich als ausgearteter Fall ($v = 0$) die dem Einheitskreis entsprechende reelle u-Achse befindet, genauer das Stück zwischen $+1$ und -1; dem Strahlenbüschel der z-Ebene durch 0 entsprechen in der w-Ebene konfokale Hyperbeln, die die Ellipsen sämtlich orthogonal schneiden. Zu den Hyperbeln gehört als ausgeartete die rein imaginäre v-Achse ($u = 0$), die der imaginären y-Achse ($\varphi = \pi/2$ oder $\varphi = 3\pi/2$) entspricht.

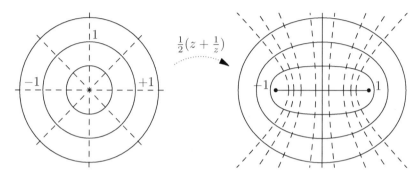

Abbildung 2.11: Die Abbildung $w = 1/2\,(z + 1/z)$

Der Charakter dieser Abbildung ließ sich schon erwarten, wenn man bedenkt, dass der Nullpunkt und der unendliche ferne Punkt der z-Ebene beide in den unendlich fernen Punkt der w-Ebene übergehen. Die gemeinsamen Brennpunkte der Ellipsen und Hyperbeln liegen in den Punkten $+1$ und -1, weil

$$\left(\frac{1}{2}\left(r + \frac{1}{r}\right)\right)^2 - \left(\frac{1}{2}\left(r - \frac{1}{r}\right)\right)^2 = 1$$

und auch $\cos^2\varphi + \sin^2\varphi = 1$ ist (die Eulersche Identität). Zugleich erkennen wir den geometrischen Satz, dass konfokale Ellipsen und Hyperbeln sich orthogonal schneiden, weil man sie als Bilder orthogonaler Kurven unter einer konformen Abbildung auffassen kann. Während sich die Kreise der z-Ebene bis zum Einheitskreis aufblähen, ziehen sich die Ellipsen der w-Ebene zusammen und klappen schließlich in den Schlitz von -1 bis $+1$. Es ist dies ein wichtiges rechtwinkliges Koordinatensystem in der Ebene.

Wir haben bisher mit Ausnahme der Funktion $w = \sqrt{z}$ (Seite 73), die analytisch war und die ganze z-Ebene mit Ausnahme der reellen negativen Achse umkehrbar eindeutig und konform auf die positive Hälfte der w-Ebene unter Ausschluss der begrenzenden, imaginären v-Achse abbildete, nur von rationalen Funktionen gesprochen.

Nun kann man durch Inversion der Potenz allgemein $w = \sqrt[n]{z}$ für n positiv ganz bilden, wo bei der Umkehrung gewisse Schwierigkeiten aus der Vieldeutigkeit der Wurzel resultieren. Wir erhalten aber eine in der ganzen z-Ebene mit Ausnahme der negativ reellen Achse eindeutig definierte Funktion $w = \sqrt[n]{z}$, wenn wir festsetzen, dass hierunter verstanden werden soll, wenn wir $z = re^{i\varphi}$ setzen:

$$\sqrt[n]{r} \cdot e^{i\varphi/n}$$

für ein $r > 0$, ein Azimut zwischen den Grenzen $-\pi < \varphi < +\pi$, sodass das Azimut von w immer $|\varphi/n| < \pi/n$ ist, und wo mit $\sqrt[n]{r}$ die einzige *positive* Wurzel der positiven Zahl r gemeint ist.

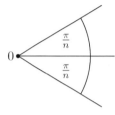

Dann vermittelt diese Funktion eine Abbildung der längs der negativ reellen Achse von $-\infty$ bis 0 aufgeschnittenen z-Ebene auf den die positiv reelle Achse der w-Ebene enthaltenden Winkelraum der w-Ebene von der Größe $2\pi/n$, der in der Figur angedeutet ist.

Da diese Funktion einen Differentialquotienten hat, nämlich – was genau wie im reellen Gebiet zu beweisen ist –

$$\frac{\mathrm{d}w}{\mathrm{d}z} = \frac{1}{n}\frac{\sqrt[n]{z}}{z} = \frac{1}{n} \cdot \frac{w}{z}, \tag{2.18}$$

der überall außer für $z = 0$ existiert, ist die Funktion $w = \sqrt[n]{z}$ *überall im Endlichen regulär analytisch außer an der Stelle* $z = 0$; diesen Punkt schließen wir mit aus, indem wir ihn noch zur negativ rellen Achse hinzurechnen. Die so aufgeschnittene z-Ebene wird dann in der Tat überall umkehrbar eindeutig und konform auf ihr Definitionsgebiet in der w-Ebene, zu dem der Rand nicht mitgehört, abgebildet. Zu beachten ist noch, dass im unendlich fernen Punkt der z-Ebene, dem der unendlich ferne Punkt der w-Ebene entspricht, der Differentialquotient $\frac{\mathrm{d}w}{\mathrm{d}z}$ verschwindet.

In der Auswahl des Fundamentalbereiches besteht eine gewisse Willkür. Natürlich hätten wir statt der hier bevorzugten eindeutigen Bestimmung von $\sqrt[n]{z}$ auch eine andere treffen können, indem wir etwa die Funktion uns im anschließenden Winkelraum der z-Ebene hätten dargestellt denken können. Wir erhalten dann n verschiedene, in der aufgeschnittenen z-Ebene definierte analytische Funktionen, die sich aber nur durch konstante *Einheitswurzelfaktoren* voneinander unterscheiden.

Später werden wir andere Beispiele analytischer Funktionen kennen lernen. Zunächst wenden wir uns Betrachtungen anderer Art zu.

2.4 Die physikalische Bedeutung der Cauchy-Riemannschen Differentialgleichungen in der Theorie der stationären Strömungen

Die Theorie der Flüssigkeitsströmung spielt in der Hydrodynamik und in der Physik überhaupt eine große Rolle. Wir werden sie hier kurz entwickeln und in der üblichen Weise mit den Cauchy-Riemannschen Differentialgleichungen in Verbindung bringen. Dabei beschränken wir uns von vornherein auf die Ebene, und wollen darin eine Flüssigkeitsbewegung analytisch beschreiben. Das kann auf zwei Arten geschehen.

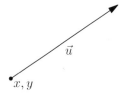

Entweder man betrachtet einen festen Punkt x, y, den die einzelnen Flüssigkeitsteilchen mit einer gewissen Geschwindigkeit, die als gerichtete Größe durch einen Vektor $\vec{u}$ darstellbar ist, passieren werden; dann sind die Geschwindigkeitskomponenten:

$$\vec{u}_x = \vec{u}_x(x, y, t), \qquad \vec{u}_y = \vec{u}_y(x, y, t).$$

Diese *ruhige Betrachtungsweise*, wo man die Teilchen an sich vorübergleiten lässt und immer bloß die eine Stelle des Raumes ins Auge fasst, heißt die *Eulersche*.

Ihr steht die so genannte *Lagrangesche* – die übrigens auch schon vorher von Euler ausgebildet wurde – gegenüber, bei der man wie in der Mechanik *diskreter* Massepunkte verfährt, indem man ein einzelnes *sich bewegendes Teilchen* auf seiner Bahn verfolgt. Ist x_0, y_0 ein derartiger Punkt der Flüssigkeit, dann handelt es sich darum, seine Lage ξ, η zu irgendeiner Zeit t zu charakterisieren durch Bestimmung der Funktion

$$\xi = \xi(x_0, y_0, t), \qquad \eta = \eta(x_0, y_0, t).$$

Wir wollen uns mit der *Eulerschen Betrachtungsweise* hier befassen, wenigstens hauptsächlich darauf beschränken. Als die bewegte Materie denken wir uns irgendeine Flüssigkeit oder als Grenzfall ein Gas. Um an eine Beschreibung herangehen zu können, müssen wir voraussetzen, dass eine stationäre Strömung vorliegt, das heißt, dass der Geschwindigkeitszustand in jedem Raumpunkt fest ist. Nehmen wir an, die Massendichte ϱ sei uns an der Stelle x, y zur Zeit t gegeben durch die Funktion

$$\varrho = \varrho(x, y, t).$$

Wir bilden

$$\varrho \cdot \vec{u}_x, \varrho \cdot \vec{u}_y$$

und nennen den Vektor, der diese Komponenten hat, die *Bewegungsgröße*.

2.4.1 Inkompressibilität der Strömung

Nun wollen wir zunächst untersuchen, *wann die Flüssigkeit inkompressibel ist*; und zwar wollen wir zeigen, dass sich die *erste Cauchy-Riemannsche Differentialgleichung* mit der Bedingung der Inkompressibilität in engen Zusammenhang bringen lässt.

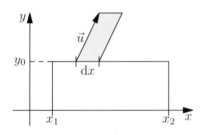

Wir berechnen die Flüssigkeitsmenge, die in einer bestimmten Zeit über eine zur x-Achse im festen Abstande y_0 parallele Gerade hinübertritt zwischen den Stellen x_1 und x_2. Dazu zerlegen wir diese Strecke in kleine Stücke $\mathrm{d}x$ und können, da in benachbarten Punkten der Geschwindigkeitszustand nahezu derselbe sein wird, annehmen, dass längs eines sehr kleinen Stückes $\mathrm{d}x$ von den Geschwindigkeitsunterschieden abgesehen werden kann. In der Zeiteinheit tritt dann, da die Geschwindigkeit in Richtung der positiven y-Achse $\vec{u}_y$ ist, das Volumen $\vec{u}_y\,\mathrm{d}x$ über, also gerade so viel, wie der Inhalt des gezeichneten Parallelogramms beträgt.

Also tritt in der Zeit $\mathrm{d}t$, falls wir die Geschwindigkeit auch in diesem kleinen Zeitraum wieder als konstant betrachten, das Volumen $\vec{u}_y\,\mathrm{d}x\,\mathrm{d}t$ über, dessen Masse $\varrho\vec{u}_y\,\mathrm{d}x\,\mathrm{d}t$ ist, und dies stimmt um so genauer, je kleiner wir uns $\mathrm{d}x$ und $\mathrm{d}t$ gewählt haben. Über ein endliches Stück $x_1 \ldots x_2$ der betrachteten Geraden tritt demnach während der Zeit $t_1 \ldots t_2$ wirklich die Masse

$$\int_{t_1}^{t_2} \int_{x_1}^{x_2} \varrho\vec{u}_y\,\mathrm{d}x\,\mathrm{d}t.$$

Eine strenge Ableitung der hier durch infinitesimale Betrachtungen gewonnenen Formel ist leicht zu geben. Der kleinste Wert, den $\varrho\vec{u}_z$ in einem Intervall von x' bis x'' in der Zeit t' bis t'' annimmt, sei m, der größte M. Dann liegt der wahre Wert der über x' bis x'' in der Zeit t' bis t'' hinübergetretenen Masse zwischen $m(x'' - x')(t'' - t')$ und $M(x'' - x')(t'' - t')$. Wir bekommen so, indem wir über alle räumlichen und zeitlichen Intervalle summieren, eine untere und obere Grenze für die gesamte übergetretene Flüssigkeitsmasse, und beide konvergieren in der Grenze gegen denselben Integralwert nach Definition des Integrals, und dies ist gerade das angegebene Integral. So kann man immer in der Physik die meist angegebenen Beweise durch Zurückgehen auf die Begriffe präzisieren. Dabei ist die Existenz der vorkommenden Grenzwerte vorauszusetzen.

Nachdem wir eine exakt geltende Formel aufgestellt haben, gehen wir zurück zur Zeiteinheit; da tritt die Flüssigkeitsmasse

$$\frac{1}{t_2 - t_1} \int_{t_1}^{t_2} \int_{x_1}^{x_2} \varrho\vec{u}_y\,\mathrm{d}x\,\mathrm{d}t$$

über, also beim Grenzübergang für den Moment t die Masse $\int_{x_1}^{x_2} \varrho\vec{u}_y\,\mathrm{d}x$. So erkennen wir:

Satz 2.19. *Die in der Zeiteinheit für den Moment t über eine im Abstande y_0 zur x-Achse parallele Strecke x_1, x_2 übertretende Flüssigkeitsmasse ist*

$$\int_{x_1}^{x_2} \varrho\vec{u}_y\,\mathrm{d}x,$$

wo die Argumente x, y_0, t sind.

Das Integral ist positiv oder negativ je nach dem Vorzeichen von $\vec{u}_y$, das heißt, je nachdem ob die Flüssigkeit nach oben, in Richtung der positiven y-Achse, oder nach unten strömt.

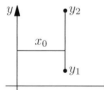

Ähnlich findet man, dass über eine zur y-Achse im festen Abstand x_0 parallele Strecke $y_1 \ldots y_2$ im Momente t die Flüssigkeitsmasse

$$\int_{y_1}^{y_2} \varrho \vec{u}_x \, dy$$

hinübertritt, wo x_0, y, t die Argumente sind und für das Vorzeichen eine analoge Festsetzung gilt.

Indem wir beide Resultate zusammenfügen, können wir den Flüssigkeitszuwachs angeben, der für den Moment t im Inneren eines Rechtecks pro Zeiteinheit stattfindet, wenn die Koordinaten der Ecken dieses Rechtecks sind:

$$x_1, y_1; \qquad x_2, y_1; \qquad x_1, y_2; \qquad x_2, y_2.$$

Er ergibt sich einfach als

$$\int_{y_1}^{y_2} \left(\varrho \vec{u}_x(x_1, y) - \varrho \vec{u}_x(x_2, y) \right) dy + \int_{x_1}^{x_2} \left(\varrho \vec{u}_y(x, y_1) - \varrho \vec{u}_y(x, y_2) \right) dx.$$

Diesen Zuwachs können wir aber noch in anderer Weise darstellen. Die Masse im Rechteck ist nämlich

$$\int_{y_1}^{y_2} \int_{x_1}^{x_2} \varrho \, dx \, dy,$$

also der Zuwachs pro Zeiteinheit im Moment t:

$$\frac{d}{dt} \int_{y_1}^{y_2} \int_{x_1}^{x_2} \varrho \, dx \, dy.$$

Somit gilt die Gleichung:

$$\frac{d}{dt} \int_{y_1}^{y_2} \int_{x_1}^{x_2} \varrho \, dx \, dy$$

$$= \int_{y_1}^{y_2} \left(\varrho \vec{u}_x(x_1, y) - \varrho \vec{u}_x(x_2, y) \right) dy + \int_{x_1}^{x_2} \left(\varrho \vec{u}_y(x, y_1) - \varrho \vec{u}_y(x, y_2) \right) dx.$$

Diese Formel ist noch unübersichtlich. Der Integrand des ersten Glieds rechts ist bis aufs Vorzeichen gleich

$$\int_{x_1}^{x_2} \frac{\partial \varrho \vec{u}_x}{\partial x} \, dx,$$

und auch für den des letzten können wir durch Einführung partieller Differentialquotienten

$$\int_{y_1}^{y_2} \frac{\partial \varrho \vec{u}_y}{\partial y} \, dy$$

eintragen. Führen wir noch links die Differentiation nach t unter dem Integralzeichen aus – die Grenzen x_1, x_2, y_1, y_2 sind ja von t unabhängig –, so erhalten wir
unter Benutzung des Satzes von der Vertauschbarkeit der Integrationsfolge:

$$\int_{y_1}^{y_2} \int_{x_1}^{x_2} \left(\frac{\partial \varrho}{\partial t} + \frac{\partial \varrho \vec{u}_x}{\partial x} + \frac{\partial \varrho \vec{u}_y}{\partial y} \right) dx \, dy = 0.$$

Wir mussten dabei $\frac{\partial \varrho}{\partial t}$ schreiben, weil die Differentiation nach t vorher *nach* Einsetzung der *festen* Grenzen $1, 2$ vorgenommen werden sollte, sodass x und y nicht
mehr veränderlich gewesen wären.

Also muss dieses Integral, erstreckt über ein beliebiges Rechteck, verschwinden. Also besteht *identisch in* x, y, t die Gleichung

$$\frac{\partial \varrho}{\partial t} + \frac{\partial \varrho \vec{u}_x}{\partial x} + \frac{\partial \varrho \vec{u}_y}{\partial y} = 0. \tag{2.20}$$

Aus einer widersprechenden Annahme könnte man nämlich sofort einen Widerspruch gegen die vorangehende Gleichung ableiten. Dies ist die so genannte *Kon-
tinuitätsgleichung* der Physik.

Daraus folgt zunächst unmittelbar, dass die notwendige und hinreichende
Bedingung dafür, dass ϱ von t unabhängig ist, also an einer festen Raumstelle die
Dichte mit der Zeit konstant ist, das Bestehen der Gleichung

$$\frac{\partial \varrho \vec{u}_x}{\partial x} + \frac{\partial \varrho \vec{u}_y}{\partial y} = 0$$

ist; an diese Bedingung müssen dann die Komponenten $\varrho \vec{u}_x, \varrho \vec{u}_y$ der Bewegungsgröße gebunden sein. Doch ist dies noch nicht die Bedingung der Inkompressibilität,
bei der auch noch die Unabhängigkeit der Dichte vom Orte verlangt wird. Um zu
ihr zu gelangen, führen wir in (2.20) die Differentiation nach x, beziehungsweise y
aus und erhalten

$$\frac{\partial \varrho}{\partial t} + \frac{\partial \varrho}{\partial x} \vec{u}_x + \frac{\partial \varrho}{\partial y} \vec{u}_y + \varrho \left(\frac{\partial \vec{u}_x}{\partial x} + \frac{\partial \vec{u}_y}{\partial y} \right) = 0$$

oder

$$\frac{d\varrho}{dt} + \varrho \left(\frac{\partial \vec{u}_x}{\partial x} + \frac{\partial \vec{u}_y}{\partial y} \right) = 0, \tag{2.21}$$

was man unter Benutzung der üblichen Bezeichnung

$$\operatorname{div} \vec{u} = \frac{\partial \vec{u}_x}{\partial x} + \frac{\partial \vec{u}_y}{\partial y} \tag{2.22}$$

noch so zu schreiben pflegt:

$$\frac{d\varrho}{dt} + \varrho \operatorname{div} \vec{u} = 0. \tag{2.23}$$

Die Bedingung der Inkompressibilität, die eigentlich auf den erwähnten so genannten Langrangeschen Standpunkt (Seite 85) zurückweist, sagt, dass die Dichte von Ort und Zeit unabhängig sein soll, das heißt, da wir uns den Ort als Funktion der Zeit dachten, dass die totale Ableitung von ϱ nach t verschwindet. Somit liefert, da sicher $\varrho \neq 0$ ist, Gleichung (2.23) die notwendige und hinreichende Inkompressibilitätsbedingung

$$\operatorname{div} \vec{u} = 0, \qquad \text{das heißt} \qquad \frac{\partial \vec{u}_x}{\partial x} = -\frac{\partial \vec{u}_y}{\partial y}. \tag{2.24}$$

Um nun zur Form der ersten Cauchy-Riemannschen Differentialgleichung zu kommen, führen wir die Bezeichnungen

$$u = \vec{u}_x, \qquad v = -\vec{u}_y \tag{2.25}$$

ein; das Vorzeichen ist zwar unbefriedigend, aber nicht zu vermeiden. Wir können dann unser Resultat so formulieren:

Satz 2.26. *Bezeichnet man mit u beziehungsweise −v die x- beziehungsweise y-Komponente der Geschwindigkeit eines bewegten Flüssigkeitsteilchens, so ist die notwendige und hinreichende Bedingung der Inkompressibilität das Bestehen der ersten Cauchy-Riemannschen Differentialgleichung*

$$\frac{\partial u}{\partial x} = \frac{\partial v}{\partial y}.$$

2.4.2 Wirbelfreiheit der Strömung

Wir denken uns jetzt die erste Cauchy-Riemannsche Differentialgleichung als erfüllt, sodass die Dichte unabhängig von Ort und Zeit ist, und können dann $\varrho = 1$ setzen, sodass wir die Geschwindigkeit und die Bewegungsgröße identifizieren.

Nun behaupten wir, dass die zweite Cauchy-Riemannsche Differentialgleichung bei unserer Bezeichnung mit der Tatsache äquivalent ist, dass die Flüssigkeit nirgends wirbelt.

Fassen wir einen Punkt $0, 0$ ins Auge, so herrscht in seiner Umgebung eine bestimmte Geschwindigkeit, deren Komponenten $\vec{u}_x, \vec{u}_y$ in erster Annäherung gleich $(\vec{u}_x)_0, (\vec{u}_y)_0$ sind. Um aber die Relativbewegung in Betracht ziehen zu können, was von Interesse ist, da sich ja die Längenverhältnisse kleiner Strecken und damit die Winkel in der Umgebung des betrachteten Punktes – Nullpunkts – wesentlich ändern können, setzen wir die Entwicklung an

$$\begin{aligned} \vec{u}_x &= (\vec{u}_x)_0 + ax + by + \cdots, \\ \vec{u}_y &= (\vec{u}_y)_0 + cx + dy + \cdots, \end{aligned} \tag{2.27}$$

wo a, b, c, d die partiellen Ableitungen der Funktionen $\vec{u}_x$ und $\vec{u}_y$ nach x und y bedeuten. Bräche man nach dem ersten Gliede ab, so würde das heißen, dass der Nachbarpunkt dieselbe Geschwindigkeit wie $0, 0$ hat. Wir wollen aber gerade die Relativbewegung untersuchen, die nahezu die Gestalt hat

$$\vec{u}_x = ax + by, \qquad \vec{u}_y = cx + dy. \tag{2.28}$$

Hierbei gehen wir schrittweise vor, indem wir zunächst einige spezielle Funktionen vorausschicken, um daraus die allgemeinste Vektorfunktion der Art (2.27) zusammenzusetzen. Ist

$$\vec{u}_x = ax, \qquad \vec{u}_y = 0, \tag{2.29}$$

so bewegen sich alle Teilchen parallel zur x-Achse, und zwar wird bei $a > 0$ die ganze Ebene in Richtung der x-Achse dilatiert, wie es die linke Figur in Abbildung 2.12 andeutet, bei $a < 0$ kontrahiert.

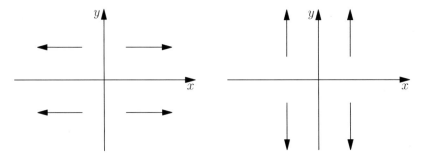

Abbildung 2.12: Links Dilatation in x-Richtung, rechts Dilatation in y-Richtung

In der Lagrangeschen Auffassung lauten die analogen Gleichungen

$$\frac{\mathrm{d}\xi}{\mathrm{d}t} = a\xi, \qquad \frac{\mathrm{d}\eta}{\mathrm{d}t} = 0,$$

woraus durch Integration zunächst $\ln \xi = at + c$, dann

$$\xi = x_0 \mathrm{e}^{at}, \qquad \eta = y_0$$

folgt, wo x_0, y_0 die Lage des bewegten Flüssigkeitsteilchens zur Zeit $t = 0$ gegenüber dem Punkte $0, 0$ angeben. Jedes Flüssigkeitsteilchen fährt nach diesem Gesetz parallel zur x-Achse, und man übersieht hier genau, dass in der Zeit eine gleichmäßige Dilatation, beziehungsweise Kontraktion der ganzen Ebene in Richtung der x-Achse stattfindet.

Analog verhält es sich, wenn die Gleichungen die Form haben

$$\vec{u}_x = 0, \qquad \vec{u}_y = by. \tag{2.30}$$

Die Bewegung ist dann eine Dilatation oder Kontraktion in Richtung der y-Achse (siehe Abbildung 2.12 rechts).

Daraus setzt sich die Bewegung

$$\vec{u}_x = ax, \qquad \vec{u}_y = by \tag{2.31}$$

zusammen, die eine Dilatation oder Kontraktion in Richtung der x- und y-Achse gleichzeitig bedeuten.

Weiter geben die Gleichungen

$$\vec{u}_x = -ay, \qquad \vec{u}_y = ax, \tag{2.32}$$

die wegen $x\vec{u}_x + y\vec{u}_y = 0$ eine Richtung $\vec{u}$ senkrecht zum Radiusvektor von x, y

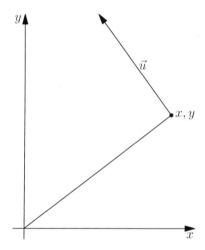

Abbildung 2.13: $\vec{u}$ steht senkrecht auf dem Radiusvektor von x, y

bedeuten (siehe Abbildung 2.13), eine Drehung der Ebene mit der Winkelgeschwindigkeit

$$\left| \frac{\sqrt{\vec{u}_x^2 + \vec{u}_y^2}}{\sqrt{x^2 + y^2}} \right| = |a| ,$$

und zwar im positiven Sinne bei positivem a.

Nun betrachte ich die Gleichungen (2.28) für den Fall $b = c$, also

$$\vec{u}_x = ax + by, \qquad \vec{u}_y = bx + dy. \tag{2.33}$$

Für den Fall $b = 0$ haben sie den Typus (2.31). Wir behaupten, dass sie auch sonst eine Verzerrung nach zwei aufeinander senkrechten Richtungen, den *Hauptverzerrungsachsen*, bedeuten. Zum Beweise betrachten wir die quadratische Form

$$\vec{u}_x \cdot x + \vec{u}_y \cdot y = ax^2 + 2bxy + dy^2$$

und benutzen einfach die *Hauptachsentransformation der Kegelschnitte.*
   Die durch

$$x = \xi \cos \vartheta - \eta \sin \vartheta, \qquad\qquad \xi = x \cos \vartheta + y \sin \vartheta,$$
$$\text{also}$$
$$y = \xi \sin \vartheta + \eta \cos \vartheta, \qquad\qquad \eta = -x \sin \vartheta + y \cos \vartheta,$$

dargestellte Drehung des Koordinatensystems um den Winkel ϑ kann man so einrichten, dass in

$$\vec{u}_\xi = \vec{u}_x \cos \vartheta + \vec{u}_y \sin \vartheta = (ax + by) \cos \vartheta + (bx + dy) \sin \vartheta$$
$$\vec{u}_\eta = -\vec{u}_x \sin \vartheta + \vec{u}_y \cos \vartheta = -(ax + by) \sin \vartheta + (bx + dy) \cos \vartheta$$

nach Einsetzen der Werte von x und y aus dem Ausdruck für $\vec{u}_\xi$ rechts das η, aus dem für $\vec{u}_\eta$ das ξ herausfällt, indem man deren gemeinsamen Koeffizienten gleich Null setzt:

$$-a \cos \vartheta \sin \vartheta + b \cos^2 \vartheta - b \sin^2 \vartheta + d \cos \vartheta \sin \vartheta = b \cos 2\vartheta + \frac{d-a}{2} \sin 2\vartheta = 0,$$

woraus sich

$$\tan 2\vartheta = \frac{2b}{a-d}$$

bestimmt außer im Falle $b = 0$, $a = d$, und das ist ein Spezialfall von (2.31).
   In den neuen Koordinaten wird

$$ax^2 + 2bxy + dy^2 = \alpha \xi^2 + \beta \eta^2;$$

oder, wenn wir das polarisieren, das heißt, es in der bilinearen Form schreiben:

$$(ax + by)x_1 + (bx + dy)y_1 = \alpha \xi \xi_1 + \beta \eta \eta_1,$$

wo 1 irgendeinen Punkt bedeutet, der im alten Koordinatensystem die Koordinaten x_1, y_1, im neuen ξ_1, η_1 hat. Wir können das auf die vorgelegten Gleichungen (2.33) anwenden und erhalten:

$$\vec{u}_x \cdot x_1 + \vec{u}_y \cdot y_1 = \alpha \xi \xi_1 + \beta \eta \eta_1$$

oder, da der Ausdruck der linken Seite von der Wahl des Koordinatensystems unabhängig ist – wie wir erkennen, wenn wir den Vektor $\vec{u}$ vom Nullpunkte auftragen und den Ausdruck als inneres Produkt deuten – durch Bilden der Komponenten in Richtung der neuen ξ-, η-Achsen:

$$\vec{u}_\xi \cdot \xi_1 + \vec{u}_\eta \cdot \eta_1 = \alpha \xi \cdot \xi_1 + \beta \eta \cdot \eta_1.$$

Daraus, dass dies für irgendwelche ξ_1, η_1 gültig ist, kann man schließen

$$\vec{u}_\xi = \alpha \cdot \xi, \qquad \vec{u}_\eta = \beta \cdot \eta. \tag{2.34}$$

Das bedeutet nach (2.31) eine *Dilatation in den beiden zueinander senkrechten Richtungen ξ und η.*

Endlich betrachten wir noch das allgemeine System (2.28), in dem wir folgende Zerlegung vornehmen (mit beliebigen Koeffizienten):

$$
\begin{aligned}
\vec{u}_x &= ax + by = \left(ax + \frac{b+c}{2} y \right) + \frac{b-c}{2} y = \vec{u}_x^{(1)} + \vec{u}_x^{(2)}, \\
\vec{u}_y &= cx + dy = \left(\frac{b+c}{2} x + dy \right) - \frac{b-c}{2} x = \vec{u}_y^{(1)} + \vec{u}_y^{(2)}.
\end{aligned}
\tag{2.35}
$$

Wir können uns $\vec{u}$ nun aus $\vec{u}^{(1)}$ und $\vec{u}^{(2)}$ nach der Regel vom Parallelogramm der Geschwindigkeiten *zusammensetzen*, also nach (2.33) und (2.32) die *Bewegung aus einer Dilatation in zwei zueinander senkrechten Richtungen nebst einer Rotation mit der Winkelgeschwindigkeit $\frac{c-b}{2}$ im positiven Sinne.* In dieser Form kann man die allgemeinste Bewegung, die durch eine lineare Beziehung mit beliebigen Koeffizienten gegeben ist, darstellen.[4]

Wir haben bisher von (2.27) die Glieder $(\vec{u}_x)_0$ und $(\vec{u}_y)_0$ noch nicht berücksichtigt. Nehmen wir diese noch hinzu, und bilden wir schon aus den die partiellen ersten Ableitungen enthaltenden Gliedern die Restglieder der Taylorschen Reihe, so haben wir nach dem Vorangehenden den *Satz von Helmholtz* gewonnen:

Satz 2.36. *Die allgemeine Bewegung einer Flüssigkeit setzt sich in jedem Augenblick zusammen aus einer* Translation, *verbunden mit einer* Verzerrung *nach zwei orthogonalen Hauptverzerrungsachsen, über die sich noch eine* Rotation *superponiert.*

Aus den Gleichungen (2.35) lässt sich wieder die Bedingung für die Inkompressibilität ableiten, indem nämlich für $a = -d$ (erste Cauchysche Gleichung) $\vec{u}_x^{(1)}$ und $\vec{u}_y^{(1)}$ die Komponenten eines Vektors $\vec{u}^{(1)}$ sind, der durch Drehung des Koordinatensystems Komponenten $\vec{u}_\xi^{(1)}$ und $\vec{u}_\eta^{(1)}$ von der Form (2.31) mit $a = -b$ bei passender Wahl des Drehwinkels aufweist.

Nun wollten wir die Bedingung der Wirbelfreiheit aufstellen. Wenn der im Helmholtzschen Satze genannte Rotationsbestandteil Null ist, dann sagt man, die Flüssigkeit sei an jener Stelle wirbelfrei. Allgemein ist, wenn wir bedenken, dass

$$
a = \frac{\partial \vec{u}_x}{\partial x}, \qquad b = \frac{\partial \vec{u}_x}{\partial y}, \qquad c = \frac{\partial \vec{u}_y}{\partial x}, \qquad d = \frac{\partial \vec{u}_y}{\partial y}
$$

ist, die in (2.35) gefundene Größe der Rotationsgeschwindigkeit

$$
\frac{c-b}{2} = \frac{1}{2} \left(\frac{\partial \vec{u}_y}{\partial x} - \frac{\partial \vec{u}_x}{\partial y} \right) = \frac{1}{2} \operatorname{curl} \vec{u},
\tag{2.37}
$$

---

[4]Dies gilt aber nur infinitesimal. Die angegebene Dilatation und Drehung vertauschen nicht, so dass die erzeugte Einparametergruppe sich nicht so zerlegen lässt.

wenn wir wieder die in der Vektorrechnung übliche Bezeichnung anwenden wollen. Also ist es Wirbelfreiheit an einer Stelle einer Flüssigkeit, wenn dort der curl des Geschwindigkeitsvektors verschwindet. In diesem Resultate führen wir auch wieder die in (2.25) angegebenen Zeichen $u = \vec{u}_x$, $v = -\vec{u}_y$ ein und bekommen diese Bedingung in der Form

$$- \operatorname{curl} \vec{u} = \frac{\partial v}{\partial x} + \frac{\partial u}{\partial y} = 0 \tag{2.38}$$

der zweiten Cauchy-Riemannschen Differentialgleichung. Damit haben wir als Ergänzung des Satzes 2.26 bewiesen:

Satz 2.39. *Soll eine Flüssigkeit überall wirbelfrei strömen, dann muss die zweite Cauchy-Riemannsche Differentialgleichung*

$$\frac{\partial u}{\partial y} = -\frac{\partial v}{\partial x}$$

überall gültig sein.

Durch Zusammenfassen beider Sätze gewinnen wir das Resultat:

Satz 2.40. *Sind $\vec{u}_x = u$, $\vec{u}_y = -v$ die Komponenten der Geschwindigkeit einer strömenden Flüssigkeit, so ist die notwendige und hinreichende Bedingung dafür, dass die Flüssigkeit inkompressibel und wirbelfrei strömt, dass $w = u + \mathrm{i}v$ eine analytische Funktion ist, das heißt, dass sie die Cauchy-Riemannschen Differentialgleichungen erfüllt (vergleiche Satz 2.11).*

2.4.3 Strömungskurven

Wir fügen diesen Betrachtungen noch einige einfache *Beispiele* hinzu, in denen wir uns besonders mit den Strömungskurven beschäftigen.

Beispiel 1. Sei $w = f(z) = c = a + \mathrm{i}b$. Die Trennung in Real- und Imaginärteil liefert $u = a$ und $v = b$, sodass $\vec{u}_x = a$ und $\vec{u}_y = -b$ ist.

 Dies bedeutet eine Strömung über die Ebene, wobei an jedem Punkte ein gleicher Vektor angehaftet zu denken ist. Wir tragen also in einem Punkte der Ebene die Geschwindigkeit auf, ein kleines Stück, im Endpunkte wieder und so weiter. So bekommen wir eine *Strömungskurve*. Machen wir das überall in der Ebene, so wird sie ganz mit Strömungskurven überzogen. Hier ergeben sie sich besonders einfach, indem sich eben die Geschwindigkeitsvektoren direkt dazu zusammenschließen.

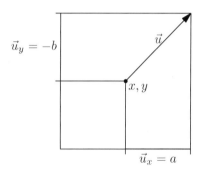

Analytisch ist es so, dass hier die Gleichungen der Strömungslinien aus

$$\frac{\mathrm{d}x}{\mathrm{d}t} = a, \qquad \frac{\mathrm{d}y}{\mathrm{d}t} = -b$$

durch Integration sich ergeben als

$$x = at + \text{const}, \qquad y = -bt + \text{const},$$

oder, wenn wir t eliminieren, $bx + ay = \text{const}$. Durch Variieren der Konstanten der rechten Seiten erhalten wir die einfach unendliche Schar von Strömungskurven. Das Missliche ist, dass sie in jedem Punkte bloß die Richtung, nicht aber die Größe der Geschwindigkeit angeben, entsprechend der Bahnkurven der Mechanik, die sich nach Elimination der Zeit aus den integrierten Bewegungsgleichungen ergeben.

Bilden wir

$$cz = (a + \mathrm{i}b)(x + \mathrm{i}y) = (ax - by) + \mathrm{i}(bx + ay),$$

so erkennen wir, dass

$$\text{Imag}(cz) = \text{const}$$

gerade die Strömungskurven gibt, wobei Imag den Imaginärteil bezeichnet. Die Größe der Geschwindigkeit ist

$$\sqrt{\vec{u}_x^2 + \vec{u}_y^2} = |w| = \sqrt{a^2 + b^2}.$$

Beispiel 2. Sei $w = z$. Hier ist $u = x$ und $v = y$, also $\vec{u}_x = x$ und $\vec{u}_y = -y$. Aus den Geschwindigkeitskomponenten

$$\frac{\mathrm{d}x}{\mathrm{d}t} = x, \qquad \frac{\mathrm{d}y}{\mathrm{d}t} = -y$$

findet man durch Integration die Strömungskurven

$$x = x_0 \mathrm{e}^t, \qquad y = y_0 \mathrm{e}^{-t},$$

wenn man als Bezeichnung der Integrationskonstanten $x_{t=0} = x_0$, $y_{t=0} = y_0$ wählt. Hiernach sind

$$xy = x_0 y_0 = \text{const}$$

die Strömungskurven. Bilden wir hier

$$\frac{1}{2}z^2 = \frac{1}{2}(x + \mathrm{i}y)^2 = \frac{1}{2}(x^2 - y^2) + \mathrm{i}xy,$$

so zeigt sich, dass wir diese Gleichung auch in der Form

$$\text{Imag}\left(\frac{z^2}{2}\right) = \text{const}$$

schreiben können.

Die Flüssigkeit strömt also auf *Hyperbeln*, und zwar auf *gleichseitigen*, die die Achsen zu Asymptoten haben, und zwar in der Nähe des Ursprungs mit geringer, in weiterer Entfernung vom Nullpunkt mit immer größerer Geschwindigkeit.

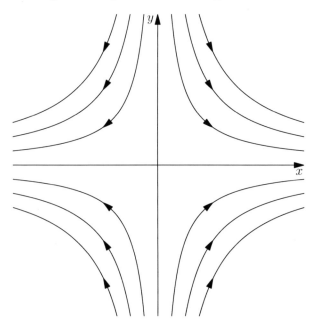

Abbildung 2.14: Hyperbelschar von Strömungskurven für $w = z$

Im Nullpunkt hat die Flüssigkeit einen Staupunkt, und die ganze Flüssigkeit wird durch den unendlich fernen Punkt mit unendlicher Geschwindigkeit hindurchgetrieben. Allerdings findet an den Nullpunkt sowie an den unendlich fernen Punkt nur eine asymptotische Annäherung der Teilchen statt. Nach 0 insbesondere können nur solche Teilchen gelangen, für die $x_0 = 0$ ist, das heißt, die von vornherein auf der imaginären Achse lagen. (Vergleiche auch Abbildung 2.5.) Die Größe der Geschwindigkeit in einem Punkte x, y ist

$$\sqrt{\vec{u}_x^2 + \vec{u}_y^2} = |w| = \sqrt{x^2 + y^2} = r,$$

die Länge des Radiusvektors.

Die in diesen beiden Beispielen gewonnenen Resultate können uns induktiv zu der Vermutung führen, dass bei einer durch $w = f(z)$ gegebenen Strömung die

Gleichung der Strömungslinien gegeben wird durch

$$\text{Imag}\, W = \text{const}, \qquad \text{wo} \qquad W = F(z) \qquad \text{und} \qquad w = f(z)$$

durch die Beziehung $f(z) = F'(z)$ verbunden sind. Das wollen wir nun beweisen.

Da längs einer Strömungskurve $\mathrm{d}x : \mathrm{d}y = u : -v$ ist, wird

$$u\,\mathrm{d}y + v\,\mathrm{d}x = 0$$

die Differentialgleichung der Strömungskurven.

Nehmen wir nun an, *es gäbe eine analytische Funktion, von der w die Ableitung ist,* und zwar sei es

$$W = U + \mathrm{i}V,$$

so bestehen die Cauchy-Riemannschen Gleichungen

$$\frac{\partial U}{\partial x} = \frac{\partial V}{\partial y}, \qquad \frac{\partial U}{\partial y} = -\frac{\partial V}{\partial x},$$

und da w die Ableitung von W sein soll, nach (2.10) – wenn wir noch die erste Cauchy-Riemannsche Differentialgleichung benutzen –

$$u = \frac{\partial U}{\partial x} = \frac{\partial V}{\partial y}, \qquad v = \frac{\partial V}{\partial x}.$$

Somit setzt sich die Differentialgleichung der Strömungskurven um in

$$\frac{\partial V}{\partial y}\,\mathrm{d}y + \frac{\partial V}{\partial x}\,\mathrm{d}x = 0,$$

woraus $V = \text{const}$ folgt. Den Realteil U werden wir später betrachten. Es hat sich ergeben:

Satz 2.41. *Lässt sich bei einer durch eine analytische Funktion $w = f(z) = u + \mathrm{i}v$ gegebenen Strömung diese Funktion darstellen als Ableitung einer analytischen Funktion $W = F(z) = U + \mathrm{i}V$, so gibt $\text{Imag}\,W = V = \text{const}$ die einparametrige Schar von Strömungskurven, die die Ebene überdecken.*

Der Betrag der Geschwindigkeit in einem Punkte x, y ist allemal

$$\sqrt{\vec{u}_x^2 + \vec{u}_y^2} = \sqrt{u^2 + v^2} = |w|\,.$$

Es sei ausdrücklich bemerkt, dass wir auch hier wieder auf die Fragestellung geführt worden sind (vergleiche Seite 67): Lässt sich eine analytische Funktion integrieren?

Mit diesem allgemeinen Resultat wollen wir an die Behandlung weiterer Beispiele herangehen.

Beispiel 3. In unserem ersten Beispiel war $w = c$, also $W = cz$. Jetzt betrachten wir $W = \frac{c}{z}$, was auf $w = -\frac{c}{z^2}$ führt.

Indem wir die Hilfstransformation $z' = \frac{1}{z}$ einführen, erkennen wir, dass die Funktionen $W = cz$ und $W = \frac{c}{z}$ auf der durch stereographische Projektion aus der z-Ebene hervorgegangenen z-Kugel dasselbe Bild darstellen. Die Linien $V = $ const der W-Ebene (beziehungsweise -Kugel) werden in Kreise auf der z-Kugel übergeführt. Die Strömungslinien verlaufen im zweiten Falle im Südpol genauso wie im ersten Falle im Nordpol, müssen sich also nach unserem ersten Beispiel im zweiten Falle alle im Südpol berühren. Beide Bilder auf der Kugel entstehen aus einander durch kongruente Umklappung der Kugel um die (im Äquator liegende) reelle Achse (vergleiche Seite 73). Gehen wir zurück zur *z-Ebene*, so erkennen wir, dass hier die Flüssigkeitsströmung auf Kreisen stattfindet, die sich sämtlich im Nullpunkt berühren. Dasselbe Resultat erhalten wir natürlich direkt, das heißt, ohne den Strömungszustand auf die Kugel zu übertragen, durch Ausrechnen. Aus

$$W = U + \mathrm{i}V = \frac{c}{z} = \frac{a + \mathrm{i}b}{x + \mathrm{i}y} \cdot \frac{x - \mathrm{i}y}{x - \mathrm{i}y} = \frac{(ax + by) + \mathrm{i}(bx - ay)}{x^2 + y^2}$$

folgt für den Imaginärteil, der nach dem eben abgeleiteten Satze, wenn man ihn konstant setzt, die Strömungslinien liefert:

$$V = \frac{bx - ay}{x^2 + y^2} = \text{const},$$

sodass $\text{const}(x^2 + y^2) - bx + ay = 0$ die Strömungslinien sind, oder:

$$\left(x - \frac{b}{2k}\right)^2 + \left(y + \frac{a}{2k}\right)^2 = \frac{a^2 + b^2}{4k^2}.$$

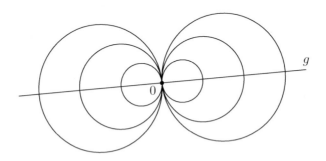

Abbildung 2.15: Kreisschar von Strömungskurven für $w = -c/z^2$

Das ist eine einfach unendliche Schar von Kreisen durch den Nullpunkt, deren Mittelpunkte auf der durch 0 gehenden Geraden $ax + by = 0$ liegen (nämlich mit

Mittelpunktskoordinaten $x = \frac{b}{2k}$ und $y = -\frac{a}{2k}$). Die Größe der Geschwindigkeit ist

$$|w| = \frac{|c|}{|z|^2} = \frac{|c|}{r^2},$$

wo r die Länge des Radiusvektors bedeutet. Im Nullpunkt ist es also so, dass dort die Flüssigkeit sehr schnell herausgeschleudert wie auch wieder eingesogen wird. Wollte man sich das realisiert denken, so müsste man sich vorstellen, dass sich dort eine „Quelle" und eine „Senke" dicht neben einander befinden, von denen die eine gerade so viel produziert, wie die andere verschluckt. Man pflegt übrigens alsdann von einer „Doppelquelle" zu sprechen. So stellt sich heraus, dass diese Strömung überall wirklich stationär eingerichtet werden kann.

Beispiel 4.   Viel einfacher ist das Beispiel $w = \frac{1}{z}$. Allerdings gibt es hier – wie wir später auf Seite 120 noch genauer sehen werden – keine eindeutige analytische Funktion, von der das die Ableitung wäre, sodass wir hier unseren Satz nicht anwenden können, sondern so vorgehen müssen, dass wir bilden

$$\vec{u}_x = u = \frac{x}{x^2 + y^2}, \qquad \vec{u}_y = -v = \frac{y}{x^2 + y^2}.$$

Wir folgern

$$\frac{\mathrm{d}x}{x} = \frac{\mathrm{d}y}{y} = \frac{\mathrm{d}t}{x^2 + y^2}$$

und erhalten durch Integration

$$\ln x = \ln y + a, \qquad \text{also} \qquad x = by.$$

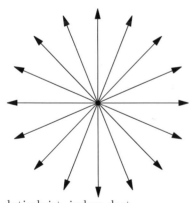

Die Flüssigkeit fließt auf Strahlen vom Nullpunkt fort, und zwar mit einer Geschwindigkeit, die der Entfernung vom Nullpunkte umgekehrt proportional ist. Aus dem Nullpunkt werden die Teilchen mit einer solchen Geschwindigkeit, die unendlich wird wie $1/r$, fortgeschleudert, im unendlich fernen Punkt wieder langsam eingesogen. So entsteht hier das einfachste mögliche Bild. Allerdings scheint diese Strömung mit der Bedingung der Inkompressibilität nicht verträglich zu sein. Das liegt daran, dass die Funktion w im Punkte 0 gar nicht analytisch ist, indem dort

$$\frac{\mathrm{d}w}{\mathrm{d}z} = -\frac{1}{z^2}$$

unendlich wird, also die Ableitung im Nullpunkt nicht existiert (vergleiche die Definition der Analytizität 2.8).

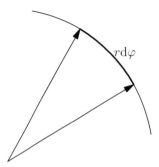

Hier müssen wir also gerade voraussetzen, dass in 0 immer neue Flüssigkeit erzeugt wird, und zwar muss, damit der Strömungszustand stationär wird, aus der Quelle pro Zeiteinheit – da durch einen Bogen $r\,\mathrm{d}\varphi$ die Menge $|\vec{u}|\,r\,\mathrm{d}\varphi$ hindurchströmt – austreten:

$$\int_0^{2\pi} \underbrace{|\vec{u}|\cdot r}_{1}\,\mathrm{d}\varphi = 2\pi,$$

damit für einen Kreis im Abstande r um 0 der Bedarf gerade gedeckt wird. Man nennt dies die *Stärke* der Quelle. Genau diese Menge wird dann im nächsten Zeitmoment an den sich außen anschließenden Kreis abgegeben. Schließlich wird im Nordpol der z-Kugel diese Menge gerade wieder jeden Augenblick abgezapft.

Beispiel 5. Ebenso einfach, aber wesentlich anders ist

$$w = \frac{\mathrm{i}}{z} = \frac{y+\mathrm{i}x}{x^2+y^2}.$$

Auch hier müssen wir bilden

$$\vec{u}_x = \frac{y}{r^2}, \qquad \vec{u}_y = -\frac{x}{r^2}.$$

Diesen Gleichungen sind wir schon in (2.32) auf Seite 91 begegnet. Sie bedeuten eine Rotation der ganzen Ebene um den Nullpunkt mit der Winkelgeschwindigkeit $1/r^2$. In dieser Weise aber kann sich eine inkompressible Flüssigkeit de facto nicht bewegen; ihre Rotation könnte natürlich nur so stattfinden, dass die einzelnen Punkte sich mit *gleicher* Winkelgeschwindigkeit um 0 bewegen. Hier jedoch ist die Winkelgeschwindigkeit der einzelnen Teilchen nach dem Gesetz $1/r^2$ vom Radiusvektor abhängig. Die absolute Geschwindigkeit eines Teilchens im Abstand r ist $1/r$, sodass in weiter Entfernung die Strömung sehr langsam ist. Die Flüssigkeit strömt überall mit Ausnahme des Nullpunkts wirbelfrei; dort aber befindet sich ein unendlich starker Wirbel. Mit dem allgemein bewiesenen Satze über die Wirbelfreiheit (Satz 2.39 auf Seite 94) ist dies nur deshalb vereinbar, weil die Funktion i/z – gerade wie die des vorigen Beispiels – im Punkte $z=0$ nicht analytisch ist. Der Nullpunkt gehört nicht mit zum Definitionsbereich der Funktion und muss durch einen kleinen Kreis ausgeschlossen gedacht werden. Neue Flüssigkeit wird hier während der Bewegung weder erzeugt noch absorbiert.

Ein derartiges Kraftfeld könnte erzeugt werden, indem man in 0 einen elektrischen Strom durch die z-Ebene hindurchtreten lässt (und in der Ebene Eisenfeilspäne sich verteilt denkt, die sich dann in konzentrischen Kreisen um 0 bewegen). Daneben ist noch die Auffassung möglich, das Kraftfeld durch magnetische Kräfte hervorgerufen zu denken. Eine Äquivalenz von elektrischen und magnetischen Kräften spielt im Elektromagnetismus eine große Rolle.

Ich glaube aber im Gegenteil, dass man ein durch elektrische Kräfte erzeugtes Feld niemals auch durch magnetische erzeugen kann, sondern immer bloß das orthogonale. Daraus würde folgen, dass man ein einfach unendliches System von Kurven, die ihrer Orthogonalschar ähnlich sind, nie als Kraftfeld elektrischer oder magnetischer Kräfte darstellen kann (zum Beispiel logarithmische Spiralen).[5]

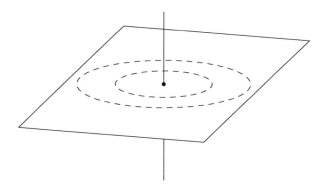

Abbildung 2.16: Leiter durch die z-Ebene mit konzentrischen Kreisen als Feldlinien des erzeugten magnetischen Feldes

Beispiel 6. Eine Strömung, bei der eine Quelle und eine Senke von gleicher Stärke im Endlichen liegen, bekommen wir durch den Ansatz

$$w = \frac{1}{z - \zeta_1} - \frac{1}{z - \zeta_2}.$$

Wir bilden, da W nicht existiert, wieder

$$\begin{aligned}
u + iv &= \frac{1}{(x - \xi_1) + i(y - \eta_1)} - \frac{1}{(x - \xi_2) + i(y - \eta_2)} \\
&= \frac{(x - \xi_1) - i(y - \eta_1)}{(x - \xi_1)^2 + (y - \eta_1)^2} - \frac{(x - \xi_2) - i(y - \eta_2)}{(x - \xi_2)^2 + (y - \eta_2)^2}.
\end{aligned}$$

Wenn wir den Abstand eines Punktes x, y von ζ_1 beziehungsweise ζ_2 mit r_1 beziehungsweise r_2 bezeichnen, so wird:

$$\begin{aligned}
\vec{u}_x = \frac{dx}{dt} &= \frac{x - \xi_1}{(x - \xi_1)^2 + (y - \eta_1)^2} - \frac{x - \xi_2}{(x - \xi_2)^2 + (y - \eta_2)^2} \\
&= \frac{1}{r_1} \frac{x - \xi_1}{r_1} - \frac{1}{r_2} \frac{x - \xi_2}{r_2} = \frac{\partial \log r_1}{\partial x} - \frac{\partial \log r_2}{\partial x} \\
&= \frac{\partial}{\partial x} \log \frac{r_1}{r_2},
\end{aligned}$$

---

[5] Dieser Absatz wurde später ergänzt.

$$\vec{u}_y = \frac{\mathrm{d}y}{\mathrm{d}t} = \frac{y - \eta_1}{(x - \xi_1)^2 + (y - \eta_1)^2} - \frac{y - \eta_2}{(x - \xi_2)^2 + (y - \eta_2)^2}$$

$$= \cdots = \frac{\partial \log r_1}{\partial y} - \frac{\partial \log r_2}{\partial y} = \frac{\partial}{\partial y} \log \frac{r_1}{r_2},$$

Unter log verstehen wir den gewöhnlichen natürlichen Logarithmus, der für positive Zahlen ja wohl definiert ist.

Betrachten wir die Linien $\log r_1/r_2 = \text{const}$, so ist für die Fortschreitungsrichtung in ihnen

$$\frac{\partial}{\partial x} \log \frac{r_1}{r_2} \, \mathrm{d}x + \frac{\partial}{\partial y} \log \frac{r_1}{r_2} \, \mathrm{d}y = 0, \qquad \text{also} \qquad \vec{u}_x \, \mathrm{d}x + \vec{u}_y \, \mathrm{d}y = 0,$$

das heißt, der Vektor $\vec{u}$ steht in jedem Punkte auf den Kurven $\log r_1/r_2 = \text{const}$ oder $r_1/r_2 = \text{const}$ orthogonal. Diese Kurven aber sind Kreise, die durch die zu ihnen gehörige Mittelsenkrechte der Strecke $\zeta_1\zeta_2$ getrennt werden, die Orthogonalschar Kreise durch $\zeta_1\zeta_2$. Vergleiche Abbildung 1.21 und die Betrachtungen dazu; die dortige Kreisschar I sind die Strömungslinien. Aus

$$w = \frac{\zeta_1 - \zeta_2}{(z - \zeta_1)(z - \zeta_2)}$$

folgt für die Größe der Geschwindigkeit in irgendeinem Punkte r_1, r_2:

$$|w| = \frac{|\zeta_1 - \zeta_2|}{r_1 r_2}.$$

Lässt man nun die Quelle und Senke, ζ_1 und ζ_2, zusammenrücken in eine so genannte „Doppelquelle", so wird $|w| = 0$. Es herrscht also in der Grenze Ruhe, was sich dadurch erklärt, dass bei kleinem Abstand der Quelle und Senke nur ganz wenig Flüssigkeit in die Ebene ausströmt; fast alles geht da direkt von der Quelle hinüber zur Senke. Nun aber wollen wir uns die Quelle sehr stark denken, nicht mehr von der Stärke 2π, sondern von der Stärke $\frac{2\pi}{|\zeta_1 - \zeta_2|}$, sodass also, wenn wir die Punkte ζ_1 und ζ_2 zusammenrücken lassen, das „*Moment*" der Doppelquelle – das heißt, das Produkt aus Quellstärke und Abstand von Quelle und Senke – immer dasselbe bleibt. Dazu haben wir nur den Ausdruck für w zu multiplizieren mit $\frac{1}{\zeta_1 - \zeta_2}$ und erhalten die neue Funktion

$$w = \frac{1}{\zeta_1 - \zeta_2}\left(\frac{1}{z - \zeta_1} - \frac{1}{z - \zeta_2}\right) = \frac{1}{(z - \zeta_1)(z - \zeta_2)}.$$

So bekommen wir in der Grenze $w = 1/z^2$, und es entsteht das uns bereits bekannte Kreissystem, dessen sämtliche Kreise sich in einem Punkte berühren (vergleiche das dritte Beispiel auf Seite 98), und zwar ist dies hier der Nullpunkt, und die Kreismittelpunkte liegen alle auf der imaginären Achse. (Man hat einfach im dritten Beispiel $c = -1$ zu setzen, also $a = -1, b = 0$.)

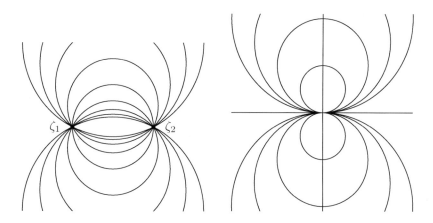

Abbildung 2.17: Strömungskurven einer Doppelquelle für $|\zeta_1 - \zeta_2| \searrow 0$

Beispiel 7. Um einen *Doppelwirbel* zu bilden, multiplizieren wir die zu Anfang des vorigen Beispiels angegebene Funktion mit i:

$$w = \frac{\mathrm{i}}{z - \zeta_1} - \frac{\mathrm{i}}{z - \zeta_2}$$

und finden

$$u_x = \frac{\partial}{\partial y} \log\left(\frac{r_1}{r_2}\right), \qquad u_y = -\frac{\partial}{\partial x} \log\left(\frac{r_1}{r_2}\right).$$

Es ergeben sich als Strömungskurven Kreise der Schar II in Abbildung 1.21, und in der Grenze erscheint dieselbe Figur wie eben, nur um 90° gedreht. Der Doppel-wirbel ist dann verschwunden. Das läuft darauf hinaus, dass $w = \mathrm{i}/z^2$ wesentlich dieselbe Funktion ist, nämlich auch wieder ein einfacher Spezialfall des dritten Beispiels auf Seite 98.

Beispiel 8. Nun sollten ζ_1 und ζ_2 beide Quellen von gleicher Stärke sein. Im Un-endlichen befinde sich eine Senke, die die von beiden Quellen zusammen gelieferte Flüssigkeitsmenge jeden Augenblick aufnimmt. Wir erhalten den Ansatz

$$w = \frac{1}{z - \zeta_1} + \frac{1}{z - \zeta_2}.$$

Dann haben die Geschwindigkeitsvektoren des ersten beziehungsweise des zweiten Teils die Komponenten

$$\frac{\partial \log r_1}{\partial x}, \frac{\partial \log r_1}{\partial y}, \qquad \text{beziehungsweise} \qquad \frac{\partial \log r_2}{\partial x}, \frac{\partial \log r_2}{\partial y},$$

sodass die Resultierende die Komponenten hat:

$$\frac{\partial}{\partial x} \log(r_1 r_2) = u_x, \qquad \frac{\partial}{\partial y} \log(r_1 r_2) = u_y.$$

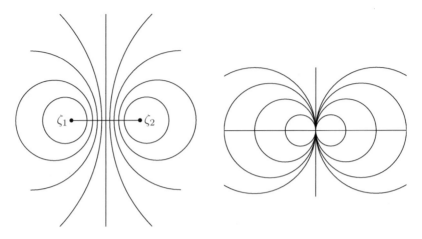

Abbildung 2.18: Strömungskurven eines Doppelwirbels für $|\zeta_1 - \zeta_2| \searrow 0$

Wir folgern wieder, dass die Richtung der Geschwindigkeit auf gewissen Kurven senkrecht steht, nämlich auf $\log(r_1 r_2) = \text{const}$ oder $r_1 r_2 = \text{const}$. So erkennt man, dass die Strömungslinien von ζ_1 und ζ_2 ausstrahlen wie die Kraftlinien bei zwei Newtonschen Kraftzentren von gleicher Intensität.

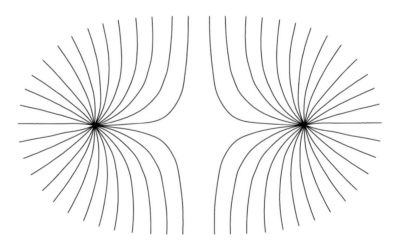

Abbildung 2.19: Zwei Quellen gleicher Stärke

Unsere Untersuchungen der Strömungen erfordern in methodischer Beziehung nur noch eine Ergänzung. Die durch $w = f(z)$ gegebene Strömung konnten wir, wenn es eine Funktion $W = F(z)$ gab, für die $F'(z) = f(z)$ war, prinzipiell auf die Abbildungsaufgabe zurückführen, die Kurven der w-Ebene aufzusuchen, für die $\operatorname{Imag} F = \text{const}$ gilt – eine einfach unendliche Kurvenschar (Satz 2.41).

Nun wäre nach der Bedeutung des Realteils noch zu fragen.

Ist $W = F(z) = U + iV$, dann wird – ganz wie im Beweis von Satz 2.41 – nach (2.10) unter Benutzung der zweiten Cauchy-Riemannschen Differentialgleichung

$$u = \frac{\partial U}{\partial x}, \qquad v = \frac{\partial V}{\partial x} = -\frac{\partial U}{\partial y},$$

also

$$u_x = \frac{\partial U}{\partial x}, \qquad u_y = \frac{\partial U}{\partial y},$$

woraus wir bilden:

$$u_x \, \mathrm{d}x + u_y \, \mathrm{d}y = \frac{\partial U}{\partial x} \, \mathrm{d}x + \frac{\partial U}{\partial y} \, \mathrm{d}y.$$

Der Ausdruck der rechten Seite ist das totale Differential von U, verschwindet also für die Kurvenschar $U = \text{const}$. Dann besagt der Ausdruck der linken Seite, dass der Vektor w in jedem Punkte zu diesen Kurven orthogonal gerichtet ist.

Satz 2.42. *Die Gleichung* $\mathrm{Real}\, W(x, y) = \text{const}$ *beschreibt die Niveaulinien.*

Senkrecht zu den Niveaulinien ist das stärkste Gefälle, das durch $V = \text{const}$ gegeben wird. Bilden wir in der Normalenrichtung n der Niveaulinien die Ableitung $\frac{\partial U}{\partial n}$, so erhalten wir, da dies die Fortschreitungsrichtung s der Kurven $V = \text{const}$ ist, zufolge der letzten Gleichung die Beziehung

$$\frac{\partial U}{\partial n} = u_x \cdot \frac{\mathrm{d}x}{\mathrm{d}s} + u_y \cdot \frac{\mathrm{d}y}{\mathrm{d}s} = \frac{1}{s'}(u_x^2 + u_y^2) = \frac{1}{s'}|u|^2 = |u|.$$

Also:

Satz 2.43. *Die Größe der Geschwindigkeit wird direkt durch die Stärke des Gefälles, das heißt, den Differentialquotienten von $U(x, y)$ nach der Strömungsrichtung, gegeben.*

Um sich ein deutliches Bild von dem Abfall – etwa eines Gebirges – zu machen, zeichnet man die Niveaulinien gleicher Höhendifferenz. Wo sie sich eng zusammendrängen, da ist das Gefälle am stärksten.

Wir hatten die Niveaulinien im sechsten und achten Beispiel bereits benutzt, um daraus die Strömungslinien als Orthogonalenschar zu finden. Nun können wir ganz allgemein für eine analytische Funktion $w = f(z)$ die Strömungslinien gerade wie die Niveaulinien angeben, indem wir den Imaginär- beziehungsweise Realteil der Funktion $F(z)$ gleich Null setzen, von der $f(z)$ die Ableitung ist – vorausgesetzt allerdings, dass es so eine Funktion $F(z)$ gibt. Bei $w = f(z) = 1/z$ etwa könnten wir das noch nicht. Später werden wir darauf zurückkommen.

Derartige Betrachtungen wie die dieses Paragraphen haben den Vorteil der Anschaulichkeit; insbesondere aber geben sie uns – und das ist hier für uns das Wichtigste – einen Beweis des Cauchyschen Integralsatzes an die Hand. Außerdem spielt es auch in der Physik eine Rolle: Helmholtz hat davon eine Anwendung auf die Hydrodynamik und Wärmelehre gemacht. Es liegt da immer so, dass sich im Laufe der Zeit ein stationärer Zustand einstellt. Auch die stationäre Strömung der Elektrizität lässt sich unter diesem Bilde des inkompressiblen, wirbelfreien Fluidums auffassen.

Nun aber wollen wir wieder rein mathematische Untersuchungen aufnehmen.

2.5   Formale Erzeugungsprinzipien analytischer Funktionen

Sind $f_1(z)$ und $f_2(z)$ in einem Gebiete definierte analytische Funktionen, dann sind auch $f_1 \pm f_2$ und $f_1 f_2$ in diesem Gebiete analytisch; denn aus vorausgesetzter Stetigkeit ihrer Teile f_1 und f_2 und aus deren Differenzierbarkeit folgert man leicht, dass die neuen Funktionen diese Eigenschaften haben, und zwar ergibt sich beim Grenzübergang gerade wie im Reellen als Differentialquotient

$$(f_1 + f_2)' = f_1' + f_2', \qquad \text{beziehungsweise} \qquad (f_1 f_2)' = f_1 f_2' + f_1' f_2.$$

Ebenso erkennt man die Analytizität von f_1/f_2, vorausgesetzt, dass $f_2 \neq 0$ ist, und zwar wird hier der Differentialquotient

$$\left(\frac{f_1}{f_2}\right)' = \frac{f_2 f_1' - f_1 f_2'}{f_2^2}.$$

Vergleiche hierzu die Bemerkungen über die rationale gebrochene Funktion P/Q, wo wir uns auch nur auf die Analytizität von P und Q stützten, allerdings diesen Begriff noch nicht eingeführt hatten (vergleiche Definition 2.8). Sind insbesondere f_1 und f_2 regulär analytisch, so ergibt sich aus der Analytizität der angegebenen Ableitungen die *Regularität* der neuen Funktionen.

Liegen für f_1 und f_2 verschiedene Definitionsgebiete zugrunde, so werden wir uns auf ein solches Teilgebiet zu beschränken haben, das beiden angehört. Dabei ist jedoch zu beachten, dass dieses Teilgebiet aus mehreren getrennten Stücken bestehen könnte, wie Abbildung 2.20 es andeutet.

Da wir aber die analytische Funktion uns nur in einem zusammenhängenden Gebiet definiert denken wollen, werden wir die so für die Gebiete G_1 und G_2 formal gebildeten Funktionen $f_1 + f_2$, und so weiter, als verschieden voneinander ansehen. Die in diesen Teilgebieten definierten Funktionen haben nichts miteinander zu tun, und es ist nötigenfalls besonders anzugeben, in welchem der Gebiete sie betrachtet werden sollen.

Es sei jetzt $w = f_1(z)$ eine in einem Gebiete G der z-Ebene definierte und da analytische Funktion. Sei $f_2(w)$ eine in einem Gebiete H der w-Ebene definierte

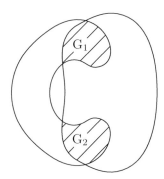

Abbildung 2.20: Getrennte Gebiete

und da analytische Funktion von w. Jeder in der w-Ebene zu einem Punkte z von G vermöge $w = f_1(z)$ gehörende Bildpunkt soll in H liegen. Also kann G auf einen Teil von H bloß abgebildet werden; wir fordern nur, dass nicht etwa auch außerhalb von H Bildpunkte von Punkten z aus G liegen sollen. Dann kann ich

$$f_2(f_1(z)) = F(z)$$

bilden. Dieses Zeichen hat im Gebiete G einen ganz bestimmtem Sinn; es ordnet nämlich jedem Punkte z von G einen ganz bestimmtem Wert $F(z)$ zu. Gehen wir von z zu einem Nachbarpunkte $z + \Delta z$ über, so wird

$$F(z + \Delta z) - F(z) = f_2(f_1(z) + \Delta f_1) - f_2(f_1(z)),$$

wo bedeutet $\Delta f_1 = f_1(z + \Delta z) - f_1(z)$. Die Division durch Δz liefert, wenn wir rechts mit $\Delta f_1/\Delta f_1$ erweitern:

$$\frac{F(z + \Delta z) - F(z)}{\Delta z} = \frac{f_2(w + \Delta w) - f_2(w)}{\Delta w} \cdot \frac{f_1(z + \Delta z) - f_1(z)}{\Delta z},$$

wobei wir das Argument $f_1(z)$ durch w ersetzt haben. Hieraus erhalten wir beim Grenzübergang wegen der vorausgesetzten Differenzierbarkeit von $f_1(z)$ und $f_2(w)$ ganz wie im Reellen:

$$\frac{\mathrm{d}F(z)}{\mathrm{d}z} = \frac{\mathrm{d}f_2(f_1(z))}{\mathrm{d}z} = \frac{\mathrm{d}f_2(w)}{\mathrm{d}w} \cdot \frac{\mathrm{d}f_1(z)}{\mathrm{d}z}. \tag{2.44}$$

Diesen Differentialquotienten hat also $F(z)$. Zugleich ist damit erkannt, dass *eine aus zwei analytischen Funktionen $f_1(z)$ und $f_2(z)$ zusammengesetzte Funktion $f_2(f_1(z))$ wieder analytisch ist*, wobei natürlich zu einer präzisen Formulierung noch die genannten Erörterungen betreffs der *Gebiete G und H* heranzuziehen sind. Also ist das Gebiet, in dem der analytische Charakter der so gebildeten Funktion $F(z)$ statt hat, stets genauer zu untersuchen. Die hier angedeuteten Betrachtungen kann man leicht genauer durchführen, indem man die Cauchy-Riemannschen Differentialgleichungen bestätigt.

Insbesondere kann man nach den hier genannten Methoden der Konstruktion analytischer Funktionen aus der konstanten Funktion und z durch sukzessive Anwendung jener Operationen bereits alle rationalen Funktionen bekommen, deren analytische Natur uns ja bereits bekannt ist. Nehmen wir noch $\sqrt{z}$ oder $\sqrt[n]{z}$ hinzu – Funktionen, deren analytischen Charakter wir bewiesen haben, von $\sqrt{z}$ durch Bestätigen der Cauchy-Riemannschen Gleichungen auf Seite 73, von $\sqrt[n]{z}$ durch Angabe der Ableitung in (2.18) – so können wir hiernach neue Funktionen konstruieren, die sicherlich in gewissen Gebieten analytisch sind.

Nun wollen wir uns noch überlegen, dass wir durch Inversion einer analytischen Funktion wieder eine analytische Funktion erhalten.

Es sei eine in einem Gebiete G definierte analytische Funktion $w = f(z)$ gegeben, die die Eigenschaft hat, dass $f(z_1) \neq f(z_2)$ ist für irgendzwei verschiedene Punkte $z_1 \neq z_2$ von G. Die Funktion w soll also jeden Wert, den sie im Gebiete G annimmt, immer bloß einmal darin annehmen. Dann wird das gesamte Gebiet G auf eine Punktmenge der w-Ebene abgebildet, die die Eigenschaft habe, dass man um irgendeinen Punkt von ihr einen genügend kleinen Kreis vom Radius ε schlagen kann, sodass alle Punkte innerhalb dieses Kreises der Punktmenge angehören. Nur solche inneren Punkte wollen wir betrachten. Aus ihrer Menge denken wir uns eine „zusammenhängende" Punktmenge ausgeschieden. Damit erhalten wir ein ganz in der Bildmenge, die in der w-Ebene liegt, liegendes „Gebiet" H. Darin hat dann $w = f(z)$ eine und nur eine Auflösung $z = \varphi(w)$, die in G liegt. Die nenne ich die *inverse Funktion* von $w = f(z)$.[6]

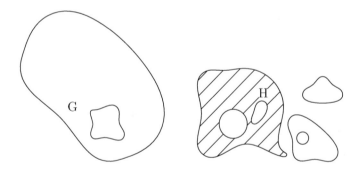

Abbildung 2.21: Definitionsbereiche der Funktion f und ihrer inversen Funktion

Satz 2.45. *Die inverse Funktion ist ebenfalls analytisch für alle Punkte, für die* $f'(z) = \frac{\mathrm{d}f}{\mathrm{d}z} \neq 0$ *ist; denn wie im Reellen gilt*

$$\varphi'(w) = \frac{1}{f'(z)},$$

---

[6]Es wird später gezeigt werden, dass $f(G)$ selbst schon ein Gebiet ist, also die Verhältnisse nicht so sein können wie in Abbildung 2.21.

oder, ausführlicher geschrieben,

$$\frac{\mathrm{d}\varphi(w)}{\mathrm{d}w} = \left(\frac{1}{\frac{\mathrm{d}f(z)}{\mathrm{d}z}}\right)_{z=\varphi(w)}.$$

Damit lassen sich neue analytische Funktionen konstruieren.

Nun wollen wir uns mit der Betrachtung der aus dem Reellen uns bekannten Funktionen beschäftigen.

2.6 Exponentialfunktion und Logarithmus

Wir führen eine Funktion $w = u + iv$ des komplexen Arguments $z = x + iy$ ein durch die Definition

$$u = \mathrm{e}^x \cos y, \qquad v = \mathrm{e}^x \sin y.$$

Ist insbesondere z reell, also $z = x$ und $y = 0$, so wird $u = \mathrm{e}^x$, $v = 0$, und w geht in die gewöhnliche Exponentialfunktion reellen Arguments, e^x, über. Wir wollen sie auch im komplexen Bereiche derart schreiben:

$$\mathrm{e}^z = \mathrm{e}^x(\cos y + \mathrm{i}\sin y). \qquad (2.46)$$

Setzen wir darin den Realteil x des Arguments gleich 0, so erhalten wir

$$\mathrm{e}^{\mathrm{i}y} = \cos y + \mathrm{i}\sin y,$$

woraus die Berechtigung dieser bisher nur zur Abkürzung verwendeten Schreibweise hervorgeht (vergleiche Seite 31).[7] Das ist der unerfreulichste Punkt bei diesem Vorgehen: Die rationalen Funktionen waren dadurch definiert, dass man den Grundoperationen mit komplexen Größen den Sinn beilegte, dass die bei Anwendung der formalen Rechenregeln resultierenden Formeln zur Definition der Operationen selber dienten. Könnte man nicht hier ebenso vorgehen und die „Funktionen" zunächst als „Operationen" auffassen?

Wir bilden

$$\frac{\partial u}{\partial x} = \mathrm{e}^x \cos y = \frac{\partial v}{\partial y}, \qquad \frac{\partial u}{\partial y} = -\mathrm{e}^x \sin y = -\frac{\partial v}{\partial x},$$

sodass die Cauchy-Riemannschen Gleichungen überall im Endlichen gelten, woraus hervorgeht, dass die so definierte Funktion analytisch ist in der ganzen Ebene mit Ausschluss des unendlich fernen Punktes. Daher besitzt sie eine Ableitung, und zwar

$$\frac{\mathrm{d}\mathrm{e}^z}{\mathrm{d}z} = \frac{\partial u}{\partial x} + \mathrm{i} \cdot \frac{\partial v}{\partial x} = \mathrm{e}^x \cos y + \mathrm{i} \cdot \mathrm{e}^x \sin y = \mathrm{e}^z$$

nach (2.10), das heißt, sie reproduziert sich wie e^x.

---

[7]Folgende Randbemerkung wurde später hinzugefügt.

Ferner ist $(e^z)_{z=0} = e^0 \cdot (\cos 0 + i \sin 0) = 1 \cdot 1 = 1$, was auch sofort klar war. Außerdem gilt wie im Reellen der Satz

$$e^{z_1 + z_2} = e^{z_1} \cdot e^{z_2}. \tag{2.47}$$

Wir haben einfach auszurechnen:

$$e^{z_1} \cdot e^{z_2} = e^{x_1}(\cos y_1 + i \sin y_1) \cdot e^{x_2}(\cos y_2 + i \sin y_2)$$
$$= e^{x_1 + x_2}\big(\cos(y_1 + y_2) + i \sin(y_1 + y_2)\big) = e^{z_1 + z_2}.$$

Weiter folgt hieraus

$$\frac{e^{z_1}}{e^{z_2}} = \frac{e^{z_1 - z_2} \cdot e^{z_2}}{e^{z_2}} = e^{z_1 - z_2}. \tag{2.48}$$

Wählen wir insbesondere $z = z_2 = -z_1$, so folgt hieraus $e^z \cdot e^{-z} = e^0 = 1$, also

$$e^{-z} = \frac{1}{e^z}. \tag{2.49}$$

Das werden wir später auf Seite 116 brauchen. Wir haben bloß immer auf die Definition zurückzugehen und die bekannten Rechenregeln der Funktionen reellen Arguments anzuwenden.

In formalen Gesetzen hat also die hier definierte Funktion mit e^x übereinstimmende Eigenschaften. Da sich überdies noch nachweisen lässt, dass es keine andere regulär analytische Funktion gibt, die für reelles Argument die Exponentialfunktion liefert, erscheint von einem höheren Standpunkte aus die Wahl gerade dieser Definition noch mehr berechtigt.

Wir wollen nun die durch $w = e^z$ von der z- auf die w-Ebene vermittelte Abbildung untersuchen. Für $y = 0$ erhalten wir $u = e^x$ und $v = 0$. Indem wir die Eigenschaften der monotonen Funktion e^x benutzen, erkennen wir:

Bewegt sich z auf der positiven x-Achse von 0 bis ∞, dann läuft w auf der positiven u-Achse von 1 bis ∞; bewegt sich dagegen z auf der negativen x-Achse, dann läuft w auf der positiven u-Achse von 1 auf 0 zu und nähert sich diesem Punkte asymptotisch an.

Wenn $y = \pi$ ist, wird $u = -e^x$ und $v = 0$. Der Parallelen $y = \pi$ zur x-Achse entspricht also in der w-Ebene der negative reelle Halbstrahl. Durchlaufen wir die Gerade $y = \pi$ von $-\infty$ über 0 nach $+\infty$, also von links nach rechts, so durchläuft der Bildpunkt die negative u-Achse von 0 über -1 bis $-\infty$, also von rechts nach links. Durchläuft ein Punkt ebenso die Gerade $y = \pi/2$, so durchläuft der Bildpunkt die imaginäre Achse v, und zwar den oberen Halbstrahl von 0 über i bis ∞. Die Gerade $y = -\pi/2$ liefert als Bild den unteren Teil der imaginären Achse der w-Ebene. Die Gerade $y = -\pi$ liefert dasselbe Bild wie $y = +\pi$.

Überhaupt entsprechen allgemein äquidistanten Parallelen zur x-Achse Halbstrahlen der w-Ebene durch 0, die lauter gleiche Winkel miteinander einschließen. Das erkennt man aus der Gleichung $\tan(\text{Azimut } w) = v/u = \tan(y)$, die Azimut $w = y + \pi k$ mit einer ganzen Zahl k liefert.

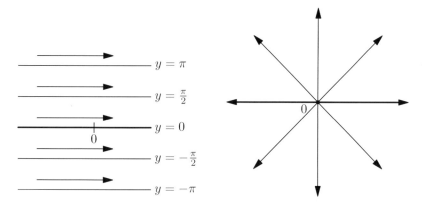

Abbildung 2.22: Bilder horizontaler Geraden unter der Exponentialfunktion

Nun betrachten wir auch die Bilder der Parallelen $x = \text{const}$ zur y-Achse, indem wir $|w| = e^x$ beachten. Es ergeben sich also Kreise um 0 in der w-Ebene. Ist x_1 der Abstand dieser Parallelen von der y-Achse, so ist e^{x_1} der Radius des zugehörigen Bildkreises. Der zu ux_1 gehörige Kreis hat als Radius $e^{ux_1} = (e^{x_1})^u$. Also:

Satz 2.50. *Wenn die Abstände der Parallelen $x = \text{const}$ zur y-Achse in arithmetischer Progression fortschreiten, ändern sich die Radien der zugehörigen Bildkreise in geometrischer Progression.*

Der imaginären Achse, y, also $x = 0$, entspricht insbesondere der Einheitskreis. In Abbildung 2.23 konnte nur der rechte Teil der z-Ebene abgebildet werden;

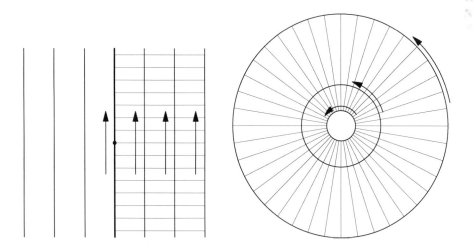

Abbildung 2.23: Abbildungsverhalten der Exponentialfunktion

der linke würde im Innern des – hier sehr klein gezeichneten – Einheitskreises liegen.

Durchläuft der Punkt der z-Ebene die ganze Parallele zur y-Achse, so durchläuft der Bildpunkt unendlich oft den Bildkreis; immer wenn der Punkt der z-Ebene um das Stück 2π fortgerückt ist, hat der Bildpunkt gerade einen Umlauf vollendet. Einer gleichen Geschwindigkeit muss nach dem über äquidistante Parallelen zur x-Achse Gesagten gleiche Winkelgeschwindigkeit der Bewegung des Bildpunktes auf dem Bildkreis entsprechen. Wir bemerken die Konformität der Abbildung; im Limes entstehen als Bilder der Quadrate der z-Ebene auch in der w-Ebene kleine Quadrate.

Die Periode 2πi, die wir hier gefunden haben, sei noch einmal unmittelbar analytisch geprüft. Es ist

$$\mathrm{e}^{z+2k\pi\mathrm{i}} = \mathrm{e}^z \cdot \mathrm{e}^{2k\pi\mathrm{i}} = \mathrm{e}^z \cdot (\underbrace{\cos 2k\pi}_{1} + \mathrm{i}\underbrace{\sin 2k\pi}_{0}) = \mathrm{e}^z$$

für $k = \pm 1, \pm 2, \pm 3, \ldots$:

Satz 2.51. e^z *hat die rein imaginäre Periode* 2πi.

Umgekehrt lässt sich beweisen, dass *dies die einzige Periode der Exponentialfunktion* ist. Denn ist $\mathrm{e}^z = \mathrm{e}^{z'}$, also $\mathrm{e}^x \cdot \mathrm{e}^{\mathrm{i}y} = \mathrm{e}^{x'} \cdot \mathrm{e}^{\mathrm{i}y'}$, so sind die absoluten Beträge einander gleich, das heißt, $\mathrm{e}^x = \mathrm{e}^{x'}$, also $x = x'$, da die reelle Exponentialfunktion jeden ihrer Werte nur einmal annimmt. Punkte der z-Ebene, die denselben Bildpunkt liefern, müssen also senkrecht übereinander liegen. Das ist auch aus der Abbildung klar. Weiter folgt aus $\mathrm{e}^{\mathrm{i}y} = \mathrm{e}^{\mathrm{i}y'}$ oder $\cos y + \mathrm{i}\sin y = \cos y' + \mathrm{i}\sin y'$:

$$y' = y + 2k\pi, \qquad \text{also} \qquad z' = z + 2k\pi\mathrm{i}.$$

Also pflegt man zu sagen:

Satz 2.52. $2k\pi$i *ist eine* primitive *Periode der Exponentialfunktion.*

Betrachtet man das Innere des Parallelstreifens zwischen $y = -\pi$ und $y = +\pi$, so wird jedem Punkt dieses Gebietes ein Punkt w entsprechen, und zwar werden im Innern dieses Gebietes alle Werte w bereits gerade einmal angenommen mit Ausnahme der negativ reellen Werte. Rechnete man den einen der beiden Ränder – etwa bloß den oberen $+\pi$ – zu dem Bereiche hinzu, dann bekäme man erst die negativ reelle Achse der w-Ebene, allerdings ohne den Punkt 0, wenn man nicht auch den unendlich fernen Punkt der z-Achse heranziehen wollte. Allerdings darf nach unseren Festsetzungen über den Begriff des Gebietes der Streifen keine Grenze haben (siehe Seite 63). Danach also sagen wir lieber:

Satz 2.53. *Das Innere des Parallelstreifens zwischen* $y = \pm\pi$ *wird durch die Funktion* e^z *umkehrbar eindeutig und konform auf die längs der negativ reellen Achse – mit Einschluss des Nullpunkts – aufgeschnittene* w-*Ebene abgebildet.*

Wollen wir eine krumme Fläche einführen, so rollen wir die Streifen der z-Ebene zu einem Zylinder zusammen. Es entspricht dann jedem Punkte der Naht ein Punkt der negativ reellen Achse der w-Ebene; die Abbildung ist dann auch über die Naht hinweg konform mit Ausnahme des Nullpunkts – auf der Kugel mit Ausnahme des Nord- und Süpols.

Den Zylinder kann man auffassen als Grenzfall eines Kegels, oder, um in der Ebene zu bleiben, den Parallelstreifen auffassen als Grenzfall eines Dreiecks, dessen Spitze im Punkte $-n$ der x-Achse liegt und dessen Winkel an der Spitze $2\pi/n$ ist. Das Flächenstück I wird durch Verschiebung um n und durch Kontrak-

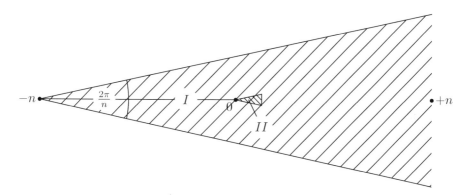

Abbildung 2.24: Zylinder als Grenzfall eines Kegels

tion auf $1/n$, also durch $z' = \frac{z+n}{n} = 1 + \frac{z}{n}$ in das Flächenstück II übergeführt (siehe Abbildung 2.24); letzteres wird bei hinreichend großem n durch die Substitution $w = (z')^n$ auf ein beliebig großes Stück der längs der negativen reellen Achse aufgeschlitzten w-Ebene übergeführt (vergleiche Seite 75). Folglich bildet die Funktion

$$w = \left(1 + \frac{z}{n}\right)^n$$

den Winkelraum I, wenn man nur n groß genug wählt, auf jeden noch so großen Teil der w-Ebene ab, auf den $w = \mathrm{e}^z$ den Parallelstreifen abbildet. Daraus ließe sich vermuten, obwohl die Grenzübergänge hier undurchsichtig sind und die vorgenommene Kontraktion beim Übergang von I zu II als ziemlich willkürlich erscheint, dass die Grenzfunktion vielleicht mit e^z identisch sein wird, das heißt, dass die Relation

$$\lim_{n\to\infty} \left(1 + \frac{z}{n}\right)^n = \mathrm{e}^z \tag{2.54}$$

bestehen wird, wobei n derart unendlich werden soll, dass es die Reihe der positiven ganzen Zahlen durchläuft. Diese im Reellen bekanntlich geltende Formel lässt sich auch für das Komplexe streng analytisch beweisen; man braucht nur die Reihenentwicklungen für e^x, $\cos y$ und $\sin y$ anzusetzen und die auch im Komplexen gültige Binomialformel zu benutzen. Man kann diese Reihenentwicklung für e^z

auch geradezu als unabhängige Definition der Exponentialfunktion anwenden, was vielfach geschieht.

Bei den rationalen Funktionen hatten wir auch für $z = \infty$, den Nordpol der z-Kugel, die Abbildung stetig gemacht (siehe Seiten 75 und 78). Bei e^z aber geht das nicht. Denn außerhalb eines beliebigen ganzen Kreises, das heißt, in beliebiger Nähe des Nordpols der z-Kugel, nimmt diese Funktion – wegen Satz 2.51 – noch all ihre Werte an, also alle außer der Null. So erkennen wir:

Satz 2.55. *Es ist auf keine Weise möglich, die durch $w = e^z$ vermittelte konforme Abbildung der z-Ebene auf die w-Ebene auf den Nordpol der z-Kugel stetig auszudehnen.*

Dies ist – wie man sagt – ein *wesentlich singulärer Punkt*. Bei den rationalen Funktionen war er nur unwesentlich singulär.

Die Kurven $u = \mathrm{const}$, $v = \mathrm{const}$ entstehen als Bilder von Kurven, die einen komplizierten Verlauf haben. Nehmen wir zunächst $v = 1$, so erkennen wir dies als Bild von $e^x \sin y = 1$ oder $\sin y = e^{-x}$, also $x = -\log \sin y$. Hier hat x seinen kleinsten Wert an der Stelle $y = \pm \pi/2$ des verschwindenden Differentialquotienten $\mathrm{d}x/\mathrm{d}y = -\cot y$, und zwar wird $y = +\pi/2$ angenommen für $x = 0$. Nur den positiven Werten von x entsprechen Werte y; wächst x von 0 bis ∞, so geht y von $\pi/2$ bis 0 und zugleich von $\pi/2$ bis π, sodass wir die obere Kurve in Abbildung 2.25 erhalten.

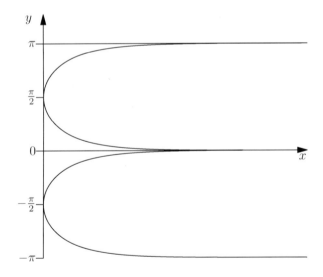

Abbildung 2.25: Urbilder von $v = 1$ (oben) und $v = -1$ (unten) unter der Exponentialfunktion

Die untere Kurve liefert als Bild $v = -1$; denn ersetzen wir in $e^x \sin y = -1$ die Variable y durch $y = y_1 + \pi$ oder $y = -y_1$, so erhalten wir $e^x \sin y = +1$, das heißt, die neue Kurve geht durch Spiegelung an der x-Achse hervor. Die zu $\mathrm{e}^x \sin y = \pm\zeta$ gehörigen Kurven sind den oberen oder unteren kongruent je nach dem Vorzeichen von ζ; denn setzen wir $\zeta = \mathrm{e}^c$, so erhalten wir $\mathrm{e}^{x-c} \sin y = \pm 1$, das heißt, die Kurven sind gegen die oberen beziehungsweise unteren um das Stück c – das positiv oder negativ sein kann – in Richtung der x-Achse verschoben. Die Kurven $u = \mathrm{const}$ sind Bildkurven von $\mathrm{e}^x \cos y = \mathrm{const}$, die gegen die vorigen nur um das Stück $\pi/2$ in Richtung der y-Achse verschoben sind, wie man durch die Substitution $y = y' \mp \pi/2$ erkennt; man hat die oberen Kurven $\mathrm{e}^x \sin y' = +\mathrm{const}$ um das Stück $\pi/2$ nach unten oder die unteren $\mathrm{e}^x \sin y' = -\mathrm{const}$ um das Stück $\pi/2$ nach oben zu schieben. Die Kurven der beiden Scharen schneiden sich rechtwinklig.

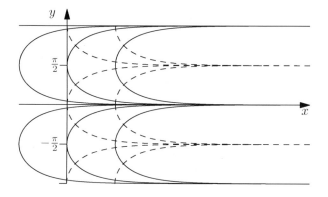

Abbildung 2.26: Urbilder von $v = \zeta$ und $u = \mathrm{const}$ (gestrichelt) unter der Exponentialfunktion

Da $w = u + \mathrm{i}v = \mathrm{e}^z$ als Ableitung von $W = U + \mathrm{i}V = \mathrm{e}^z$ aufgefasst werden kann, kann man die Kurven $V = v = \mathrm{const}$ der ersten Schar als Strömungslinien, die der zweiten Schar als Niveaulinien einer stationären Strömung $w = \mathrm{e}^z$ deuten (Sätze 2.41 und 2.42).

In dieser Weise können wir die Abbildung des Parallelstreifens der z-Ebene zwischen $\pm\pi$ auf die längs der negativ reellen Achse – inclusive 0 – aufgeschnittene w-Ebene, die durch die Funktion $w = \mathrm{e}^z$ vermittelt wird, genauer untersuchen. Diese Beziehung ist umkehrbar eindeutig. Daher können wir die *Umkehrfunktion* bilden, die wir mit $z = \log w$ bezeichnen, und die die längs der negativ reellen Achse aufgeschnittene w-Ebene auf den Parallelstreifen der z-Ebene zwischen $y = \pm\pi$ abbildet. Setzen wir diese Definition in $w = \mathrm{e}^z$ ein, so erhalten wir

$$\mathrm{e}^{\log w} = w. \tag{2.56}$$

Insbesondere sei erwähnt, dass wir, wenn wir hierin w durch $1/w$ ersetzen, erhalten:

$$\mathrm{e}^{\log(1/w)} = \frac{1}{w} = \frac{1}{\mathrm{e}^z},$$

dies ist nach (2.49) gleich $\mathrm{e}^{-z} = \mathrm{e}^{-\log w}$, also

$$\log(1/w) = -\log w. \qquad (2.57)$$

Dies haben wir hier aus der entsprechenden Eigenschaft der Exponentialfunktion abgeleitet und werden es später auf Seite 132 benutzen, um es wieder auf die allgemeine Potenz anzuwenden.

Weiter folgt aus $\mathrm{e}^{\log w_1} = w_1$ und $\mathrm{e}^{\log w_2} = w_2$:[8]

$$w_1 w_2 = \mathrm{e}^{\log w_1} \cdot \mathrm{e}^{\log w_2} = \mathrm{e}^{\log w_1 + \log w_2},$$

$$\frac{w_1}{w_2} = \frac{\mathrm{e}^{\log w_1}}{\mathrm{e}^{\log w_2}} = \mathrm{e}^{\log w_1 - \log w_2},$$

also

$$\log(w_1 w_2) = \log w_1 + \log w_2,$$
$$\log\left(\frac{w_1}{w_2}\right) = \log w_1 - \log w_2. \qquad (2.58)$$

Nun untersuchen wir die Funktion Logarithmus genauer.

Ihre Ableitung ist nach Satz 2.45:

$$\frac{\mathrm{d}\log w}{\mathrm{d}w} = \left(\frac{1}{\frac{\mathrm{d}\mathrm{e}^z}{\mathrm{d}z}}\right)_z = \left(\frac{1}{\mathrm{e}^z}\right)_z = \frac{1}{w}, \qquad (2.59)$$

da die Einsetzung $z = \log w$ dasselbe bedeutet wie die von $\mathrm{e}^z = w$ nach Definition von log.

Diese Ableitung existiert überall außer im Punkte $w = 0$; so ist, wenn wir diesen Punkt ausschließen, die Funktion $\log w$ *analytisch*; da nur für $w = \infty$ die Ableitung verschwindet, vermittelt sie überall im Endlichen eine konforme Abbildung der w-Ebene auf den Streifen der z-Ebene.

Wir wollen jetzt die Bezeichnungen ändern, damit die z-Ebene in der gewöhnlichen Weise die Rolle der Ebene des Arguments spielt, und an die Betrachtung der durch $w = \log z$ vermittelten Abbildung der z- auf die w-Ebene herangehen. So wird die z-Ebene mit Ausnahme der reellen Achse umkehrbar eindeutig und konform auf einen Streifen der w-Ebene von der Breite 2π abgebildet. In der Auswahl dieses Streifens herrscht hiernach eine gewisse Willkür, die noch erhöht wird, wenn wir über die Art der Aufschneidung der z-Ebene keine Festsetzung treffen. Schneiden wir etwa die z-Ebene längs eines Halbstrahls durch 0 auf, der mit der positiven reellen Achse den Winkel a einschließt, so findet die Abbildung statt auf einen Streifen zwischen $v = a + k\pi$ und $v = a + (k+2)\pi$ mit $k = 0, \pm 1, \pm 2, \ldots$ (siehe Abbildung 2.27). Aber selbst damit ist die Willkür noch nicht erschöpft. Man kann sogar längs einer beliebigen, sich nicht überschneidenden – *doppelpunktslosen* – Kurve die z-Ebene aufschneiden von 0 bis ∞ und bekommt immer noch

---

[8]Die folgenden Resultate gelten manchmal nur bis auf Addition von $\pm 2\pi\mathrm{i}$, siehe (2.60).

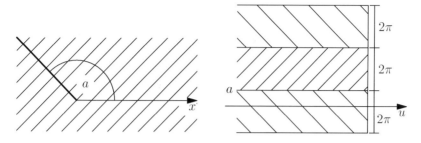

Abbildung 2.27: Mögliche Logarithmen auf einer aufgeschnittenen Ebene

unendlich viele Streifen in der w-Ebene, die an jeder Stelle die Breite 2π haben, und einen jeden von ihnen kann man als Fundamentalbereich wählen. Also bleibt selbst dann noch eine gewisse Willkür, wenn wir eine Kurve der w-Ebene geben, die als Schnitt auftreten soll, indem wir *auch nun* erst dann eine eindeutig definierte Funktion $\log z$ bekommen, wenn wir etwa noch die Festsetzung treffen, dass $\log 1 = 0$ sein soll.

Diese missliche Eigenschaft des Logarithmus, dass er zunächst durchaus nicht eindeutig ist, hat ihren Grund natürlich in der Periodizität der Exponentialfunktion (Satz 2.51), deren Umkehrung er ist.

Ein Mittel, um die Beseitigung dieser Willkür übersichtlicher zu gestalten, besteht darin, dass wir statt der Ebene die *Riemannsche Fläche* einführen. Dieser Begriff ist bei mehrdeutigen Funktionen besonders wichtig, und wir werden später ausführlicher darauf zurückkommen.

Wir untersuchen $w = \log z$ mit Hilfe von Polarkoordinaten, was uns die Berechnung des Real- und Imaginärteils gestattet. Zunächst ist $z = \mathrm{e}^w$, also, wenn wir $z = r(\cos \varphi + \mathrm{i} \sin \varphi)$ setzen:

$$\mathrm{e}^{u+\mathrm{i}v} = r \cdot \mathrm{e}^{\mathrm{i}\varphi} = \mathrm{e}^{\log r} \cdot \mathrm{e}^{\mathrm{i}\varphi} = \mathrm{e}^{\log r + \mathrm{i}\varphi},$$

wenn $\log r$ den eindeutig bestimmten Logarithmus der reellen, positiven Zahl r bedeutet. Hieraus folgt $\mathrm{e}^u = \mathrm{e}^{\log r}$ und $\mathrm{e}^v = \mathrm{e}^{\varphi}$, somit

$$u = \log r = \log |z|, \qquad v = \varphi = \text{Azimut } z.$$

Also ist der *Realteil eindeutig bestimmt*, dagegen nicht der *Imaginärteil*; dieser ist als das *Azimut* der unabhängigen Variablen z *unendlich vieldeutig*, indem er alle Werte $\varphi \pm 2k\pi$ annehmen kann.

Breiten wir den Realteil als Fläche über der z-Ebene aus, so sehen wir, dass er sich darstellt als trichterförmige Rotationsfläche, die durch Rotation von $u = \log r$ um die Vertikale entsteht (siehe Abbildung 2.28). Auf ihr wird jedem Punkte x, y oder r, φ der z-Ebene *ein* senkrecht darüber oder darunter liegender Punkt zugeordnet, je nachdem r größer oder kleiner als 1 ist. Mit dieser Darstellung ist nichts gewonnen.

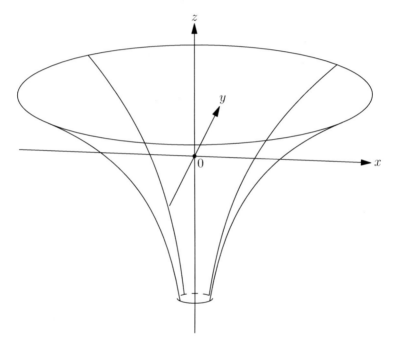

Abbildung 2.28: Der Graph von $\log r$, eine trichterförmige Rotationsfläche

Das Wesentliche ist, dass der *Imaginärteil v* des Logarithmus durch eine *Schraubenfläche* dargestellt wird, die man erhält, wenn man einen von 0 in der z-Ebene ausgehenden Halbstrahl $\varphi = 0$ sich drehen und dabei gleichförmig heben lässt, derart, dass jeder Punkt des Strahls nach einer Umdrehung sich gerade um die Strecke 2π gehoben hat. Der Aussonderung eines Streifens der w-Ebene von der Breite 2π – etwa $-\pi < \varphi < +\pi$ – entspricht auf dieser z-Fläche die Speziali-sierung auf eine Windung. Sonst aber haben wir jetzt eine *eindeutige Abbildung der ganzen z-Fläche auf die w-Ebene*, wenn wir jedem Punkte der Fläche die Be-stimmung zuordnen, dass wir seine Höhe z als sein Azimut rechnen. Die aus dem singulären Punkte $z = 0$ hervorgegangene Achse der Schraube rechnen wir nicht zur Schraubenfläche hinzu.

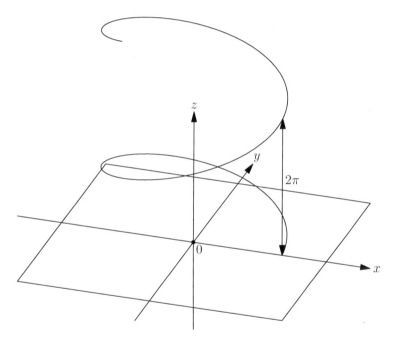

Abbildung 2.29: Schraube mit Windungshöhe 2π

So ist dann auf dieser z-Fläche eine eindeutige stetige Logarithmusfunkti-on definiert, die jeden Punkt der z-Fläche umkehrbar eindeutig auf die w-Ebene abbildet. Doch diese Abbildung ist *nicht konform*. Sie ist es erst, wenn wir die Ganghöhe kleiner und kleiner werden lassen, in der Grenze. Würden wir die Flä-che auf einmal in die Ebene hineinklappen lassen, so würde die Funktion log in das zurückverwandelt, was sie anfangs war, und nichts wäre gewonnen.

Das Wesentliche ist, dass wir uns die Höhe sich allmählich verkleinernd den-ken nach einem bestimmten Gesetz, sodass wir in jedem Augenblick aus der Hö-he durch Multiplikation mit einem gewissen, bei Verkleinerung über alle Grenzen wachsenden Faktor das Azimut eines Punktes und damit den Wert v des Bildpunktes entnehmen können. Es liegt hier etwas ganz Ähnliches vor wie beim Begriff des Differentials. Bilden wir für eine Kurve den Differenzenquotienten $\frac{\Delta\gamma}{\Delta x}$, so hat dieses Symbol eigentlich nur dann einen Sinn, wenn diese Zuwächse endlich sind. Doch wir lassen die Zuwächse kleiner und kleiner werden, und wenn wir schließlich das zunächst sinnlose Symbol $0/0$ erhalten würden, erteilen wir ihm den Wert, dem der Differenzenquotient als Grenzwert zustrebt – vorausgesetzt natürlich, dass solch ein Grenzwert existiert – und sprechen vom Quotienten der Differentiale. Logisch liegt hier genau dieselbe Begriffsbildung vor.

Nicht die z-Ebene, sondern den idealen Grenzfall der Schraubenfläche über der z-Ebene fassen wir ins Auge. Er ist zu denken als aus lauter die z-Ebene überdeckenden Blättern bestehende Fläche, bei der die Blätter zusammenhängen wie die Windungen einer Schraubenfläche mit unendlich kleiner Ganghöhe.

Das nennen wir die *Riemannsche Fläche* und sagen log z wäre *in jedem Gebiet von ihr* – die „Achse" gehört nicht dazu – *eine eindeutige, regulär analytische Funktion, die dieses Gebiet auf ein Gebiet der w-Ebene konform abbildet.*

In solchen Punkten der Riemannschen Fläche, die als senkrecht übereinander liegend zu denken sind, und auch nur in solchen Punkten nimmt die Funktion log Werte an, die sich um 2πi unterscheiden. Die Regularität der Funktion log z ist daraus zu erkennen, dass ihre überall außer für $z = 0$ existierende *Ableitung* $1/z$ (siehe (2.59)) überall außer dort selbst analytisch ist (gemäß Definition 2.8).

Von der Riemannschen Fläche sagt man wohl auch, dass sie die Ebene „schlicht überdeckt". Diese hier auseinandergesetzte Auffassung des Logarithmus ist eine viel tiefere als die, von der wir ausgegangen waren; der Charakter dieser Funktion kommt eigentlich hier erst ordentlich zur Geltung. Die Einführung der Riemannschen Fläche hat überdies, obwohl dieser Begriff genau genommen nur durch eine sehr weitgehende *Abstraktion* zustande kam, noch eine recht *anschauliche Bedeutung.*

Nun können wir uns die Riemannschen Fläche *auch anders erzeugt denken,* nämlich indem wir die z-Ebene längs einer Geraden aufschneiden, die Ränder nach oben und unten etwas umbiegen und ein gleiches Exemplar einer solchen Ebene daran anheften, und so weiter. Jede solche Ebene entspricht dann einem Parallelstreifen der w-Ebene. Bewegt sich ein Punkt in der z-Ebene dauernd in einem Kreise um 0, so durchläuft der Bildpunkt stattdessen eine Spirale, die diesen Kreis zur Projektion hat.

Die Riemannsche Fläche liefert keine neue Erkenntnis für die analytischen Funktionen, sondern ist nur sozusagen ein geeigneter Hintergrund für sie. Doch sie ist immerhin ein wichtiges Hilfsmittel der Forschung, das wir vielfach benutzen wollen. Die streng Weierstraßsche Richtung verzichtet allerdings darauf.

Nun wollen wir noch einiges über log z hinzufügen. Die Ableitung ist $1/z$, wie gesagt. Also wird es in einem Gebiete der z-Ebene, wo die Funktion $1/z$, wenn der Nullpunkt nicht darin liegt, überall analytisch ist, im Allgemeinen, wie wir sehen, keine eindeutige analytische Funktion geben, von der $1/z$ die Ableitung ist. Eine solche existiert bloß auf der Riemannschen Fläche.

Wollen wir dagegen in der Ebene bleiben, so müssen wir das darin betrachtete Gebiet noch gewissen Einschränkungen unterwerfen: Es genügt nicht, dass 0 nicht zum Definitionsgebiet gehören darf, sondern

man muss noch irgendeinen, von 0 ins Unendliche auslaufenden, doppelpunktslosen Kurvenzug der z-Ebene ausschließen (siehe Abbildung).

Die im Reellen für positive Größen gültige Relation $\log x_1 x_2 = \log x_1 + \log x_2$ gilt im Komplexen nur, wenn wir mit Z die unendlich vielen Werte von $\log z$ bezeichnen:

$$Z_{12} = Z_1 + Z_2,$$

das heißt, zu jedem festen Wert Z_1 und Z_2, den z_1 beziehungsweise z_2 als einen seiner Logarithmuswerte liefert, gibt es immer zum Argumentwert $z_1 z_2$ einen Logarithmuswert Z_{12}, der gerade dieser Summe gleich ist. Dies bedeutet also keine Relation einfacher Größen, sondern eine solche zwischen Mengen. Wollen wir jedoch nicht die Gesamtheit all der unendlich vielen Werte auffassen, sondern immer bloß einen, so müssen wir hier

$$\log z_1 z_2 = \log z_1 + \log z_2 \; [\pm 2\pi \mathrm{i}] \tag{2.60}$$

schreiben, falls log gedeutet werden soll in der Ebene, die in der genannten Weise aufzuschneiden ist. Diese Formel ist so zu verstehen, dass man den Imaginärteil von $\log z_1 + \log z_2$ daraufhin anzusehen hat, ob er zwischen den für die Logarithmuswerte von Punkten der Ebene zulässigen Grenzen liegt, das heißt, zwischen solchen, die bei stetiger Änderung der Funktion zu erreichen sind. Erst wenn man die *eventuell* notwendige Ergänzung von $+2\pi \mathrm{i}$ oder $-2\pi \mathrm{i}$ vorgenommen hat, erhält man den richtigen Wert von $\log z_1 z_2$.

Am deutlichsten wird alles auf der Riemannschen z-Fläche. Wenn eine der erzeugenden Halbgeraden als $\varphi = 0$ festgelegt ist, dann kommt jedem Punkt P nur ein Wert r und ein φ zu. Die arithmetische Operation der Produktbildung komplexer Größen wird man dann hier so definieren, dass man als Produkt von $P_1(r_1, \varphi_1)$ und $P_2(r_2, \varphi_2)$ die Zahl $r_1 r_2, \varphi_1 + \varphi_2$ bezeichnet. Das ist ja im Einklang mit unserer Darstellung der komplexen Zahlen in der Ebene (vergleiche (1.4)). Alsdann ist alles eindeutig und es gilt:

$$\log P_1 P_2 = \log P_1 + \log P_2.$$

Das wäre eigentlich die tiefste Auffassung hiervon.

Definition 2.61. Ist nichts Besonderes angegeben, so wollen wir unter $\log z$ die Funktion verstehen, die die längs der negativen reellen Achse aufgeschlitzte z-Ebene auf die w-Ebene abbildet, außerdem $z = 1$ in $w = 0$, also auf den Streifen der w-Ebene von $v = -\pi$ bis $v = +\pi$ (siehe Abbildung 2.30).

Nun wo wir eine Funktion haben, von der $1/z$ die Ableitung ist, können wir das einfache Bild der durch $1/z$ dargestellten *Strömung* ganz unmittelbar angeben. Für $w = 1/z$ ist $W = U + \mathrm{i}V = \log z = \log r + \mathrm{i}\varphi$.

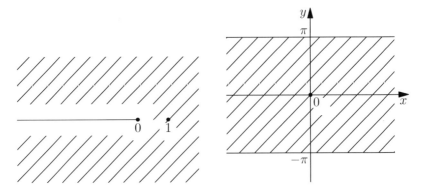

Abbildung 2.30: Definitions- und Wertebereich der Logarithmusfunktion

Der Imaginärteil $W = \varphi$ gibt, konstant gesetzt, als Strömungslinien die Gesamtheit der vom Nullpunkt ausgehenden Strahlen, was wir auch schon fanden (siehe Beispiel 4 auf Seite 99). Die Niveaulinien sind die dazu orthogonalen Kreise um 0.

Allgemein können wir sagen: Sind in einer Ebene gleich starke Quellen α, β, γ, ... und ebensoviele gleich starke Senken α', β', γ', ..., sodass die Strömung dargestellt wird durch

$$ w = \frac{1}{z - \alpha} + \frac{1}{z - \beta} + \frac{1}{z - \gamma} + \cdots - \frac{1}{z - \alpha'} - \frac{1}{z - \beta'} - \frac{1}{z - \gamma'} - \cdots, $$

dann erhält man die Strömungskurven, wenn man aufstellt

$$ W = \log \frac{(z - \alpha\,)(z - \beta\,)(z - \gamma\,) \cdots}{(z - \alpha')(z - \beta')(z - \gamma') \cdots}, $$

und den Imaginärteil V hiervon gleich constans setzt. Die Durchführung der Rechnung ist allerdings umständlich.

2.7   Die trigonometrischen Funktionen und ihre Umkehrungen

Die reellen Funktionen $\sin x$ und $\cos x$ haben wir schon zur Definition von e^z benutzt; rückwärts folgt:

$$ \sin x = \frac{\mathrm{e}^{xi} - \mathrm{e}^{-xi}}{2i}, \qquad \cos x = \frac{\mathrm{e}^{xi} - \mathrm{e}^{-xi}}{2}. $$

Das ist nichts als speziell unsere Definition für $\mathrm{e}^{\pm xi}$, nach $\sin x$ und $\cos x$ aufgelöst. Wir definieren jetzt

$$ \sin z = \frac{\mathrm{e}^{zi} - \mathrm{e}^{-zi}}{2i}, \qquad \cos z = \frac{\mathrm{e}^{zi} + \mathrm{e}^{-zi}}{2}. \tag{2.62} $$

Diese Funktionen kommen dann für reelles z sicher auf die gewöhnlichen trigonometrischen Funktionen hinaus, sodass wir diese Bezeichnung gebrauchen dürfen. Es sind nach unserem allgemeinen Satze über die formale Bildung analytischer Funktionen wieder analytische Funktionen, und zwar reguläre (siehe Abschnitt 2.5). In der Tat überzeugt man sich durch Ausrechnen leicht, dass ist

$$\frac{\mathrm{d}\sin z}{\mathrm{d}z} = \frac{\mathrm{i}e^{z\mathrm{i}} + \mathrm{i}e^{-z\mathrm{i}}}{2\mathrm{i}} = \frac{e^{z\mathrm{i}} + e^{-z\mathrm{i}}}{2} = \cos z,$$

$$\frac{\mathrm{d}\cos z}{\mathrm{d}z} = \frac{\mathrm{i}e^{z\mathrm{i}} - \mathrm{i}e^{-z\mathrm{i}}}{2} = -\frac{1}{2\mathrm{i}}(e^{z\mathrm{i}} - e^{-z\mathrm{i}}) = -\sin z.$$

Außerdem sind die *Additionstheoreme*

$$\sin z_1 \cos z_2 \pm \cos z_1 \sin z_2 = \sin(z_1 \pm z_2),$$
$$\cos z_1 \cos z_2 \mp \sin z_1 \sin z_2 = \cos(z_1 \pm z_2) \tag{2.63}$$

auch im Komplexen gültig; das ist eine Folge von $e^{z_1+z_2} = e^{z_1}e^{z_2}$. Wir zeigen zunächst

$$\sin z_1 \cos z_2 + \cos z_1 \sin z_2$$
$$= \frac{e^{z_1\mathrm{i}} - e^{-z_1\mathrm{i}}}{2\mathrm{i}} \cdot \frac{e^{z_2\mathrm{i}} + e^{-z_2\mathrm{i}}}{2} + \frac{e^{z_1\mathrm{i}} + e^{-z_1\mathrm{i}}}{2} \cdot \frac{e^{z_2\mathrm{i}} - e^{-z_2\mathrm{i}}}{2\mathrm{i}}$$
$$= \frac{1}{4\mathrm{i}} \cdot \left(e^{(z_1+z_2)\mathrm{i}} - e^{-(z_1+z_2)\mathrm{i}} + e^{(z_1+z_2)\mathrm{i}} - e^{-(z_1+z_2)\mathrm{i}}\right.$$
$$\left. + e^{(z_1-z_2)\mathrm{i}} - e^{-(z_1-z_2)\mathrm{i}} - e^{(z_1-z_2)\mathrm{i}} + e^{-(z_1-z_2)\mathrm{i}}\right) = \sin(z_1 + z_2).$$

Ferner zeigt die Periodizität von e^z, dass $\sin z$ und $\cos z$ die *reelle Periode* 2π haben. Auch kann man aus den Definitionen durch die Permutation $z \leftrightarrow -z$ unmittelbar ablesen, dass die Funktion $\cos z$ *gerade* und $\sin z$ *ungerade* ist. Somit folgt aus der soeben abgeleiteten Formel, wenn wir darin z_2 durch $-z_2$ ersetzen:

$$\sin(z_1 - z_2) = \sin z_1 \cos z_2 - \cos z_1 \sin z_2.$$

Denken wir uns z_2 fest, z_1 variabel, so folgt durch Differentiation nach z_1:

$$\cos(z_1 \pm z_2) = \cos z_1 \cos z_2 \mp \sin z_1 \sin z_2.$$

Daraus folgt in der üblichen Weise

$$\sin 2z = 2\sin z \cos z, \qquad \cos 2z = \cos^2 z - \sin^2 z, \tag{2.64}$$

oder da

$$\sin^2 z + \cos^2 z = \frac{e^{2z\mathrm{i}} + e^{-2z\mathrm{i}} - 2}{-4} + \frac{e^{2z\mathrm{i}} + e^{-2z\mathrm{i}} + 2}{4} = 1,$$

ist:

$$\cos 2z = 2\cos^2 z - 1 = 1 - 2\sin^2 z.$$

Durch die Spezialisation $z = \pi/2$ ergibt sich $-1 = 2\cos^2 \pi/2 - 1$, also

$$\cos\frac{\pi}{2} = 0, \qquad \sin\frac{\pi}{2} = \pm 1,$$

von dem nur $+1$ gilt, wie sich durch eine Abschätzung erkennen ließe. Endlich seien

$$\sin(\pi/2 - z) = \cos z, \qquad \cos(\pi/2 - z) = \sin z \tag{2.65}$$

erwähnt.

Nun betrachten wir die durch $\cos z$ vermittelte Abbildung. Da die Funktion die Periode 2π hat, können wir uns auf ein Gebiet beschränken zwischen $x = -\pi$ und $x = +\pi$; da sie außerdem gerade ist, nimmt sie sogar bereits innerhalb des Streifens von $x = 0$ bis $x = \pi$ all ihre Werte an, und zwar jeden einmal, wie wir sehen werden. Wir untersuchen, wie sich dieser Streifen auf die w-Ebene abbildet.

Dazu führen wir nacheinander die Zwischentransformationen $z' = zi$ und $z'' = e^{z'}$ aus, die wir bereits kennen. Durch $z' = zi$ wird die z-Ebene um $\pi/2$ im positiven Sinne um 0 gedreht (siehe Seite 18). Durch $z'' = e^{z'}$ wird die z'-Ebene so auf die längs der negativen reellen Achse geschlitzte z''-Ebene abgebildet, dass die äquidistanten Parallelen zur x'- und y'-Achse in gegeneinander gleichgeneigte Halbstrahlen durch 0 – die x'-Achse in den positiven Halbstrahl – beziehungsweise in konzentrische Kreise um 0 mit Radien, die sich in geometrischer Progression ändern, übergehen – speziell die y'-Achse liefert den Einheitskreis, der rechte Teil der z'-Ebene das Äußere, der linke das Innere des Einheitskreises (siehe Abbildung 2.31). Speziell die obere Hälfte der z'-Ebene wird auf die obere Hälfte der z''-Ebene abgebildet (siehe die Bemerkungen nach Satz 2.50). Nun bleibt bloß noch die ebenfalls bereits untersuchte Transformation

$$w = \frac{1}{2}(z'' + (z'')^{-1}),$$

die eine Abbildung der oberen Hälfte der z''-Ebene auf die von ± 1 bis $\pm\infty$ aufgeschnittene w-Ebene vermittelt, wobei die Halbkreise und Halbstrahlen der z''-Ebene in konfokale Ellipsen und Hyberbeln mit den Brennpunkten ± 1 übergehen (siehe Seite 81). Während u'' von ∞ über 1 bis 0 liefe, liefe u von ∞ nach 1 und zu ∞ zurück. Der Punkt $+i$ geht in den Nullpunkt über. Der Einheitskreis wird zur Geraden $+1, -1$. Das Äußere des Einheitskreises geht in die obere, das Innere in die untere Hälfte der w-Ebene über.

Hiernach ist zu erkennen, in welcher Weise der Parallelstreifen der z-Ebene auf die von -1 bis $-\infty$ und $+1$ bis $+\infty$ aufgeschlitzte w-Ebene durch $\cos z$ abgebildet wird.

Dasselbe Bild entwirft die Funktion $w_1 = \sin z_1$ von einem um $\pi/2$ verschobenen Parallelstreifen der z_1-Ebene, wie man aus der Relation

$$\sin z_1 = \cos\left(\frac{\pi}{2} - z_1\right) = \cos\left(z_1 - \frac{\pi}{2}\right) = -\cos\left(z_1 + \frac{\pi}{2}\right) = -\cos z, \tag{2.66}$$

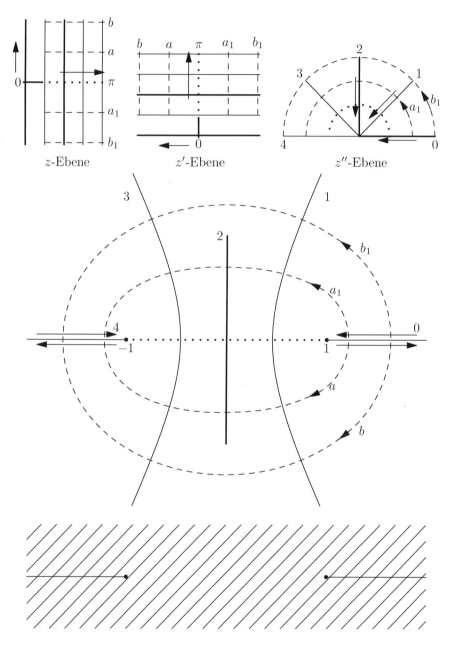

Abbildung 2.31: Zwischentransformationen in der Beschreibung des Cosinus

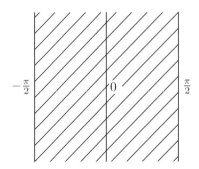

Abbildung 2.32: Bildbereich von arcsin

wo $z = z_1 + \pi/2$, erkennt. Die *w-Ebene* ist, wie das Minuszeichen zeigt, nur noch um den Winkel π *herumzudrehen* (siehe Abschnitt 1.6.1). Diese Zurückführung ist die bequemste Methode zur Deutung der Abbildung der Sinusfunktion.

Wir können nun ohne Weiteres die Umkehrfunktion $\arccos z$ definieren, indem wir einfach w und z miteinander vertauschen. Anstatt die z-Ebene so wie oben die w-Ebene aufzuschneiden, können wir sie auch längs beliebiger von -1 und $+1$ ins Unendliche auslaufender Kurven aufschlitzen, die sich weder treffen noch überschneiden. Selbst dann, wenn wir die Aufschneidung vorgenommen haben, gibt es noch abzählbar unendlich viele Möglichkeiten einer festen Definition von $\arccos z$, von denen wir uns willkürlich eine aussuchen können.

Definition 2.67. Wenn wir nichts weiter hinzusetzen, meinen wir mit $\arccos z$ die Funktion, die die von -1 bis $-\infty$ und von $+1$ bis $+\infty$ in Richtung der x-Achse aufgeschlitzte z-Ebene auf den Streifen der w-Ebene zwischen $u = 0$ und $u = \pi$ abbildet.

Abbildung 2.33: Werte und Definitionsbereich der Funktion arccos

Die Einführung einer Riemannschen Fläche wäre hier schwieriger; wir werden erst später, bei der systematischen Behandlung der Riemannschen Fläche, darauf zurückkommen.

Nun bilden wir (nach der Formel von Satz 2.45) die Ableitung

$$\frac{dw}{dz} = \frac{d\arccos z}{dz} = \left(\frac{1}{\frac{dz}{dw}}\right)_{w=\arccos z}$$

$$= \left(\frac{1}{\frac{d\cos w}{dw}}\right)_{\cdots} = \left(\frac{1}{-\sin w}\right)_{\cdots} = -\left(\frac{1}{\sqrt{1-\cos^2 w}}\right)_{\cdots} = -\frac{1}{\sqrt{1-z^2}},$$

wo unter $\sqrt{1-z^2}$ die bestimmte, für $|z| \neq 1$ regulär analytische Funktion zu verstehen ist, die in unserer geschlitzten z-Ebene definiert ist. Wir erkennen:

Satz 2.68. *Die Funktion* $\arccos z$ *ist in der geschlitzten* z-Ebene *analytisch und sogar regulär, ausgenommen an den Stellen, wo* $|z| = 1$ *ist. Auf dem Einheitskreis ist* $\arccos z$ *nicht analytisch.*

Auf $\arcsin z$ brauchen wir nicht einzugehen. Man erkennt unmittelbar, dass, wenn man das Argument beibehält, die alte Bildebene der z-Ebene um $\pi/2$ nach links verschoben und um den neuen Winkel π herumgedreht zu denken ist.

Weiter definieren wir:

$$w = \tan z = \frac{\sin z}{\cos z} = \frac{1}{i} \cdot \frac{e^{zi} - e^{-zi}}{e^{zi} + e^{-zi}} = -i \cdot \frac{e^{2zi} - 1}{e^{2zi} + 1}.$$

Das ist in Übereinstimmung mit der Tangensfunktion reellen Arguments. Da hier $2zi$ im Exponenten auftritt, hat die Tangensfunktion die *Periode* π. Daraus erkennen wir diesmal unmittelbar einen Streifen von der Breite π, sagen wir zwischen $x = -\pi/2$ und $x = +\pi/2$, als geeigneten Fundamentalbereich. Um zu sehen, wie er mittels der Funktion $w = \tan z$ auf die die w-Ebene abgebildet wird, führen wir die Zwischentransformationen $z' = 2iz$ – Drehung um $\pi/2$ im positiven Sinne nebst Dilatation auf das Doppelte – und $z'' = e^{z'}$ ein (vergleiche das Vorgehen auf Seite 124). Dann bleibt noch die uns bekannte Transformation

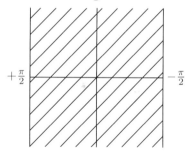

$$w = -i\frac{z'' - 1}{z'' + 1},$$

bei der $z'' = 0$ in $w = +i$, $z'' = \infty$ in $w = -i$ übergeht, somit die Strahlen durch 0 im Kreise durch $+i$ und $-i$, die Kreise um 0 in die Orthogonalkreise (benutze Sätze 1.19 und 1.24).

Definition 2.69. *Die Umkehrfunktion* $w = \arctan z$ *machen wir eindeutig, indem wir sagen, es solle die von* $+i$ *bis* $+\infty$ *und* $-i$ *bis* $-\infty$ *längs der imaginären Achse aufgeschnittene* z-Ebene *auf den Streifen der* w-Ebene *zwischen* $u = \pm\pi/2$ *abgebildet werden.*

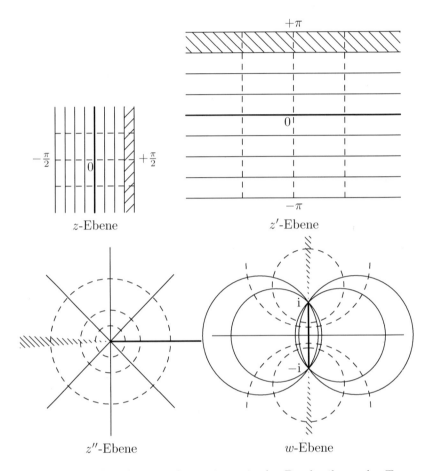

Abbildung 2.34: Zwischentransformationen in der Beschreibung des Tangens

Abbildung 2.35: Definitionsbereich von $\arctan z$

2.8 Die allgemeine Potenz z^α

Als Definition der allgemeinen Potenz setzen wir fest:

$$w = z^\alpha = \mathrm{e}^{\alpha \log z}, \qquad (2.70)$$

wo $\log z$ in dem Sinne von Definition 2.61 gemeint ist: Der Definitionsbereich sei aufgeschlitzt von 0 bis $-\infty$ längs der x-Achse, und $\log 1 = 0$. Unter Beachtung

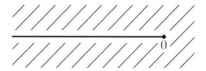

Abbildung 2.36: Definitionsbereich der allgemeinen Potenz

der Definition des Logarithmus durch (2.56) können wir dies auch in der Form schreiben

$$(\mathrm{e}^{\log z})^\alpha = \mathrm{e}^{\alpha \log z}.$$

Die Definition stimmt mit der für reelles Argument geltenden überein. Indem wir $\log z = \beta$ setzen, folgt unmittelbar $(\mathrm{e}^\beta)^\alpha = \mathrm{e}^{\alpha\beta}$.

Bei der Bildung des Differentialquotienten von z^α erhalten wir, wenn wir $\zeta = \alpha \log z$ als neue Variable einführen, nach (2.44):

$$\frac{\mathrm{d}z^\alpha}{\mathrm{d}z} = \frac{\mathrm{d}\mathrm{e}^{\alpha \log z}}{\mathrm{d}z} = \left(\frac{\mathrm{d}\mathrm{e}^\zeta}{\mathrm{d}\zeta}\right)_{\zeta=\alpha \log z} \cdot \frac{\mathrm{d}\alpha \log z}{\mathrm{d}z}$$

$$= \mathrm{e}^{\alpha \log z} \cdot \alpha \cdot \frac{1}{z} = \alpha \cdot \frac{\mathrm{e}^{\alpha \log z}}{\mathrm{e}^{\log z}} = \alpha \cdot \mathrm{e}^{(\alpha-1) \log z}$$

$$= \alpha z^{\alpha-1}.$$

Also gilt

$$\frac{\mathrm{d}z^\alpha}{\mathrm{d}z} = \alpha z^{\alpha-1} \qquad (2.71)$$

wie im Reellen. Denn log ist ja hier überall eindeutig.

Die Funktion $\zeta_1 = \log z$ existiert mit Ausnahme gewisser Stellen – $z = 0$ gehört dazu – und ist dort auch überall regulär analytisch. Vergleiche insbesondere die Abbildung 2.30. Die Funktion $\zeta = \alpha \log z$ ist dann auch regulär analytisch, endlich $z^\alpha = \mathrm{e}^\zeta$ an den meisten Stellen der ζ-Ebene. Die Linien $\pm\pi, \pm3\pi, \pm5\pi, \ldots$ parallel zur reellen Achse der ζ-Ebene in Abbildung 2.37 sind hier auszunehmen.

So erkennt man, dass die *Potenzfunktion größtenteils jedenfalls regulär ana-lytisch* ist. Doch erkennt man schon, dass es unbequem wäre, die Abbildung, Konformität, und so weiter, mittels jener Zwischentransformationen

$$\zeta_1 = \log z, \qquad \zeta = \alpha\zeta_1, \qquad w = \mathrm{e}^\zeta$$

Abbildung 2.37: Definition der allgemeinen Potenz: Ausnahmelinien in der ζ-Ebene

zu untersuchen. Ein anderer Weg empfiehlt sich mehr.

Bei der Untersuchung der durch z^α vermittelten Abbildung gehen wir so vor, dass wir sie zunächst für reellen, dann für rein imaginären Exponenten betrachen, ehe wir an den allgemeinsten Fall eines komplexen Exponenten herantreten. Auch schon bei reellen Exponenten unterscheiden wir die Fälle $0 < \alpha < 1$, $\alpha = 1$, $\alpha > 1$, und $\alpha < 0$; der Fall $\alpha = 0$ gäbe nur $w = 1$.

Zunächst wird allgemein, wenn wir Polarkoordianten einführen durch

$$z = r\,\mathrm{e}^{\mathrm{i}\varphi} = \mathrm{e}^{\log r + \mathrm{i}\varphi},$$
$$w = R\,\mathrm{e}^{\mathrm{i}\Phi} = \mathrm{e}^{\log R + \mathrm{i}\Phi}$$

zufolge der Definition des Logarithmus:

$$w = \mathrm{e}^{\log R + \mathrm{i}\Phi} = \mathrm{e}^{\alpha(\log r + \mathrm{i}\varphi)}.$$

Dabei soll log den gewöhnlichen reellen Logarithmus einer positiven Zahl bedeuten. Nun sei α in die Form gesetzt $\alpha = \alpha_1 + \mathrm{i}\alpha_2$, wo α_1 und α_2 reelle Größen sind.

Wir wollen nun zuerst die Potenz mit reellem Exponenten behandeln, das heißt, $\alpha_2 = 0$ setzen, sodass

$$w = R\,\mathrm{e}^{\mathrm{i}\Phi} = z^{\alpha_1} = (r\,\mathrm{e}^{\mathrm{i}\varphi})^{\alpha_1} = r^{\alpha_1}\mathrm{e}^{\mathrm{i}\alpha_1\varphi} \tag{2.72}$$

zu untersuchen ist, und dabei die bereits genannten Einzelfälle unterscheiden. Die Umformung (2.72) nach der zweitgenannten Definitionsformel der Potenz liegt hier näher als die Anwendung des allgemeinen Ausdrucks für w.

$0 < \alpha_1$: Der Nullpunkt geht in den Nullpunkt über, die Strahlen durch 0 in Strahlen durch 0, deren Winkel aber ver-α_1-facht werden. Stücke konzentrischer Kreise um 0 mit einem Radius r gehen über in Stücke konzentrischer Kreise um 0 mit dem Radius r^{α_1}. Ein Winkelraum zwischen der reellen Achse und einem Strahl, der unter einem Winkel φ gegen sie geneigt ist, wird also in einen Winkelraum von der Größe $\alpha_1\varphi$ übergehen, wobei wir eines der beiden Bilder in Abbildung 2.38 erhalten, je nachdem ob α_1 größer oder kleiner 1 ist.

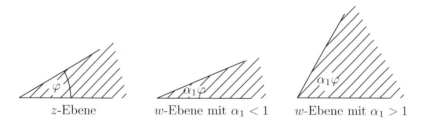

z-Ebene   w-Ebene mit $\alpha_1 < 1$ w-Ebene mit $\alpha_1 > 1$

Abbildung 2.38: Abbildungsverhalten der Potenz mit reellem Exponenten

$0 < \alpha_1 < 1$: Hier geht die längs der reellen Achse aufgeschnittene z-Ebene in einen Winkelraum der w-Ebene von der Größe $2\pi\alpha_1$ über, wie Abbildung 2.39 andeutet.

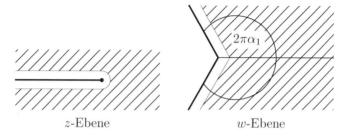

z-Ebene   w-Ebene

Abbildung 2.39: Abbildungsverhalten der Potenzfunktion für $0 < \alpha_1 < 1$

$\alpha_1 = 1$: Hier ist $w = z$. Der Übergangsfall ist also trivial.

$\alpha_1 > 1$: Denken wir uns die als Rand der w-Ebene auftretenden Strahlen gedreht, und zwar weiter als bis zum Übergangsfall, so bekommen wir das richtige Bild.

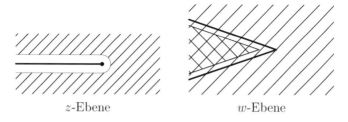

z-Ebene   w-Ebene

Abbildung 2.40: Abbildungsverhalten der Potenzfunktion für $\alpha_1 > 1$

Der doppelt schraffierte Winkelraum der w-Ebene wird doppelt überdeckt. Denken wir uns α_1 wachsen, so müssen wir die Ränder immer weiter in entgegengesetztem Sinne drehen. Bei $\alpha_1 = 2$ würde die ganze w-Ebene gerade zweimal überdeckt (siehe Abschnitt 2.3). Liegt etwa α_1 zwischen 2 und 3, so wird ein Teil der w-Ebene dreifach, das übrige zweifach überdeckt.

Dies veranlasst uns natürlich, wieder die *Riemannsche Fläche* einzuführen, und zwar die des Logarithmus, der ja in der Definition der Potenz vorkommt. Auch liegt es nahe – da hier aus $w = \mathrm{e}^{\alpha_1 \log z}$ folgt, dass $\log w = \alpha_1 \log z$ ist – hier die z-Ebene und auch die w-Ebene sich von einer Riemannschen Fläche überdeckt zu denken.

Wir *schneiden die z-Ebene und die w-Ebene längs der negativen reellen Achse auf* und heften dort die Riemannsche z- beziehungsweise w-Fläche an. Außerdem *ordnen wir noch dem Punkte $z = 1$ den Punkt $w = 1$ zu.* Den Punkt $z = 0$ beziehungsweise $w = 0$ rechnen wir wieder nicht zu den Flächen hinzu, ebensowenig die aus ihm hervorgehende Achse jeder der Flächen. Dann erkennen wir (unter Benutzung von Seite 120):

Satz 2.73. *Die Funktion $w = z^\alpha$ bildet für $\alpha > 0$ die Riemannsche z-Fläche umkehrbar eindeutig und konform auf die Riemannsche w-Fläche ab.*

Je nachdem α größer oder kleiner als 1 ist, entspricht einer vollen Windung der z-Fläche ein Stück einer Windung der w-Fläche oder umgekehrt.

Obwohl wir zur systematischen Behandlung der Riemannschen Fläche erst später übergehen können, haben wir die des Logarithmus eingeführt, weil sonst gerade die Potenz gar nicht zu verstehen gewesen wäre.

$\alpha_1 < 0$: Hier führen wir das Zeichen $-\alpha_1 = \alpha_1' > 0$ ein. Die Funktion $w = z^{\alpha_1} = z^{-\alpha_1'}$ ist nach der Definition der allgemeinen Potenz in (2.70) gleich

$$w = \mathrm{e}^{-\alpha_1' \log z} = \mathrm{e}^{\alpha_1'(-\log z)}.$$

Unter Benutzung von $\log 1/z = -\log z$ (Gleichung (2.57)) erhalten wir

$$w = \mathrm{e}^{\alpha_1' \log 1/z},$$

woraus endlich, wenn wir rückwärts die Definition (2.70) anwenden, folgt:

$$w = z^{-\alpha_1'} = \left(\frac{1}{z}\right)^{\alpha_1'}$$

Dasselbe Resultat gewinnen wir, wenn wir nicht die Formel (2.57), sondern (2.49), aus der sie folgte, anwenden, bei geringer Modifikation, was folgendes Gleichungssystem anzeigt:

$$z^{-\alpha_1'} = \mathrm{e}^{-\alpha_1' \log z} = \frac{1}{\mathrm{e}^{\alpha_1' \log z}} = \frac{1}{z^{\alpha_1'}}.$$

Allerdings bekämen wir es zunächst in ungeeigneter Gestalt. Darum sei erwähnt: Gleichungen (2.48), (2.58), und (2.70) liefern

$$\frac{z_1^\alpha}{z_2^\alpha} = \frac{\mathrm{e}^{\alpha \log z_1}}{\mathrm{e}^{\alpha \log z_2}} = \mathrm{e}^{\alpha(\log z_1 - \log z_2)} = \mathrm{e}^{\alpha \log \frac{z_1}{z_2}} = \left(\frac{z_1}{z_2}\right)^\alpha.$$

Hiernach ist dann speziell

$$\frac{1}{z^\alpha} = \frac{1^\alpha}{z^\alpha} = \left(\frac{1}{z}\right)^\alpha.$$

So erkennen wir, dass wir den Fall des negativen reellen Exponenten auf den des positiven zurückführen durch die Zwischentransformation $z' = {}^1\!/z$; denn dann wird $w = (z')^{\alpha'_1}$, wo $\alpha'_1 > 0$ ist, sodass für diese zweite Ableitung wieder der Fall eines positiven Exponenten vorliegt. Man hat also bloß zunächst noch die Riemannsche z- in die z'-Fläche überzuführen, was natürlich geschieht, indem man auf die z-Ebene die Transformation durch reziproke Radien am Einheitskreis und die Spiegelung an der reellen Achse anwendet. Sonst bleibt alles wie bisher.

Durch Betrachtung der Zwischentransformation erkennt man, dass die z- und z'-Fläche – wie die Ebenen – nur in den Punkten ± 1 übereinstimmen. So wird ja auch

$$1^{-\alpha_1} = 1^{\alpha_1} = 1, \qquad (-1)^{-\alpha_1} = \frac{1}{(-1)^{\alpha_1}} = \frac{1^{\alpha_1}}{(-1)^{\alpha_1}} = (-1)^{\alpha_1}.$$

Nun betrachten wir den Fall $\alpha_1 = 0$, $\alpha_2 \neq 0$.

Die allgemeine Formel (2.70) geht dann über in $w = z^{\mathrm{i}\alpha_2}$, und wenn wir wieder $z = r\mathrm{e}^{\mathrm{i}\varphi}$ und $w = R\mathrm{e}^{\mathrm{i}\Phi}$ setzen, wird danach

$$\mathrm{e}^{\log R + \mathrm{i}\Phi} = \mathrm{e}^{\mathrm{i}\alpha_2 \log r - \alpha_2 \varphi}.$$

Wir wollen unserer Betrachtung hier bald die *Riemannschen Flächen* zugrunde legen, die wir uns wieder wie immer über der z- und w-Ebene konstruiert denken. Dort machen wir die *Abbildung umkehrbar eindeutig und konform*, wenn wir setzen

$$\log R = -\alpha_2 \varphi, \qquad \Phi = \alpha_2 \log r.$$

Jedem „Strahl" $\varphi = $ const, beziehungsweise „Kreis" $r = $ const der Riemannschen z-Fläche entspricht ein „Kreis" $R = $ const, beziehungsweise „Strahl" $\Phi = $ const der Riemanschen w-Fläche, wo wir natürlich mit „Strahl", beziehungsweise „Kreis", der Riemannschen Fläche die auf ihr liegenden Gebilde meinen, deren Projektion ein Strahl beziehungsweise Kreis ist.

Die mittlere Windung der Riemannschen z-Fläche $-\pi < \varphi < +\pi$ bildet sich so ab, dass $-\alpha_2 \pi < \log R < \alpha_2 \pi$, also $\mathrm{e}^{-\alpha_2 \pi} < R < \mathrm{e}^{\alpha_2 \pi}$ wird, das heißt, auf einen Ring der w-Fläche mit unendlich vielen Windungen. Der nächsten Windung in der z-Fläche entspricht wieder ein Ring mit unendlich vielen Windungen, der sich an den ersten anlegt. Denken wir uns also die z-Fläche in all die unendlich vielen unendlich ausgedehnten Blätter zerlegt, indem wir etwa einen Schnitt längs der von 0 ausgehenden negativen reellen Achse ausführen, so ist dementsprechend die w-Fläche so zu zerlegen, dass man aus der ganzen Lage lauter einzelne sich aneinander anschließende Ringe – deren Mittelpunkt natürlich 0 sein muss – herausstanzt. Jeder einzelne von diesen Ringen bildet ein völlig zusammenhängendes Gebilde, das spiralförmig aussieht.

Der Fall eines imaginären Exponenten α lässt sich auf den Fall eines reellen Exponenten zurückführen durch eine *spezielle* Zwischentransformation, nämlich durch $w = z^{\mathrm{i}} = \mathrm{e}^{\mathrm{i}\log z}$ (siehe (2.70)). Wir wollen sie nicht mehr behandeln, sondern bloß kurz auf den Fall eines reellen positiven z hinweisen, also $y = 0$ setzen, und $z = x > 0$ eintragen. Dann erhalten wir (nach (2.46))

$$w = u + \mathrm{i}v = x^{\mathrm{i}} = \mathrm{e}^{\mathrm{i}\log x} = \cos(\log x) + \mathrm{i}\sin(\log x)$$

für $x > 0$, und das Bild für u sieht etwa so aus, wie es die Figur andeutet.

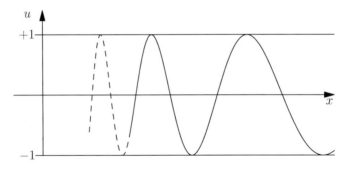

Abbildung 2.41: Graph der Funktion $\cos(\log x)$

Im allgemeinen Fall $w = z^{\alpha} = z^{\alpha_1 + \mathrm{i}\alpha_2}$ endlich liefert

$$\mathrm{e}^{\log R + \mathrm{i}\Phi} = \mathrm{e}^{(\alpha_1 + \mathrm{i}\alpha_2)(\log r + \mathrm{i}\varphi)}$$

die Gleichungen

$$\log R = \alpha_1 \log r - \alpha_2 \varphi, \qquad \Phi = \alpha_2 \log r + \alpha_1 \varphi.$$

Den konzentrischen Kreisen und dem Strahlenbüschel der z-Ebene entspricht die (früher in Abschnitt 1.6.3 erwähnte) Doppelschar zueinander orthogonaler logarithmischer Spiralen der w-Ebene. Die Potenz ist hiernach eine derart komplizierte Funktion, dass unsere Definition mittels der Exponentialfunktion und des Logarithmus sehr wohl berechtigt erscheint.

Damit wollen wir die elementare Funktionentheorie, die den Gegenstand dieser beiden Kapitel bildete, abschließen, und fügen nur noch in Kürze Historische Bemerkungen hinzu.

2.9 Historische Bemerkungen

Die komplexen Zahlen stammen aus der Algebra. Man stieß dort auf die Schwierigkeit, dass die Gleichung $x^2 + 1 = 0$ keine Lösung im reellen Gebiet, über das man allein verfügte, hatte. Man führte deshalb – wie man es in derartigen Fällen immer tut – für die Wurzel dieser Gleichung ein neues Symbol ein, i, und damit wurde anfangs operiert wie mit gewöhnlichen Zahlen. Es stellte sich dabei die merkwürdige Tatsache heraus, dass nun auf einmal alle algebraischen Gleichungen eine Lösung hatten; das besagt der Fundamentalsatz der Algebra, den wir später beweisen werden. Doch wenn ein Symbol i durch $i \cdot i = -1$ gegeben ist, ist damit durchaus noch nicht gesagt, wie man mit ihm operieren soll. In das noch unbekannte komplexe Gebiet anderswo gültige Regeln zu übertragen ist sinnlos. Doch zuerst tat man das ganz kritiklos und bekam auch nicht stets richtige Resultate.[9]

Diesem Verfahren standen allerdings schon in der ersten Zeit einige Mathematiker sehr skeptisch gegenüber. Abgeholfen wurde diesem Übelstand erst durch *Gauss* (1831); eine früher erschienene Arbeit von *Arago* (1806) war unbekannt geblieben. Gauss ging so vor, dass er nicht danach fragte, was ein Symbol $a + ib$ bedeutet, sondern es einfach als Paar (a, b) auffasste, und dafür die Addition und Multiplikation *definierte* durch $(a, b) + (c, d) = (a + c, b + d)$ und $(a, b)(c, d) = (ac - bd, bc + ad)$. Bei dieser Definition stellte sich heraus, dass das Rechnen mit komplexen Zahlen denselben formalen Gesetzen genügte wie das der reellen Zahlen. Wenigstens gehorcht es dem kommutativen, assoziativen, distributiven Gesetz; ferner gibt es ein Element (x, y) – die Null –, sodass $(a, b) + (x, y) = (a, b)$ und $(a, b) \cdot (x, y) = (x, y)$ ist, auch ein Element (ξ, η) – die Eins –, sodass $(a, b) \cdot (\xi, \eta) = (a, b)$ ist. Dagegen übertragen sich die Rechengesetze über das „größer" und „kleiner" nicht: wir können die komplexen Zahlen nur mittels ihrer „*absoluten Beträge*" anordnen, also eben durch Einführung reeller Zahlen. Endlich sei noch erwähnt, dass die Definitionen so eingerichtet sind, dass sie in richtige Gleichungen für das Reelle übergehen, wenn man $(a, 0) = a$ festsetzt. Damit ist dann die Verbindung zwischen den beiden Zahlengebieten hergestellt. Es empfiehlt sich auch eine Deutung der komplexen Zahlen als Punkte einer Ebene oder Kugelfläche; all das haben wir im ersten Paragraphen des ersten Kapitels angedeutet. Genauer durchgeführt findet man es zum Beispiel bei Burckhardt ([2]). Operationen mit den genannten Eigenschaften kann man nur für Punkte eines ein- oder zwei-dimensionalen Gebildes einführen; eine Übertragung auf den Raum ist in keiner Weise möglich (was zum Beispiel für elektrostatische Betrachtungen recht hinderlich ist).

Eine andere streng arithmetische Einführung der komplexen Zahlen rührt von *Cauchy* her, der von der Algebra ausgeht und gewisse Polynome aufstellt. Hier haben die komplexen Zahlen – die schon vor ihrer wirklichen Fundierung auf die Integralrechnung übertragen wurden, wo die Benutzung imaginärer Substitutionen vielfach vorteilhaft ist – die Bedeutung für die Entwicklung der Mathematik

---

[9]Details zur Geschichte der komplexen Zahlen und Literaturangaben finden sich etwa in [4].

gehabt, dass sie *Cauchy auf seinen Integralsatz in allgemeiner Fassung führten* –
vorher war er nur für Rechtecke aufgestellt worden – und damit auf die eindeutige Funktion komplexen Arguments. So schuf Cauchy die Funktionentheorie und
entwickelte sie schon recht weit. Bei ihm findet sich sogar schon ein Ansatz zur
Untersuchung mehrdeutiger analytischer Funktionen, auf den wir nun hinweisen
wollen.

Liegt eine mehrdeutige analytische Funktion $w = f(z)$ vor und durchlaufen
wir eine in der xy-Ebene liegende geschlossene Kurve

$$x = x(t), \qquad y = y(t)$$

von einem Punkte z_0 aus, indem wir jedem der Punkte einen Funktionswert $w = f(z)$ zuordnen, so wird, wenn wir für z_0 einen der möglichen Werte w_0 fest gewählt
haben, im Allgemeinen damit die Folge der Funktionswerte von w auf der Kurve
völlig festgelegt sein, wenn wir noch die Forderung der Stetigkeit hinzufügen –
sonst selbstverständlich nicht.

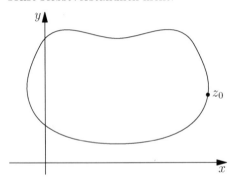

Man kann alsdann die Frage stellen, ob
man zu demselben Funktionswert gelangt, wenn man zu der Ausgangsstelle
z_0 zurückgelangt ist. Es zeigt sich, dass
das beim Umkreisen gewisser singulärer
Stellen nicht der Fall ist. Ist zum Beispiel $w = \sqrt[3]{z}$ und umkreist man von z_0
aus, wo man für $\sqrt[3]{z_0}$ einen bestimmten Wert w_0 wählt, den Nullpunkt einmal im positiven Sinne, so kommt man
bei z_0 nicht zu w_0 zurück, sondern zu
$w_0 \cdot e^{2\pi i/3}$. Danach fragte nun Cauchy bei
der allgemeinen algebraischen Funktion.

In diesem Zusammenhang sei erwähnt, dass es sich in der Theorie der reellen Funktionen reeller Variablen als zweckmäßig erwiesen hat, sich auf eindeutige
Funktionen zu beschränken, während es im Komplexen nicht empfehlenswert wäre,
daran hängen zu bleiben.

Die Untersuchungen von Cauchy wurden von *Puiseux* fortgesetzt und zu
einem gewissen Abschluss gebracht.

Einen wesentlichen Fortschritt der Funktionentheorie brachte *Riemann*
(1851). Bis dahin war das aus der Kartographie entstandene Problem der konformen Abbildung, mit dem sich zuerst *Lambert* (1772) beschäftigt hatte, neben der
Entwicklung der Funktionentheorie ohne Verbindung einhergegangen und wurde
kaum beachtet. Das geschah erst durch Riemanns Ausbildung der geometrischen
Vorstellung, nach der man durch Abbildung einer aufgeschnittenen Ebene oder
einer Riemannschen Fläche sich ein anschauliches Bild von den analytischen Funktionen machen kann, wie es im Vorangehenden geschehen ist. Ein wesentlicher
Vorteil dieser Darstellungsweise ist auch, dass sie das Verhalten an singulären

Stellen kennzeichnet und die Änderung eines Funktionswertes beim Zurückkehren zum Ausgangspunkt gibt. Auch erweist sie sich als zweckmäßig bei Untersuchung tiefliegender Theoreme der Abelschen Integrale.

Endlich ist noch *Weierstraß* (1878) zu nennen, der in gewissem Gegensatze zu Riemann steht. Und in der Tat hat die Riemannsche Darstellung ihre Nachteile. Davon überzeugt man sich, wenn man bedenkt, dass in der *Analysis situs* – die sich mit den Eigenschaften von Gebilden beschäftigt, die bei stetiger Deformation erhalten bleiben – schon der allereinfachste Jordansche Satz, dass eine doppelpunktlose, geschlossene Kurve ihr Definitionsgebiet in zwei Teile teilt, sogar in der schlichten Ebene sehr schwierig zu beweisen ist; erst in neuester Zeit ist es Brouwer gelungen. Die Untersuchungen sind so kompliziert, dass man vorläufig hier auf Strenge verzichtet und sich auf die Anschauung verlassen muss, die auch häufig täuscht (Poincaré).

Der Ausgangspunkt der Weierstraßschen Theorie ist die *Potenzreihe*. Dort entspricht der Riemannschen Fläche die *analytische Fortsetzung*; dies Prinzip ist von der größten Wichtigkeit! Neben Weierstraß zu stellen ist *Méray*.

Heute ist eine Verbindung der Theorien von Riemann und Weierstraß hergestellt; die beiden Gedankenkreise sind nun so eng miteinander verwachsen, dass es sich empfiehlt, bei der Behandlung der Funktionentheorie das mehr anschauliche und das mehr begriffliche Moment zugleich zu berücksichtigen.

Kapitel 3

Der Cauchysche Integralsatz

Der Cauchysche Integralsatz bildet das Fundament der Funktionentheorie, im Besonderen der allgemeinen Theorie der *eindeutigen analytischen Funktionen, die wir im Folgenden immer meinen, wenn wir von analytischen Funktionen schlechtweg sprechen.* Andere als sie haben wir ja noch gar nicht definiert!

Für die Formulierung des elementaren Integralbegriffs war die Eindimensionalität des Variablenbereichs der unabhängigen Veränderlichen wesentlich. Wir werden daher erst den Begriff des Integrals einer komplexen Veränderlichen neu zu definieren haben. Dazu müssen wir zunächst noch kurz folgendes Thema behandeln:

3.1   Vom Begriff der Kurve oder des Weges

Man pflegt das Wort *Weg* in zwei Bedeutungen zu gebrauchen: Einmal meint man damit die *Straße, auf der* man geht, dann aber auch den Weg, *den* man geht. Um diesen Unterschied deutlich zu erkennen, knüpfen wir an der Vorstellung der *Bewegung* eines Punktes an. Liegt der Weg des Punktes gezeichnet vor, so ist damit die Bewegung noch lange nicht bekannt. Wir haben damit erst die *Menge der passierten Punkte*, die wir das *Geleise* der Bewegung von nun an nennen wollen.

Wesentlich für die Bewegung ist auch die Angabe der aufeinander zeitlich folgenden eventuellen Umkehrpunkte sowie auch die Reihenfolge, in der etwa vorhandene Knotenpunkte passiert werden. So wird man dazu geführt, das Geleise in einzelne Stücke zu zerlegen, die sich nicht selbst durchschneiden und in ihrem Innern auch keine Umkehrstellen haben, sodass also für jedes derartige einzelne Stück kein Punkt im Laufe der Bewegung zweimal passiert wird.

Damit sind wir nun zum Begriff des „*Weges*" in dem Sinne gekommen, wie wir ihn meinen. Er ist vom Begriff des Geleises verschieden, deckt sich aber auch nicht mit dem Begriff der *Bewegung*; denn dieser verlangt noch die Kenntnis der Geschwindigkeit. Wir abstrahieren hier von der Größe der Geschwindigkeit, achten aber sehr wohl auf ihre Richtung, wenn wir von einem „Wege" sprechen. So sehen wir, dass unser Begriff des Weges durch eine nur teilweise Berücksichtigung des Geschwindigkeitszustandes eine Mittelstellung zwischen dem Begriff der Bewegung und dem, was wir Geleise nannten, einnimmt. Es wird sich nun darum handeln, diesen neuen Begriff zu präzisieren, indem wir das hier Gesagte mathematisch fassen.

Eine Bewegung in der Ebene ist definiert dadurch, dass für jedes t in einem Intervalle $t_0 \leq t \leq t_1$ die Lage eines Punktes P festgelegt wird durch eine gegebene „Punktfunktion" $P = P(t)$; oder, wie wir bei Einführung gewöhnlicher Koordinaten sagen können: dadurch dass wir jedem Zeitpunkt in diesem Intervalle durch zwei gegebene Funktionen $x = f(t)$, $y = g(t)$ einen Punkt der Ebene zuordnen. Dabei gehört noch die Voraussetzung der Stetigkeit dieser Funktion zum Begriff der Bewegung. Ein Punkt x', y' gehört ihr dann und nur dann an, wenn es im Intervalle $t_0 \leq t \leq t_1$ ein t' gibt, für das $f(t') = x'$, $g(t') = y'$ wird. Die Punktmenge, die passiert wird, ist das Geleise dieser Bewegung.

Achten wir noch auf die Reihenfolge, in der die Punkte passiert werden, dann kommen wir zum Begriff des Weges. Dazu denken wir uns zunächst einen *Linearzug, der sich nicht selbst überschneidet*. Dies ist eine Punktmenge, die so durchlaufen werden *kann*, dass jeder Punkt nur einmal passiert wird. *Bewegt* sich ein Punkt auf ihr so, dass er *nie umkehrt*, dann kann dies noch in zwei ausgezeichneten Durchlaufungsarten geschehen. Diese beiden *Wege* werden wir als voneinander verschieden ansehen. Jetzt aber denken wir uns noch einen *Sinn* auf dem

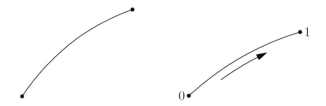

Abbildung 3.1: Ein Weg als Punktmenge und ein Weg mit Sinn

Linearzug festgelegt, den wir in der üblichen Weise durch einen Pfeil bezeichnen. Auch dann kann ein beweglicher Punkt noch verschiedene Bewegungen auf dem so eingeschränkten Linearzuge ausführen, indem er sich mit verschiedener Geschwindigkeit darauf fortbewegt. Zwei solche Bewegungen sollen gegeben sein durch die Gleichungen

$$x = f(t), \qquad y = g(t), \qquad x = \varphi(\tau), \qquad y = \psi(\tau), \qquad (3.1)$$

wo die Variabilitätsbereiche durch

$$t_0 \leq t \leq t_1, \qquad\qquad \tau_0 \leq \tau \leq \tau_1$$

angezeigt seien. Dabei ist insbesondere:

$$x_0 = f(t_0), \quad y_0 = g(t_0), \quad x_0 = \varphi(\tau_0), \quad y_0 = \psi(\tau_0),$$
$$x_1 = f(t_1), \quad y_1 = g(t_1), \quad x_1 = \varphi(\tau_1), \quad y_1 = \psi(\tau_1),$$

da ja die beiden Bewegungen zur Zeit t_0 beziehungsweise τ_0 im Punkte x_0, y_0 anfangen und zur Zeit t_1 beziehungsweise τ_1 im Punkte x_1, y_1 aufhören sollen. Das entspricht unserer Festsetzung, dass die Bewegungen beide im selben Sinne vor sich gehen sollen: Die Anfangspunkte, ebenso die Endpunkte der beiden Bewegungen müssen identisch sein. Die Differenzen $t_1 - t_0$ und $\tau_1 - \tau_0$ können verschieden sein; darüber setzen wir nichts voraus.

Nun machen wir davon Gebrauch, dass bei keiner der Bewegungen ein Punkt zweimal passiert werden sollte. Dies besagt, dass jedem t, ebenso jedem τ des Intervalles ein und nur ein Wertepaar zukommt, und dass umgekehrt jedem überhaupt angenommenen, das heißt, auf dem Linearzuge liegenden Wertepaar x, y, ein und nur ein Wert t und nur ein Wert τ zukommt. Durchlaufen wir diese Punktmenge von x_0, y_0 bis x_1, y_1 kontinuierlich so werden hiernach umgekehrt t und τ jede als monoton wachsende Funktion der beiden Variablen x, y erscheinen, und zwar werden sie kontinuierlich alle Werte von t_0 bis t_1 beziehungsweise von τ_0 bis τ_1 annehmen müssen.

Dadurch erhalten wir zugleich eine umkehrbar eindeutige Zuordnung der von t_0 bis t_1 wachsenden Werte von t und der von τ_0 bis τ_1 wachsenden Werte von τ, was wir uns noch genauer in folgender Weise überlegen können.

Die Wahl der Funktion, die die Abhängigkeit der Größe t von x und y und der Größe τ von x und y gibt, ist noch in hohem Maße willkürlich; eine von y freie Darstellungsweise beispielsweise erhalten wir für t, indem wir die Gleichung $x = f(t)$ nach t auflösen. Es sei $h(x, y)$ eine solche Darstellung, die zu jedem in Betracht kommenden Wertepaar den zugehörigen Wert $t = h(x, y)$ eindeutig liefert; diese Funktion ist geradezu – durchaus nicht eindeutig – lediglich dadurch definiert, dass sie bei Einsetzen der Gleichungen $x = f(t)$, $y = g(t)$ identisch in t erfüllt sein muss.

Setzen wir nun aber stattdessen die Gleichungen $x = \varphi(\tau)$, $y = \psi(\tau)$, die ja dieselben Wertepaare x, y liefern sollten, in h ein, so bekommen wir mit $t = h(\varphi(\tau), \psi(\tau))$ eine für jeden Wert von τ im Intervalle $\tau_0 \leq \tau \leq \tau_1$ gültige Formel, die jedem dieser Werte von τ, dem ja ein Wertepaar x, y eindeutig zugeordnet ist, damit – nach der Definition von h – einen Wert von t eindeutig zuordnet. Folglich erhalten wir so eine *völlig eindeutig bestimmte Funktion* $t = t(\tau)$, die jedem Wert von τ im Intervalle $\tau_0 \leq \tau \leq \tau_1$ einen und nur einen Wert von t im Intervalle $t_0 \leq t \leq t_1$ zuordnet und im Besonderen an den Grenzen $t_0 = t(\tau_0)$, $t_1 = t(\tau_1)$ liefert. Sie hängt jetzt nicht mehr ab von der Wahl der zulässigen Funktion $h(x, y)$.

In derselben Weise können wir uns eine Funktion $\tau = \tau(t)$, die entsprechende Eigenschaften hat, konstruiert denken; sie ist einfach die durch Auflösen der Gleichung $t = t(\tau)$ nach τ sich ergebende Funktion.

Es ist $\tau(t)$ *und natürlich auch $t(\tau)$ eine monoton wachsende Funktion von t,*
beziehungsweise von τ. Setzen wir $\tau = \tau(t)$ in (3.1) ein, so erhalten wir mit

$$x = \varphi\big(\tau(t)\big), \qquad y = \psi\big(\tau(t)\big)$$

x und y ausgedrückt als Funktion von t, und da sich für alle Werte von t im
Intervalle $t_0 \leq t \leq t_1$ – die gerade alle Werte von τ im Intervalle $\tau_0 \leq \tau \leq \tau_1$
liefern würden – die richtigen Werte von x und y ergeben, sind dies einfach die
ersten beiden Gleichungen in (3.1). In derselben Weise können wir durch Einsetzen
von $t = t(\tau)$ die ersten Gleichungen in (3.1) in die zweiten überführen. Wir wollen
nun festsetzen:

Definition 3.2. Existieren zwei monoton wachsende Funktionen in den Intervallen
$t_0 \leq t \leq t_1$, $\tau_0 \leq \tau \leq \tau_1$ mit

$$t = t(\tau), \qquad \tau = \tau(t) \tag{3.3}$$

mit den Eigenschaften $t_0 = t(\tau_0)$, $t_1 = t(\tau_1)$ und $\tau_0 = \tau(t_0)$, $\tau_1 = \tau(t_1)$, die gestatten, zwei durch die in den Parameterdarstellungen in (3.1) gegebene Bewegungen
ineinander zu transformieren, so sagen wir, *die Bewegungen gehen denselben Weg.*

Übrigens brauchen wir nicht die Existenz beider Funktionen in (3.3) vorauszusetzen; aus der der einen folgt die der anderen.

Wir haben bei dieser Formulierung bereits die Tatsache unterdrückt, dass
wir uns bisher auf *Bewegungen ohne Umkehrpunkte auf einem doppelpunktlosen
Linearzuge* beschränkt haben. In der Tat lässt sich unsere Definition leicht ausdehnen. Denn bewegt sich ein Punkt auf einem sich *überschneidenden Linearzuge so,*
dass er stellenweise umkehrt, so zerlegen wir L in Stücke $L_1, L_2, L_3 \dots$ derart, dass
auf ihnen kein Punkt zweimal passsiert wird, und betrachten nur solche von den
unendlich vielen, auf L möglichen Bewegungen als äquivalent, für die das Folgende
sich konstruieren lässt: Funktionen

$$x = f(t), \quad y = g(t); \qquad x = \varphi(\tau), \quad y = \psi(\tau),$$

Zerlegungen

$$t_0 < t_1 < t_2 < \cdots < t_n; \qquad \tau_0 < \tau_1 < \tau_2 < \cdots < \tau_n,$$

und im Intervalle $t_{j-1} \leq t \leq t_j$ für $j = 1, \dots, n$ jeweils

$$\tau = \tau_j(t), \qquad \text{sodass ist} \qquad \tau_{j-1} = \tau_j(t_{j-1}), \qquad \tau_j = \tau_j(t_j). \tag{3.4}$$

wobei diese Funktionen $\tau_1, \tau_2, \dots, \tau_n$ überdies die Eigenschaft haben, monoton
wachsend zu sein. Da man auch noch erkennt, dass sich hiernach τ im ganzen
Intervall von t_0 bis t_n mit t *stetig* ändert von τ_0 wachsend bis τ_n, wird durch (3.4)
wieder eine monoton wachsende Funktion

$$\tau = \tau(t), \qquad t_0 \leq t \leq t_n$$

mit den Grenzbedingungen $\tau_0 = \tau(t_0)$, $\tau_n = \tau(t_n)$ eindeutig definiert. Ergänzend
fügen wir nun zu Definition 3.2 hinzu:

Definition 3.5. In Definition 3.2 hat man sich die durchlaufenen Punktmengen in solche Stücke zerlegt zu denken, in denen kein Punkt doppelt passiert wird. Alsdann wird die Funktion $\tau = \tau(t)$ durch (3.4) gegeben.

Das Missliche ist, dass wir hier voraussetzen mussten, dass eine derartige Zerlegung in eine endliche Anzahl von Teilen sich vornehmen lässt. Das braucht aber durchaus nicht immer der Fall zu sein. Darum setzen wir nun durch Definition fest, dass wir zwei Bewegungen auch dann als äquivalent ansehen, wenn n über alle Grenzen wächst, vorausgesetzt, dass wir zu jedem noch so großen n ein – von n abhängiges – Intervall $t_n \ldots t_{n+1}$ von (positiver) endlicher Größe angeben können, in dem in (3.4) eine Funktionalbeziehung der verlangten Art zwischen t und τ festgelegt wird. Dann wird $\tau = \tau(t)$ als monoton wachsende Funktion von t durch unendlich viele Relationen (3.4) definiert. Allerdings umfassen wir damit noch nicht den Fall etwaiger Ruhepunkte. Unser Standpunkt ist aber schon recht allgemein, indem er beispielsweise ungedämpfte und gedämpfte Schwingungen umfasst. Manchmal ist es von Vorteil, auch hier die Riemannsche Fläche einzuführen.

Hiernach ist die notwendige Bedingung der Übereinstimmung des Geleises noch lange nicht hinreichend, um zwei Bewegungen als äquivalent anzusehen; es müssen noch die näher ausgeführten Bedingungen hinzukommen. Ihr Verständnis wird erleichtert, wenn wir bedenken, dass wir die *Parameter t und τ als Zeit deuten können*.

Von den Bewegungen, die wir äquivalent nannten, wollten wir sagen, dass sie denselben Weg gehen. Damit haben wir den „Weg" durch Bewegung definiert. Die *Größe der Abstraktion bei dieser Begriffsbildung* erkennt man daraus, dass zwar auch ein Flächenstück ein Geleise ist, indem die Mengenlehre zeigt, dass es eine Bewegung gibt, bei der jeder Punkt eines Quadrats durchlaufen wird, jedoch keine stetige (??).[1] Ein Quadrat ist also ein Geleise, doch kein Weg. Für den Weg ist Eindimensionalität erforderlich. Wir werden ihn auch „Kurve" nennen.

Wir wollen uns nun mit solchen Eigenschaften des Weges beschäftigen, die gegen eine derartige Transformation $\tau = \tau(t)$ des Parameters t – sagen wir des Zeitparameters – invariant sind.

Ist der Weg durch die als stetig vorauszusetzenden Funktionen $x = f(t)$, $y = g(t)$ im Intervall $t_0 \leq t \leq t_1$ gegeben, dann wird nach Definition der Stetigkeit in Abschnitt 2.2.1, wenn dem Werte t des Intervalles das Wertepaar x, y entspricht, einem Nachbarwerte $t + \Delta t$ ein Paar benachbarter Werte $x + \Delta x$, $y + \Delta y$ entsprechen. Die Punkte x, y und $x + \Delta x, y + \Delta y$ können wir beliebig nahe aneinander rücken lassen.

---

[1] Dieser Absatz wurde von Weyl nachträglich geändert, aber offenbar nicht zu seiner vollen Zufriedenheit. Zunächst erklärt er auch ein Flächenstück für einen Weg, sicher mit Bezug auf die von Peano 1890 entdeckten raumfüllenden Kurven. Später möchte er aber solche Beispiele ausschließen. Nur ist ihm wohl noch nicht ganz klar, wie. Im Folgenden werden Kurven oft stillschweigend als stückweise stetig differenzierbar vorausgesetzt, etwa um sie durch Bogenlänge zu parametrisieren. Das schließt flächenfüllende Kurven aus.

Wir bilden nun die Quotienten

$$\frac{\Delta x}{\sqrt{(\Delta x)^2 + (\Delta y)^2}}, \qquad \frac{\Delta y}{\sqrt{(\Delta x)^2 + (\Delta y)^2}}.$$

Definition 3.6. Wenn diese Quotienten einen Grenzwert haben, das heißt, einem bestimmten Werte zustreben, wenn man Δt irgendwie gegen Null gehen lässt, dann sagen wir, der Weg habe an der Stelle x, y eine *Richtung*, die durch diese Grenzwerte, die wir *Richtungskosinus* nennen, bestimmt wird.

Die Größe dieser Grenzwerte wird dann nicht geändert, wenn wir x und y als Funktionen eines Parameters τ darstellen, der eine monoton wachsende Funktion $\tau = \tau(t)$ von t ist; denn der t entsprechende Wert τ liefert dieselbe Stelle x, y, und wählen wir Nachbarwerte $\tau + \Delta\tau$, die wir gegen τ rücken lassen auf irgendeine Art, so rückt ja auch $t + \Delta t$ in gewisser Weise gegen t, also unseren Voraussetzungen zufolge die obigen Quotienten gegen denselben Grenzwert wie vorher. So erkennen wir, das bei Änderung des Parameters die *Tangente*, wenn sie stetig variiert, *erhalten bleibt*. Ebenso bleibt eine endliche Anzahl von Sprungstellen der Tangente erhalten; ein solcher Sprung der Tangente entspricht einer *Ecke* im Kurvenbild.

Ferner bleibt wegen der Monotonie der Funktion $\tau = \tau(t)$ die Reihenfolge der Punkte erhalten. Bei der Voraussetzung der Stetigkeit und einer nur endlichen Anzahl von Sprüngen der Ableitung existiert auch, wie in der Integralrechnung gezeigt wird, der Grenzwert

$$\lim \sum \sqrt{(\Delta x)^2 + (\Delta y)^2},$$

den man als *Bogenlänge s* des Weges bezeichnet; und zwar ist $s = s(t)$ *eine stetige, monoton wachsende Funktion von t*, die ebenfalls einen gegenüber der Transformation $\tau = \tau(t)$ *invarianten* Wert liefert. (Das ergibt sich aus der Möglichkeit der Einführung neuer Variablen unter einem Integralzeichen.) Wegen der Eigenschaften der Funktion $s(t)$ kann man jetzt die Variable s als neuen Parameter einführen und erkennt aus der Definition von

$$s = \int_{t_0}^{t} \sqrt{\left(\frac{\mathrm{d}x}{\mathrm{d}t}\right)^2 + \left(\frac{\mathrm{d}y}{\mathrm{d}t}\right)^2}\,\mathrm{d}t,$$

derzufolge ja $(\frac{\mathrm{d}s}{\mathrm{d}t})^2 = (\frac{\mathrm{d}x}{\mathrm{d}t})^2 + (\frac{\mathrm{d}y}{\mathrm{d}t})^2$, daher $1 = (\frac{\mathrm{d}x}{\mathrm{d}s})^2 + (\frac{\mathrm{d}y}{\mathrm{d}s})^2$ ist, das Resultat:

Satz 3.7. *Unter allen möglichen Parameterdarstellungen eines Weges gibt es genau eine solche – mittels der Bogenlänge – $x = x(s)$, $y = y(s)$ mit*

$$1 = \left(\frac{\mathrm{d}x}{\mathrm{d}s}\right)^2 + \left(\frac{\mathrm{d}y}{\mathrm{d}s}\right)^2.$$

Dies ist die so genannte normierte *Darstellung.*

Dies wollen wir nun für den Begriff des Integrals nutzbar machen.

3.2 Begriff des Kurvenintegrals

Es sei ein Weg $\mathfrak{L}$ in der xy-Ebene gegeben durch die Gleichungen

$$x = f(t), \qquad y = g(t) \qquad \text{im Intervalle } t_0 \leq t \leq t_1. \qquad (3.8)$$

Es seien $P(x,y)$ und $Q(x,y)$ zwei in einem Gebiete, dem alle Punkte von $\mathfrak{L}$ angehören, definierte stetige Funktionen. Dann verstehen wir unter dem *Kurvenintegral* von $P\mathrm{d}x + Q\mathrm{d}y$, genommen längs der Kurve $\mathfrak{L}$, das folgende Integral:

$$\int_{\mathfrak{L}} (P\mathrm{d}x + Q\mathrm{d}y) = \int_{t_0}^{t_1} \left(P\big(f(t), g(t)\big) \frac{df(t)}{\mathrm{d}t} + Q\big(f(t), g(t)\big) \frac{dg(t)}{\mathrm{d}t} \right) \mathrm{d}t. \qquad (3.9)$$

Diese Definition *können* wir deshalb wählen, weil der Ausdruck der rechten Seite nach der gewöhnlichen Regel der Substitution sich nicht ändert, wenn man statt t eine andere Variable einführt, sodass der Wert unseres Kurvenintegrals unabhängig ist von der zufälligen Wahl der Parameterdarstellung (3.8).

Wählen wir insbesondere als Parameter die Bogenlänge s, sodass wir $\mathfrak{L}$ in der normierten Darstellung

$$x = x(s), \qquad y = y(s) \qquad 0 \leq s \leq l, \quad \cdot \quad \text{mit} \quad \left(\frac{\mathrm{d}x}{\mathrm{d}s}\right)^2 + \left(\frac{\mathrm{d}y}{\mathrm{d}s}\right)^2 = 1 \qquad (3.10)$$

vorliegend denken, so lautet unsere Definitionsformel

$$\int_{\mathfrak{L}} \big(P(x,y)\,\mathrm{d}x + Q(x,y)\,\mathrm{d}y\big)$$

$$= \int_0^l \left(P\big(x(s), y(s)\big) \frac{\mathrm{d}x(s)}{\mathrm{d}s} + Q\big(x(s), y(s)\big) \frac{\mathrm{d}y(s)}{\mathrm{d}s} \right) \mathrm{d}s, \qquad (3.11)$$

von der wir auch hätten ausgehen und durch Substitution (3.9) hätten ableiten können. Bei der Darstellung (3.11) von vornherein stehen zu bleiben wäre unzweckmäßig; wir dürfen sie aber als Definition zugrunde legen, und werden das im Folgenden zuweilen mit Vorteil benutzen.

Aus unserer Definition des Kurvenintegrals folgt unmittelbar

$$\int_{\mathfrak{L}_1 + \mathfrak{L}_2} = \int_{\mathfrak{L}_1} + \int_{\mathfrak{L}_2} \qquad (3.12)$$

nach dem entsprechenden Satze der Integralrechnung.

Wir wollen nun eine *Abschätzung des Kurvenintegrals* vornehmen, wobei wir unserer Betrachtung den Ausdruck der rechten Seite von (3.11) zugrunde legen, auf den wir den gewöhnlichen Mittelwertsatz anwenden. Dazu beachten wir, dass die Ungleichung

$$|a_1 b_1 + a_2 b_2| \leq \sqrt{(a_1^2 + a_2^2)(b_1^2 + b_2^2)},$$

die mit $(a_1 b_2 - a_2 b_1)^2 \geq 0$ äquivalent ist, für alle reellen Werte a_1, a_2, b_1, b_2 gilt. Das Gleichheitszeichen tritt bloß im Falle der Proportionalität der vier Größen ein. Danach ist

$$\left| P(x,y)\frac{\mathrm{d}x}{\mathrm{d}s} + Q(x,y)\frac{\mathrm{d}y}{\mathrm{d}s} \right| \leq \sqrt{P^2 + Q^2} \cdot \sqrt{\left(\frac{\mathrm{d}x}{\mathrm{d}s}\right)^2 + \left(\frac{\mathrm{d}y}{\mathrm{d}s}\right)^2} = \sqrt{P^2 + Q^2}.$$

Der Maximalwert, den $P^2 + Q^2$ längs $\mathfrak{L}$ annimmt, und der unseren Voraussetzungen nach endlich ist, sei

$$\max(P(x,y)^2 + Q(x,y)^2) = M^2. \tag{3.13}$$

Dann liefert der Mittelwertsatz der Integralrechnung die Ungleichung

$$\left| \int_0^l \left(P\frac{\mathrm{d}x}{\mathrm{d}s} + Q\frac{\mathrm{d}y}{\mathrm{d}s} \right) \mathrm{d}s \right| \leq M \cdot l,$$

sodass nach (3.11) wird:

$$\left| \int_{\mathfrak{L}} \left(P(x,y)\mathrm{d}x + Q(x,y)\,\mathrm{d}y \right) \right| \leq M \cdot l. \tag{3.14}$$

Das ist das *Analogon des Mittelwertsatzes*.

Damit können wir nun eine andere Definition des Kurvenintegrals herleiten. Wir teilen die Kurve in lauter kleine Stücke, und zwar soll diese Zerlegung bewirkt werden, indem wir dicht hintereinander Punkte $s_1, s_2, s_3, \ldots$ zwischen 0 und l einschalten. Nun verfahren wir ganz ähnlich wie bei der Darstellung eines Integrals als Grenzwert einer Summe. Zwischen 0 und s_1 schalten wir noch an einer Stelle, deren genauere Wahl wir uns vorbehalten, einen Punkt σ_1 ein, zwischen s_1 und s_2 einen Punkt σ_2 und so weiter. Die Werte von x, y an den Stellen $\sigma_1, \sigma_2, \sigma_3, \ldots$ seien mit ξ_1, η_1, ξ_2, η_2, ξ_3, η_3, und so weiter bezeichnet. Endlich nennen wir die Bogenlängen von 0 bis s_1, s_1 bis s_2, und so weiter, jeweils $\Delta_1 s$, $\Delta_2 s$, und so weiter, ihre Projektionen auf die Koordinatenachsen seien $\Delta_1 x, \Delta_1 y, \Delta_2 x, \Delta_2 y$, und so weiter.

Nun betrachten wir das Kurvenintegral längs des ersten Stückes, das wir $\mathfrak{L}_1$ nennen wollen. Wir bilden zunächst die Differenz

$$\int_{\mathfrak{L}_1} P(x,y)\,\mathrm{d}x - P(\xi_1,\eta_1)\Delta_1 x = \int_{\mathfrak{L}_1} P(x,y)\,\mathrm{d}x - P(\xi_1,\eta_1)\int_{\mathfrak{L}_1} \mathrm{d}x$$

$$= \int_{\mathfrak{L}_1} \left(P(x,y) - P(\xi_1,\eta_1) \right) \mathrm{d}x,$$

wo wir $\Delta_1 x = \int_{\mathfrak{L}_1} \mathrm{d}x$ benutzen und den konstanten Faktor $P(\xi_1,\eta_1)$ unter das Integralzeichen setzen konnten. Ebenso ist:

$$\int_{\mathfrak{L}_1} Q(x,y)\,\mathrm{d}y - Q(\xi_1,\eta_1)\Delta_1 y = \int_{\mathfrak{L}_1} \left(Q(x,y) - Q(\xi_1,\eta_1) \right) \mathrm{d}y.$$

Hieraus folgt

$$\int_{\mathfrak{L}_1} \big(P(x,y)\,\mathrm{d}x + Q(x,y)\,\mathrm{d}y\big) - \big(P(\xi_1,\eta_1)\Delta_1 x + Q(\xi_1,\eta_1)\Delta_1 y\big)$$

$$= \int_{\mathfrak{L}_1} \Big(\big(P(x,y) - P(\xi_1,\eta_1)\big)\,\mathrm{d}x + \big(Q(x,y) - Q(\xi_1,\eta_1)\big)\,\mathrm{d}y\Big).$$

Ist nun ε_1 der größte Wert der Differenzen

$$|P(x,y) - P(\xi_1,\eta_1)| \quad \text{und} \quad |Q(x,y) - Q(\xi_1,\eta_1)|$$

im ersten Intervalle, also das M^2 von (3.13) kleiner oder gleich $2\varepsilon_1^2$ und $M \le \varepsilon_1\sqrt{2}$, so liefert (3.14) die Abschätzung

$$\left| \int_{\mathfrak{L}_1} \big(P(x,y) - P(\xi_1,\eta_1)\big)\,\mathrm{d}x + \big(Q(x,y) - Q(\xi_1,\eta_1)\big)\,\mathrm{d}y \right| \le \varepsilon_1\sqrt{2}\cdot l_1,$$

wobei l_1 die Länge von $\mathfrak{L}_1$ bedeutet.

Bei entsprechender Wahl von ε_2, ε_3, und so weiter, bekommen wir eine analoge Abschätzung für $\left|\int_{\mathfrak{L}_2}\right|$, und so weiter. Ist ε der größte all dieser Werte ε_k, so bekommen wir unter Benutzung von (3.12), da wir die rechte Seite sicher nur vergrößern, wenn wir die einzelnen Glieder der Summe durch ihre absoluten Beträge ersetzen:

$$\int_{\mathfrak{L}} \big(P(x,y)\,\mathrm{d}x + Q(x,y)\,\mathrm{d}y\big) - \sum_{\nu=1}^{n} \big(P(\xi_\nu,\eta_\nu)\Delta_\nu x + Q(\xi_\nu,\eta_\nu)\Delta_\nu y\big) \le \varepsilon\sqrt{2}\cdot l. \quad (3.15)$$

Dabei sind ξ_1, η_1, ξ_2, η_2, und so weiter, noch beliebige Punkte in den genannten Intervallen.

Geben wir nun umgekehrt eine Größe ε beliebig klein vor, so können wir stets die Teilung so vornehmen, dass die Bedingungen

$$\big|P(x,y) - P(\xi_k,\eta_k)\big| \le \varepsilon, \qquad \big|Q(x,y) - Q(\xi_k,\eta_k)\big| \le \varepsilon$$

für $k = 1,2,3,\dots$ erfüllt sind. So können wir, indem wir die Teilung nur fein genug machen, ε unter jede vorgegebene Größe herabdrücken. Damit aber können wir, da l eine endliche Größe ist, auch die Differenz (3.15) beliebig klein machen. Folglich ist

$$\int_{\mathfrak{L}} \big(P(x,y)\,\mathrm{d}x + Q(x,y)\,\mathrm{d}y\big) = \lim_{n\to\infty} \sum_{\nu=1}^{n} \big(P(\xi_\nu,\eta_\nu)\Delta_\nu x + Q(\xi_\nu,\eta_\nu)\Delta_\nu y\big). \quad (3.16)$$

Das kann auch umgekehrt als Definition des Kurvenintegrals dienen.

Jetzt wollen wir den Begriff des Kurvenintegrals auch *im Komplexen* verwenden. Ist zunächst $w(t)$ eine komplexe Funktion reellen Arguments t, dann definieren wir, wenn $w = u + iv$ ist:

$$\int_{t_0}^{t_1} w(t)\,\mathrm{d}t = \int_{t_0}^{t_1} u(t)\,\mathrm{d}t + \mathrm{i} \int_{t_0}^{t_1} v(t)\,\mathrm{d}t. \tag{3.17}$$

Diese Definition ist wieder so eingerichtet, dass sie formal erhalten bleibt, wenn wir statt t mittels $t(\tau)$ eine neue Variable einführen; wir erhalten nämlich unter Benutzung der Substitutionsformel für das Reelle zur Umformung der rechten Seite

$$\int_{t_0}^{t_1} w(t)\,\mathrm{d}t = \int_{\tau_0}^{\tau_1} u\big(t(\tau)\big)\frac{\mathrm{d}t}{\mathrm{d}\tau}\,\mathrm{d}\tau + \mathrm{i}\int_{\tau_0}^{\tau_1} v\big(t(\tau)\big)\frac{\mathrm{d}t}{\mathrm{d}\tau}\,\mathrm{d}\tau = \int_{\tau_0}^{\tau_1} w\big(t(\tau)\big)\frac{\mathrm{d}t}{\mathrm{d}\tau}\,\mathrm{d}\tau. \tag{3.18}$$

Auch hier kann man wieder die Zerlegung

$$\int_{t_0}^{t_n} w(t)\,\mathrm{d}t = \int_{t_0}^{t_1} w(t)\,\mathrm{d}t + \cdots + \int_{t_{n-1}}^{t_n} w(t)\,\mathrm{d}t$$

vornehmen. Für jedes dieser Integrale erhalten wir mittels (3.17) die Abschätzung

$$\left|\int_{t_k}^{t_{k+1}} w(t)\,\mathrm{d}t\right| = \sqrt{\left(\int_{t_k}^{t_{k+1}} u(t)\,\mathrm{d}t\right)^2 + \left(\int_{t_k}^{t_{k+1}} v(t)\,\mathrm{d}t\right)^2}$$

$$\leq \sqrt{M_k^2(t_{k+1} - t_k)^2 + N_k^2(t_{k+1} - t_k)^2} = (t_{k+1} - t_k)\sqrt{M_k^2 + N_k^2}.$$

Dabei benutzen wir einfach den Mittelwertsatz der Integralrechnung; es bedeutet $M_k = \max u(t)$ und $N_k = \max v(t)$. Leiten wir nun mittels dieser schwachen Abschätzung eine zu (3.15) analoge Formel ab, was nach derselben Methode geschieht, so können wir die resultierende Auffassung unseres Integrals als Grenzwert einer Summe nun umgekehrt benutzen, um die Abschätzung zu verschärfen; denn der Faktor $\sqrt{M_k^2 + N_k^2}$ kann dann dem maximalen Betrage von $|w(t)|$ in dem betreffenden Teilintervalle beliebig nahe gebracht werden. Allerdings ist das noch nicht befriedigend, weil auch die Anzahl der kleinen Fehler, die man begeht, zugleich über jede Grenze hinaus wächst. Doch kann man nun von der Summendefinition ausgehend bilden

$$\left|\int_{t_0}^{t} w(t)\,\mathrm{d}t\right| = \lim_{n\to\infty}\left|\sum_{\nu=1}^{n} w(t_\nu)\Delta_\nu t\right|$$

$$\leq \lim_{n\to\infty}\sum_{\nu=1}^{n} |w(t_\nu)|\,|\Delta_\nu t| = \int_{t_0}^{t} |w(t)|\,\mathrm{d}t \leq M(t - t_0), \tag{3.19}$$

wobei $M = \max |w(t)|$ für alle t des Integrationsintervalls sei. Der letzte Schritt nutzt, dass hier der Integrand reell ist.

Weiter definieren wir nun ein Integral einer analytischen Funktion komplexen Arguments, genommen längs eines Weges $\mathfrak{L}$, der gegeben sei durch die Gleichungen $x = x(t)$, $y = y(t)$, die wir zusammenfassen zu $z = z(t)$ für $t_0 \leq t \leq t_1$.

Ferner sei $f(z) = u + iv$ eine gegebene analytische Funktion von z. Dann setzen wir als Definition fest:

$$\int_{\mathfrak{L}} f(z) \, \mathrm{d}z = \int_{t_0}^{t_1} f\big(z(t)\big) \frac{\mathrm{d}z}{\mathrm{d}t} \, \mathrm{d}t \tag{3.20}$$

und haben ein Integral der in (3.17) definierten Gestalt erhalten, sodass wir wegen

$$f \frac{\mathrm{d}z}{\mathrm{d}t} = (u + iv)\Big(\frac{\mathrm{d}x}{\mathrm{d}t} + i\frac{\mathrm{d}y}{\mathrm{d}t}\Big) = \Big(u\frac{\mathrm{d}x}{\mathrm{d}t} - v\frac{\mathrm{d}y}{\mathrm{d}t}\Big) + i\Big(v\frac{\mathrm{d}x}{\mathrm{d}t} + u\frac{\mathrm{d}y}{\mathrm{d}t}\Big)$$

weiter schreiben können:

$$\int_{\mathfrak{L}} f(z) \, \mathrm{d}z = \int_{t_0}^{t_1} \Big(u\frac{\mathrm{d}x}{\mathrm{d}t} - v\frac{\mathrm{d}y}{\mathrm{d}t}\Big) \, \mathrm{d}t + i \int_{t_0}^{t_1} \Big(v\frac{\mathrm{d}x}{\mathrm{d}t} + u\frac{\mathrm{d}y}{\mathrm{d}t}\Big) \, \mathrm{d}t.$$

Daraus endlich erhalten wir, wenn wir (3.9) einführen:

$$\int_{\mathfrak{L}} f(z) \, \mathrm{d}z = \int_{\mathfrak{L}} (u \, \mathrm{d}x - v \, \mathrm{d}y) + i \int_{\mathfrak{L}} (v \, \mathrm{d}x + u \, \mathrm{d}y). \tag{3.21}$$

Aus unserer Definitionsgleichung (3.20) geht zugleich hervor, dass hier wieder die Wahl des Parameters t willkürlich ist; man braucht bloß (3.18) auf die rechte Seite von (3.20) anzuwenden und erkennt die Richtigkeit dieser Behauptung unmittelbar.

Ist die Kurve $\mathfrak{L}$ wie in (3.10) in normierter Form gegeben, so erhalten wir

$$\int_{\mathfrak{L}} f(z) \, \mathrm{d}z = \int_0^l f\big(z(s)\big) \frac{\mathrm{d}z}{\mathrm{d}s} \, \mathrm{d}s.$$

Aus dieser Darstellung folgt wegen

$$\left| \frac{\mathrm{d}z}{\mathrm{d}s} \right| = \sqrt{\Big(\frac{\mathrm{d}x}{\mathrm{d}s}\Big)^2 + \Big(\frac{\mathrm{d}y}{\mathrm{d}s}\Big)^2} = 1,$$

dass auch hier ein Mittelwertsatz gilt (wir benutzen (3.19)):

$$\left| \int_{\mathfrak{L}} f(z) \, \mathrm{d}z \right| \leq M \cdot l, \qquad \text{wobei } M \geq \big| f\big(z(s)\big) \big| \text{ ist für } 0 \leq s \leq l. \tag{3.22}$$

Wir wollen nun noch den Begriff der partiellen Integration im Komplexen erläutern, und halten uns dabei zunächst noch einmal an ein Integral der Form (3.17). Wir wollen also zwischen den Grenzen t_0 und t_1 – die wir nicht besonders dazuschreiben wollen – ein Integral betrachten: $\int f(t) \cdot g'(t) \, \mathrm{d}t$, wobei f und g komplexe Funktionen des reellen Arguments sind:

$$f(t) = u + iv, \qquad g(t) = r + is, \qquad g'(t) = r' + is'.$$

Es wird $f(t)g'(t) = ur' - vs' + \mathrm{i}(vr' + us')$. Nun wenden wir die Definition an, formen die auftretenden gewöhnlichen Integrale durch partielle Integration um, und fassen zuletzt wieder durch umgekehrte Anwendung von Real- und Imaginärteil zusammen:

$$\int f(t)g'(t) = \int (ur' - vs')\,\mathrm{d}t + \mathrm{i}\int (vr' + us')\,\mathrm{d}t$$

$$= ur - vs - \int (ru' - sv')\,\mathrm{d}t + \mathrm{i}(vr + us) - \mathrm{i}\int (rv' + su')\,\mathrm{d}t$$

$$= r(u + \mathrm{i}v) + \mathrm{i}s\big((u - v/\mathrm{i})\big) - \int \big(r(u' + \mathrm{i}v') + \mathrm{i}s(u' - v'/\mathrm{i})\big)\,\mathrm{d}t$$

$$= (u + \mathrm{i}v)(r + \mathrm{i}s) - \int (r + \mathrm{i}s)(u' + \mathrm{i}v')\,\mathrm{d}t.$$

Also

$$\int f(t) \cdot g'(t)\,\mathrm{d}t = f(t)g(t) - \int g(t) \cdot f'(t)\,\mathrm{d}t. \qquad (3.23)$$

Nunmehr ist es leicht, zu dem allgemeineren Integral (3.20) überzugehen. Durch Anwendung seiner Definition erhalten wir, wenn f und g jetzt analytische Funktionen von z sind:

$$\int_{\mathfrak{L}} f(z)g'(z)\,\mathrm{d}z = \int_{t_0}^{t_1} f(z(t))\left(\frac{\mathrm{d}g(z)}{\mathrm{d}z}\right)_{z=z(t)}\frac{\mathrm{d}z}{\mathrm{d}t}\,\mathrm{d}t = \int_{t_0}^{t_1} f(z(t))\frac{\mathrm{d}g(z(t))}{\mathrm{d}t}\,\mathrm{d}t$$

und wenn wir hierauf (3.23) anwenden:

$$\int_{\mathfrak{L}} f(z)g'(z)\,\mathrm{d}z = \Big(f(z(t)) \cdot g(z(t))\Big)_{t_0}^{t_1} - \int_{t_0}^{t_1} g(z(t))\frac{\mathrm{d}f(z(t))}{\mathrm{d}t}\,\mathrm{d}t$$

$$= (f \cdot g)_{t_0}^{t_1} - \int_{t_0}^{t_1}\left(g(z)\frac{\mathrm{d}f(z)}{\mathrm{d}z}\right)_{z=z(t)}\frac{\mathrm{d}z}{\mathrm{d}t}\,\mathrm{d}t,$$

woraus durch Anwendung wieder von (3.20) resultiert:

$$\int_{\mathfrak{L}} f(z)g'(z)\,\mathrm{d}z = (f \cdot g)_{t=t_0}^{t=t_1} - \int_{\mathfrak{L}} g(z)f'(z)\,\mathrm{d}z. \qquad (3.24)$$

Nehmen wir speziell $f = 1$, sodass $f' = 0$ ist, so wird:

$$\int_{\mathfrak{L}} g'(z)\,\mathrm{d}z = g(z_1) - g(z_0). \qquad (3.25)$$

Insbesondere folgt hieraus, da für eine geschlossene Kurve $g(z_0)$ und $g(z_1)$ zusammenfallen, dass das Integral über eine geschlossene Kurve Null ist, oder genauer:

Satz 3.26. *Ist $\varphi(z)$ eine analytische Funktion, die sich darstellen lässt als Ableitung einer regulär analytischen Funktion $\Phi(z)$, so ist das Integral von $\varphi(z)$, genommen über eine geschlossene Kurve, Null:*

$$\oint \varphi(z)\,\mathrm{d}z = 0.$$

Das ist fast der *Cauchysche Integralsatz*, der aber über die Funktion φ weit geringere Voraussetzungen macht. Bei dessen exakter Formulierung sind allerdings *noch gewisse Einschränkungen betreffs des Definitionsgebietes* zu machen, ohne die in (3.25) für $z_1 = z_0$ nicht der Schluss $g(z_1) = g(z_0)$ gemacht werden kann. Wir werden uns im nächsten Paragraphen von einem anderen Ausgangspunkt her mit dem Satze genauer beschäftigen.

Zunächst sei nur noch erwähnt, dass die *Substitution der komplexen Variablen z wie im Reellen* vor sich geht. Dies bedeutet hier Folgendes. Es sei $w = w(z)$ eine analytische Funktion, die ein Gebiet G der z-Ebene umkehrbar eindeutig und konform auf ein Gebiet H der w-Ebene abbildet. Ist $\mathfrak{L}_z$ eine durch $z = z(t)$ definierte Kurve in G, so ist die Bildkurve $\mathfrak{L}_w$ in H gegeben durch $w = w(z(t))$. Dabei variiert der Parameter t in einem Intervall $t_0 \leq t \leq t_1$.

Dann wird behauptet, dass die Relation gilt:

$$\int_{\mathfrak{L}_z} \Phi(w(z)) \frac{\mathrm{d}w}{\mathrm{d}z}\,\mathrm{d}z = \int_{\mathfrak{L}_w} \Phi(w)\,\mathrm{d}w, \tag{3.27}$$

wobei $\Phi(w)$ eine analytische Funktion von w bedeutet.

Zum Beweise braucht man bloß auf die Definition (3.20) zurückzugehen, der zufolge die Gleichung einfach besagt:

$$\int_{t_0}^{t_1} \Phi\left(w(z(t))\right) \left(\frac{\mathrm{d}w(z(t))}{\mathrm{d}z}\right)_{z=z(t)} \frac{\mathrm{d}z}{\mathrm{d}t}\,\mathrm{d}t = \int_{t_0}^{t_1} \Phi\left(w(z(t))\right) \frac{\mathrm{d}w(z(t))}{\mathrm{d}t}\,\mathrm{d}t,$$

und hier stimmen die Integranden in der Tat nach der Formel (2.44) überein.

3.3 Erster Beweis des Cauchyschen Integralsatzes

Es handelt sich darum, zu zeigen, dass das Integral einer beliebigen, regulär analytischen Funktion über eine geschlossene Kurve $\mathfrak{L}$ unter gewissen Einschränkungen betreffs des Gebietes, die der Beweis ergeben wird, Null ist:

$$\oint_{\mathfrak{L}} f(z)\,\mathrm{d}z = 0. \tag{3.28}$$

Diese Behauptung lässt sich auch so ausdrücken, dass das Integral unabhängig ist vom Weg, auf dem man vom Anfangs- nach dem Endpunkt integriert, also eine reine Ortsfunktion ist.

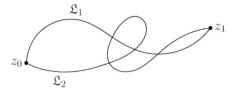

Denn sind $\mathfrak{L}_1$ und $\mathfrak{L}_2$ zwei Verbindungs-
kurven des Anfangspunktes z_0 und des
Endpunktes z_1, so bilden, wenn wir die
im umgekehrten Sinne durchlaufene
Kurve $\mathfrak{L}_2$, die nach der Definition (3.9)
von Seite 145 einen entgegengesetzten
Integralwert liefert, mit $-\mathfrak{L}_2$ bezeichnen, die Kurven $\mathfrak{L}_1$ und $-\mathfrak{L}_2$ zusammen eine
geschlossene Kurve $\mathfrak{L}$, sodass wir für die linke Seite der obigen Gleichung schreiben
können:

$$\int_{\mathfrak{L}} f(z)\,\mathrm{d}z = \int_{\mathfrak{L}_1-\mathfrak{L}_2} f(z)\,\mathrm{d}z = \int_{\mathfrak{L}_1} f(z)\,\mathrm{d}z - \int_{\mathfrak{L}_2} f(z)\,\mathrm{d}z$$

So erkennt man, dass die Behauptung des Verschwindens des längs einer geschlossenen Kurve genommenen Integrals und die Behauptung der Unabhängigkeit vom
Wege völlig äquivalent ist.

Um zunächst einen Einblick in den Gedankengang des folgenden Beweises
zu gewinnen, knüpfen wir wieder an die Theorie der Flüssigkeitsströmung an. Die
Komponenten des Geschwindigkeitsvektors $\vec{w}$ seien wieder bezeichnet als $\vec{w}_x = u$
und $\vec{w}_y = -v$. Dann wollen wir die Inkompressibilität der Flüssigkeit, das heißt,
das Bestehen der ersten Cauchy-Riemannschen Differentialgleichung voraussetzen:

$$\frac{\partial u}{\partial x} = \frac{\partial v}{\partial y}$$

Indem wir bedenken, dass diese Gleichung die Inkompressibilität bedeutet, wollen
wir mittels der physikalischen Anschauung schließen, dass über den Rand einer beliebigen geschlossenen Kurve hiernach in irgendeinem Zeitmoment gleich viel Flüssigkeit in den umschlossenen Bereich ein- und austritt, oder wie wir bei Beachtung
der Vorzeichen sagen können, dass in jedem Zeitmoment über eine geschlossene
Kurve die Flüssigkeitsmenge Null tritt. Dabei werden wir dazu geführt, *die Kurve
als sich nicht selbst überschneidend vorauszusetzen*, und an dieser Einschränkung
wollen wir zunächst auch festhalten. Unsere aus der Tatsache der Inkompressibilität entnommene Aussage haben wir jetzt einfach analytisch zu formulieren.

Die Kurve sei in der normierten Form $x = x(s)$, $y = y(s)$ gegeben. Wir ziehen
in einem Kurvenpunkte den Vektor $\vec{w}$, die Kurventangente und Kurvennormale.
Wenn wir die Dichte der Flüssigkeit an jeder Stelle gleich 1 nehmen, so wird die
in dem betrachteten Punkte über die Kurve übertretende Flüssigkeitsmenge gegeben durch die Normalkomponente $\vec{w}_\nu$. Insgesamt tritt in diesem Zeitmoment pro
Zeiteinheit über die geschlossene Kurve $\mathfrak{L}$ von der Länge l die Flüssigkeitsmenge
$\int_0^l \vec{w}_\nu\,\mathrm{d}s$. Dabei ist $\vec{w}_\nu$ auf dem Rande $\mathfrak{L}$ des umschlossenen Bereichs als Funktion von s allein ausgedrückt zu denken, indem wir $x = x(s)$ und $y = y(s)$ in
$\vec{w} = \vec{w}(x, y, t_0)$ einsetzen.

Die Komponenten einer auf der Tangente abgetragenen Einheitsstrecke sind
$\frac{\mathrm{d}x}{\mathrm{d}s}$ und $\frac{\mathrm{d}y}{\mathrm{d}s}$, daher sind die Komponenten einer auf der Normalen abgetragenen
Einheitsstrecke $\frac{\mathrm{d}y}{\mathrm{d}s}$ und $-\frac{\mathrm{d}x}{\mathrm{d}s}$ (Abbildung 3.2). Die Komponenten des Vektors $\vec{w}$

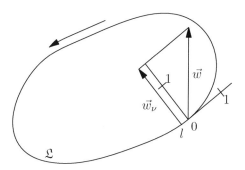

Abbildung 3.2: Normalenvektoren

waren u und $-v$. Folglich ist die Projektion $\vec{w}_\nu$ von $\vec{w}$ auf die Normale als inneres Produkt von $\vec{w}$ und der auf der Normalen abgetragenen Einheitsstrecke

$$\vec{w}_\nu = u \frac{\mathrm{d}y}{\mathrm{d}s} + v \frac{\mathrm{d}x}{\mathrm{d}s},$$

sodass wir das die Flüssigkeitsmenge bildende Integral auch in der Form

$$\int_0^l \left(u \frac{\mathrm{d}y}{\mathrm{d}s}\, \mathrm{d}s + v \frac{\mathrm{d}x}{\mathrm{d}s}\, \mathrm{d}s \right)$$

schreiben können, oder endlich als Kurvenintegral

$$\int_{\mathfrak{L}} \left(u\, \mathrm{d}y + v\, \mathrm{d}x \right).$$

Die Inkompressibilitätsbedingung lautet demnach

$$\int_{\mathfrak{L}} \left(u\, \mathrm{d}y + v\, \mathrm{d}x \right) = 0. \tag{3.29}$$

Dies haben wir unter Benutzung der physikalischen Anschauung als Folge der ersten Cauchy-Riemannschen Differentialgleichung erkannt. Setzen wir in der bei der vorausgesetzten Analytizität von $f(z)$ auch geltenden zweiten Cauchy-Riemannschen Gleichung

$$\frac{\partial v}{\partial x} = -\frac{\partial u}{\partial y}$$

$v = u^*$ und $-u = v^*$ ein, so nimmt sie die Gestalt der ersten Cauchy-Riemannschen Differentialgleichung an, und es folgt in derselben Weise

$$\int_{\mathfrak{L}} \left(u^*\, \mathrm{d}y + v^*\, \mathrm{d}x \right) = 0 \qquad \text{oder} \qquad \int_{\mathfrak{L}} \left(v\, \mathrm{d}y - u\, \mathrm{d}x \right) = 0. \tag{3.30}$$

Es ist aber nach Formel (3.21) des vorigen Paragraphen (Seite 149)

$$\int_{\mathfrak{L}} f(z)\,dz = \int_{\mathfrak{L}} \big(u\,dx - v\,dy\big) + \mathrm{i}\int_{\mathfrak{L}} \big(u\,dy + v\,dx\big), \qquad (3.31)$$

und (3.29) und (3.30) besagt, dass Real- und Imaginärteil verschwinden, sodass für eine geschlossene, sich nicht überschneidende Kurve $\mathfrak{L}$ bewiesen ist:

$$\oint_{\mathfrak{L}} f(z)\,dz = 0.$$

Also kommt der rein mathematische Beweis des Cauchyschen Integralsatzes darauf hinaus, noch streng zu zeigen, dass aus dem Bestehen der ersten Cauchy-Riemannschen Differentialgleichung Gleichung (3.29) folgt. Dabei erinnern wir uns zunächst noch, dass wir als Flüssigkeitsmenge, die in einem gewissen Zeitmoment pro Zeiteinheit in das Rechteck in Abbildung 3.3 bei der Dichte ϱ tritt, gefunden

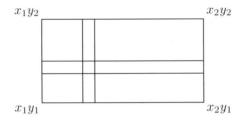

Abbildung 3.3: Rechteck

hatten (Satz 2.19):

$$\int_{y_1}^{y_2} \big(u(x_1, y) - u(x_2, y)\big)\,dy + \int_{x_1}^{x_2} \big(v(x, y_2) - v(x, y_1)\big)\,dx,$$

was wir jetzt als Kurvenintegral schreiben können:

$$\cdots = -\int_{\mathfrak{R}} u\,dy + v\,dx,$$

integriert über den Rand $\mathfrak{R}$ des Rechtecks.[2] Dies haben wir früher in ein Doppelintegral verwandelt:

$$\cdots = -\int_{y_1}^{y_2} \int_{x_1}^{x_2} \left(\frac{\partial u}{\partial x} - \frac{\partial v}{\partial y}\right) dx\,dy.$$

Dabei vereinigten wir immer zwei Integralelemente, die durch Parallelen zur x- beziehungsweise y-Achse ausgeschnitten wurden. Dieselben Ausdrücke können wir für irgendwelche geschlossenen Kurven bilden.

---

[2]Der Rand des Rechtecks wird im Gegenuhrzeigersinn orientiert.

Um die früheren Betrachtungen übertragen zu können, werden wir vorläufig noch voraussetzen, dass die vorliegende geschlossene Kurve sich nicht selbst überschneidet und überdies von den Parallelen zur x- wie zur y-Achse immer nur in zwei Punkten geschnitten wird, eine Beschränkung, die wir bald wieder werden beseitigen können. Wir denken uns eine Schar von Parallelen zur y-Achse gezogen. Die äußersten, die die gegebene Kurve $\mathfrak{L}$ gerade noch berühren, seien $x = a$ und $x = A$ mit $A > a$; und zwar mögen die Ordinaten der Berührungspunkte b beziehungsweise B sein (siehe Abbildung 3.4). Der Weg $\mathfrak{L}$ wird durch diese Punkte in

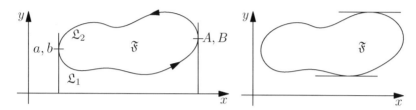

Abbildung 3.4: Zum Beweis der Gaußschen Integralformel

zwei Teile $\mathfrak{L}_1$ und $\mathfrak{L}_2$ zerlegt, die jeweils die Gleichungen $y = f_1(x)$ und $y = f_2(x)$ haben mögen. Wir bilden

$$\int_{\mathfrak{L}_1} v \, dx = \int_a^A v(x, f_1(x)) \, dx; \qquad \int_{\mathfrak{L}_2} v \, dx = - \int_a^A v(x, f_2(x)) \, dx.$$

Das würde die Flüssigkeitsmenge darstellen, die über die Kurve $\mathfrak{L}_1$, beziehungsweise $\mathfrak{L}_2$ tritt, wenn nur die y-Komponente von $\vec{w}$ wirksam ist. Indem wir die übereinanderliegenden Wegelemente zusammenfassen, erhalten wir (als Ausdruck für die über $\mathfrak{L}$ tretende Flüssigkeitsmenge):

$$\int_{\mathfrak{L}} v \, dx = \int_a^A \Big(v\big(x, f_1(x)\big) - v\big(x, f_2(x)\big) \Big) \, dx$$

$$= - \int_a^A \int_{f_1(x)}^{f_2(x)} \frac{\partial v}{\partial y} \, dy \, dx = - \iint_{\mathfrak{F}} \frac{\partial v}{\partial y} \, dy \, dx, \quad (3.32)$$

indem wir den Integranden passend umformen.

Durch dieselben Schlüsse erhalten wir

$$\int_{\mathfrak{L}} u \, dy = + \iint_{\mathfrak{F}} \frac{\partial u}{\partial x} \, dx \, dy. \qquad (3.33)$$

und fassen (3.32) und (3.33) zusammen zur *Gaußschen Formel*:

$$\int_{\mathfrak{L}} v \, dx + u \, dy = \iint_{\mathfrak{F}} \left(\frac{\partial u}{\partial x} - \frac{\partial v}{\partial y} \right) dx \, dy. \qquad (3.34)$$

Dabei bedeutet $\mathfrak{F}$ überall die von $\mathfrak{L}$ umschlossene Fläche (siehe Abbildung 3.4).

Da beim Bestehen der ersten Cauchy-Riemannschen Differentialgleichung der Integrand dieses Doppelintegrals verschwindet, ist hiernach (3.29) bewiesen und damit zugleich (3.30), also zufolge (3.31) auch (3.28). Freilich haben wir uns dabei noch mancherlei Beschränkung auferlegt, die wir implizit gemacht haben, damit unsere Schlüsse berechtigt sind.

Eine bereits erwähnte Einschränkung können wir sogleich abstreifen. Wenn nämlich die Kurve $\mathfrak{L}$ von den genannten Parallelen zu den Achsen nicht bloß in je zwei Punkten, sondern nur wenigstens bloß in einer beschränkten Anzahl von Punkten getroffen wird, dann zerlegen wir die durch die Kurve umschlossene Fläche in solche Flächenstücke, dass die Begrenzung eines jeden von diesen Parallelen nur in je zwei Punkten geschnitten wird, und wenden auf jedes der einzelnen Flächenstücke dieselben Betrachtungen an. Jeder von diesen endlich vielen Summanden wird nach (3.34) wegen des Bestehens der ersten Cauchy-Riemannschen Differenzialgleichung Null, und die Summe schließt sich zum Kurvenintegral längs $\mathfrak{L}$ zusammen, weil die eingeschalteten Stücke je zweimal im entgegengesetzten Sinne durchlaufen werden.

Wenn der Rand allerdings noch komplizierter ist, ist dieser Beweis kaum noch zu halten. Wir wollen hierauf nicht eingehen, da wir später ohnehin einen strengeren Beweis geben werden. Doch wir fragen noch, wie es sich mit der Richtigkeit des Beweises verhält, wenn die Kurve $\mathfrak{L}$ sich selbst überschneidet. Die physikalische Bedeutung geht hier allerdings verloren. Aber dass der Cauchysche Satz gültig bleibt, erkennen wir, wenn wir die geschlossene, sich überschneidende Kurve in einzelne Stücke zerlegen, die geschlossen sind und sich nicht selbst überschneiden, sodass wir auf jedes einzelne dieser Kurvenintegrale den Cauchyschen Satz in der bewiesenen Gestalt anwenden können.

Zum Beispiel können wir das für die erste Kurve in Abbildung 3.5 durch eine Zerschneidung in zwei Stücke erreichen, indem wir von z_0 bis 1 längs $\mathfrak{L}_1$ und von 1 bis z_0 zurück längs $\mathfrak{L}_2$ gehen, dann von 1 bis z_1 längs $\mathfrak{L}_1$ und von z_1 längs $\mathfrak{L}_2$ nach 1 zurück. Oder statt 1 können wir einen der Punkte 2 oder 3 gerade so verwenden. Kompliziertere Zerlegungen bei derselben Figur erhielten wir, wenn wir zum Beispiel von z_0 bis 2 längs $\mathfrak{L}_1$ und zurück längs $\mathfrak{L}_2$, von 2 bis 3 längs $\mathfrak{L}_1$ und zurück längs $\mathfrak{L}_2$, von 3 bis z_1 längs $\mathfrak{L}_1$ und zurück längs $\mathfrak{L}_2$ laufen. Dabei ist das Stück von 2 bis 3 von $\mathfrak{L}_2$ zweimal in richtigem und einmal in entgegengesetztem Sinne durchlaufen. Bei Beachtung der Vorzeichen bekommen wir immer beim Zusammensetzen dasselbe richtige Resultat.

Für die zweite Kurve in Abbildung 3.5 brauchen wir unbedingt eine Zerlegung in drei Stücke und finden aus

$$\int_{\mathfrak{L}_1^{(1)}} = \int_{\mathfrak{L}_2^{(1)}}, \quad \int_{\mathfrak{L}_1^{(2)}} = \int_{\mathfrak{L}_2^{(2)}}, \quad \int_{\mathfrak{L}_1^{(3)}} = \int_{\mathfrak{L}_2^{(3)}} \quad \text{durch Addition} \quad \int_{\mathfrak{L}_1} = \int_{\mathfrak{L}_2}.$$

Dieses Beispiel zeigt zugleich, dass man den Beweis nicht etwa so führen kann, dass man eine Hilfskurve einführt, die z_0 und z_1 verbindet ohne $\mathfrak{L}$ zu schneiden, denn hier gibt es ja gar keine Kurve, die weder $\mathfrak{L}_1$ noch $\mathfrak{L}_2$ schneidet, zwischen den

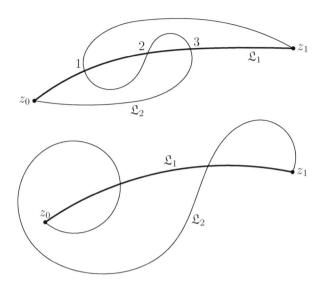

Abbildung 3.5: Zwei sich selbst schneidende Kurven

Punkten z_0 und z_1. (Dieser Fehler findet sich bei Osgood.) Doch wollen wir bei diesen in die *Analysis situs* gehörigen Betrachtungen nicht verweilen. Es sei nur noch bemerkt, dass unser Beweis insofern recht unbefriedigend ist, als es überhaupt gar nicht einmal leicht ist, den Kurvenbegriff durch eine scharfe Definition so einzuschränken, dass unter ihn nur solche Kurven fallen, die sich nur an endlich vielen Stellen überschneiden. Jedenfalls dass der Cauchysche Satz die Erweiterung auf Kurven, die sich in endlich vielen Punkten überschneiden, bei unserem Beweise zulässt, ist bereits recht wesentlich.

Zunächst sei noch bemerkt, dass wir außer den beiden bisher behandelten Einschränkungen, von denen wir uns hier nach Möglichkeit zu befreien gesucht haben, noch *eine Einschränkung stets stillschweigend gemacht haben, die das Gebiet betrifft* und an der wir werden festhalten müssen. Deshalb wird noch einmal auf einen in die *Analysis situs* gehörigen Gegenstand zurückzukommen sein. Zuvor wollen wir aber noch von einer anderen Seite her den Cauchyschen Integralsatz betrachten.

Wenn $f(z)$ die Ableitung einer analytischen Funktion $F(z)$ ist, so gilt der Cauchysche Integralsatz selbstverständlich, wie bereits früher in Gleichung (3.25) bemerkt wurde. Wir wollen nun zeigen, dass auch *umgekehrt* durch den Cauchyschen Integralsatz die Existenz des Integrals einer analytischen Funktion gesichert wird.

Ist nämlich $f(z)$ eine vorgegebene analytische Funktion, dann *definiere* ich eine Funktion

$$F(z) = \int_{z_0}^{z} f(\zeta)\,d\zeta \tag{3.35}$$

wo das Integral von einem festen Punkte z_0 zu einem festen Punkte z längs eines beliebigen, dem Definitionsbereich von $f(z)$ angehörenden Weges zu erstrecken ist. Eine solche Funktion $F(z)$ gibt es, da nach dem Cauchyschen Integralsatz der Wert dieses Integrals von der speziellen Wahl der Verbindungskurve unabhängig ist, sodass die Definition (3.35) einen guten Sinn hat.

Nun behaupte ich, $f(z)$ sei die Ableitung von $F(z)$. Um dies zu beweisen, denke ich mir in der Nachbarschaft eines Punktes z des Definitionsgebietes G von $f(z)$ einen gleichfalls G angehörigen Punkt $z + \Delta z$, der mit z durch eine ganz in G liegende Kurve verbunden ist. Das ist immer möglich, weil ein Gebiet nur aus inneren Punkten besteht (Seite 63). Als Verbindungskurve von z und $z + \Delta z$ wähle ich besonders bequem die Gerade (siehe Abbildung 3.6).

Abbildung 3.6: Wege von z_0 nach z und $z + \Delta z$

Nun bilde ich

$$F(z + \Delta z) = \int_{z_0}^{z+\Delta z} f(\zeta)\, d\zeta = \int_{z_0}^{z} f(\zeta)\, d\zeta + \int_{z}^{z+\Delta z} f(\zeta)\, d\zeta.$$

Es folgt

$$F(z+\Delta z) - F(z) = \int_{z}^{z+\Delta z} f(\zeta)\, d\zeta, \qquad \frac{F(z+\Delta z) - F(z)}{\Delta z} = \frac{1}{\Delta z} \int_{z}^{z+\Delta z} f(\zeta)\, d\zeta.$$

Also wird

$$\frac{F(z+\Delta z) - F(z)}{\Delta z} - f(z) = \frac{1}{\Delta z}\left(\int_{z}^{z+\Delta z} f(\zeta)\, d\zeta - f(z)\Delta z \right)$$

$$= \frac{1}{\Delta z} \int_{z}^{z+\Delta z} \big(f(\zeta) - f(z)\big)\, d\zeta,$$

da $\Delta z = \int_{z}^{z+\Delta z} d\zeta$ ist und man das von ζ unabhängige Glied $f(z)$ unter das Integralzeichen setzen darf.

Ist ε eine beliebig klein vorgegebene weitere Größe, dann kann ich um z ein kleines Gebiet so abgrenzen, dass darin $|f(\zeta) - f(z)| < \varepsilon$ wird.

Dann folgt nach dem Mittelwertsatz (3.22) von Seite 149:

$$\left| \int_{z}^{z+\Delta z} \big(f(\zeta) - f(z)\big)\, d\zeta \right| < \varepsilon \cdot \Delta z,$$

da dieses Integral über einen geradlinigen Weg erstreckt wird. Daraus folgt

$$\left| \frac{F(z + \Delta z) - F(z)}{\Delta z} - f(z) \right| < \varepsilon,$$

das heißt,

$$f(z) = \lim \frac{F(z + \Delta z) - F(z)}{\Delta z}.$$

Damit ist bewiesen, dass die in (3.35) definierte Funktion $F(z)$ die Funktion $f(z)$ zur Ableitung hat.

Da wir so zu jeder Funktion $f(z)$ ein $F(z)$ konstruieren können, hat jede regulär analytische Funktion in der Tat ein Integral. Allerdings haben wir dies unter Voraussetzung des Cauchyschen Integralsatzes abgeleitet, und wollen nun noch genauer betrachten, unter welchen Voraussetzungen er seinerseits gilt. Jedenfalls haben wir hier aus ihm ein Resultat abgeleitet, aus dem er selbst rückwärts unmittelbar folgt, sodass wir berechtigt sind, das neue Ergebnis geradezu als zweite Fassung des Cauchyschen Integralsatzes auszusprechen.

Nun aber müssen wir, um den Satz wirklich formulieren zu können, auf die bereits angekündigte Einschränkung zu sprechen kommen, die das Gebiet betrifft. Wir hatten uns beim Beweise wesentlich auf die Gaußsche Formel (3.34) gestützt, in der ein Doppelintegral auftritt; in ein solches war das Kurvenintegral verwandelt worden. Es musste dabei über das von der geschlossenen Kurve umgrenzte Gebiet integriert werden. Folglich müssen wir voraussetzen, dass überall im Inneren des von der betrachteten geschlossenen Kurve umgrenzten Gebietes die Funktion $f(z)$ regulär analytisch ist. Sonst hätten wir all unsere Schlüsse nicht machen können.

Ein solches von einer geschlossenen Kurve umgrenztes, also zunächst einmal zusammenhängendes Gebiet (Seite 64), dem alle Punkte im Inneren dieses Bereiches angehören, heißt *einfach zusammenhängend.*

Hiernach ist zum Beispiel eine Kreisfläche einfach zusammenhängend, nicht dagegen ein Kreisring oder ein Kreis mit Ausschluss etwa seines Mittelpunktes. Letzteres sind zwar zusammenhängende, aber nicht einfach zusammenhängende Gebiete.

Unter der Voraussetzung, dass das Gebiet, in dem die Funktion $f(z)$ als regulär analytisch definiert ist, einfach zusammenhängend ist, gilt der Cauchysche Integralsatz.

Diese nun aber hinreichende Einschränkung ist sehr wesentlich. Dass sie durchaus notwendig ist für die Gültigkeit des Cauchyschen Integralsatzes, beweist das folgende Beispiel.

Die Funktion $\frac{1}{z}$ ist regulär analytisch in einem Gebiete, das wir uns begrenzt denken sollen durch einen Kreis um den Nullpunkt und einen zweiten, beliebig kleinen Kreis um Null (siehe Abbildung 3.7). Dieses Gebiet ist zusammenhängend, aber nicht einfach zusammenhängend. Wir denken uns nun im Innern dieses Gebietes einen Kreis $\mathfrak{L}$ um Null vom Radius a, dessen Gleichung wir in der Form

$z = ae^{\varphi\mathrm{i}}$ schreiben, sodass $\frac{\mathrm{d}z}{\mathrm{d}\varphi} = a\mathrm{i}e^{\mathrm{i}\varphi}$ ist. Nun bilden wir

$$\int_{\mathfrak{L}} \frac{\mathrm{d}z}{z} = \int_0^{2\pi} \frac{1}{ae^{\mathrm{i}\varphi}} a\mathrm{i}e^{\mathrm{i}\varphi}\,\mathrm{d}\varphi = \mathrm{i}\int_0^{2\pi} \mathrm{d}\varphi = 2\pi\mathrm{i}.$$

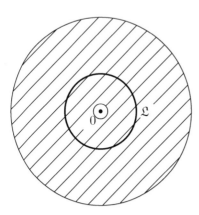

Abbildung 3.7: Im gestrichelten Gebiet ist $1/z$ regulär analytisch.

Also ist hier das Integral, genommen über eine geschlossene Kurve, nicht Null. Da sehen wir die Notwendigkeit der Einschränkung, die wir gemacht haben. Das Gebiet wird hier einfach zusammenhängend, wenn wir es aufschneiden längs der negativ reellen Achse etwa, mit Einschluss des Nullpunktes natürlich (siehe Abbildung 3.8). In diesem Gebiet wird dann $\int_{z_0}^z \frac{1}{\zeta}\,\mathrm{d}\zeta$ eine Ortsfunktion, und dies könnte man auch als Definition des Logarithmus verwenden. An den Stellen des Schnittes, die ja auszuschließen sind, bekäme man dann um $2\pi\mathrm{i}$ abweichende Werte. Man kann gewissermaßen von einer Formwirkung des Punktes Null sprechen. Die Gründe dieses Verhaltens werden wir später kennen lernen.

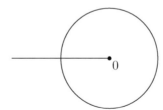

Abbildung 3.8: Längs der negativen reellen Achse aufgeschnittene Ebene

Ehe wir den Cauchyschen Satz aussprechen, sei bloß noch erwähnt, dass wir hier oft von einem Inneren einer Kurve sprachen. Das durften wir, weil der *Jordansche Satz* gilt: Jede doppelpunktlose und geschlossene Kurve (darin liegt unter anderem der Begriff der Stetigkeit) teilt die Ebene in zwei Gebiete, ein Inneres und ein Äußeres. Gebraucht würde für unseren Beweis übrigens nur der Jordansche Satz für Polygone.

Unser Ergebnis können wir so formulieren:

Satz 3.36 (Cauchyscher Integralsatz). *Ist in einem einfach zusammenhängenden Gebiet G eine regulär analytische Funktion gegeben, so ist*

1. $\oint_{\mathfrak{L}} f(z)\,\mathrm{d}z = 0$, *wobei $\mathfrak{L}$ eine ganz in G liegende geschlossene Kurve bedeutet;*

2. *es existiert eine regulär analytische Funktion $F(z)$, für die $F'(z) = f(z)$ ist.*

Dabei waren für die Kurve $\mathfrak{L}$ noch die Einschränkungen zu machen, dass sie sich nicht unendlich oft überschneidet und von den Parallelen zu den Koordinatenachsen nur stets in einer endlichen Anzahl von Punkten getroffen wird.

Die letzten Zusätze sind misslich. Überdies mussten wir im Beweise einen Übergang von einem doppelten Integral zu einem Doppelintegral machen, und ein strenger Nachweis von deren Identität ist ziemlich mühsam. Unser erster Beweis ist also ziemlich unbefriedigend, und ist wesentlich von Interesse eigentlich wegen seiner Anlehnung an physikalische Betrachtungen. Später werden wir einen anderen strengeren Beweis führen, der sogar einfacher ist als dieser und der auch die Einschränkungen in Satz 3.36 entfernt.

Nun wollen wir an den Cauchyschen Integralsatz einige *Bemerkungen* anknüpfen.

Wir wollen die Verbindung der beiden äquivalenten Aussagen des Cauchyschen Satzes noch von einer anderen Seite her betrachten. Wenn wir in der in G analytischen Funktion $f(z) = u + iv$ Real- und Imaginärteil trennen, dann wissen wir, dass aus der ersten Cauchy-Riemannschen Differentialgleichung $\frac{\partial u}{\partial x} = \frac{\partial v}{\partial y}$ sich $\int_{\mathfrak{L}} u \, dy + v \, dx = 0$ ergibt. Darauf hatten wir im Wesentlichen unseren Beweis gegründet.

Durch

$$\int_{x_0,y_0}^{x,y} \left(u \, dy + v \, dx \right) = V$$

können wir dann eine Funktion V definieren, das heißt, wenn $\frac{\partial u}{\partial x} = \frac{\partial v}{\partial y}$ ist, dann gibt es ein V, für das

$$\frac{\partial V}{\partial y} = u, \qquad \frac{\partial V}{\partial x} = v \tag{3.37}$$

ist. Und gibt es umgekehrt eine Funktion V mit diesen Eigenschaften, dann folgt $\frac{\partial u}{\partial x} = \frac{\partial v}{\partial y}$. *Das Bestehen dieser Gleichung ist also notwendig und hinreichend für das Bestehen einer derartigen Funktion $V = V(x, y)$.*

In der Tat ist dies ja die bekannte Bedingung dafür, dass $u \, dy + v \, dx$ ein vollständiges Differential ist. Von $u \, dx - v \, dy$ ausgehend, erkennen wir ebenso $\frac{\partial v}{\partial x} = -\frac{\partial u}{\partial y}$ als notwendige und hinreichende Bedingung für die Existenz einer analytischen Funktion U, für die

$$\frac{\partial U}{\partial x} = u, \qquad -\frac{\partial U}{\partial y} = v \tag{3.38}$$

ist. $F = U + iV$ ist dann regulär analytisch und hat $f(z)$ zur Ableitung (siehe (3.21)). So ergibt sich besonders einfach die zweite aus der ersten Fassung des Cauchyschen Integralsatzes.

In der *Strömungstheorie* bedeutet U das „*Geschwindigkeitspotential*" (nach der Bezeichnungweise von Helmholtz). Die Gleichung $\frac{\partial v}{\partial x} = -\frac{\partial u}{\partial y}$ bedeutet, wie wir in Satz 2.39 sahen, dass die Flüssigkeit wirbelfrei strömt. Damit sie außerdem noch inkompressibel ist, hat man Quellen von der Ergiebigkeit $\frac{\partial u}{\partial x} - \frac{\partial v}{\partial y}$ anzubringen. Somit ist $\frac{\partial u}{\partial x} = \frac{\partial v}{\partial y}$ die Bedingung der Quellenfreiheit. Dieses Resultat können wir aus den – den früheren ja analogen – Betrachtungen in diesem Abschnitt entnehmen. Danach wird die über den Rand einer geschlossenen Kurve pro Zeiteiheit übertretende Flüssigkeitsmenge gegeben durch

$$\int_0^l \vec{w}_\nu\,\mathrm{d}s = \int_0^l \left(u\frac{\mathrm{d}y}{\mathrm{d}s} + v\frac{\mathrm{d}x}{\mathrm{d}s}\right)\mathrm{d}s = \int_{\mathfrak{L}}(u\,\mathrm{d}y + v\,\mathrm{d}x)$$
$$= \iint\left(\frac{\partial u}{\partial x} - \frac{\partial v}{\partial y}\right)\mathrm{d}x\,\mathrm{d}y = \iint \mathrm{div}\,\vec{w}\,\mathrm{d}x\,\mathrm{d}y,$$

wobei in jedem Punkte des Feldes neue Flüssigkeit entstehen kann, etwa Wärme bei einem chemischen Prozesse.

Die pro Flächeneinheit erzeugte Flüssigkeitsmenge ist im Moment pro Zeiteinheit div $\vec{w}$. Diese Größe heißt die *Ergiebigkeit* des Feldes.

Ähnlich ergibt sich

$$\int_0^l \vec{w}_s\,\mathrm{d}s = \int_{\mathfrak{L}}(\vec{w}_x\,\mathrm{d}x + \vec{w}_y\,\mathrm{d}y) = -\int_{\mathfrak{L}}(v\,\mathrm{d}y - u\,\mathrm{d}x)$$
$$= -\iint\left(\frac{\partial v}{\partial x} + \frac{\partial u}{\partial y}\right)\mathrm{d}x\,\mathrm{d}y = \iint \mathrm{curl}\,\vec{w}\,\mathrm{d}x\,\mathrm{d}y,$$

und dies ist als Maß der Wirbelstärke anzusehen.

In Formel (3.31) gibt sich wieder der Imaginärteil $V = \mathrm{const}$ in den Strömungskurven, der Realteil $U = \mathrm{const}$ in den Potentiallinien zu erkennen. Real- und Imaginärteil der durch Multiplikation mit i hervorgehenden analytischen Funktion $-V + iU$ stellen auch eine Strömung dar, bei der die beiden Kurvensysteme ihre Rolle vertauscht haben.

Durch Differentiation von $\frac{\partial u}{\partial x} = \frac{\partial v}{\partial y}$ nach x und von $\frac{\partial v}{\partial x} = -\frac{\partial u}{\partial y}$ nach y folgt

$$\frac{\partial^2 u}{\partial x^2} = \frac{\partial}{\partial x}\frac{\partial v}{\partial y},\qquad \frac{\partial}{\partial y}\frac{\partial v}{\partial x} = -\frac{\partial^2 u}{\partial y^2},\qquad \text{also}\qquad \frac{\partial^2 u}{\partial x^2} + \frac{\partial^2 u}{\partial y^2} = 0$$

und dasselbe gilt auch für v. Das heißt, der Realteil und Imaginärteil einer analytischen Funktion sind nicht willkürlich, sondern genügen für sich der „*Laplaceschen Differentialgleichung*"

$$\Delta u = \frac{\partial^2 u}{\partial x^2} + \frac{\partial^2 u}{\partial y^2} = 0,\qquad \Delta v = \frac{\partial^2 v}{\partial x^2} + \frac{\partial^2 v}{\partial y^2} = 0.$$

Dabei mussten wir allerdings die Existenz und – für die Vertauschbarkeit der Integrationsfolge – noch die Stetigkeit des zweiten Differentialquotienten *voraussetzen*. Später wird sich zeigen, dass dies keine besondere Voraussetzung erfordert, sondern dass es aus der analytischen Regularität zu *schließen* ist.

Für die Funktion U erkennt man die Richtigkeit dieses Resultates unmittelbar aus der Formel

$$U = \int_{\mathfrak{L}} u\,\mathrm{d}x - v\,\mathrm{d}y,$$

der zufolge $\frac{\partial U}{\partial x} = u$, $\frac{\partial U}{\partial y} = -v$ ist, sodass die Anwendung von $\frac{\partial u}{\partial x} = \frac{\partial v}{\partial y}$ auch wieder

$$\Delta U = \frac{\partial^2 U}{\partial x^2} + \frac{\partial^2 U}{\partial y^2} = 0$$

liefert. Analog erkennt man aus dem Ausdruck für V unter Berücksichtigung der zweiten Cauchy-Riemannschen Differentialgleichung die Richtigkeit der Formel $\Delta V = 0$.

Ist $f(z)$ regulär analytisch nicht in einem einfach zusammenhängenden Gebiet, sondern in einem solchen etwa, wie es die linke Hälfte in Abbildung 3.9 zeigt, dann behaupte ich, dass ist:

$$\int_{\mathfrak{L}} f(z)\,\mathrm{d}z = \int_{\mathfrak{L}_1} f(z)\,\mathrm{d}z + \int_{\mathfrak{L}_2} f(z)\,\mathrm{d}z. \tag{3.39}$$

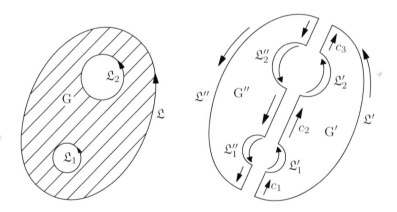

Abbildung 3.9: Zerlegung des Integrationsweges

Um dies zu beweisen, wenden wir die Methode des Zerschneidens an. Dazu wäre nur nötig, einen Punkt von $\mathfrak{L}_1$ mit einem von $\mathfrak{L}$ und einem von $\mathfrak{L}_2$ zu verbinden; doch symmetrischer und übersichtlicher wird es, wenn wir durch einen weiteren Schnitt das Gebiet in zwei Stücke zerlegen wie in der zweiten Hälfte von Abbildung 3.9.

Jedes der so erhaltenen Gebiete G' und G'' ist einfach zusammenhängend, sodass wir darauf den Cauchyschen Integralsatz anwenden können. So erhält man:

$$\int_{\mathfrak{L}'} = \int_{c_1} + \int_{\mathfrak{L}'_1} + \int_{c_2} + \int_{\mathfrak{L}'_2} + \int_{c_3},$$

$$\int_{\mathfrak{L}''} = -\int_{c_3} + \int_{\mathfrak{L}''_2} - \int_{c_2} + \int_{\mathfrak{L}''_1} - \int_{c_1}.$$

Addiert man diese Gleichungen, so heben sich die durch die Schnitte verursachten Glieder weg, und es kommt

$$\int_{\mathfrak{L}'} + \int_{\mathfrak{L}''} = \int_{\mathfrak{L}'_1} + \int_{\mathfrak{L}''_1} + \int_{\mathfrak{L}'_2} + \int_{\mathfrak{L}''_2} \qquad \text{oder} \qquad \int_{\mathfrak{L}} = \int_{\mathfrak{L}_1} + \int_{\mathfrak{L}_2}.$$

In dieser methodischen Bemerkung liegt der Zusammenhang des Cauchyschen Integralsatzes mit der *Analysis situs*. Denn wir stehen ja hier vor der Frage: Wie muss man ein Gebiet aufschneiden, damit die entstehenden Teilgebiete einfach zusammenhängend sind?

Wir wollen zunächst zu einer anderen Definition des einfach zusammenhängenden Gebietes gelangen, indem wir den Begriff des „*Querschnitts*" einführen.

Definition 3.40. Unter einem Querschnitt eines Gebietes G verstehen wir eine doppelpunktlose Kurve $x = x(t)$, $y = y(t)$ für $t_0 \leq t \leq t_1$, von der alle Punkte innerhalb $t_0 \leq t \leq t_1$ in G liegen, während die Punkte t_0 und t_1 auf dem Rande von G liegen sollen. Dabei kann $t_0 = -\infty$ wie auch $t_1 = +\infty$ sein; das Unendliche ist dann mit zum Rande von G zu rechnen.

Wir wollen zunächst unter Zugrundelegung unserer früheren Definition des einfach zusammenhängenden Gebietes beweisen, dass ein solches durch jeden Querschnitt zerlegt wird, das heißt, in zwei Teilgebiete zerfällt.

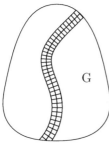

Dazu führen wir für den Querschnitt die Unterscheidung zwischen den beiden Ufern ein, indem wir uns auf die Voraussetzung stützen, dass er doppelpunktlos ist, das heißt, sich nicht selbst überschneidet. Denken wir uns nämlich in den einzelnen Punkten des Querschnitts Normalen errichtet, auf denen wir – wie auf jeder Kurve – zwei Sinne unterscheiden können, so können wir auf ihnen nach beiden Seiten zu lauter gleich lange Stücke abtragen, die wir wegen der vorausgesetzten Doppelpunktlosigkeit so klein wählen können, dass diese Normalen in keinem weiteren Punkte mehr den Querschnitt treffen. Durch Verbindung der Endpunkte dieser Strecken auf jeder der Seiten erhalten wir zwei Parallelkurven des Querschnitts, die die „Ufer" abgrenzen. Natürlich können und wollen wir die Teile bald so klein wählen, dass wir jedenfalls in G bleiben.

Zunächst stützen wir uns auf die Voraussetzung, dass das Gebiet G zusammenhängend ist, um zu zeigen, dass es in nicht mehr als zwei Gebiete zerfällt. Da G zusammenhängt, kann man jeden Punkt P von G mit jedem Punkt Q von G durch eine Kurve $\mathfrak{L}$ verbinden, die ganz in G verläuft. Diese wird nun entweder

(a) den Querschnitt q schneiden oder

(b) nicht schneiden.

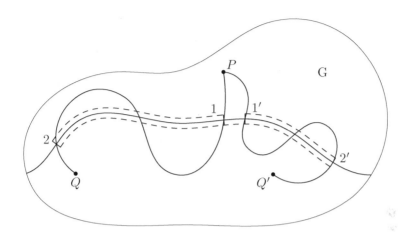

Abbildung 3.10: Zusammenhängende Gebiete zerfallen durch Querschnitte in nicht mehr als zwei Gebiete.

Im ersten Falle lässt sich erkennen, dass es einen ersten und letzten Schnittpunkt gibt, und diese können entweder von denselben oder von entgegengesetzten Ufern her erreicht werden. Wir gehen nun nicht bis zu den Schnittpunkten, sondern machen im Ufergebiet Halt und gehen darin von der Stelle 1 bis 2 entlang (Abbildung 3.10). Damit ist P mit einem Punkt des zu 2 gehörigen Ufergebiets durch eine den Querschnitt nicht überschneidende Kurve verbunden, und ebenso Q.

Diese beiden Punkte liegen nun entweder im selben oder auf verschiedenen Ufern, je nachdem ob nämlich $\mathfrak{L}$ die Stellen 1 und 2 von verschiedenen oder von derselben Seite von q her erreichte. Im ersten Falle können wir P und Q auf einem Wege verbinden, der q nicht schneidet, womit wir zu Fall (b) zurückgekommen sind; der zweite Fall muss aber noch weiter betrachtet werden.

Nehmen wir jetzt einen weiteren Punkt Q' hinzu, so können wir ihn auch wieder dadurch mit P verbinden, dass wir von P bis zu einer Stelle $1'$ des Ufergebiets gehen, von dort bis zu einer Stelle $2'$, ohne den Querschnitt q zu überschreiten, und nun wieder von $2'$ nach Q', wobei genau dieselben Möglichkeiten wie vorher vorhanden sind. Im ersten Falle können wir P mit Q' durch eine q nicht schneidende Kurve verbinden, die ganz in G verläuft, während wir das im zweiten Falle nicht behaupten können. Im zweiten Falle können wir aber sicher Q mit Q' durch eine in G verlaufende, q nicht schneidende Kurve verbinden, indem wir von Q bis 2 gehen, von da im Ufergebiet bis $2'$ und weiter bis Q'.

Lemma 3.41. *Gibt es also zwei Punkte P und Q, die wir in der geschilderten Weise durch eine ganz in G verlaufende und q einmal schneidende Kurve verbinden* *können, dann können wir jeden weiteren Punkt Q' entweder mit P oder mit Q durch eine in G liegende Kurve verbinden, die q nicht schneidet.*

Damit ist erkannt, dass das Gebiet G durch den Querschnitt q jedenfalls *in nicht mehr als zwei Gebiete zerfällt. Ob es aber überhaupt zerfällt, bleibt noch dahingestellt,* da wir nicht wissen, ob wir nicht jeden Punkt P mit jedem anderen Q durch eine in G liegende Kurve verbinden können, die q nicht schneidet.

Nun nehmen wir unsere Voraussetzung hinzu, dass der Zusammenhang des Gebietes *„einfach"* sein sollte. Sind P und Q zwei Punkte, die wir durch eine in G liegende, q einmal schneidende Kurve verbinden können, so wollen wir zeigen, dass auch jede weitere P und Q verbindende Kurve in G den Querschnitt q schneiden muss.

Denn angenommen, wir könnten eine ganz in G liegende Verbindungskurve hinzunehmen, die q nicht schneidet, so hätten wir damit eine geschlossene, ganz in G liegende Kurve $\mathfrak{L}$, die den Querschnitt q nur einmal schneidet, in S. Dann teilte $\mathfrak{L}$ das Gebiet G in zwei Teile, von denen der eine alle Punkte von q auf der einen, der andere alle Punkte von q auf der anderen Seite von S enthalten müsste. Das Innere von $\mathfrak{L}$ enthielte dann auch einen Grenzpunkt von q, der auf dem Rande von G liegt. Folglich könnte $\mathfrak{L}$ entgegen den Annahmen nicht in G liegen. Also muss G wirklich gerade in zwei Teile zerfallen.

Allerdings haben wir uns hierbei auf den Jordanschen Satz gestützt. Darum sei bemerkt, dass diese Betrachtungen als streng bloß gelten können, wenn wir statt der Kurven Polygonzüge wählen. In diesem Sinne werden wir uns später auf diese Betrachtungen stützen. Unser Satz lautet:

Satz 3.42. *Ein einfach zusammenhängendes Gebiet zerfällt durch jeden Querschnitt (in zwei einfach zusammenhängende Gebiete).*

Nun wollen wir umgekehrt beweisen:

Satz 3.43. *Wenn ein zusammenhängendes Gebiet G durch jeden Querschnitt q zerfällt, so ist es einfach zusammenhängend.*

Wäre nämlich G nicht einfach zusammenhängend, so müsste es in G eine doppelpunktslose, geschlossene Kurve $\mathfrak{L}$ geben, deren Inneres nicht ganz zu G gehörte. Da die Punkte von $\mathfrak{L}$ aber zu G gehören, also innere Punkte sind, gibt es um sie eine Umgebung, die ganz zu G gehört, das heißt, innerhalb von $\mathfrak{L}$ sicher auch Punkte, die zu G gehören. Es müssten dann innerhalb von $\mathfrak{L}$ Punkte liegen, die zu G gehören, wie auch Punkte, die nicht zu G gehören, somit auch Randpunkte von G (mindestens einer). Verbinde ich einen solchen mit einem Punkte von $\mathfrak{L}$, so kann ich dies auf einem Wege tun, der ganz zu G gehört, da G zusammenhängen sollte. Den ersten Schnittpunkt dieser Kurve mit $\mathfrak{L}$ suche ich auf und verbinde ihn auch wieder durch eine ganz zu G gehörende Kurve mit irgendeinem anderen Randpunkte, sodass ich die Kurve $\mathfrak{L}$ nirgends mehr überschneide. Das kann ich in derselben Weise wie vorher erreichen. Ich hätte dann einen Querschnitt q konstruiert, der $\mathfrak{L}$ nur einmal schnitte (siehe Abbildung 3.11). Nach Voraussetzung müsste G hierdurch zerfallen sein. Es lässt sich aber leicht erkennen, dass dies nicht der Fall ist.

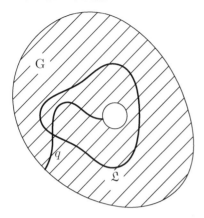

Wir können nämlich immer noch jeden Punkt von G mit jedem anderen durch eine ganz in G liegende Kurve verbinden, ohne q zu überschreiten.

Sind nämlich P und Q irgendzwei Punkte in G, so können wir sie, da G zusammenhängt, jedenfalls durch eine Kurve in G verbinden. Sollte diese $\mathfrak{L}$ überschreiten, so gehen wir von beiden Seiten bloß bis zum Ufergebiet von q und dann darin entlang, bis wir auf $\mathfrak{L}$ stoßen. Da aber $\mathfrak{L}$ q nur einmal schneidet, andererseits $\mathfrak{L}$ geschlossen ist, sind alle Punkte von $\mathfrak{L}$ durch Kurven von G verbunden, die q nicht schneiden. Damit hätten wir einen der Voraussetzung widersprechenden Verbindungsweg von P nach Q konstruiert, sodass die Unhaltbarkeit unserer Annahme bewiesen ist (eigener Beweis).

Abbildung 3.11: Nicht einfach zusammenhängend

Nachdem der Satz bewiesen ist, dass ein einfach zusammenhängendes Gebiet durch jeden Querschnitt zerfällt, und der Umkehrungssatz, dass ein zusammenhängendes Gebiet, das durch jeden Querschnitt zerfällt, *einfach* zusammenhängt, können wir nun ein einfach zusammenhängendes Gebiet *definieren* als ein solches zusammenhängendes Gebiet, das durch jeden Querschnitt zerfällt.

Hieran können wir sofort weitere Begriffsbildungen anschließen. Ist G ein zusammenhängendes, aber nicht einfach zusammenhängendes Gebiet, dann gibt es sicher einen Querschnitt q, durch den G nicht zerfällt. Wird das durch Anbringung eines solchen Querschnitts entstehende Gebiet mit G' bezeichnet, dann ist G' zunächst ein zusammenhängendes Gebiet, da man alle seine Punkte durch Kurvenzüge innerhalb G' verbinden kann, eben weil G *nicht einfach* zusammenhängend sein sollte. Ist insbesondere G' einfach zusammenhängend, das heißt, zerfällt es durch jeden weiteren Querschnitt, dann heißt G *zweifach zusammenhängend*.

Andernfalls betrachtet man das durch einen keine Zerfällung von G' bewirkenden Querschnitt entstehende Gebiet G'', und so weiter. Dieses Verfahren des Ziehens von Querschnitten, derart dass man stets sucht, das gerade vorhandene Gebiet dadurch noch nicht zu zerlegen, kann man nun solange fortsetzen, bis endlich ein Gebiet $G^{(i)}$ durch jeden Querschnitt zerfallen muss. Das ursprüngliche Gebiet G, das dann beim $(i + 1)$-ten Schritt zerfallen würde, heißt $(i + 1)$-*fach zusammenhängend*.[3]

Allerdings wäre es notwendig, sich noch zu überzeugen, dass das Verfahren immer bei demselben Schritte abbricht, wie man auch die in Frage kommenden Querschnitte legen mag. Dann nämlich erst ist die Zahl, die den Zusammenhang

---

[3]Auch $i = \infty$ ist natürlich möglich.

eines Gebietes angibt, diesem eigentümlich, sodass die Definition einen rechten Sinn hat. Doch darauf soll nicht mehr eingegangen werden.

Beispiel 3.44. Eine Fläche mit drei Löchern ist hiernach von vierfachem Zusammenhang.

Diese Definitionen sind auch anwendbar auf krumme Flächen.

Beispiel 3.45. Ein Zylindermantel, den wir uns auch unendlich hoch denken können, ist zweifach zusammenhängend.

Unsere Definitionen bedürfen für *geschlossene Flächen* einer *Erweiterung*, da wir bei ihnen von keinem Rande sprechen können. Als ersten Querschnitt bezeichnen wir da eine beliebige, auf der Fläche liegende, doppelpunktslose, geschlossene Kurve, mit der einen Beschränkung selbstverständlich, dass wir suchen müssen, sie so zu legen, dass die Fläche dadurch noch nicht zerfällt. Dieser Querschnitt ist dann aber ein Rand, sodass es nun weiter geht wie früher.

Wir können dies auch als eine notwendige Modifikation der Erklärung des Zusammenhangs ansehen. Man nennt geschlossene Flächen nämlich hiernach einfach zusammenhängend, wenn jede in ihr liegende, doppelpunktslose, geschlossene Kurve sie zerlegt. Somit ist eine Kugel zum Beispiel einfach zusammenhängend, während ein Torus dreifach zusammenhängend ist. Überhaupt lässt sich beweisen, dass die Zusammenhangszahl aller geschlossenen Flächen von der Form $2p+1$, das heißt, ungerade ist, wobei man p das „*Geschlecht*" der Fläche nennt.

Beispiel 3.46. Also hat eine Kugel das Geschlecht 0, der Torus das Geschlecht 1.

Alle diese Begriffe spielen in der höheren Funktionentheorie eine große Rolle.

3.4   Anwendung des Cauchyschen Integralsatzes zur Auswertung bestimmter Integrale

Es soll hier an einem ziemlich komplizierten Beispiel gezeigt werden, wie man mittels des Cauchyschen Integralsatzes reelle bestimmte Integrale auswerten kann. Dazu betrachten wir

$$\int_0^\infty \frac{x^{\mu-1}}{1+x}\,\mathrm{d}x, \qquad 0 < \mu < 1.$$

(Dann und nur dann, wenn $0 < \mu < 1$ ist, hat das Symbol einen Sinn.)

Zunächst untersuchen wir die Funktion, die aus dem Integranden entsteht, wenn wir ihn als Funktion eines *komplexen* Arguments ansehen:

$$\frac{z^{\mu-1}}{1+z}$$

Diese Funktion hat für $z = 0$, wo der Zähler unendlich, und für $z = -1$, wo der Nenner 0 wird, eine singuläre Stelle. Außerdem ist sie keine eindeutige Funktion, sondern wird es erst, wenn ich die z-Ebene längs der positiv reellen Achse – das ist das Zweckmäßigste – von 0 bis $+\infty$ aufschneide und in irgendeinem Punkte

einen der unendlich vielen dort möglichen Werte fest vorschreibe. Die letztere
Bestimmung behalten wir uns vor. Erst schließen wir die Punkte -1, 0, sowie das
Unendliche durch Kreise K, $\mathfrak{k}$, $\mathfrak{K}$ mit den Radien ϱ, r (klein) und R ein (siehe
Abbildung 3.12).

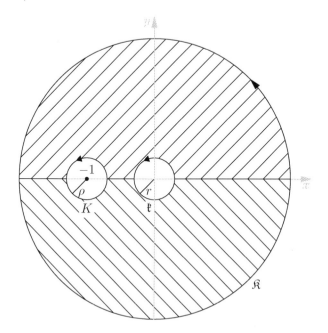

Abbildung 3.12: Einschluss von -1, 0 und Unendlich

Es ist zu beachten, dass hier nicht, wie man es nach (3.39) erwarten könnte,
das Integral über den großen Kreis gleich der Summe der Integrale über die beiden kleinen Kreise ist. Das liegt daran, dass in dem durch die Kreise begrenzten
Gebiet unsere Funktion ja gar nicht eindeutig definiert ist. Wenn wir irgendwelche
nähere Bestimmung über die Funktion treffen, immer nimmt sie an den Stellen
des Schnittes zwei voneinander verschiedene Werte an. Darum müssen wir ganz
anders vorgehen.

Wir zerlegen das Gebiet weiter in zwei Teile durch Stücke der reellen Achse,
durch die wir die Kreisränder verbinden. Die obere und untere Hälfte des Gebietes
betrachten wir jetzt einzeln. In dem oberen Teilgebiet treffen wir die Bestimmung,
dass wir dort unter $z^{\mu-1}$ die regulär analytische Funktion verstehen wollen, die an
der Stelle $z = 1$ den Wert 1 hat. Das Integral über den Rand des oberen Gebietes
ist dann nach dem Cauchyschen Integralsatz Null.

Nun bedenken wir, dass unsere Funktion $z^{\mu-1}$ längs der negativ reellen Achse
das Azimut $\pi(\mu-1)$ hat. Wir wollen nun im unteren Teilgebiet eine solche regulär
analytische Funktion zugrunde legen, die längs der negativ reellen Achse auch
dieses Azimut hat – da wir sehen werden, dass sich dann die beiden Integrale

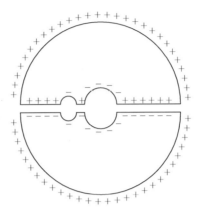

Abbildung 3.13: Vorzeichen der einzelnen Beiträge

längs der negativ reellen Achse gerade aufheben werden.

Das erreichen wir, wenn wir im unteren Teile die Funktion $\mathrm{e}^{2\pi\mathrm{i}(\mu-1)}z^{\mu-1}$ be-trachten, wo $z^{\mu-1}$ die vorher genannte Funktion bedeutet, also der Integrand die re-gulär analytische Funktion, die sich längs der positiv reellen Achse als $\mathrm{e}^{2\pi\mathrm{i}(\mu-1)}x^{\mu-1}$ darstellt.

Auch das über den Rand des unteren Gebietes genommene Integral ist 0. Nun wollen wir die beiden so erhaltenen Gleichungen addieren, indem wir die in Abbildung 3.13 angegebenen Vorzeichen beachten, die sich aus dem Sinn der In-tegrationswege ergeben. Über dem Kreis $\mathfrak{K}$ integrieren wir von $+R$ bis $-R$ die erstgenannte, von $-R$ bis $+R$ die zweitgenannte Funktion, und zwar kommt dies, da die Funktionswerte an der Stelle $-R$ gerade übereinstimmen, darauf hinaus, dass wir die erstgenannte Funktion gerade über den ganzen Kreis $\mathfrak{K}$ von der Stel-le $+R$ bis $+R$ zurück herum integrieren.

Ebenso verhält es sich mit den Kreisen $\mathfrak{k}$ und K, bloß dass wir $\mathfrak{K}$ im positiven, $\mathfrak{k}$ und K dagegen im negativen Sinne durchlaufen. Die Stücke der negativ reellen Achse, wo ja die beiden Funktionen dieselben Werte haben, werden beide einmal im positiven, einmal im negativen Sinne durchlaufen, sodass sich dort die Integrale gerade aufheben. Anders aber ist es längs der positiv reellen Achse von r bis R, die zwar auch oben im positiven, unten im negativen Sinne durchlaufen wird, wo aber beide Male eine andere Funktion integriert wird. Also heben sich diese Teile nicht heraus; und so wollten wir es überhaupt haben. Oben integrieren wir auf diesem Stücke die Funktion reellen Arguments

$$\frac{x^{\mu-1}}{1+x}$$

von r bis R, unten

$$\frac{\mathrm{e}^{2\pi\mathrm{i}(\mu-1)}x^{\mu-1}}{1+x}$$

oder, was wegen $e^{2\pi i} = 1$ dasselbe ist,

$$e^{2\pi i \mu} \frac{x^{\mu-1}}{1+x}$$

von R bis r oder die mit negativen Vorzeichen genommene Funktion reellen Arguments von r bis R. Den konstanten Faktor $e^{2\pi i \mu}$ ziehen wir noch vor das Integralzeichen. So erhalten wir

$$\int_{\mathfrak{K}} \frac{z^{\mu-1}}{1+z} \, dz + (1 - e^{2\pi i \mu}) \int_r^R \frac{x^{\mu-1}}{1+x} \, dx - \int_{\mathfrak{k}} \frac{z^{\mu-1}}{1+z} \, dz - \int_K \frac{z^{\mu-1}}{1+z} \, dz = 0.$$

Nun haben wir einen Grenzübergang vorzunehmen, indem wir R gegen ∞, r und ϱ gegen Null konvergieren lassen. Auf dem Kreise $\mathfrak{K}$ ist $|z| = R$, also $|1 + z| > R - 1$ (R denken wir uns selbstverständlich von vornherein größer als 1),

$$\left| \frac{1}{1+z} \right| < \frac{1}{R-1}, \qquad \left| \frac{z^{\mu-1}}{1+z} \right| < \frac{R^{\mu-1}}{R-1},$$

folglich

$$\left| \int_{\mathfrak{K}} \right| \leq \frac{R^{\mu-1}}{R-1} \cdot 2\pi R = 2\pi \frac{R^\mu}{R-1}.$$

Da $0 < \mu < 1$ ist, geht der Zähler gegen 0, der Nenner gegen unendlich, sodass wird

$$\lim_{R \to \infty} \int_{\mathfrak{K}} = 0.$$

Auf $\mathfrak{k}$ ist analog

$$\left| \int_{\mathfrak{k}} \right| < 2\pi \frac{r^\mu}{1-r},$$

indem wir uns hier selbstverständlich von vornherein $r < 1$ denken, somit wegen des Null werdenden Zählers

$$\lim_{r \to 0} \int_{\mathfrak{k}} = 0.$$

Jetzt wird

$$(1 - e^{2\pi i \mu}) \int_0^\infty \frac{x^{\mu-1}}{1+x} \, dx = \lim_{\varrho \to 0} \int_K \frac{z^{\mu-1}}{1+z} \, dz.$$

Setzen wir $1 + z = \varrho_1 e^{i\varphi}$, $dz = \varrho_1 i e^{i\varphi} \, d\varphi$, so wird

$$\int_K = i \int_0^{2\pi} z^{\mu-1} \, d\varphi = i \int_0^{2\pi} \left(\varrho_1 e^{i\varphi} - 1 \right)^{\mu-1} \, d\varphi.$$

Lassen wir darin $\varrho_1 \to 0$ gehen, so wird der Wert gleich $i \cdot e^{\pi i (\mu-1)} \cdot 2\pi$, also

$$\int_0^\infty \frac{x^{\mu-1}}{1+x} \, dx = -\frac{2\pi i \cdot e^{\pi i \mu}}{1 - e^{2\pi i \mu}} = -\frac{2\pi i}{e^{-\pi i \mu} - e^{\pi i \mu}} = \frac{\pi}{\sin(\pi\mu)}.$$

Methodisch ist über derartige Auswertungen kaum etwas zu sagen. Die Schwierigkeit unseres Beispiels bestand in der Vieldeutigkeit des Integranden. Weitere Beispiele finden sich besonders bei Goursat [5], Jordan [8] und Picard [16].

3.5   Zweiter Beweis des Cauchyschen Integralsatzes

Bereits bei unserem ersten Beweis des Cauchyschen Integralsatzes hatten wir die Notwendigkeit eines *strengeren Beweises* betont, den wir jetzt erbringen wollen. Dabei wollen wir ihn in der zweiten Fassung von Seite 160 zugrunde legen, die wir auf Seite 159 als mit der anderen äquivalent dargetan haben.

Die Hauptschwierigkeit für einen korrekten Beweis ist die Form des Definitionsgebietes, und wir werden hier zunächst ein einfach gestaltetes Gebiet zugrunde legen, um dann zu komplizierten überzugehen. Von der Form der Kurve, längs derer unsere analytische Funktion gegeben ist, werden wir dabei vollkommen absehen können. Wir behaupten zunächst:

Lemma 3.47. *Lässt sich die Kurve, längs derer eine Funktion $f(z)$ gegeben ist, in ein* rechteckiges Gebiet *einbetten, sodass $f(z)$ überall in diesem Gebiet regulär analytisch ist, dann gibt es eine darin regulär analytische Funktion $F(z)$, von der $f(z)$ die Ableitung ist.*

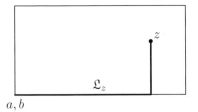

Der Beweis dieses Lemmas geht von dem Gedanken aus, dass, wenn es so eine Funktion $F(z)$ gibt, wir sie *finden können müssen*, indem wir irgendeinen Weg bevorzugen. Dazu wählen wir den in der Figur angedeuteten Weg $\mathfrak{L}_z$. Wir nehmen hier der Einfachheit halber an, dass die Rechteckseiten in die Achsenrichtungen fallen. Diese Annahme werden wir bei unserem Beweise dauernd aufrecht erhalten und unseren Hilfssatz nur für Rechtecke dieser Art benutzen.

Auf diese Weise ist für jeden Punkt z des Rechtecks ein Weg $\mathfrak{L}_z$ eindeutig bestimmt. Wir *definieren* nun für jeden Punkt z eine komplexwertige Funktion durch

$$F(z) = \int_{\mathfrak{L}_z} f(\zeta)\,\mathrm{d}\zeta,$$

von der wir natürlich keineswegs wissen, ob sie regulär analytisch ist; das werden wir erst beweisen, indem wir zeigen, dass $F(z)$ die Ableitung $f(z)$ hat. Dazu nehmen wir eine Zerlegung von $F(z) = U + \mathrm{i}V$ in Real- und Imaginärteil vor und erhalten nach Formel (3.21) von Seite 149

$$U(x,y) = \int_{\mathfrak{L}_z} (u\,\mathrm{d}\xi - v\,\mathrm{d}\eta), \qquad V(x,y) = \int_{\mathfrak{L}_z} (v\,\mathrm{d}\xi + u\,\mathrm{d}\eta).$$

Wir wollen nun $\mathfrak{L}_z$ in die beiden geradlinigen Stücke zerlegen, von denen das eine parallel zur x-Achse, das andere parallel zur y-Achse ist. Dann erhalten wir, da auf dem ersten Stück $\eta = b$, auf dem zweiten $\xi = x$ konstant ist, eine Zerlegung von U wie V in je zwei gewöhnliche Integrale:

$$U(x,y) = \int_a^x u\,(\xi, b)\ \mathrm{d}\xi - \int_b^y v\,(x, \eta)\ \mathrm{d}\eta,$$

$$V(x,y) = \int_a^x v\,(\xi, b)\ \mathrm{d}\xi + \int_b^y u\,(x, \eta)\ \mathrm{d}\eta.$$

Nun bilden wir $\frac{\partial U}{\partial y} = -v(x,y)$, dann durch Differentiation des zweiten Gliedes unter dem Integralzeichen

$$\frac{\partial U}{\partial x} = u(x,b) - \int_b^y \frac{\partial v(x,\eta)}{\partial x}\ \mathrm{d}\eta = u(x,b) + \int_b^y \frac{\partial u(x,\eta)}{\partial \eta}\ \mathrm{d}\eta$$

$$= u(x,b) + u(x,y) - u(x,b) = u(x,y),$$

wobei wir die zweite Cauchy-Riemannsche Differentialgleichung angewendet haben.

Analog erkennen wir $\frac{\partial V}{\partial y} = u(x,y)$ und unter Benutzung der ersten Cauchy-Riemannschen Differentialgleichung

$$\frac{\partial V}{\partial x} = v(x,b) + \int_b^y \frac{\partial u(x,\eta)}{\partial x}\ \mathrm{d}\eta = v(x,b) + v(x,y) - v(x,b) = v(x,y).$$

Real- und Imaginärteil von F erfüllen hiernach die beiden Cauchy-Riemannschen Gleichungen

$$\frac{\partial U}{\partial x} = \frac{\partial V}{\partial y}, \qquad \frac{\partial V}{\partial x} = -\frac{\partial U}{\partial y}.$$

Also ist F *regulär analytisch*, und zwar hat es die *Ableitung*

$$\frac{\mathrm{d}F(z)}{\mathrm{d}z} = \frac{\partial U}{\partial x} + \mathrm{i}\frac{\partial V}{\partial x} = u + \mathrm{i}v = f(z),$$

was zu beweisen war.

Das wollen wir benutzen, um nun zu beweisen, dass der Cauchysche Integralsatz auch gilt, wenn die regulär analytische Funktion $f(z)$ in einem *beliebigen einfach zusammenhängenden Gebiet G* gegeben ist.

Dabei wollen wir als Definition des einfach zusammenhängenden Gebietes zugrunde legen, es solle ein solches zusammenhängendes Gebiet sein, das durch jeden *polygonalen*, sich nicht überschneidenden Querschnitt zerfällt. Dies ist sogar eine etwas geringere Voraussetzung als unsere frühere, wonach das Gebiet G durch *jeden* Querschnitt zerfallen sollte. Wir werden so einen Beweis führen können, wo vom Jordanschen Kurvensatz kein Gebrauch gemacht wird. Im Übrigen ist diese Art der Behandlung auch einfacher und für unsere spätere Behandlung der algebraischen Funktion geeigneter.

Es handelt sich darum, unter Voraussetzung der Analytizität von $f(z)$ in G zu beweisen, dass es eine ebenfalls in G regulär analytische Funktion $F(z)$ gibt, von der $f(z)$ die Ableitung ist. Der Gang des Beweises wird folgenderweise sein. Wir benutzen die schon von Archimedes angewandte Methode der Exhaustion, indem wir uns das Gebiet G mit einem engmaschigen Netz von Quadraten bedeckt denken. Dann fassen wir die Punktmenge Q auf, die im Inneren dieser endlichen Anzahl von Quadraten liegt unter Ausschluss des Randes, und beweisen für sie den Cauchyschen Integralsatz. Der letzte Schritt besteht dann darin, dass wir das Netz feiner und feiner nehmen und so das Gebiet G ausschöpfen.

Was den Beweis des Integralsatzes für das Gebiet Q betrifft, so werden wir ihn dadurch führen, dass wir es durch einen Schnitt zerlegen und uns dann der vollständigen Induktion bedienen, indem wir uns darauf stützen, dass für ein Rechteck unser Satz bereits bewiesen ist. Bei der Durchführung werden sich noch weitere Überlegungen als nötig herausstellen, insbesondere beim Übergang von Q auf G, dass wirklich die gesamte Punktmenge in G ausgeschöpft wird, wenn wir die Seitenlänge der Quadrate gegen 0 konvergieren lassen. Ich wähle einen Punkt im Inneren von G, sagen wir O. Dann kann ich um O einen Kreis schlagen, sodass alle Punkte im Inneren zu G gehören. Folglich kann ich auch um O ein Quadrat zeichnen, dessen Seiten den Achsen parallel sind und das ganz innerhalb von G liegt. Ich suche nun alle anstoßenden Quadrate von gleicher Seitenlänge l, die ganz im Inneren von G liegen, und bezeichne sie als innere Quadrate (siehe Abbildung 3.14). Von ihnen nehme ich die, die mit dem Ausgangsquadrat q_O zu verbinden sind, das

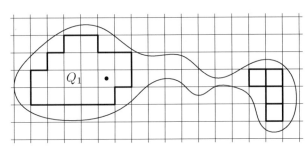

Abbildung 3.14: Quadratzerlegung

heißt, durch eine Folge von inneren Quadraten erreicht werden können, die immer je eine anstoßende Seite gemein haben. Die bilden zusammen eine Punktmenge, die ich $\overline{Q}_1$ nennen will.

Nehme ich von ihr nur die inneren Punkte, das heißt, lasse ich den Rand weg, so bekomme ich eine Punktmenge Q_1, die sicher ein Gebiet ist, da ich um jeden Punkt von Q_1 einen ganz zu Q_1 gehörenden Kreis schlagen kann. Davon überzeugt man sich unmittelbar, wenn man die möglichen Lagen der Punkte betrachtet. Außerdem aber kann ich die Mittelpunkte aller Quadrate von Q_1 durch einen zu Q_1 gehörenden Streckenzug verbinden, ebenso jeden beliebigen Punkt von Q_1 mit dem Mittelpunkt seines Quadrates, folglich zwei beliebige Punkte von Q_1. Das Gebiet Q_1 ist daher zusammenhängend. Nun wollen wir für Q_1 den Cauchyschen

Integralsatz beweisen. Besteht Q_1 bloß aus einem Quadrat, so ist das nicht mehr nötig.

Andernfalls gibt es sicher eine inwandige Quadratseite, also eine solche, die nicht zum Rand gehört, wie in Abbildung 3.14. Ich verlängere eine solche so weit, als noch Quadrate auf beiden Seiten zu Q_1 gehören. So bekomme ich einen Geradschnitt, den ich mit Ausschluss seiner Endpunkte mit S bezeichnen will (siehe Abbildung 3.15).

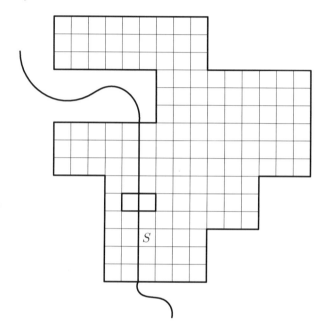

Abbildung 3.15: Geradschnitt

Zunächst soll gezeigt werden, dass Q_1 durch S zerlegt wird. Das ist einfach, da die Schwierigkeiten, die sich bei unendlich vielen Punkten gewöhnlich einstellen, hier wegfallen. Ich betrachte zwei sich an dem Geradschnitt gegenüberliegende Quadrate $q^{(1)}$ und $q^{(2)}$, und sammle alle Quadrate, die mit $q^{(1)}$ und $q^{(2)}$ durch Seiten zusammenhängen, die nicht auf S liegen dürfen. So erhalte ich zwei Punktmengen $\overline{Q}_1^{(1)}$ und $\overline{Q}_1^{(2)}$, die ich unter Weglassung des Randes mit $Q_1^{(1)}$ und $Q_1^{(2)}$ bezeichnen will. Dann sind dies sicher wiederum Gebiete.

Um zu erkennen, dass sie wirklich getrennt sind, genügt es, zu zeigen, dass $q^{(1)}$ und $q^{(2)}$ nicht verbindbar sind durch einen ganz innerhalb von Q_1 verlaufenden Weg $\mathfrak{L}$, der S nicht überschreitet. Wäre dies nämlich möglich, so verlängere ich S nach beiden Seiten zu bis zum Rande von G, ohne nochmals in Q_1 einzutreten. Auch diese Stücke könnten dann von $\mathfrak{L}$ nicht geschnitten werden, da $\mathfrak{L}$ ganz innerhalb Q_1 verlaufen sollte. Ich hätte also jetzt einen Querschnitt q von G, der von einer Verbindungskurve zweier zu beiden Seiten von q liegender Punkte, die ganz in Q_1 und damit in G liegt, nirgends geschnitten wird. Dies aber widerspricht unserer Voraussetzung, dass G *einfach* zusammenhängend sein sollte. Folglich wird Q_1 wirklich durch S zerfällt in $Q_1^{(1)}$ und $Q_1^{(2)}$, wonach wir die Verteilung der Punkte von Q_1 andeuten können durch

$$Q_1 = Q_1^{(1)} \cup Q_1^{(2)} \cup S.$$

Das *Entscheidende* ist, dass sich – vom trivialen Fall, wo Q_1 nur aus einem Quadrat besteht, abgesehen – $Q_1^{(1)}$ und $Q_1^{(2)}$ nun aus weniger Quadraten zusammensetzen als Q_1. Nehmen wir nun an, dass der Cauchysche Integralsatz für $Q_1^{(1)}$ und $Q_1^{(2)}$ bewiesen sei, so gibt es in $Q_1^{(1)}$, beziehungsweise in $Q_1^{(2)}$ eine regulär analytische Funktion $F_1^{(1)}(z)$, beziehungsweise $F_1^{(2)}(z)$, die $f(z)$ zur Ableitung hat. Nun denke ich mir über S einen Streifen $Q_1^{(3)}$ von der Breite $2l$ geklebt, der ganz innerhalb von Q_1 fällt (siehe Abbildung 3.16). Da er dann auch innerhalb G liegt,

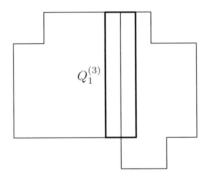

Abbildung 3.16: Streifen $Q_1^{(3)}$ der Breite $2l$

ist $f(z)$ analytisch darin; da er außerdem rechteckig ist, gibt es sicher darin eine analytische Funktion $F_1^{(3)}(z)$, von der $f(z)$ die Ableitung ist. Im einen – linken – Teil des Klebestreifens haben $F_1^{(1)}$ und $F_1^{(3)}$, im anderen $F_1^{(2)}$ und $F_1^{(3)}$ dieselbe Ableitung; folglich ist

$$F_1^{(1)} = F_1^{(3)} + c_1, \qquad F_1^{(2)} = F_1^{(3)} + c_2$$

mit konstanten c_1 und c_2. Nun definiere ich eine Funktion $F_1(z)$ durch

$$F_1(z) = \begin{cases} F_1^{(1)}(z) - c_1 & \text{in } Q_1^{(1)}, \\ F_1^{(2)}(z) - c_2 & \text{in } Q_1^{(2)}, \\ F_1^{(3)}(z) & \text{in } Q_1^{(3)}. \end{cases}$$

Dies ist eine in Q_1 definierte, stetige Funktion, die dort die Ableitung $f(z)$ hat.

Wir haben den Beweis des Satzes geführt, indem wir seine Gültigkeit für $Q_1^{(1)}$ und $Q_1^{(2)}$ voraussetzten. Für $Q_1^{(1)}$ etwa können wir aber den Satz gerade so beweisen, indem wir $Q_1^{(1)}$ durch einen Geradschnitt zerlegen, was sicher möglich ist, außer wenn $Q_1^{(1)}$ ein einziges Quadrat ist. Nur müssen wir bei der Zerlegung beachten, dass wir auch solche Geradschnitte als eventuell einzig in Betracht kommende ins Auge fassen müssen, die auf S senkrecht stehen und in einem Punkte von S einmünden. Aber de facto bleibt alles gerade so. Die Zerlegung können wir uns fortgesetzt denken, bis Q_1 in lauter einzelne Quadrate – Rechtecke würden schon genügen – zerteilt ist. Und für solche ist unser Satz bewiesen. Nun können wir die Stücke wieder zusammensetzen und in der geschilderten Weise allmählich eine in Q_1 definierte, stetige Funktion $F(z)$ konstruieren, die dort die Ableitung $f(z)$ hat. Damit ist unser Satz mittels des Schlusses von n auf $n + 1$ bewiesen für Q_1.

Nun müssen wir noch eine Art *Grenzübergang* machen. Indem wir statt der Seitenlänge l nun $l, l/2, l/2^2, l/2^3, \ldots$ nehmen, erhalten wir eine Folge von Gebieten

$$Q_1 \subseteq Q_2 \subseteq Q_3 \subseteq Q_4 \subseteq \cdots,$$

in denen jedesmal eine Funktion

$$F_1(z), F_2(z), F_3(z), F_4(z), \ldots$$

definiert ist, von der f die Ableitung ist. Die so erhaltenen Bereiche werden eine wachsende Folge bilden, da sie im Allgemeinen außer den früheren neue Quadrate umschließen werden. Immer nehmen wir zu ihnen nur die inneren Quadrate der betreffenden Teilung, die mit unserem Ausgangspunkt durch einen ganz innerhalb solch innerer Quadrate verlaufenden Streckenzug verbindbar sind. Die Funktionen $F_1(z)$, $F_2(z)$, $F_3(z)$, ..., die alle gewisse Definitionsbereiche gemeinsam haben, können sich dann nur durch additive Konstanten unterscheiden.

Nun haben wir nur noch zu zeigen, dass wir zu jedem Punkte z von G ein n finden können, derart, dass z innerhalb Q_n liegt. Dabei gehen wir so vor. Zunächst muss es um jeden Punkt von G einen Kreis geben, sodass dessen Inneres ganz zu G gehört, weil G ein *Gebiet* ist. Daraus können wir aber noch nicht etwa den Schluss ziehen, dass die Radien dieser Kreise oberhalb einer festen positiven Grenze bleiben; dies wird sogar nicht einmal der Fall sein. Wohl aber können wir einen solchen Schluss machen, wenn wir zunächst beachten, dass wir z mit dem Ausgangspunkt nach Definition des *zusammenhängenden* Gebietes durch eine ganz innerhalb von G verlaufende Kurve verbinden können. Nun können wir unsere Betrachtung auf die Punkte dieser Kurve beschränken.

Ist $z = z(t), t_0 \leq t \leq t_1$ diese Kurve, dann gehört zu jedem ihrer Punkte, da er ja ein innerer Punkt von G ist, eine Zahl $P(z)$, sodass gerade alle innerhalb des mit $P(z)$ um ihn geschlagenen Kreises liegenden Punkte ganz zu G gehören. Dadurch wird eine Funktion $P(z(t))$ definiert, die überall positiv ist und im Intervall $t_0 \leq t \leq t_1$ *ein Minimum* $\varrho_0 \neq 0$ hat. *Denn* $P(z)$ ist stetig, da ich $|P(z') - P(z)| < \varepsilon$ machen kann, indem ich nur $|z' - z| < \varepsilon$ mache, und $z(t)$ ist auch stetig, also ist $P(z(t))$ stetig. Schlage ich nun um jeden Punkt der Kurve $z = z(t)$, $t_0 \leq t \leq t_1$ einen Kreis mit Radius ϱ_0, so liegt das Innere jedes dieser Kreise ganz innerhalb von G. Wählen wir nun $r_0 = \frac{\varrho_0}{2}$, so sind wir sicher, dass alle an die Kurve anstoßenden Quadrate der Breite r_0 in G liegen. Damit ist auch der letzte Schritt bewiesen. Die Auswahl des Index n ist natürlich von der Lage des Punktes z abhängig; entscheidend aber ist, dass jeder Punkt z so innerhalb G durch einen Streckenzug in einem Teilbereich Q erreichbar ist.

Der Grundgedanke dieses Beweises war sehr einfach; nur war der Strenge wegen der Nachweis nötig, dass G ausgeschöpft wird. Die Idee selbst bestand darin, durch sukzessives Zerkleinern der Rechtecke alle Punkte innerhalb von G in ein Netz einzubetten, wobei wir uns die Zerlegung bequem eingerichtet hatten. Der Rand machte auf diese Weise keine Schwierigkeiten mehr.

Wenn auch selbstverständlich die Auffindung der Idee die Hauptleistung ist, darf doch die moderne Mathematik nicht mehr auf strenge Beweise verzichten!

Es sei noch darauf hingewiesen, dass unsere beiden Definitionen des einfach zusammenhängenden Gebietes sich hier, wo wir mit Streckenzügen arbeiten, einwandfrei aufeinander zurückführen lassen, wie schon bei unserer früheren Durchführung des Beweises gelegentlich erwähnt wurde (vergleiche Seite 166).

Kapitel 4

Theorie der eindeutigen analytischen Funktionen

4.1 Die Cauchysche Integralformel

In einem einfach zusammenhängenden Gebiet G sei eine regulär analytische Funktion $f(z)$ gegeben, außerdem eine doppelpunktslose geschlossene Kurve $\mathfrak{L}$. Wir gehen nun von einem anderen Ansatz aus. Wir betrachten im Inneren von $\mathfrak{L}$ einen bestimmten Punkt z und bilden $\frac{f(\zeta)}{\zeta-z}$. Diese Funktion ist überall in G regulär analytisch außer eventuell bei $\zeta = z$; an dieser Stelle kann sie unendlich

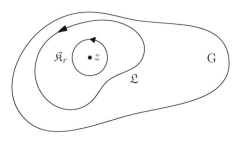

sein (nämlich wenn nicht zufällig z eine Nullstelle von $f(\zeta)$ ist). Daher können wir nicht behaupten, dass $\int_{\mathfrak{L}} \frac{f(\zeta)}{\zeta-z}\,\mathrm{d}\zeta$ Null wäre; der Cauchysche Integralsatz ist ja hier nicht anwendbar. Denken wir uns aber die singuläre Stelle z ausgeschlossen, zum Beispiel durch einen kleinen Kreis $\mathfrak{K}_r$ vom Radius r, dann gilt nach der Bemerkung zum Cauchyschen Integralsatz, (3.39) auf Seite 163,

$$\int_{\mathfrak{L}} \frac{f(\zeta)}{\zeta - z}\,\mathrm{d}\zeta = \int_{\mathfrak{K}_r} \frac{f(\zeta)}{\zeta - z}\,\mathrm{d}\zeta.$$

Aus dieser Gleichung selbst sehen wir, dass das Integral der rechten Seite ganz unabhängig ist von r. Wir können daher ohne Weiteres den Grenzübergang zu $r = 0$ machen. Dann ist für den kleinen Kreis $f(\zeta)$ wesentlich identisch mit $f(z)$. Wir haben, um den Beweis streng zu gestalten, zu zeigen, dass die Differenz

$$f(z) \int_{\mathfrak{K}_r} \frac{\mathrm{d}\zeta}{\zeta - z} - \int_{\mathfrak{K}_r} \frac{f(\zeta)}{\zeta - z}\,\mathrm{d}\zeta = -\int_{\mathfrak{K}_r} \frac{f(\zeta) - f(z)}{\zeta - z}\,\mathrm{d}\zeta$$

für kleines r gegen Null konvergiert. Dabei geht ζ gegen z. Der Integrand nähert sich wegen der vorausgesetzten analytischen Regularität von $f(z)$ der Ableitung $f'(z)$, die selbst wegen ihrer Stetigkeit ihrem Betrag nach unter einer bestimmten Grenze liegt. Daher muss auch der Differenzenquotient $\left|\frac{f(\zeta)-f(z)}{\zeta-z}\right| < M$ in der Umgebung der Stelle z sein. Diese Abschätzung des Integranden liefert nach dem Mittelwertsatz

$$\left| \int_{\Re_r} \frac{f(\zeta) - f(z)}{\zeta - z} \, \mathrm{d}\zeta \right| < M \cdot 2\pi r,$$

geht aber mit r gegen Null, da M von r unabhängig ist. Folglich haben die beiden Integrale $f(z) \int_{\Re_r} \frac{\mathrm{d}\zeta}{\zeta - z}$ und $\int_{\Re_r} \frac{f(\zeta)}{\zeta - z} \, \mathrm{d}\zeta$ denselben Grenzwert. Da nun das zweite Integral von r unabhängig ist, darf ich es durch den Wert ersetzen, den das erste für $r = 0$ annimmt, und erhalte damit eine für jeden Radius r gültige Formel.

Um nun $\int_{\Re_r} \frac{\mathrm{d}\zeta}{\zeta - z}$ auszuwerten, setzen wir $\zeta - z = \zeta_1$, sodass $\mathrm{d}\zeta = \mathrm{d}\zeta_1$ ist, und bringen ζ_1 in die trigonometrische Form $\zeta_1 = r\,\mathrm{e}^{\mathrm{i}\varphi}$, sodass $\mathrm{d}\zeta_1 = r\mathrm{i}\,\mathrm{e}^{\mathrm{i}\varphi}\,\mathrm{d}\varphi$ wird; dann wird

$$\int_{\Re_r} \frac{\mathrm{d}\zeta}{\zeta - z} = \int_{\Re_r} \frac{\mathrm{d}\zeta_1}{\zeta_1} = \mathrm{i} \int_{\Re_r} \mathrm{d}\varphi = 2\pi\mathrm{i}.$$

Aber r hat sich weggehoben, sodass wir keinen Grenzübergang zu $r = 0$ mehr zu machen brauchen; es bleibt:

$$\int_{\mathfrak{L}} \frac{f(\zeta)}{\zeta - z} \, \mathrm{d}\zeta = 2\pi\mathrm{i} \cdot f(z).$$

Damit ist bewiesen:

Satz 4.1. *Ist $f(z)$ eine in einem einfach zusammenhängenden Gebiet G regulär analytische Funktion und $\mathfrak{L}$ irgendeine doppelpunktslose, geschlossene Kurve in G, dann ist der Wert der Funktion an einer Stelle im Inneren von $\mathfrak{L}$*

$$f(z) = \frac{1}{2\pi\mathrm{i}} \int_{\mathfrak{L}} \frac{f(\zeta)}{\zeta - z} \, \mathrm{d}\zeta.$$

Sobald also von einer regulär analytischen Funktion die Werte längs einer beliebigen doppelpunktslosen und geschlossenen Kurve $\mathfrak{L}$ gegeben sind, sind sie an jedem Punkt im Inneren von $\mathfrak{L}$ bestimmt.

Indessen sei bemerkt, dass auch auf der Kurve $\mathfrak{L}$ die Funktionswerte nicht beliebig vorgegeben sein dürfen, wenn $f(z)$ regulär analytisch sein soll.

4.2   Die Potenzentwicklung einer regulär analytischen Funktion

Die eben abgeleitete Integralformel von Cauchy ist die Fundamentalformel, von der wir jetzt ausgehen werden. Wir werden den für die Funktionentheorie sehr wichtigen Satz beweisen, dass man *jede regulär analytische Funktion an jeder Stelle*

*ihres Regularitätsbereiches in eine Potenzreihe entwickeln kann. Dabei lassen wir
jetzt die Annahme des einfachen Zusammenhangs des Definitionsbereiches fallen.*
Der hier genannte Satz zeigt, dass für den Funktionsbegriff im Komplexen ganz
andere Verhältnisse obwalten als im Reellen. Ehe wir aber an den Beweis herangehen können, müssen wir einige kurze Bemerkungen über *unendliche Reihen im
komplexen Gebiet* vorausschicken.

Liegt eine Reihe

$$a_1 + a_2 + a_3 + \cdots + a_n + \cdots$$

vor, so bildet man die Partialsummen

$$s_1 = a_1, \quad s_2 = a_1 + a_2, \quad s_3 = a_1 + a_2 + a_3, \quad \ldots \quad s_n = a_1 + a_2 + \cdots + a_n,$$

und so weiter. Der Begriff der *Konvergenz* ist im Komplexen ebenso definiert wie
im Reellen. Wir denken uns die Koeffizienten a_ν als Funktion von ν, betrachten also
$f_1(z) + f_2(z) + \cdots + f_n(z) + \cdots$ wo die Funktionen ein gemeinsames Definitionsgebiet
haben müssen.

Diese Reihe heißt an einer Stelle z *konvergent*, wenn für sie die Partialsummen
einen Limes haben; und zwar nennt man diesen Grenzwert die *Summe* der Reihe
an der betreffenden Stelle:

$$S(z) = \lim_{n \to \infty} s_n(z).$$

Der Inhalt dieser Gleichung ist folgender: Ist ε eine beliebig kleine vorgegebene
Größe, dann soll man zu der Stelle z ein $N = N(z, \varepsilon)$ angeben können, derart dass
für alle n, die der Ungleichung $n \geq N$ genügen, die Relation $|S(z) - s_n(z)| < \varepsilon$
besteht.

Fordern wir, dass dies für jede Stelle z eines Bereiches erfüllt ist, so haben wir
damit den strengen Ausdruck dafür angegeben, dass die Reihe in jedem Punkte
des Bereichs konvergiert.

Definition 4.2. Insbesondere sagen wir, die Reihe konvergiert in jenem Bereich
gleichmäßig, wenn N von z unabhängig ist, also bei festem ε für jedes z des Gebietes N dasselbe ist.

Das ist begrifflich durchaus verschieden, indem bei der Konvergenz schlichtweg N bei Änderung von z über alle Grenzen wachsen könnte, während wir hier
noch fordern, dass es *unter einer endlichen Grenze* bleibt.

Beispiel 4.3. Als Beispiel sei die folgende Reihe genannt:

$$\arctan(x) + \big(\arctan(2x) - \arctan(x)\big) + \big(\arctan(3x) - \arctan(2x)\big) + \cdots .$$

Sie konvergiert für jedes x, und zwar ist ihre Summe, da die n-te Partialsumme
$\arctan(nx)$ ist:

$$S(z) = \lim_{n \to \infty} \arctan(nx) = \begin{cases} \frac{\pi}{2} & \text{für } x > 0, \\ 0 & \text{für } x = 0, \\ -\frac{\pi}{2} & \text{für } x < 0. \end{cases}$$

Bis in beliebige Nähe von $x = 0$ hat die Reihe also die Summe $\pi/2$ beziehungsweise $-\pi/2$, in 0 selbst dagegen die Summe 0. Das liegt daran, dass hier N, wenn x auf 0 zugeht, über alle Grenzen wächst, obwohl in 0 selbst die Reihe konvergiert, nämlich einfach $N = 1$ ist. Bei $x = 0$ liegt eine Unstetigkeitsstelle. Also konvergiert diese Reihe nicht gleichmäßig. Zugleich sehen wir, dass aus der Konvergenz allein noch nicht die Stetigkeit folgt.

Wohl aber kann man *aus der gleichmäßigen Konvergenz die Stetigkeit folgern,* indem es hier gelingt, sie auf die Frage der Stetigkeit einer Summe von endlich vielen Gliedern zurückzuführen. Wir setzen voraus, dass *die aus lauter stetigen Gliedern gebildete Reihe*

$$f_1(z) + f_2(z) + f_3(z) + \cdots + f_n(z) + \cdots$$

in einem Bereich G gleichmäßig konvergiere, das heißt, dass wir, wie klein auch eine Zahl $\varepsilon/3$ gegeben sein mag, für irgendzwei Stellen z_1 und z_2 eine Zahl N angeben können, sodass für alle n mit $n \geq N$ gilt:

$$|S(z_2) - s_n(z_2)| < \varepsilon/3, \qquad |S(z_1) - s_n(z_1)| < \varepsilon/3.$$

Da $s_n(z)$ als Summe von endlich vielen stetigen Funktionen selbst stetig ist, können wir ein Intervall $|z_2 - z_1| < \delta$ angeben, für das $|s_n(z_2) - s_n(z_1)| < \varepsilon/3$ wird. Folglich wird in diesem Intervall

$$|S(z_2) - S(z_1)| = \left|\big(S(z_2) - s_n(z_2)\big) + s_n(z_2) - \big(S(z_1) - s_n(z_1)\big) - s_n(z_1)\right|$$
$$\leq |S(z_2) - s_n(z_2)| + |S(z_1) - s_n(z_1)| + |s_n(z_2) - s_n(z_1)| < \varepsilon,$$

womit die Stetigkeit von $S(z)$ nachgewiesen ist.

Dieser Schluss beruht wesentlich darauf, dass n eine endliche Zahl ist, da wir sonst die Stetigkeit von $s_n(z)$ nicht benutzen dürften.

Die Stetigkeit der Summe ist also leicht zu folgern, nicht aber ihre analytische Regularität aus der der einzelnen Glieder.

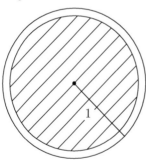

Es sei an dieser Stelle bald darauf aufmerksam gemacht, dass zwischen den Aussagen, eine Reihe konvergiere gleichmäßig in jedem Kreise um den Nullpunkt mit einem Radius < 1 und sie konvergiere gleichmäßig im Inneren des Einheitskreises, *wohl zu unterscheiden* ist. Denn die gleichmäßige Konvergenz haben wir nicht für ein Gebiet, sondern für einen Bereich mit Rand – eine „abgeschlossene" Punktmenge wie in der Abbildung links – definiert, und die Aussage der gleichmäßigen Konvergenz im Inneren eines Kreises bezieht sich auf alle darin liegenden Punkte mit *Einschluss* der Punkte der Peripherie.

Auch bei Funktionen reellen Arguments bezieht sich die Definition der gleichmäßigen Konvergenz auf ein Intervall mit Einschluss der Grenzen.

Wir wollen nun den wichtigen Satz beweisen:

Satz 4.4. *Die Integration einer in einem Bereiche gleichmäßig konvergenten Reihe über einen darin gegebenen Weg $\mathfrak{L}$ darf gliedweise ausgeführt werden:*

$$\int_{\mathfrak{L}} \sum_{k=1}^{\infty} f_k(z)\, dz = \int_{\mathfrak{L}} S(z)\, dz = \sum_{k=1}^{\infty} \int_{\mathfrak{L}} f_k(z)\, dz.$$

Die gleichmäßige Konvergenz besagt, dass ich zu jedem ε ein N bestimmen kann, sodass für jedes größere n an jeder Stelle der Kurve $\mathfrak{L}$, die ja ganz zum Bereich gehört, die Ungleichung gilt:

$$|S(z) - s_n(z)| < \varepsilon.$$

Hat die Kurve $\mathfrak{L}$ die Länge l, dann liefert die Benutzung des Mittelwertsatzes:

$$\left| \int_{\mathfrak{L}} S(z)\, dz - \int_{\mathfrak{L}} s_n(z)\, dz \right| = \left| \int_{\mathfrak{L}} \left(S(z) - s_n(z) \right) dz \right| < \varepsilon l.$$

Da aber n endlich ist, darf die Reihe $f_1(z) + f_2(z) + \cdots + f_n(z) = s_n(z)$ gliedweise integriert werden, wobei $\sum_{k=1}^{\infty} \int_{\mathfrak{L}} f_k(z)\, dz$ hervorgeht. Somit folgt

$$\left| \int_{\mathfrak{L}} S(z)\, dz - \sum_{k=1}^{n} \int_{\mathfrak{L}} f_k(z)\, dz \right| < \varepsilon l,$$

und dies bedeutet

$$\int_{\mathfrak{L}} S(z)\, dz = \lim_{n \to \infty} \sum_{k=1}^{n} \int_{\mathfrak{L}} f_k(z)\, dz = \sum_{k=1}^{\infty} \int_{\mathfrak{L}} f_k(z)\, dz.$$

Wichtig ist ferner der Begriff der *absoluten Konvergenz.*

Definition 4.5. Eine Reihe von Zahlen $a_1 + a_2 + a_3 + \cdots + a_n + \cdots$ heißt *absolut konvergent*, wenn die Reihe der absoluten Beträge $|a_1| + |a_2| + |a_3| + \cdots + |a_n| + \cdots$ konvergent ist.

Diese Bezeichnung bedarf einer gewissen *Rechtfertigung*, indem gezeigt werden muss, dass daraus die gewöhnliche Konvergenz gefolgert werden kann. Diese Frage ist hier inhaltsreicher als im Reellen, wo das Nehmen des absoluten Betrages ja nur von Einfluss auf das Vorzeichen ist. Den gleichen Begriff der absoluten Konvergenz wenden wir selbstverständlich auch auf eine Reihe von Funktionen $f_1(z) + f_2(z) + \cdots + f_n(z) + \cdots$ an. Beim Beweis davon, dass aus der Konvergenz von $|f_1(z)| + |f_2(z)| + |f_3(z)| + \cdots + |f_n(z)| + \cdots$ die Konvergenz von $f_1(z) + f_2(z) + \cdots + f_n(z) + \cdots$ gefolgert werden kann, stützen wir uns auf den von Cantor zur *Definition* der Irrationalzahl benutzten *Fundamentalsatz der Analysis.*

Eine Reihe $a_1 + a_2 + a_3 + \cdots + a_n + \cdots$ ist dann und nur dann konvergent, wenn es zu jedem ε ein $N(\varepsilon)$ gibt, derart dass für alle n mit $n \geq N$ und für alle positiven ganzen Zahlen ϱ die Ungleichung $|a_n + a_{n+1} + a_{n+2} + \cdots + a_{n+\varrho}| < \varepsilon$ besteht.

Demnach folgt aus der Voraussetzung der Konvergenz unserer Reihe der absoluten Beträge:

$$|f_n(z) + f_{n+1}(z) + \cdots + f_{n+\varrho}(z)| \leq |f_n(z)| + |f_{n+1}(z)| + \cdots + |f_{n+\varrho}(z)| < \varepsilon,$$

das heißt, die Reihe $f_1(z) + f_2(z) + \cdots + f_n(z) + \cdots$ konvergiert wirklich, was zu beweisen war.

Auch erkennt man hier unmittelbar, dass der Begriff der absoluten Konvergenz sehr viel spezieller ist als der der Konvergenz schlechthin. Weiss ich insbesondere, dass für jedes z eines Bereiches die absolute Konvergenz besteht, indem N nur von ε, nicht aber von der Stelle des Bereiches abhängt, so folgt dasselbe für die Ausgangsreihe. *Also zieht die absolute gleichmäßige Konvergenz einer Reihe ihre gleichmäßige Konvergenz nach sich.* Im Übrigen überlegt man sich leicht, dass gleichmäßige und absolute Konvergenz ganz verschiedene Begriffe sind, die sich nicht etwa auseinander ableiten lassen. Eine Reihe kann sehr wohl eine und nicht die andere der beiden Eigenschaften haben.

Diese Überlegung wollen wir benutzen, um den zu Beginn des Abschnitts angekündigten Satz zu beweisen, der die Entwickelbarkeit einer regulär analytischen Funktion in eine Potenzreihe behauptet. Wir gehen aus von der Cauchyschen Integralformel:

$$f(z) = \frac{1}{2\pi i} \int_{\varrho} \frac{f(\zeta)}{\zeta - z}\, d\zeta.$$

Nun nehmen wir als Randkurve einen ganz im Inneren des Definitionsgebietes G gelegenen Kreis $\mathfrak{K}$ um den Punkt z_0, an dem wir die Entwicklung vornehmen wollen. Somit wird $f(z)$ als regulär analytisch im Kreise $\mathfrak{K}$ inklusive des Randes vorausgesetzt, sogar noch darüber hinaus. Da sich um den Kreis im Definitionsgebiete von $f(z)$ ein einfach zusammenhängendes Gebiet abgrenzen lässt, dem alle Punkte des Kreisinneren mit Einschluss des Randes angehören, dürfen wir auf diesen die Cauchysche Integralformel anwenden:

$$f(z) = \frac{1}{2\pi i} \int_{\mathfrak{K}} \frac{f(\zeta)}{\zeta - z}\, d\zeta$$

gibt den Wert der analytischen Funktion $f(z)$ in irgendeinem Punkt z im Inneren des Kreises $\mathfrak{K}$.

Nun wollen wir der bequemeren Bezeichnung wegen den Mittelpunkt z_0, an dem wir die Entwicklung der Funktion in eine Potenzreihe vornehmen wollten, gleich Null setzen, was ja bloß auf eine Koordinatenverschiebung herauskommt. Dann lautet die Gleichung unseres Kreises vom festen endlichen Radius r: $z = r e^{i\varphi}$. Für Punkte auf dem Rande ist $|z| = r$, im Inneren $|z| < r$. Da ζ sich nur auf dem Kreis bewegt, ist $|\zeta| = r$, somit für die Punkte im Inneren des Kreises $|\zeta| > |z|$, sodass wir schreiben können:

$$\frac{1}{\zeta - z} = \frac{1}{\zeta} \cdot \frac{1}{1 - z/\zeta} = \frac{1}{\zeta} \cdot \frac{1}{1 - u} \qquad \text{mit } |u| < 1.$$

Der *Gedankengang* ist nun einfach der, dass wir $\frac{1}{1-u}$ in eine Reihe entwickeln, dies in die Cauchysche Formel eintragen und gliedweise integrieren.

Zunächst ist zu zeigen, dass auch im Komplexen die Entwicklung

$$\frac{1}{1-u} = 1 + u + u^2 + u^3 + \cdots$$

gilt. Dazu benutzen wir die algebraische Identität:

$$\frac{1}{1-u} = 1 + u + u^2 + u^3 + \cdots + u^n + \frac{u^{n+1}}{1-u}.$$

Nach dem Fundamentalsatz über Konvergenz ist nur zu zeigen, dass der Betrag des Restgliedes gegen Null konvergiert, wenn n über alle Grenzen wächst. Das erkennt man unmittelbar daraus, dass der Nenner $|1-u|$ im *Inneren* des Einheitskreises der u-Ebene mit Ausschluss des Randes eine in einem festen Punkte feste, von Null verschiedene Zahl bedeutet, während der Zähler $|u^{n+1}|$ für jeden Punkt im Inneren des Einheitskreises unter Ausschluss des Randes gegen Null geht. Für Punkte im Inneren des Einheitskreises ist die Reihe also *konvergent*, und die Entwicklung gilt. Zugleich zeigt dieser Beweis, dass die Reihe auch gleichmäßig konvergiert in einem Kreise, der ganz innerhalb des Einheitskreises liegt, während wir das für den Einheitskreis selber nicht etwa aussagen können!

Dasselbe Resultat hätten wir auch aus der Konvergenz beziehungsweise gleichmäßigen Konvergenz der geometrischen Reihe $1 + |u| + |u^2| + \cdots$ ableiten können (vergleiche Seite 184).

Hiernach ist

$$\frac{1}{\zeta - z} = \frac{1}{\zeta}\left(1 + \frac{z}{\zeta} + \frac{z^2}{\zeta^2} + \cdots + \frac{z^n}{\zeta^n}\right) = \frac{1}{\zeta} + \frac{z}{\zeta^2} + \frac{z^2}{\zeta^3} + \cdots, \qquad (4.6)$$

und zwar gilt dies für alle Punkte z im Inneren des Kreises $\mathfrak{K}$. Dabei ist unter $\mathfrak{K}$ nicht der „Grenzkreis", sondern ein kleinerer Kreis zu verstehen, sodass $f(z)$ noch über seinen Rand hinaus regulär analytisch ist. Da diese Reihe gleichmäßig konvergent ist, dürfen wir sie gliedweise integrieren, und erhalten:

$$f(z) = a_0 + a_1 z + a_2 z^2 + \cdots \qquad \text{mit} \qquad a_k = \frac{1}{2\pi i} \int_{\mathfrak{K}} \frac{f(\zeta)}{\zeta^{k+1}}\, d\zeta.$$

Die Koeffizientenbestimmung ist ganz anders als im Reellen. In eine solche Potenzreihe ist also eine regulär analytische Funktion für jeden einzelnen Punkt z im Innern des Kreises $\mathfrak{K}$ um den Nullpunkt entwickelbar. Diese Formel gilt für alle Kreise $\mathfrak{K}$ um 0 bis an den Grenzkreis exklusive heran.

Wollen wir jetzt zu einem beliebigen Kreismittelpunkt z_0 übergehen, so haben wir die Transformation $z - z_0 = z'$ einzuschieben und erhalten als Entwicklung der Funktion in eine Potenzreihe

$$f(z) = a_0 + a_1(z - z_0) + a_2(z - z_0)^2 + \cdots \qquad \text{mit} \qquad a_k = \frac{1}{2\pi i} \int_{\mathfrak{K}} \frac{f(\zeta)}{(\zeta - z_0)^{k+1}}\, d\zeta.$$

$$(4.7)$$

Wie diese Reihe sich auf dem Grenzkreise verhält, wissen wir nicht. Wir beschränken uns auf einen ganz darin gelegenen Kreis $\mathfrak{K}$. Wir überzeugen uns ganz leicht davon, dass unsere Reihe darin *gleichmäßig konvergiert*, indem wir das Restglied abschätzen. Durch gliedweise Integration der algebraischen Identität

$$\frac{f(\zeta)}{\zeta - z} = f(\zeta)\left(\frac{1}{\zeta} + \frac{z}{\zeta^2} + \frac{z^2}{\zeta^3} + \cdots + \frac{(z/\zeta)^n}{\zeta - z}\right)$$

bekommen wir

$$f(z) = a_0 + a_1 z + a_2 z^2 + \cdots + a_{n-1} z^{n-1} + R_n \qquad \text{mit} \qquad R_n = \frac{z^n}{2\pi\mathrm{i}} \int_{\mathfrak{K}} \frac{f(\zeta)}{\zeta^n(\zeta - z)}\, \mathrm{d}\zeta.$$

Nun ist $|\zeta| = r$, wobei r den Radius von $\mathfrak{K}$ bedeutet, also $|z| < qr$ mit $0 < q < 1$, und daher $|\zeta - z| \geq |\zeta| - |z| > r - rq$.

Bezeichnen wir das Maximum von $f(z)$ auf dem Kreise $\mathfrak{K}$ mit M, dann gilt

$$\left|\frac{f(\zeta)}{\zeta^n(\zeta - z)}\right| < \frac{M}{r^n(r - qr)}.$$

Mittels dieser oberen Grenze des Integranden ergibt sich als Abschätzung des Integrals

$$\left|\int_{\mathfrak{K}} \frac{f(\zeta)}{\zeta^n(\zeta - z)}\, \mathrm{d}\zeta\right| < \frac{M \cdot 2\pi r}{r^n(r - rq)}$$

und damit $|R_n| < \frac{(rq)^n}{2\pi} \frac{M \cdot 2\pi r}{r^n(r - rq)}$ oder $|R_n| < \frac{Mq^n}{1 - q}$. Und dies konvergiert mit über alle Grenzen wachsendem n gegen Null, da $q < 1$ ist.

Dies überträgt sich genauso auf den Fall, dass z_0 der Mittelpunkt eines ganz innerhalb des Grenzkreises liegenden Kreises $\mathfrak{K}$ ist. Es soll dann noch, da dies eine wichtige Formel ist, auch hier das Restglied angegeben werden:

$$R_n = \frac{(z - z_0)^n}{2\pi\mathrm{i}} \int \frac{f(\zeta)}{(\zeta - z_0)^n(\zeta - z)}\, \mathrm{d}\zeta. \qquad (4.8)$$

Es wird bei spezielleren Untersuchungen zu schärferen Abschätzungen benutzt.

Wir haben bewiesen:

Satz 4.9. *Jede regulär analytische Funktion $f(z)$ lässt sich an jeder Stelle ihres Definitionsbereiches in eine Potenzreihe entwickeln.*

Im Reellen verhält es sich damit ganz anders. Das liegt daran, dass die Voraussetzung der stetigen Differenzierbarkeit im Komplexen viel mehr besagt, wie sie denn schon die Cauchy-Riemannschen Differentialgleichungen lieferte. Unser Satz führt uns darauf, nun unabhängig vom Begriff der analytischen Funktion die Konvergenzeigenschaften im Komplexen zu untersuchen.

4.3   Die Potenzreihen im komplexen Gebiet

Wir wollen hier stets als Mittelpunkt der Konvergenzkreise den Nullpunkt wählen. Das erreichen wir, indem wir eine Potenzreihe von der Gestalt

$$a_0 + a_1 z + a_2 z^2 + a_3 z^3 + \cdots \tag{4.10}$$

zugrunde legen. Wir werden beweisen, dass das Konvergenzgebiet in diesem Falle ein Kreis um 0 ist. Gingen wir von der Reihe $a_0 + a_1(z - \zeta) + a_2(z - \zeta)^2 + \cdots$ aus, so würde sich zeigen, dass das Konvergenzgebiet ein Kreis um ζ ist. Zur Vereinfachung der Schreibweise betrachten wir lieber die Potenzreihe (4.10). Die Koeffizienten $a_0, a_1, a_2, \ldots$ bedeuten irgendwelche festen komplexen Zahlen.

Die erste Frage, die wir zu stellen haben werden, ist die nach der *Konvergenz*. Dabei sind von vornherein *drei mögliche Fälle* zu unterscheiden:

(1) Die Reihe ist für alle Werte von z divergent, ausgenommen natürlich für $z = 0$, wo sie sicher konvergent ist, nämlich den Wert a_0 hat.

(2) Die Reihe ist für manche Werte von z konvergent, für manche divergent.

(3) Die Reihe ist für alle Werte von z konvergent.

Die Fälle (1) und (3) sind trivial. Im dazwischenliegenden Falle, mit dem wir uns beschäftigen wollen, entsteht die Frage nach dem Konvergenzgebiet, und wir wollen zeigen, dass es dann ein Kreis um 0 ist.

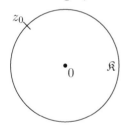

Zunächst behaupten wir: Konvergiert (4.10) für eine Stelle $z = z_0$, so konvergiert sie sicher auch für alle z, die der Ungleichung $|z| < |z_0|$ genügen, das heißt, die im Inneren eines um 0 geschlagenen, durch z_0 gehenden Kreises $\Re$ liegen.

Konvergiert nämlich die Reihe $a_0 + a_1 z_0 + a_2 z_0^2 + a_3 z_0^3 + \cdots$, so muss jedenfalls der Betrag eines jeden ihrer Glieder unterhalb einer festen Grenze M liegen. Schreiben wir nun (4.10) in der Form

$$a_0 + a_1 z_0 \cdot \frac{z}{z_0} + a_2 z_0^2 \left(\frac{z}{z_0}\right)^2 + a_3 z_0^3 \left(\frac{z}{z_0}\right)^3 + \cdots ,$$

so ist die Reihe der absoluten Beträge

$$|a_0| + |a_1 z_0| \left|\frac{z}{z_0}\right| + |a_2 z_0^2| \left|\frac{z}{z_0}\right|^2 + |a_3 z_0^3| \left|\frac{z}{z_0}\right|^3 + \cdots \tag{4.11}$$

in jedem ihrer Glieder kleiner als die Glieder der Reihe

$$M + M \cdot \left|\frac{z}{z_0}\right| + M \cdot \left|\frac{z}{z_0}\right|^2 + M \cdot \left|\frac{z}{z_0}\right|^3 + \cdots , \tag{4.12}$$

und dies ist für $|z| < |z_0|$ eine konvergente geometrische Reihe. Somit ist die Reihe der Beträge von (4.10) und damit erst recht (4.10) im genannten Kreise $\Re$ konvergent, was zu beweisen war.

Über die Punkte der Peripherie wissen wir nichts! Verlangen wir $|z| \leq q\,|z_0|$, wobei q eine reelle Zahl im Intervall $0 \leq q < 1$ bedeutet, so konvergiert die geometrische Reihe (4.12), die wir als *Majorantenreihe* von (4.11) bezeichnen können, auch gleichmäßig, daher erst recht (4.11) und damit natürlich (4.10) *gleichmäßig im Inneren eines jeden Kreises, der ganz* innerhalb *von $\mathfrak{K}$ liegt.*

In einem solchen Kreise lässt sich ja unabhängig von der Stelle z das Restglied der geometrischen Reihe und damit erst recht das seinem Betrage nach kleinere Restglied von (4.10) unter eine beliebig klein vorgegebene Zahl ε herabdrücken: $|R_n| < \varepsilon$ für alle n, die größer als eine bestimmte, allein von ε abhängige Zahl $N(\varepsilon)$ sind.

Hieraus ist nun leicht zu erkennen, dass das Konvergenzgebiet einer Potenzreihe überhaupt ein Kreis ist. Denn legen wir Fall (2) wie immer zugrunde, so gibt es für die Potenzreihe (4.10) außer 0 wenigstens einen Punkt z_0, in dem die Reihe konvergiert, und einen Punkt z_1, in dem sie divergiert. Wir denken uns nun um 0 einen Kreis durch z_0 gelegt, der sich allmählich aufblähen soll, bis er auf einen Divergenzpunkt stößt; einmal muss dies ja eintreten, nämlich spätestens, wenn der Kreis den Punkt z_1 erreicht hat.

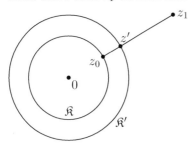

Um dieses anschauliche Bild begrifflich zu fassen, denken wir uns z_0 und z_1 durch eine gerade Linie verbunden und betrachten die darauf gelegene Punktmenge. Durch irgendeinen Punkt z' davon legen wir einen zu $\mathfrak{K}$ konzentrischen Kreis $\mathfrak{K}'$ (siehe Abbildung 4.1). Konvergiert die Reihe in z', so konvergiert sie im Inneren von $\mathfrak{K}'$, also insbesondere auf der Strecke von z_0 bis z', während wir über die Strecke von z' bis z_1 nichts aussagen können. Divergiert die Reihe aber in z', so können wir über das Intervall von z_0 bis z' nichts aussagen, wohl aber, dass sie im Intervall von z' bis z_1 sicher divergiert. Gäbe es nämlich darin einen Punkt, in dem sie konvergierte, so müsste sie, wie bewiesen, auch in jedem darin gegebenen Kreise, insbesondere entgegen der Annahme in z' konvergieren.

Abbildung 4.1: Konvergenzkreis

Schreiten wir also von z_0 bis z_1 fort, so durchlaufen wir vielleicht zuerst weitere Konvergenzpunkte, stoßen sicher aber nicht wieder auf einen solchen, nachdem wir einmal zu einem Divergenzpunkt gekommen sind. Und das tritt mindestens in z_1 ein. Danach ist zu schließen – begrifflich wie beim Dedekindschen Schnitt, dass es auf der Strecke von z_0 nach z_1 einen ganz bestimmten Grenzpunkt z' geben muss, derart dass in beliebiger Nähe von z' Konvergenz- wie Divergenzpunkte liegen, Konvergenzpunkte auf der Strecke von z_0 nach z', Divergenzpunkte auf der von z' nach z_1.

Der Kreis $\mathfrak{K}'$ durch z' hat nun die Eigenschaft, in der Ebene die Konvergenz- und Divergenzpunkte zu trennen. Ist nämlich z ein Punkt im Inneren von $\mathfrak{K}'$, so lege ich zwischen z und $\mathfrak{K}'$ einen Kreis $\mathfrak{K}''$ um 0, der die Strecke von z_0 nach z' in einem Punkte z'' schneidet. Dann konvergiert infolge der Definition des

Grenzpunktes z' die Reihe in z'', also auch innerhalb $\mathfrak{K}''$ und daher in z. Ebenso ist zu schließen, dass jeder Punkt z außerhalb von $\mathfrak{K}'$ ein Divergenzpunkt ist. Legen wir nämlich zwischen z und $\mathfrak{K}'$ einen Kreis $\mathfrak{K}''$ um 0, so ist sein Schnittpunkt z'' mit der Strecke von z' nach z_1 nach der Definition von z' ein Divergenzpunkt, und dass könnte nicht sein, wenn z ein Konvergenzpunkt wäre. Der so definierte

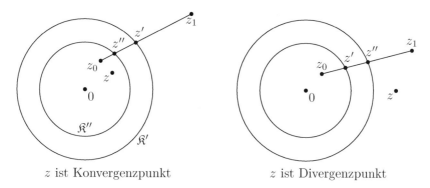

z ist Konvergenzpunkt   z ist Divergenzpunkt

Abbildung 4.2: Konvergenz und Divergenz von Potenzreihen

Kreis $\mathfrak{K}'$ trennt also Konvergenz- von Divergenzpunkten; er heißt *Konvergenzkreis* der Potenzreihe (4.10). Damit ist bewiesen:

Satz 4.13. *Der Konvergenzbereich einer – teils konvergenten, teils divergenten – Potenzreihe ist stets ein Kreis, der so genannte* Konvergenzkreis. *Für das Gebiet in seinem Innern ist die Potenzreihe konvergent und sogar absolut konvergent, für alle Punkte außerhalb ist sie divergent. In jedem ganz innerhalb des Konvergenzkreises gelegenen Kreise ist die Reihe gleichmäßig konvergent.*

Nun ist zu fragen, wie sich die Potenzreihe *auf dem Konvergenzkreise* verhält. Da *kann alles passieren*: Sie kann überall konvergent, überall divergent oder teils konvergent, teils divergent sein. Es gibt hierüber eine umfangreiche Theorie, auf die wir hier aber nicht eingehen wollen, da sie für die Theorie der analytischen Funktionen nicht wichtig ist. Wir wollen bloß die einzelnen Fälle mit Beispielen belegen und greifen zwei chrakteristische einfach heraus.

Beispiel 4.14. Die Reihe

$$1 + z + z^2 + z^3 + \cdots$$

hat zum Konvergenzkreis den Einheitskreis. Die Punkte $z = \pm 1$, wo die Reihe $1 + 1 + 1 + 1 + \cdots$ beziehungsweise $1 - 1 + 1 - 1 \pm \cdots$ lautet, nehmen wir gesondert vor und sehen unmittelbar, dass die Reihe dort divergiert. Dasselbe gilt für jeden anderen Punkt z auf dem Einheitskreise. Denn $z = e^{i\varphi}$ liefert für $\varphi \neq 0$ alle Punkte des Einheitskreises außer $z = +1$, und die Reihe

$$1 + \big(\cos(\varphi) + i\sin(\varphi)\big) + \big(\cos(2\varphi) + i\sin(2\varphi)\big) + \big(\cos(3\varphi) + i\sin(3\varphi)\big) + \cdots,$$

deren Real- und Imaginärteil Fouriersche Reihen sind, divergiert. Auch erkennt man unmittelbar, dass die n-te Partialsumme

$$s_n = \frac{z^{n+1} - 1}{z - 1} = \frac{\mathrm{e}^{\mathrm{i}(n+1)\varphi} - 1}{\mathrm{e}^{\mathrm{i}\varphi} - 1}$$

mit wachsendem n durchaus nicht gegen eine bestimmte Grenze konvergiert. Also ist diese Reihe überall auf ihrem Konvergenzkreise divergent.

Beispiel 4.15. Die Reihe

$$\frac{z}{1} + \frac{z^2}{2} + \frac{z^3}{3} + \cdots$$

hat auch zum Konvergenzkreis den Einheitskreis. Bei $z = 1$ ist sie divergent, sonst überall auf dem Einheitskreise konvergent. Insbesondere ist ihr Wert bei $z = -1$

$$-\left(1 - \frac{1}{2} + \frac{1}{3} - \frac{1}{4} \pm \cdots\right) = -\ln(2).$$

Die Hauptsätze dieser Theorie stammen von Abel.

Es sei noch erwähnt, dass eine überall konvergente Reihe in jedem im Endlichen gelegenen Kreise gleichmäßig konvergiert. Das erkennt man, indem man den Kreis als ganz innerhalb eines größeren Kreises liegend denkt.

Den Fall einer überall außer in 0 divergenten Reihe wollen wir stets ausschließen. Alsdann stellt die Potenzreihe für die Punkte, in denen sie als konvergent vorausgesetzt beziehungsweise erkannt ist, eine ganz bestimmte Funktion von z dar:

$$a_0 + a_1 z + a_2 z^2 + \cdots = f(z).$$

Im Inneren ihres Konvergenzkreises $\mathfrak{K}$ mit Ausschluss des Randes ist sie sicher stetig, da sie in jedem ganz innerhalb des Konvergenzkreises gelegenen Kreise gleichmäßig konvergiert (siehe Seite 182).

Wir behaupten aber weiter, dass $f(z)$ analytisch ist, das heißt, einen von der Richtung unabhängigen Differentialquotienten hat, nämlich die durch gliedweise Differentiation entstehende Reihe.

Dazu betrachten wir diese und wollen zunächst zeigen, dass sie für jeden innerhalb $\mathfrak{K}$ gelegenen Kreis $\mathfrak{K}_1$ gleichmäßig konvergiert. Es sei r der Radius von $\mathfrak{K}$, $r - 2\varepsilon r$ der von $\mathfrak{K}_1$. Dann schieben wir einen konzentrischen Zwischenkreis $\mathfrak{K}_2$ vom Radius $r(1 - \varepsilon)$ ein wie in Abbildung 4.3. Auf dessen Rande liegt der Betrag des allgemeinen Gliedes von $f(z)$ sicher unter einer festen Grenze $|a_k|\,(1-\varepsilon)^k \cdot r^k < M$. Das allgemeine Glied von

$$g(z) = a_1 + 2a_2 z + 3a_3 z^2 + \cdots$$

ist für alle Punkte innerhalb $\mathfrak{K}_1$, wo $|z| \le (1 - 2\varepsilon)r$ ist, seinem Betrage nach:

$$k\,|a_k| \cdot |z|^{k-1} \le k\,|a_k|\,(1 - 2\varepsilon)^{k-1} \cdot r^{k-1}$$

$$= k\left(\frac{1 - 2\varepsilon}{1 - \varepsilon}\right)^{k-1} \cdot |a_k|\,(1-\varepsilon)^k \cdot r^k \frac{1}{r(1-\varepsilon)} < \frac{kM}{r(1-\varepsilon)} \cdot \left(\frac{1 - 2\varepsilon}{1 - \varepsilon}\right)^{k-1}.$$

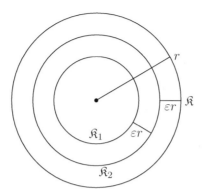

Abbildung 4.3: Zur gleichmäßigen Konvergenz von Potenzreihen

Hier ist $\frac{M}{r(1-\varepsilon)} = M_1$ eine feste Zahl. Setzen wir $\frac{1-2\varepsilon}{1-\varepsilon} = q$, wo $0 < q < 1$ ist, so bekommen wir als obere Grenze des absoluten Betrages des allgemeinen Gliedes von $g(z)$:

$$k \cdot |a_k| \cdot |z|^{k-1} < M_1 \cdot k \cdot q^{k-1}.$$

Da aber die Majorantenreihe für $q < 1$ gleichmäßig konvergiert – sie lautet $1 + 2q + 3q^2 + \cdots$ – konvergiert $g(z)$ in $\mathfrak{K}_1$ gleichmäßig, übrigens auch absolut, also im Innern jedes Kreises, der ganz innerhalb $\mathfrak{K}$ gelegen ist.

Also ist entweder $\mathfrak{K}$ selbst oder sogar ein größerer Kreis $\mathfrak{K}'$ der Konvergenzkreis von $g(z)$. Darin dürfen wir $g(z)$ nach Satz 4.4 gliedweise integrieren und bekommen eine in $\mathfrak{K}$ konvergente Reihe, die auch $\mathfrak{K}'$ oder einen größeren Kreis zum Konvergenzkreis hat. Da aber hierbei $f(z)$ entsteht, folgt, dass $\mathfrak{K}'$ mit $\mathfrak{K}$ identisch ist.

Damit ist gezeigt, das die betrachtete Reihe $g(z)$ die Ableitung von $f(z)$ ist und denselben Konvergenzkreis hat. Folglich ist $f(z)$ eine analytische Funktion für alle z im Innern des Konvergenzkreises unter Ausschluss des Randes, und wir können $g(z)$ mit $f'(z)$ bezeichnen. Also:

Satz 4.16. *Eine Potenzreihe stellt im Innern ihres Konvergenzkreises eine regulär analytische Funktion dar. Die Ableitung wird durch formale gliedweise Differentiation gebildet.*

Damit ist sozusagen die *Umkehrung von Satz* 4.9 bewiesen, wonach *jede regulär analytische Funktion in eine Potenzreihe entwickelt werden kann.*

Wir können noch mehr schließen, indem wir jetzt denselben Satz auf $f'(z)$ anwenden. Diese Funktion ist hiernach wieder analytisch; ihre Ableitung f'' heißt die *zweite Ableitung* von $f(z)$, und so weiter. Indem wir so fortfahren, sehen wir bei Bildung von $f^{(k)}(z)$, wenn wir $z = 0$ setzen:

$$a_k = \frac{1}{k!} f^{(k)}_{z=0}(z), \tag{4.17}$$

das heißt, wir erhalten für die Funktion $f(z)$ dieselbe Taylorsche oder MacLaurin-sche Reihenentwicklung, die uns aus dem Reellen geläufig ist.

Dies zeigt auch, dass eine analytische Funktion nur *auf eine Weise* in eine Potenzreihe von irgendeiner Stelle aus entwickelt werden kann. Haben wir eine

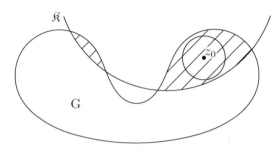

Abbildung 4.4: Übereinstimmung einer analytischen Funktion mit ihrer Potenzreihenentwicklung

in einem Gebiet G definierte Funktion $g(z)$ und eine im Kreise $\mathfrak{K}$ konvergente Potenzreihe $f(z)$, die entstanden sein möge, indem wir $g(z)$ an einer Stelle z_0 entwickeln, so kann es geschehen, dass G und $\mathfrak{K}$ sich mehrfach schneiden wie in Abbildung 4.4. In dem z_0 enthaltenden Stücke sind dann $g(z)$ und $f(z)$ wegen der Eindeutigkeit der Potenzreihenentwicklung sicher so weit identisch, als ein Kreis reicht, der ganz in diesem gemeinsamen Stück liegt und um z_0 geschlagen ist. Im anderen Stück brauchen $g(z)$ und $f(z)$ aber keineswegs identisch zu sein, wofür wir auch noch Beispiele kennen lernen werden. Mit dieser Beschränkung können wir nach unserem letzten Satz sagen, indem wir uns zunächst nach Satz 4.9 eine Reihenentwicklung hergestellt denken:

Satz 4.18. *Eine regulär analytische Funktion kann in jedem Punkte ihres Definitionsgebietes beliebig oft differenziert werden, indem ihre Ableitungen dort immer wieder regulär analytisch sind.*

Das ist ganz anders als im Reellen!

Aus der früheren Cauchyschen (Gleichung (4.7)) und jetzt Taylorschen Darstellung der Koeffizienten erhalten wir auch noch eine wichtige Formel zur Berechnung der n-ten Ableitung einer regulär analytischen Funktion:

$$f^{(k)}(z) = \frac{k!}{2\pi\mathrm{i}} \int \frac{f(\zeta)}{(\zeta - z)^{k+1}} \, \mathrm{d}\zeta, \qquad (4.19)$$

wobei die Integration auszuführen ist über einen in G liegenden Kreis um z. Stattdessen können wir auch nach den Bemerkungen zum Cauchyschen Integralsatz von Seite 163 über irgendeine z umschließende, doppelpunktslose geschlossene Kurve $\mathfrak{L}$, die ganz in G liegt, integrieren.

Dasselbe Resultat hätten wir auch aus der Cauchyschen Integralformel $f(z) = \frac{1}{2\pi\mathrm{i}} \int \frac{f(\zeta)}{\zeta - z} \, \mathrm{d}\zeta$, die den Ausgangspunkt unserer Betrachtung bildete, direkt ableiten können; dazu hätten wir darin unter dem Integralzeichen differenzieren müssen, wofür aber auch eine Begründung erforderlich gewesen wäre. Recht bequem ist es ja, die *Wechselbeziehungen zwischen analytischen Funktionen und Potenzreihen* zu benutzen, was hier weiter geschehen soll.

Eine zweite Anwendung der Potenzentwicklung einer regulär analytischen Funktion $f(z)$ wird uns lehren, dass die Nullstellen von $f(z)$ „isoliert" liegen, das heißt, dass in beliebiger Nähe einer Nullstelle z_0 keine weiteren Nullstellen liegen. Man kann, so wird behauptet, um eine Nullstelle z_0 einen Kreis schlagen, in dem $f(z)$ nirgends sonst als in z_0 verschwindet. Auch das ist ganz anders als im Reellen, wo es leicht ist, Funktionen zu konstruieren, deren Nullstellen sich verdichten.

Wir entwickeln an der Stelle z_0 die Funktion $f(z)$ in eine Potenzreihe, die in einem gewissen Konvergenzkreise konvergiere:

$$f(z) = a_0 + a_1(z - z_0) + a_2(z - z_0)^2 + a_3(z - z_0)^3 + \cdots$$

Da $f(z_0) = 0$ vorausgesetzt ist, ist $a_0 = 0$. Außerdem können noch andere Koeffizienten verschwinden; es möge sein:

$$f(z) = a_m(z - z_0)^m + a_{m+1}(z - z_0)^{m+1} + \cdots,$$

wo a_m im Allgemeinen a_1 sein wird. Jedenfalls aber muss es einen ersten nicht verschwindenden Koeffizienten geben, wenn nicht $f(z)$ in der Umgebung von z_0 identisch verschwinden sollte. Diesen Fall, von dem wir bald zeigen werden, dass er nur eintreten kann, wenn überhaupt $f(z) = 0$ ist, müssen wir vorläufig ausschließen. Dann können wir unsere Reihe auch so schreiben:

$$f(z) = (z - z_0)^m \cdot \big(a_m + a_{m+1}(z - z_0) + a_{m+2}(z - z_0)^2 + \cdots\big)$$

für ein $m \geq 1$ mit $a_m \neq 0$.

Die in der Klammer stehende Potenzreihe ist eine stetige Funktion, die für $z = z_0$ den Wert a_m hat. Folglich kann ich um z_0 eine kreisförmige Umgebung $\mathfrak{K}$ abgrenzen, in der sich der Wert der Potenzreihe vom Werte in z_0 um weniger als, sagen wir, $|a_m|/2$ unterscheidet. Dann ist der absolute Betrag des Wertes der Potenzreihe überall in $\mathfrak{K}$ größer als $|a_m|/2$, also sicherlich von Null verschieden. Wegen des Faktors $(z - z_0)^m$ verschwindet daher $f(z)$ in $\mathfrak{K}$ nur an der Stelle z_0, wie es behauptet war.

Nun können wir zeigen, dass in dem zunächst ausgeschalteten Falle, dass $f(z)$ in der Umgebung von z_0 identisch verschwindet, $f(z)$ überhaupt überall im Definitionsgebiet identisch verschwindet. Gäbe es nämlich einen Punkt z im Definitionsgebiet von $f(z)$, in dem $f(z)$ nicht verschwindet, dann verbinde ich ihn mit z_0 durch eine ganz in G gelegene Kurve. Laufe ich auf ihr entlang, von z_0 aus, so muss ich bei den Annahmen, die hier zugrunde liegen, bis zu einem Punkte z' kommen, bis zu dem $f(z)$ Null ist, ohne dass ich über z' hinaus gehen könnte, sodass $f(z)$ Null bleibt. Dann hat die Funktion dort wegen der Stetigkeit noch gerade den Wert 0. Da er zu G gehört, kann ich dort $f(z)$ in eine Potenzreihe entwickeln. In deren Konvergenzkreise $\mathfrak{K}'$ müsste dann nach dem bewiesenen Satze $f(z)$, da bei z' keine isolierte Nullstelle liegt, identisch verschwinden, und das widerspricht der Definition von z'! Also kann es in G keinen Punkt z geben, in dem $f(z)$ nicht verschwände. Der vorher ausgeschlossene Fall hat sich damit als trivial herausgestellt, und unser Satz lautet:

Satz 4.20. *Die Nullstellen einer regulär analytischen Funktion – die nicht selbst in ihrem ganzen zusammenhängenden Definitionsbereich identisch verschwindet – liegen isoliert, vorausgesetzt, dass im ganzen zugrunde gelegten Gebiete mit Rand keine singuläre Stelle liegt.*

Die Regularität an der fraglichen Stelle wurde im Beweis benutzt!

Aus diesem Satze können wir sofort die Folgerung ziehen:

Folgerung 4.21. *Eine analytische Funktion, die nicht überall in ihrem zusammenhängenden Definitionsgebiet konstant ist, ist nirgends darin konstant.*

Wäre nämlich etwa auf einem Kurvenstück im Definitionsgebiet von $f(z)$ die Funktion überall c, so müsste die regulär analytische Funktion $f(z) - c$ überall im Definitionsgebiet von $f(z)$ verschwinden. Hieraus ergibt sich eine Reihe weiterer Sätze.

Es seien zwei analytische Funktionen $f_1(z)$ und $f_2(z)$ im selben zusammenhängenden Gebiet G erklärt. Sie mögen in unendlich vielen Punkten von G übereinstimmen, die eine in G (das heißt, im Innern) liegende Verdichtungsstelle haben mögen. Dort ist überall die Differenz $f_1(z) - f_2(z) = 0$, und da die an der Verdichtungsstelle liegende Nullstelle dieser analytischen Funktion nicht isoliert ist, muss überall in G

$$f_1(z) - f_2(z) = 0$$

sein, das heißt, die Funktionen $f_1(z)$ und $f_2(z)$ sind überhaupt identisch. Somit haben wir den Satz:

Satz 4.22. *Stimmen zwei regulär analytische Funktionen an unendlich vielen Stellen ihres zusammenhängenden Definitionsgebietes G, die in G eine Verdichtungsstelle haben, überein, so sind sie überhaupt identisch.*

Eine einfache Anwendung dieses Satzes ist folgender Satz:

Folgerung 4.23. *Sind zwei im selben zusammenhängenden Definitionsgebiet G erklärte regulär analytische Funktionen längs eines noch so kleinen Kurvenstücks identisch, dann sind sie in G überhaupt identisch.*

In dieser Form wird der Satz am meisten gebraucht.

Im Reellen ist dies gar nicht der Fall. Anfangs glaubten es die Analytiker, und die bei der Untersuchung der Fourierschen Reihe zu tage tretenden Resultate machten ihnen deshalb zuerst Sorge. Es liegt eben so, dass der Satz sich bloß auf analytische Funktionen bezieht. Und wesentlich ist, dass G ein *zusammenhängendes Gebiet* ist, eine Voraussetzung, die wir ja stets über das Definitionsgebiet der analytischen Funktionen gemacht haben.

Beispiel 4.24. Die Funktionen $f_1(z) = \log z$ und $f_2(z) = \log z$, von denen wir festsetzen wollen, dass sie in I identisch sein sollen, und von denen die eine in G_1, die andere in G_2 definiert sei – siehe Abbildung 4.5 – sind in II nicht identisch, sondern sie unterscheiden sich dort um $2\pi i$.

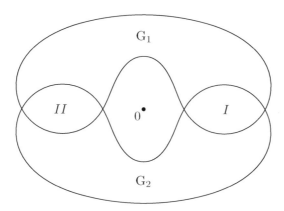

Abbildung 4.5: Zwei verschiedene Zweige des Logarithmus

Hieran schließt sich eine einfache Bemerkung über die Konformität einer Abbildung an. Ist $f'(z_0) = 0$, so ist in der Umgebung dieser Stelle

$$f(z) - f(z_0) = a_m(z - z_0)^m + \cdots$$

mit $a_m \neq 0$ für ein $m \geq 2$, sofern nicht f konstant ist.

Mittels derselben Schlüsse wie bei den rationalen Funktionen (siehe Satz 2.13) sehen wir, wenn wir den Quotienten

$$\frac{\tilde{z} - z_0}{z - z_0}$$

beim Grenzübergang $z, \tilde{z} \to z_0$ gegen eine bestimmte Grenze konvergieren lassen, dass die Formel

$$\frac{\tilde{w} - w_0}{w - w_0} = \left(\frac{\tilde{z} - z_0}{z - z_0}\right)^m \cdot \frac{a_m + (\tilde{z} - z_0)a_{m+1} + \cdots}{a_m + (z - z_0)a_{m+1} + \cdots}$$

eine Ver-m-fachung des Winkels an der Stelle z_0 bedeutet. Zugleich zeigt der Satz von der Isoliertheit der Nullstellen, angewandt auf $f(z)$, dass die Konformität sicherlich bloß an isolierten Stellen durchbrochen ist. Vom Falle $f = \text{const}$ ist dabei natürlich abzusehen.

4.3.1 Formale Erzeugungsprinzipien analytischer Funktionen

Aus der Wechselbeziehung der analytischen Funktionen und der Potenzreihen wollen wir nun weitere *formale Erzeugungsprinzipien analytischer Funktionen* herleiten.

Sind $f(z)$ und $g(z)$ zwei in einem zusammenhängenden Gebiet G definierte regulär analytische Funktionen, so lassen sie sich an irgendeiner Stelle z_0 von G in Potenzreihen entwickeln:

$$f(z) - \sum_{k=0}^{\infty} a_k (z - z_0)^k, \qquad g(z) = \sum_{k=0}^{\infty} b_k (z - z_0)^k.$$

Dann ist, wie wir in Abschnitt 2.5 sahen, auch $f(z) \pm g(z)$ analytisch, also (mindestens) im kleineren der beiden Konvergenzkreise dieser Potenzreihen entwickelbar. Beachten wir die Koeffizientenbestimmung in (4.7), so folgt

$$f(z) \pm g(z) = \sum_{k=0}^{\infty} (a_k + b_k)(z - z_0)^k.$$

Etwas komplizierter gestaltet sich die Produktbildung $f(z) \cdot g(z)$, wo wir zwei Potenzreihen zu multiplizieren haben. Übertragen wir das, was wir zu tun haben, wenn wir endliche Summen multiplizieren sollten, formal auf die unendlichen Reihen, dann bekommen wir als allgemeines Glied:

$$(a_0 b_k + a_1 b_{k-1} + a_2 b_{k-2} + \cdots + a_{k-1} b_1 + a_k b_0)(z - z_0)^k.$$

Doch fragt es sich, ob diese Reihe konvergent ist und $f(z) \cdot g(z)$ darstellt. Das könnte man auf zwei Arten nachweisen. Nach der ersten Methode, die wir hier nicht verwenden wollen, müssten wir zeigen, dass wir die Reihen so multiplizieren dürfen, weil sie im kleineren Kreise absolut konvergieren. Doch wir gehen anders vor. Wir wissen bereits, dass $f(z) \cdot g(z)$ regulär analytisch ist (siehe Abschnitt 2.5), dass wir daher $f(z) \cdot g(z)$ im kleineren der beiden Kreise um irgendeinen Punkt z_0 von G in eine Potenzreihe

$$f(z) \cdot g(z) = \sum_{\lambda=0}^{\infty} c_\lambda (z - z_0)^\lambda$$

entwickeln dürfen, wo nur die Koeffizienten unbekannt sind. Diese *„Methode der unbestimmten Koeffizienten"* ist hier anwendbar, weil wir wissen, dass so eine Reihe existiert.

Wir benutzen nun die Taylorsche Koeffizientenbestimmung (4.17):

$$c_l = \frac{1}{l!} \big(f(z) \cdot g(z) \big)_{z=z_0}^{(l)}.$$

Aus der Differentialrechnung ist aber bekannt, dass

$$(f(z) \cdot g(z))^{(l)} = \sum_{h+k=l} \frac{l!}{h! k!} f^{(k)}(z) \cdot g^{(l)}(z)$$

ist, wonach

$$c_l = \sum_{h+k=l} \frac{f^{(h)}(z_0)}{h!} \cdot \frac{g^{(k)}(z_0)}{k!}$$

wird, und dafür können wir nach Benutzung der beiden Taylorschen Formeln

$$a_h = \frac{1}{h!} f^{(h)}(z_0), \qquad b_k = \frac{1}{k!} g^{(k)}(z_0)$$

schließlich

$$c_l = \sum_{h+k=l} a_h \cdot b_k$$

schreiben. Damit ist bewiesen:

Satz 4.25. *Man darf zwei Potenzreihen (mit demselben Mittelpunkt z_0 des Konvergenzkreises) im gemeinsamen Konvergenzkreise gliedweise miteinander multiplizieren und gleich hohe Potenzen von $z - z_0$ zu einem Gliede zusammenfassen.*

Die Koeffizienten lauten also:

$$c_0 = a_0 b_0, \qquad c_1 = a_0 b_1 + a_1 b_0, \qquad c_2 = a_0 b_2 + a_1 b_1 + a_2 b_0, \qquad \dots .$$

Nun kommen wir zur inversen Operation, der *Division* zweier analytischer Funktionen $h(z)$ und $f(z)$. Um den Quotienten an der Stelle z_0 in eine Potenzreihe entwickeln zu können, müssen wir $f(z_0) \neq 0$ voraussetzen und uns auf einen solchen Teilkreis des kleineren der beiden Konvergenzkreise beschränken, dass $f(z)$ nirgends darin verschwindet. Darin ist also der Quotient als regulär analytische Funktion (siehe Abschnitt 2.5) in eine Potenzreihe entwickelbar, sodass wir wieder die Methode der unbestimmten Koeffizienten anwenden dürfen. Es sei

$$h(z) = \sum_{l=0}^{\infty} c_l (z - z_0)^l, \qquad f(z) = \sum_{h=0}^{\infty} a_h (z - z_0)^h.$$

Wir setzen an:

$$g(z) = \frac{h(z)}{f(z)} = \sum_{k=0}^{\infty} b_k (z - z_0)^k.$$

Da hieraus $h(z) = f(z)g(z)$ folgt, müssen bei den gewählten Bezeichnungen zwischen den Koeffizienten die alten Relationen bestehen. Aus ihnen sind jetzt für die gegebenen a_ν und c_ν die b_ν zu berechnen.

Das scheint zunächst das verwickelte Problem der Bestimmung von unendlich vielen Unbekannten aus unendlich vielen Gleichungen zu sein. Doch die Rechnung ist hier einfach, weil wir es mit *Rekursionsformeln* zu tun haben, sodass wir die Unbekannten sukzessive berechnen können. Sonst wäre es notwendig gewesen, eine schwierige Elimination vorzunehmen, wozu wir die Gleichungen gerade auf diese Form hätten bringen müssen. In jeder der Gleichungen tritt gerade als Koeffizient der aus ihr zu berechnenden Unbekannten a_0 auf, sodass unsere Voraussetzung $f(z_0) = a_0 \neq 0$ sich hier wesentlich geltend macht.

Wären wir umgekehrt vorgegangen, indem wir erst die Methode der unbestimmten Koeffizienten angewandt hätten, ohne die Analytizität von $h(z)/f(z)$ vorher bewiesen zu haben, so wäre noch ein schwieriger Nachweis der Konvergenz der entstehenden Reihe erforderlich gewesen.

Bisher hat sich gezeigt, dass die formal vorgenommenen Operationen bei Potenzreihen berechtigt sind. Da wir das weitere, früher abgeleitete Erzeugungsprinzip einer zusammengesetzten Funktion zur Untersuchung der Potenzreihen nutzbar machen, wollen wir nun von Potenzreihen ausgehend ein neues, *von Weierstraß herrührendes Erzeugungsprinzip* aufstellen, dem sich jedes Prinzip unterordnet.

Satz 4.26. *Es seien $f_1(z)$, $f_2(z)$, $f_3(z)$, ... unendlich viele, in einem Gebiete G definierte, analytische Funktionen, und die durch ihre Summation entstehende Reihe*

$$F(z) = f_1(z) + f_2(z) + f_3(z) + \cdots$$

soll in jedem Teilbereiche, der von irgendwelcher ganz in G liegenden, doppelpunktslosen, geschlossenen Kurve $\mathfrak{L}$ umgrenzt wird, gleichmäßig konvergent sein. Dann ist $F(z)$ eine im Gebiete G regulär analytische Funktion.

Wir haben also zu zeigen, dass $F(z)$ eine stetige, durch gliedweise Differentiation entstehende Ableitung hat. Die gleichmäßige Konvergenz von $f_1'(z) + f_2'(z) + \cdots$, die im Reellen vorauszusetzen wäre, ist hier beweisbar.

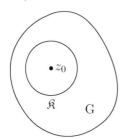

Der Beweis beruht im Wesentlichen auf der Cauchyschen Integralformel. Wir fassen eine Stelle z_0 des gemeinsamen Definitionsgebietes der Funktionen f_k auf und schlagen um sie einen Kreis $\mathfrak{K}$, der mit seinem Rande ganz zu G gehört. Dann gilt für diese Funktionen die Cauchysche Integralformel

$$f_k(z) = \frac{1}{2\pi i} \int_{\mathfrak{K}} \frac{f_k(\zeta)}{\zeta - z} \, d\zeta.$$

Nun konvergiert nach unseren Voraussetzungen die Reihe gleichmäßig auf $\mathfrak{K}$, da der Rand von $\mathfrak{K}$ auch noch zu G gehören sollte. Folglich dürfen wir die Reihenfolge der Summation und Integration vertauschen und erhalten:

$$F(z) = \sum_{k=1}^{\infty} f_k(z) \, dz = \frac{1}{2\pi i} \sum_{k=1}^{\infty} \int_{\mathfrak{K}} \frac{f_k(\zeta)}{\zeta - z} \, d\zeta = \frac{1}{2\pi i} \int_{\mathfrak{K}} \sum_{k=1}^{\infty} \frac{f_k(\zeta)}{\zeta - z} \, d\zeta$$

$$= \frac{1}{2\pi i} \int_{\mathfrak{K}} \frac{F(\zeta)}{\zeta - z} \, d\zeta.$$

Diese Darstellung von $F(z)$ gilt für alle Punkte z im Innern des Kreises $\mathfrak{K}$. Dann können wir wieder $1/\zeta - z$ wie in (4.6) in eine gleichmäßig konvergente Reihe entwickeln in einem ganz innerhalb $\mathfrak{K}$ gelegenen Kreise und durch gliedweise Integration folgern, dass sich dort $F(z)$ in eine konvergente, nach steigenden Potenzen von $z - z_0$ fortschreitende Reihe entwickeln lässt, daher regulär analytisch ist in G, was zu beweisen war.

Auch die Koeffizienten dieser Entwicklung können wir leicht angeben. Setzen wir

$$F(z) = \sum_{k=0}^{\infty} C_k (z - z_0)^k$$

an, dann ist auch nach der Cauchyschen und Taylorschen Koeffizientenbestimmung (siehe (4.7) und (4.17))

$$C_0 = \frac{1}{2\pi i} \int_{\Re} \frac{F(\zeta)}{\zeta - z_0} \, d\zeta = F(z_0),$$

$$C_k = \frac{1}{2\pi i} \int_{\Re} \frac{F(\zeta)}{(\zeta - z_0)^{k+1}} \, d\zeta = \frac{F^{(k)}(z_0)}{k!}.$$

Insbesondere folgt aus

$$F'(z_0) = \frac{1}{2\pi i} \int_{\Re} \frac{F(\zeta)}{(\zeta - z_0)^2} \, d\zeta,$$

wenn wir für $F(\zeta)$ die Reihenentwicklung ansetzen und gliedweise integrieren

$$F'(z_0) = \frac{1}{2\pi i} \int_{\Re} \frac{\sum f_k(\zeta)}{(\zeta - z_0)^2} \, d\zeta$$

$$= \frac{1}{2\pi i} \sum \int_{\Re} \frac{f_k(\zeta)}{(\zeta - z_0)^2} \, d\zeta = \sum_{k=1}^{\infty} f_k'(z_0).$$

Hiermit ist bewiesen, dass wir unsere Reihe von Funktionen gliedweise differenzieren dürfen. Dies gilt für jeden festen Punkt z_0 von G und jeden um ihn geschlagenen, ganz in G liegenden Kreis.

Ferner ist auch die Reihe

$$F'(z) = f_1'(z) + f_2'(z) + f_3'(z) + \cdots$$

in jedem, ganz in G liegenden Bereiche gleichmäßig konvergent. Denn dass die gegebene Reihe gleichmäßig konvergent ist, bedeutet, dass für jeden in G gelegenen Punkt ζ

$$\left| \sum_{\nu=n+1}^{\infty} f_\nu(\zeta) \right| < \varepsilon$$

gemacht werden kann, indem man nur $n > N(\varepsilon)$ wählt. Grenzen wir nun, wenn der Kreis um z_0 den Radius r hat, um z_0 einen Kreis vom Radius r/s ab, so ist im Ringgebiet $|\zeta - z_0| \geq r/s$. In der Summe

$$\sum_{\nu=n+1}^{\infty} f_\nu'(z) = \sum_{\nu=n+1}^{\infty} \frac{1}{2\pi i} \int_{\Re} \frac{f_\nu(\zeta)}{(\zeta - z_0)^2} \, d\zeta$$

dürfen wir rechts die Reihenfolge der Summation und Integration vertauschen, weil da eine gleichmäßig konvergente Reihe steht, und erhalten

$$\sum_{\nu=n+1}^{\infty} f_\nu'(z) = \frac{1}{2\pi i} \int_\Re \frac{\sum_{\nu=n+1}^{\infty} f_\nu(\zeta)}{(\zeta - z_0)^2}\, d\zeta,$$

und hier liefert die Abschätzung des Zählers und Nenners nach dem Mittelwertsatze:

$$\left| \sum_{\nu=n+1}^{\infty} f_\nu'(z) \right| < \frac{\varepsilon \cdot s^2}{r^2} \cdot r = \frac{\varepsilon s^2}{r}.$$

Danach kann man unabhängig von z das Restglied unter jede Grenze herabdrücken.

Da aber $F'(z)$ wieder in eine gleichmäßig konvergente Reihe entwickelt ist, können wir darauf den für $F(z)$ soeben abgeleiteten Satz anwenden und bekommen eine weitere gleichmäßig konvergente Reihe:

$$F''(z) = f_1''(z) + f_2''(z) + f_3''(z) + \cdots$$

für die Umgebung jeder Stelle z_0 des Gebietes G. Und so können wir weiter gehen. Dieser außerordentlich wichtige, von Weierstraß aufgestellte Satz, ist eine Verallgemeinerung eines analogen Satzes über Potenzreihen. Unseren Satz 4.26 können wir jetzt so ergänzen:

Satz 4.27. *Die Ableitungen von $F(z)$ sind durch formale gliedweise Differentiation zu erhalten, und die so entstehenden Reihen konvergieren alle in dem genannten Bereiche gleichmäßig.*

Es sei noch einmal hervorgehoben, dass sich der Satz keineswegs auf Punkte auf dem Rande von G, sondern nur auf innere Punkte bezieht.

Nun wollen wir die analytische Funktion $F(z)$ in eine Potenzreihe um $z_0 = 0$ entwickeln:

$$F(z) = A_0 + A_1 z + A_2 z^2 + A_3 z^3 + \cdots,$$

und die Koeffizienten bestimmen. Dazu bedenken wir, dass für die einzelnen Glieder gilt:

$$f_1(z) = a_{10} + a_{11} z + a_{12} z^2 + \cdots,$$
$$f_2(z) = a_{20} + a_{21} z + a_{22} z^2 + \cdots,$$
$$f_3(z) = a_{30} + a_{31} z + a_{32} z^2 + \cdots,$$

und so weiter. Es ist anzunehmen, dass

$$A_k = a_{1k} + a_{2k} + a_{3k} + \cdots$$

sein wird. Um dies zu zeigen, gehen wir aus von

$$a_{1k} = \frac{1}{k!} f_1^{(k)}(0), \qquad a_{2k} = \frac{1}{k!} f_2^{(k)}(0), \qquad \cdots$$

und erhalten durch Summation $F^{(k)}(0)/k!$, und das ist A_k. Also:

Satz 4.28. *Man darf jedes Glied von $F(z)$ in eine Potenzreihe entwickeln und die Glieder gleich hoher Potenzen zusammenfassen.*

Wollte man bei der Formulierung des Satzes Partialsummen heranziehen, so müsste man sagen: Hat man eine Folge von regulär analytischen Funktionen und ist

$$\lim_{n \to \infty} S_n(z) = F(z),$$

so ist $F(z)$ eine analytische Funktion. Hierbei tritt die durchaus notwendige Voraussetzung der gleichmäßigen Konvergenz wohl nicht hervor. Dazu müsste man als Voraussetzung $|S_n(z) - F(z)| < \varepsilon$ für $n \geq N(\varepsilon)$ schreiben. Übrigens ist es unwesentlich, dass n nur ganze Zahlen durchläuft, es könnte auch von einem Parameter abhängen.

Aus dem Weierstraßschen Satz wollen wir eine Folgerung ziehen, die ein früher erwähntes *Erzeugungsprinzip* betrifft. Eine in einem Gebiete der w-Ebene analytische Funktion $\Phi(w)$ lässt sich dort bereits in eine gleichmäßig konvergente Potenzreihe entwickeln:

$$\Phi(w) = A_0 + A_1(w - w_0) + A_2(w - w_0)^2 + \cdots$$

Ist w selbst wieder eine regulär analytische Funktion von z, $w = w(z)$, so erhalten wir beim Einsetzen dieser Funktion nach unserem Satze wieder eine regulär analytische Funktion $\Phi\big(w(z)\big)$, deren Koeffizienten wir auch so ausrechnen können: $(w - w_0)^k$ ist als Produkt von k regulär analytischen Funktionen selbst regulär, wir können jedes Glied rein formal ausrechnen und nach Potenzen von $z - z_0$ entwickeln. Dann dürfen wir auch hier wieder alle Glieder mit gleich hohen Potenzen von $z - z_0$ zusammenfassen. Das alles ergibt sich durch Anwendung des soeben abgeleiteten Satzes, nach dem all diese formalen Schritte auch sachlich gerechtfertigt sind. Bei Potenzreihen insbesondere haben wir das ja überall gefunden!

Was endlich das früher auch bereits genannte Erzeugungsprinzip der Inversion betrifft, so können wir das erst an einer späteren Stelle behandeln.

4.4 Weitere unmittelbare Anwendungen der Cauchyschen Integrationsformel

Indem wir die Cauchysche Integralformel

$$f(z) = \frac{1}{2\pi i} \int_{\mathfrak{K}} \frac{f(\zeta)}{\zeta - z}\, d\zeta$$

auf den Mittelpunkt z_0 des Kreises $\mathfrak{K}$ selbst anwenden, erhalten wir, da die Kreisgleichung $\zeta - z_0 = r e^{i\varphi}$ lautet:

$$f(z_0) = \frac{1}{2\pi i} \int_0^{2\pi} \frac{f(\zeta)}{r e^{i\varphi}} r i e^{i\varphi}\, d\varphi = \frac{1}{2\pi} \int_0^{2\pi} f(\zeta)\, d\varphi,$$

sodass gilt:

Satz 4.29. *Der Wert der Funktion $f(z)$ im Mittelpunkt z_0 des Kreises $\mathfrak{K}$ ist gleich dem Mittel aus den Randwerten.*

Wir können auch eine Trennung in Real- und Imaginärteil vornehmen und erhalten:

$$u(z_0) = \frac{1}{2\pi} \int_0^{2\pi} u(\zeta)\, \mathrm{d}\varphi, \qquad v(z_0) = \frac{1}{2\pi} \int_0^{2\pi} v(\zeta)\, \mathrm{d}\varphi.$$

Diesen Satz hat Gauß aufgestellt. Daraus folgt eine Reihe von Sätzen:

Satz 4.30. *Der Real- und Imaginärteil einer regulär analytischen Funktion kann im Innern ihres Definitionsgebiets G unmöglich ein Maximum oder Minimum haben.*

Läge nämlich in z_0 etwa ein Maximum, sagen wir des Realteils, dann könnten wir, da G nur aus inneren Punkten besteht, um z_0 einen ganz zu G gehörigen Kreis schlagen. Außerdem wollen wir ihn so klein wählen, dass für alle Punkte von $\mathfrak{K}$ einschließlich des Randes $u(z) \leq u(z_0)$ ist, was wir ja könnten, wenn bei z_0 ein Maximum läge. Dass auf dem Kreise teils gleiche, teils kleinere Werte von $u(z)$ lägen als $u(z_0)$, das ist aber nach dem Gaußschen Satze ausgeschlossen, weil $u(z_0)$ ein Mittelwert sein muss. Ist weiter auf dem Rande und im Innern von $\mathfrak{K}$, das heißt, auf jedem kleinen Kreise um z_0, $u(z) = u(z_0) = \text{const}$, dann ist dort

$$\frac{\partial u}{\partial x} = \frac{\partial u}{\partial y} = 0,$$

also wegen der Cauchy-Riemannschen Differentialgleichungen auch

$$\frac{\partial v}{\partial x} = \frac{\partial v}{\partial y} = 0,$$

also sind u und v konstant, und das hätte die Konstanz von $u + \mathrm{i}v = f(z)$ in der Umgebung von z_0 und damit nach Folgerung 4.21 die Konstanz von $f(z)$ überhaupt in G zur Folge, sodass man von einem Maximum dort nicht sprechen könnte. Genauso erledigen sich die übrigen Behauptungen unseres Satzes. Weiter folgt unmittelbar:

Satz 4.31. *Liegt der Real- oder Imaginärteil einer analytischen Funktion auf dem Rande einer im Definitionsgebiet G verlaufenden doppelpunktslosen und geschlossenen Kurve $\mathfrak{L}$ zwischen zwei festen Grenzen, dann gelten diese Grenzen auch für alle Punkte im Innern von $\mathfrak{L}$.*

Die Richtigkeit dieses Satzes geht aus dem Gaußschen Satze der Nichtexistenz eines Maximums und Minimums hervor unter Benutzung des Weierstraßschen Satzes, dass eine *stetige* Funktion in einem *abgeschlossenen* Bereiche ein Maximum und Minimum hat. Da es nämlich wegen Satz 4.30 nicht im Innern liegt, muss es auf dem Rande von $\mathfrak{L}$ liegen.

Dieser Satz ist von großer Wichtigkeit zur Abschätzung des Wertes von Funktionen. Es ist anzunehmen, dass dies an der Differentialgleichung $\Delta u = 0$ liegen wird, und lässt sich in der Tat daraus ableiten.

Wegen

$$\left| \int_0^{2\pi} f(\zeta)\, \mathrm{d}\varphi \right| \leq \int_0^{2\pi} |f(\zeta)|\, \mathrm{d}\varphi$$

folgt aus dem Gaußschen Satze unmittelbar

$$|f(z_0)| \leq \frac{1}{2\pi} \int_0^{2\pi} |f(\zeta)|\, \mathrm{d}\varphi.$$

Satz 4.32. *Der absolute Betrag von $f(z)$ kann hiernach im Innern von G ebenfalls kein Maximum besitzen – wohl aber ein Minimum.*

Ferner: Wenn der absolute Betrag von $f(z)$ in der Umgebung einer Stelle konstant ist, so ist $f(z) = \text{const}.$

Denn aus $u^2 + v^2 = \text{const}$ folgt durch Differentiation nach x und y:

$$u\frac{\partial u}{\partial x} + v\frac{\partial v}{\partial x} = 0, \qquad u\frac{\partial u}{\partial y} + v\frac{\partial v}{\partial y} = 0,$$

und wegen der Cauchy-Riemannschen Gleichungen ergeben sich hieraus

$$v\frac{\partial u}{\partial x} - u\frac{\partial v}{\partial x} = 0, \qquad -v\frac{\partial u}{\partial y} + u\frac{\partial v}{\partial y} = 0,$$

Jedes dieser Gleichungspaare hat die Determinante $\pm(u^2 + v^2)$, wenn wir sie als lineare Gleichungen von

$$\frac{\partial u}{\partial x}, \quad \frac{\partial v}{\partial x} \qquad \text{beziehungsweise} \qquad \frac{\partial u}{\partial y}, \quad \frac{\partial v}{\partial y}$$

ansehen. Ist die Determinante von 0 verschieden, so folgt

$$\frac{\partial u}{\partial x} = \frac{\partial v}{\partial x} = \frac{\partial u}{\partial y} = \frac{\partial v}{\partial y} = 0,$$

sodass $f(z) = \text{const}$ ist; ist sie gleich Null, so folgt $u = v = 0$, also $f = 0$.

4.5 Isolierte Singularitäten analytischer Funktionen

Definition 4.33. Ist eine Funktion $f(z)$ in der Umgebung einer Stelle z_0 überall regulär analytisch, während wir über ihr Verhalten an dieser Stelle nichts wissen, so nennen wir z_0 eine *isolierte Singularität.*

Wir wollen untersuchen, welche Möglichkeiten da vorliegen.

4.5.1   Hebbare Singularitäten

Zunächst wäre es denkbar, dass $f(z)$ bei Annäherung an z_0 unter einer festen Grenze bleibt, wie dies im Reellen bei der Funktion $\sin(1/x)$ der Fall ist, über deren Verhalten bei $x = 0$ wir nichts sagen können, außer dass $\sin(1/x) < 1$ ist. Doch wenn man auch diese Möglichkeit auch im Komplexen erwarten könnte, ist dies da falsch: $\sin(1/z)$ bleibt nicht unter einer festen Grenze, was angedeutet sei durch $\sin(1/z) \not< M$. Vielmehr stellt sich allgemein folgender wichtiger *Satz von Riemann* heraus:

Satz 4.34. *Wenn eine regulär analytische Funktion $f(z)$ in der Umgebung einer Stelle z_0 eindeutig[1] ist und ihrem Betrage nach stets unterhalb einer festen Grenze M bleibt, also „beschränkt" ist, dann ist sie auch bei z_0 regulär analytisch.*

Der Beweis dieses Satzes beruht wieder auf der Cauchyschen Integralformel. Wir zeichnen einen Kreis $\mathfrak{K}$ um z_0, in dem die Funktion $f(z)$ überall regulär analytisch ist, wenn wir die Stelle z_0, an der allein eine Singularität liegen kann, durch einen kleinen Kreis $\mathfrak{k}_\varepsilon$ ausschließen, dessen Radius ε wir nachher gegen 0 konvergieren lassen werden (siehe Abbildung 4.6).

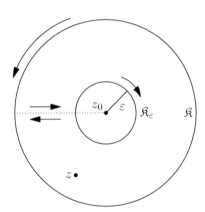

Abbildung 4.6: Zum Beweis des Riemannschen Hebbarkeitssatzes

Für eine Stelle z des Ringgebietes, das ja nicht einfach zusammenhängend ist, gilt eine wie (3.39) herzuleitende Cauchysche Formel, deren Richtigkeit bei Beachtung des punktiert gezeichneten Schnittes einleuchtet:

$$f(z) = \frac{1}{2\pi\mathrm{i}} \int_{\mathfrak{K}} \frac{f(\zeta)}{\zeta - z}\,\mathrm{d}\zeta - \frac{1}{2\pi\mathrm{i}} \int_{\mathfrak{k}_\varepsilon} \frac{f(\zeta)}{\zeta - z}\,\mathrm{d}\zeta. \tag{4.35}$$

Diese Formel gilt noch für jede überall außer in z_0 analytische Funktion.

---

[1] Die Voraussetzung der Eindeutigkeit wurde hier und bei späteren Gelegenheiten in diesem Kapitel erst nachträglich ergänzt.

Nun erst benutzen wir die spezielle Voraussetzung $|f(\zeta)| < M$, und weiter ist, da ζ für das zweite Integral auf $\mathfrak{k}_\varepsilon$ liegt, $|\zeta - z| \geq |z| - |\zeta| = |z| - \varepsilon$, und somit

$$\left| \frac{f(\zeta)}{\zeta - z} \right| < \frac{M}{|z| - \varepsilon}.$$

Aus dieser Abschätzung des Betrages des Integranden gewinnen wir für das zweite Glied:

$$\left| \frac{1}{2\pi i} \cdot \int_{\mathfrak{k}_\varepsilon} \frac{f(\zeta)}{\zeta - z}\, d\zeta \right| < \frac{1}{2\pi} \cdot \frac{M}{|z| - \varepsilon} \int_{\mathfrak{k}_\varepsilon} d\zeta = \frac{1}{2\pi} \cdot \frac{M}{|z| - \varepsilon} \cdot 2\varepsilon\pi = \frac{M}{|z| - \varepsilon} \cdot \varepsilon,$$

und das konvergiert mit ε gegen Null. Da es andererseits zufolge der Gleichung für $f(z)$ von ε unabhängig ist, ist es überhaupt 0, also:

$$f(z) = \frac{1}{2\pi i} \int_{\mathfrak{K}} \frac{f(\zeta)}{\zeta - z}\, d\zeta,$$

und daraus ist zu schließen, dass $f(z)$ sich um den Mittelpunkt z_0 von $\mathfrak{K}$ in eine Potenzreihe entwickeln lässt.

Dort setzen wir als Funktionswert fest:

$$f(z_0) = \frac{1}{2\pi i} \int_{\mathfrak{K}} \frac{f(\zeta)}{\zeta - z_0}\, d\zeta.$$

Dann ist diese Funktion $f(z)$ auch an der Stelle z_0 regulär analytisch, womit der Beweis des Riemannschen Satzes erbracht ist.

Gelegentlich spricht man hier von einer *hebbaren Singularität*, das heißt, man hat sich bei der Erteilung des Funktionswertes an einer Stelle z_0 quasi versehen und ändert dies nachträglich ab. Doch wollen wir lieber an der Auffassung festhalten, die regulär analytische Funktion $f(z)$ *sei an der Stelle z_0 nicht definiert*, und unter den Voraussetzungen des Riemannschen Satzes die Behauptung so aussprechen, dass *wir $f(z)$ an der Stelle z_0 einen solchen Wert erteilen können, dass sie auch dort analytisch ist.*

Also können solche Singularitäten – was in großem Gegensatz zu dem steht, woran man beim Reellen gewöhnt ist – im Komplexen nicht vorkommen.

4.5.2 Polstellen

Eine weitere Möglichkeit ist, dass $f(z)$ beim Heranrücken an eine Stelle z_0, die wir der bequemeren Bezeichnung wegen als Nullpunkt nehmen wollen, über alle Grenzen wächst:

$$\lim_{z \to 0} |f(z)| = \infty,$$

während $f(z)$ in einer Umgebung dieses Punktes sonst überall regulär ist.

Dies bedeutet, dass wir zu jedem noch so großen A ein ε bestimmen können, sodass $|f(z)| > A$ wird, sobald $|z| < \varepsilon$ ist.

Dann ist sicher $f(z)$ im Nullpunkt nicht regulär. Doch was für eine Singularität bekommen wir dort? Im Reellen ist dies sehr kompliziert: Das Unendlichwerden kann in ganzer oder gebrochener Ordnung stattfinden, auch kann die Bezeichnung der Ordnung sinnlos sein, endlich kann die Funktion oszillieren. Im Komplexen ist es wieder viel einfacher. Wir werden beweisen, dass die Funktion in dieser Singularitätsstelle von ganzzahliger Ordnung unendlich wird, das heißt, wie eine ganze rationale Funktion.

Wir grenzen um die singuläre Stelle Null eine Umgebung ab, sodass darin $|f(z)|$ oberhalb einer festen positiven Grenze bleibt. Da $f(z)$ darin immer von Null verschieden ist, ist nach früheren Sätzen $\varphi(z) = 1/f(z)$ in der Umgebung der Stelle 0 mit Ausnahme dieses Punktes regulär; hier wird die Voraussetzung des Verhaltens in der Umgebung benutzt. Dort selbst ist $\lim_{z \to 0} \varphi(z) = 0$, daher gilt $|\varphi(z)| < M$ in der Umgebung von 0. Daraus folgt nach dem *Riemannschen Satze* 4.34, dass $\varphi(z)$ auch bei $z = 0$ regulär ist, wenn wir noch $\varphi(0) = 0$ festsetzen.

An der Stelle $z = 0$ lässt sich $\varphi(z)$ als analytische Funktion in eine Potenzreihe entwickeln:

$$\varphi(z) = z^m(a_m + a_{m+1}z + a_{m+2}z^2 + \cdots) = z^m \psi(z)$$

mit $a_m \neq 0$ und ganzzahligem $m \geq 1$. Hier ist $\psi(z)$ eine reguläre Funktion, die bei $z = 0$ nicht verschwindet. Wir grenzen um 0 eine Umgebung ab, sodass darin $\psi(z)$ nirgends verschwindet. Dort ist $1/\psi(z)$ regulär und in eine Potenzreihe entwickelbar, die einen bestimmten Konvergenzkreis hat und deren Koeffizienten aus einem sofort erkennbaren Grunde wie folgt bezeichnet seien:

$$\frac{1}{\psi(z)} = b_{-m} + b_{-m+1}z + \cdots + b_{-1}z^{m-1} + b_0 z^m + b_1 z^{m+1} + \cdots.$$

Daraus folgt

$$
\begin{aligned}
f(z) &= \frac{1}{\varphi(z)} = \frac{1}{z^m \psi(z)} \\
&= b_{-m}z^{-m} + b_{-m+1}z^{-m+1} + \cdots + b_{-1}z^{-1} + b_0 + b_1 z + b_2 z^2 + \cdots
\end{aligned}
$$

$$\text{mit} \quad b_{-m} = \frac{1}{a_m} = \frac{1}{\psi(0)} \neq 0. \quad (4.36)$$

Den vorderen Teil dieser Potenzentwicklung $b_{-m}z^{-m} + \cdots + b_{-1}z^{-1}$ nennt man *Hauptteil* der Funktion $f(z)$ an der Stelle $z = 0$, weil er angibt, wie $f(z)$ dort unendlich wird. Die Singularitätsstelle $z = 0$ nennt man dann einen *Pol m-ter Ordnung* der Funktion $f(z)$. Dies bedeutet, dass $z^m f(z)$ für $z = 0$ ungleich 0 und endlich, nämlich gleich b_{-m}, ist. So sind wir zu einer Singularität einfachster Art gekommen:

Satz 4.37. *Wenn eine Funktion an einer Singularitätsstelle unendlich wird, während sie sonst analytisch ist, dann muss sie dort einen Pol von ganzzahliger Ordnung haben, die durch den Hauptteil der Funktion an dieser Stelle angegeben wird.*

4.5.3 Wesentliche Singularitäten

Außerdem gibt es noch eine Klasse möglicher Singularitäten. Dass das der Fall ist, dafür ist $e^{1/z}$ das einfachste Beispiel. Es kann hiernach eintreten, dass die Funktion $f(z)$ in jeder noch so kleinen Umgebung einer Stelle z_0, etwa $z_0 = 0$, alle nur möglichen Werte annimmt, das heißt, ihren gesamten Wertevorrat erschöpft.

Dies etwa nennt man *wesentliche Singularitäten*: Wir wollen sie *definieren als Stellen, wo die Funktion weder regulär ist noch einen Pol hat.*

Das können wir uns so denken, dass nach dem vorher Bewiesenen die Funktion $f(z)$, wenn wir von verschiedenen Richtungen an z_0 heranrücken, weder stets unterhalb einer festen Grenze bleiben kann noch auf Unendlich zustrebt. Doch genügt es, unsere Definition zugrunde zu legen; die Klassifikation wird klar, indem wir den von Weierstraß herrührenden Satz ableiten:

Satz 4.38. *In jeder noch so kleinen Umgebung einer wesentlichen Singularität, die nicht selbst Häufungspunkt von Singularitäten ist, kommt die Funktion $f(z)$ jedem Werte beliebig nahe.*

Vergleiche hierzu [25], Art. 184, Seite 131.

Man muss sich vergegenwärtigen, dass dies eine komplizierte Aussage ist. Die Behauptung geht dahin, dass, *wenn a* eine beliebig vorgegebene komplexe Zahl ist *und man* um z_0 eine beliebig kleine Umgebung abgrenzt, in dieser eine Stelle z angegeben werden kann, sodass die Differenz $|f(z) - a| < \varepsilon$ wird, wobei ε eine *weitere* beliebig klein vorgegebene positive Zahl bedeutet.

Diese dritte Klasse ist die umfassendste, und wegen ihrer Kompliziertheit am wenigsten damit anzufangen; es können da höchst mannigfaltige Möglichkeiten eintreten. Ihr Name bezieht sich darauf, dass bis zu diesen Stellen die *Abbildung* nicht ausgedehnt werden kann; für die Abbildung besagt ja ein Pol, wie wir sehen, wenig, nämlich bloß, dass dort gewöhnlich die Konformität durchbrochen ist. Darum nennt man die Pole im Gegensatz dazu *unwesentliche Singularitäten*.

Der *Beweis* wird indirekt geführt und stützt sich wieder wesentlich auf den *Riemannschen Satz* 4.34. Angenommen es gäbe eine Zahl a und eine Umgebung G von z_0, sodass darin die Differenz $|f(z) - a| > \mu$, das heißt, oberhalb einer festen positiven Zahl bleibt. Dann ist in G die Funktion $\varphi(z) = 1/f(z) - a$ regulär, und da sie bei Annäherung an z_0 unter der Grenze $1/\mu$ bleibt, nach dem Riemannschen Satze auch noch in z_0 regulär und dort in eine Potenzreihe $\varphi(z) = a_m z^m + \cdots$ mit $a_m \neq 0$ für ein $m \geq 0$ entwickelbar, wobei wir der Einfachheit halber $z_0 = 0$ angenommen haben (hier wird die Eindeutigkeit der Funktion benutzt). Dann ist

$$f(z) = \frac{1}{\varphi(z)} + a$$

und hat nach Satz 4.37 an der Stelle $z_0 = 0$ einen Pol m-ter Ordnung oder ist dort im Falle $m = 0$ regulär, was beides entgegen der Voraussetzung ist. Damit haben wir Satz 4.38 bewiesen.

Es sei bloß noch ein Satz von *Picard* erwähnt:

Satz 4.39. *In der Umgebung einer wesentlichen Singularität nimmt eine jede Funktion $f(z)$ einen jeden Wert, abgesehen von vielleicht einem einzigen, wirklich an.*

Auf den Beweis dieses viel tieferliegenden Satzes kann hier nicht eingegangen werden.

Nun wollen wir noch *Festsetzungen für den Punkt $z = \infty$* treffen und uns hierzu die Ebene stereographisch auf die Kugel übertragen denken, wobei das Unendliche dem Nordpol entspricht. Um zu sagen, wann wir die Funktion $f(z)$ im Nordpol regulär nennen wollen, machen wir die Zwischensubstitution $z' = \frac{1}{z}$, wodurch $f(z)$ in $f\bigl(1/z'\bigr)$ übergeht.

Definition 4.40. Dann wird die Vereinbarung getroffen, dass man $f(z)$ für hinreichend großes $|z| \geq R$ *regulär* nennt oder aber sagt, es habe dort einen *Pol m-ter Ordnung* beziehungsweise eine *wesentliche Singularität*, je nachdem die entsprechende dieser drei Aussagen für die Funktion $f\bigl(1/z'\bigr)$ an der Stelle $z' = 0$ gilt.

Das ist eine naheliegende Konvention.

4.5.4 Laurentreihen

Nun gehen wir ein auf die *Frage der Entwickelbarkeit einer Funktion in eine Potenzreihe an einer singulären Stelle*. Hat eine reguläre Funktion $f(z)$ bei $z = 0$ einen *Pol m-ter Ordnung*, so gilt für dessen Umgebung, wie wir sahen, eine Entwicklung wie in (4.36):

$$f(z) = A_{-m}z^{-m} + A_{-m+1}z^{-m+1} + \cdots + A_{-1}z^{-1} + A_0 + A_1 z + A_2 z^2 + \cdots.$$

Man kann nun vermuten, dass, wenn bei $z = 0$ eine wesentliche Singularität liegt, eine Darstellung in eine Potenzreihe möglich sein wird, wenn man diese auch nach links ins Unendliche fortsetzt. Dass das in der Tat der Fall ist, ist der Inhalt eines von Laurent bewiesenen Satzes, nach dem die entstehende Reihe die *Laurentsche Reihe* heißt:

Satz 4.41. *Jede eindeutige, in der Umgebung einer Singularitätsstelle regulär analytische Funktion $f(z)$ lässt sich dort in eine Laurentreihe entwickeln, die nach positiven und negativen Potenzen von z fortschreitet:*

$$f(z) = \sum_{n=-\infty}^{\infty} A_n z^n.$$

Der Beweis beruht wieder auf der Cauchyschen Integralformel, und zwar knüpfen wir an die früher schon benutzte Formel (4.35) an:

$$2\pi \mathrm{i} f(z) = \int_{\mathfrak{K}} \frac{f(\zeta)}{\zeta - z}\, \mathrm{d}\zeta - \int_{\mathfrak{l}} \frac{f(\zeta)}{\zeta - z}\, \mathrm{d}\zeta,$$

die im Zwischengebiet zwischen $\mathfrak{K}$ und $\mathfrak{l}$ gilt. Beschränken wir weiterhin z auf ein

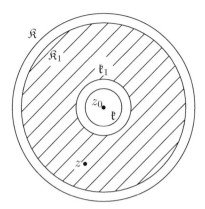

Abbildung 4.7: Zum Beweis der Laurentreihenentwicklung

noch kleineres Ringgebiet, wie das schraffierte zwischen den Kreisen $\mathfrak{k}_1$ und $\mathfrak{K}_1$ in Abbildung 4.7, dann ist darin die Reihe, in der ζ einen Punkt auf $\mathfrak{K}$ bedeutet,

$$\frac{1}{\zeta - z} = \frac{1}{\zeta}\left(1 + \frac{z}{\zeta} + \frac{z^2}{\zeta^2} + \cdots\right)$$

gleichmäßig konvergent, wenn also $|z| \leq qR$ ist, wo R den Radius des Kreises $\mathfrak{K}$ bedeutet und $0 < q < 1$ ist. Durch gliedweise Integration geht für das erste Integral die im selben Kreisringe gleichmäßig konvergente Reihenentwicklung hervor:

$$A_0 + A_1 z + A_2 z^2 + \cdots.$$

Bei dem noch hinzukommenden zweiten Integral liegt es anders, indem da $|z| > |\zeta|$ ist. Dann nehmen wir einfach

$$-\frac{1}{\zeta - z} = \frac{1}{z - \zeta} = \frac{1}{z}\left(1 + \frac{\zeta}{z} + \frac{\zeta^2}{z^2} + \cdots\right);$$

diese Reihe konvergiert gleichmäßig außerhalb $\mathfrak{k}_1$. So bekommen wir für das zweite Integral die außerhalb von $\mathfrak{k}_1$ – insbesondere im Ringgebiet – gleichmäßig konvergente Reihe:

$$A_{-1}\frac{1}{z} + A_{-2}\frac{1}{z^2} + \cdots.$$

Wie bestimmen sich nun die Koeffizienten? Bedeutet n eine positive Zahl, dann ist

$$A_n = \frac{1}{2\pi \mathrm{i}} \int_{\mathfrak{K}} f(\zeta)\zeta^{-n-1}\,\mathrm{d}\zeta, \qquad A_{-n} = \frac{1}{2\pi \mathrm{i}} \int_{\mathfrak{k}} f(\zeta)\zeta^{n-1}\,\mathrm{d}\zeta.$$

Bedeutet n eine beliebige ganze Zahl $-\infty < n < \infty$, dann stimmen die beiden Formeln überein; bloß einmal wird über $\mathfrak{K}$, dann über $\mathfrak{k}$ integriert. Dies ist aber gar kein wahrer Unterschied, indem wir überhaupt nach dem Cauchyschen Integralsatz stattdessen über eine beliebige, dem Ringgebiet angehörende, doppelpunktslose, geschlossene, den Nullpunkt einschließende Kurve $\mathfrak{K}$ integrieren können. Wenn wir die beiden Reihen zusammenfassen, kommt

$$f(z) = \sum_{n=-\infty}^{\infty} A_n z^n \quad \text{mit} \quad A_n = \frac{1}{2\pi i} \int_{\mathfrak{K}} f(\zeta) \zeta^{-n-1} \, d\zeta.$$

Der nach positiven Potenzen von z fortschreitende Teil der Laurentreihe ist eine gewöhnliche Potenzreihe und konvergiert nach Satz 4.13 im Innern eines Kreises um den Nullpunkt, einschließlich des Nullpunktes; der nach negativen Potenzen von z fortschreitende Teil konvergiert außerhalb eines beliebig kleinen Kreises um den Nullpunkt, quasi in einem Kreise um den Nordpol mit Einschluss des Nordpols. Insgesamt gilt also:

Satz 4.42. *Der Hauptteil der Laurentreihe konvergiert in jedem noch so großen Gebiet der Ebene, wenn man den singulären Punkt ausnimmt, und gleichmäßig, wenn man den singulären Punkt durch einen kleinen Kreis ausschließt.*

Nun ist die *Frage der eindeutigen Bestimmbarkeit der Potenzentwicklung* an der Stelle $z = 0$ der wesentlichen Singularität zu behandeln. Wir wollen zeigen, dass die Laurentreihe die notwendige Entwicklung einer solchen Funktion $f(z)$ ist. Es sei also

$$f(z) = \sum_{n=-\infty}^{\infty} A_n z^n$$

irgendeine Entwicklung der Funktion $f(z)$; dann wollen wir ihre Koeffizienten berechnen.

Der rechte Teil dieser Reihe konvergiert innerhalb jedes noch so großen Kreises um den Nullpunkt, der linke Teil außerhalb jedes noch so kleinen Kreises um den Nullpunkt. Somit können wir ein Ringgebiet angeben, in dem beide Teile konvergieren, und da beides *Potenzreihen* sind, konvergieren sie gleichmäßig in jedem ganz innerhalb dieses Ringgebietes liegenden abgeschlossenen Bereich. Diesen wollen wir auch wieder ringförmig um 0 anordnen. Dann *können* wir die obige Reihe über eine *beliebige*, in diesem Bereich gelegene Kurve *gliedweise* integrieren, und *wählen* als solche Kurve irgendeine *geschlossene* Kurve um den *Nullpunkt*, etwa einen Kreis $\mathfrak{K}$. So wird

$$\int_{\mathfrak{K}} f(z) \, dz = \sum_{n=-\infty}^{\infty} A_n \int_{\mathfrak{K}} z^n \, dz.$$

Nun ist aber, wie wir wissen, $\int_{\mathfrak{K}} z^n \, dz = 0$ für alle positiven und negativen ganzzahligen n mit Ausnahme von $n = -1$, wofür insbesondere $\int_{\mathfrak{K}} \frac{dz}{z} = 2\pi i$ ist. Somit wird $\int_{\mathfrak{K}} f(z) \, dz = 2\pi i A_{-1}$; alle anderen Glieder fallen weg. Also ist

$$A_{-1} = \frac{1}{2\pi i} \int_{\mathfrak{K}} f(z) \, dz, \tag{4.43}$$

sodass wir für $n = -1$ den auch in der Laurentreihe auftretenden Wert erhalten haben.

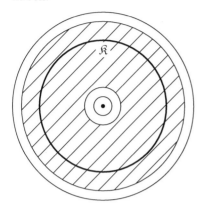

Abbildung 4.8: Kreis im Konvergenzgebiet der Laurentreihe

Aber so bekommen wir nur den einen Koeffizienten; wollen wir den Beweis für beliebiges n liefern, so haben wir einfach die mit unbestimmten Koeffizienten angesetzte Reihe mit einer ganzzahligen Potenz z^{-r-1} zu multiplizieren, wodurch sich die Indizes verschieben, und dann erst die so entstehende, im selben Bereiche gleichmäßig konvergente Reihe

$$f(z)z^{-r-1} = \sum_{n=-\infty}^{\infty} A_n z^{n-r-1}$$

über $\mathfrak{K}$ gliedweise zu integrieren, wobei rechts alle Glieder verschwinden außer dem, für das $n - r - 1 = -1$, also $n = r$ ist. Für dieses Glied gilt $\int \frac{dz}{z} = 2\pi i$, sodass

$$\int_{\mathfrak{K}} f(z)z^{-r-1}\,dz = A_r 2\pi i$$

wird, was den in der Laurententwicklung auftretenden Wert

$$A_r = \frac{1}{2\pi i}\int_{\mathfrak{K}} f(z)z^{-r-1}\,dz \qquad (4.44)$$

liefert.

Damit ist gezeigt, dass, *wenn* es an der wesentlichen singulären Stelle 0 eine Entwicklung der Funktion $f(z)$ gibt, dies notwendig die Laurentsche ist. Vorher aber sahen wir, dass die Laurentsche Reihe in der Umgebung der Stelle 0 *sicher* gilt. Damit ist, in Ergänzung des Satzes 4.41 bewiesen:

Satz 4.45. *Eine in der ganzen Umgebung einer Singularitätsstelle 0 regulär analytische Funktion $f(z)$ lässt sich dort auf eine und nur eine Weise in eine nach positiven und negativen Potenzen von z fortschreitende Potenzreihe, die Laurentreihe, entwickeln.*

Dies gilt unserem Beweise nach für jede isolierte Singularität einer analytischen Funktion. Greifen wir nun auf unsere Resultate in den Abschnitten 4.5.1, 4.5.2 und 4.5.3 zurück, so können wir mit Hilfe dieses Satzes die verschiedenen Fälle möglicher isolierter Singularitäten scharf auseinanderhalten nach folgendem Gesetz:

Satz 4.46. *Um das Verhalten einer in der Umgebung der Stelle 0 regulär analytischen Funktion $f(z)$ an der Stelle 0 selbst zu prüfen, entwickele man dort $f(z)$ in* *die Laurentreihe*

$$f(z) = \cdots + A_{-2}\frac{1}{z^2} + A_{-1}\frac{1}{z} + A_0 + A_1 z + \cdots.$$

Fehlt der Hauptteil, so ist $f(z)$ bei 0 regulär analytisch; ist er ein Polynom aus endlich vielen – etwa m – Gliedern, dann besitzt $f(z)$ dort einen Pol von ganzzahliger, nämlich m-ter Ordnung; besteht der Hauptteil aus unendlich vielen Gliedern, dann besitzt $f(z)$ an der Stelle 0 eine wesentliche Singularität.

Man könnte zunächst meinen, wenn links unendlich viele Glieder stünden, läge an der Stelle 0 ein Pol von beliebig hoher Ordnung. Doch wenn es auch naheliegt, dies zu erwarten, ist es keineswegs der Fall, sondern es gilt etwas ganz anderes; die wesentliche Singularität, zu der wir gekommen sind, trägt durchaus nicht die Rolle, dass dort die Funktion stärker unendlich würde als jede Potenz, sondern ist, wie wir in Satz 4.38 sahen, vielmehr dadurch charakterisiert, dass bei ihr die Funktion *jedem* Werte beliebig nahe kommt.

Die wesentliche Quelle dieses grundlegenden Laurentschen Satzes war die Cauchysche Integralformel (Satz 4.1). Der *Hauptsinn des Satzes* ist, dass er sich auf einen um die fragliche Stelle gelegenen *ringförmigen Bereich* bezieht, in dem die Entwicklung gleichmäßig konvergiert. Und diese Entwicklung ist im Wesentlichen nur auf eine Weise möglich.

Legen wir statt der Stelle 0 eine *beliebige Zahl* z_0 zugrunde, so gilt alles Frühere, wenn wir einfach die Potenzentwicklung nach positiven und negativen Potenzen von $z - z_0$ vornehmen. Ferner gilt alles auch für die Stelle $z = \infty$, wobei wir statt $f(z)$ die Funktion $f(1/z')$ an der Stelle $z' = 0$ in eine Laurentreihe zu entwickeln und die Festsetzungen von Definition 4.40 zu beachten haben.

Um *Beispiele* für die Theorie zu erbringen, erinnern wir uns an unsere früheren Untersuchungen, denen wir jetzt folgende leicht zu bestätigende Resultate entnehmen können:

1. Die rationalen Funktionen haben höchstens endlich viele Pole, zum Beispiel $\frac{z^2+2}{z-1}$ einen im Punkte $z = 1$ und einen bei $z = \infty$, beide von erster Ordnung;

2. e^z hat bei $z = \infty$ eine wesentliche Singularität;

3. $\tan z = \sin z / \cos z$ hat bei $z = \frac{\pi}{2} \pm k\pi$ für ganzzahlige k einen Pol erster Ordnung und im Unendlichen eine wesentliche Singularität.

4.6   Die Funktionen, die die einfachsten Singularitäten besitzen

Die einfachst denkbare Möglichkeit ist hier, dass eine Funktion gar keine Singularität besitzt, also überall regulär analytisch ist. Derartige Funktionen gibt es sicher: Die Konstante ist ja eine solche. Dass sie aber die einzige ist, ist der Inhalt eines von Liouville aufgestellten Satzes. Dieser Satz gestattet sehr wesentliche Schlüsse, gibt insbesondere mit einem Schlage einen Beweis des Fundamentalsatzes der Algebra, wie wir sehen werden. Den Beweis des *Liouvilleschen Satzes*, wollen wir zunächst erbringen. Die Betrachtungen dieses Abschnitts sind Beispiele der wichtigen *Riemannschen Betrachtungsweise*, die die *Funktionen durch ihr Verhalten an singulären Stellen zu charakterisieren* sucht.

Es sei $f(z)$ eine überall als regulär vorausgesetzte Funktion. Dann kann ich sie insbesondere an der Stelle 0 auf nur eine Weise in eine Laurentreihe entwickeln, in der wegen der Regularität der Hauptteil entfallen muss, sodass die Reihe lautet:

$$f(z) = a_0 + a_1 z + a_2 z^2 + \cdots,$$

die überall konvergiert[2]. Nun bedenke ich, dass sich die Voraussetzung der Regularität an $f(z)$ auch auf $z = \infty$ bezieht. Folglich muss, wenn ich $\tilde{z} = \frac{1}{z}$ setze, die Funktion $g(\tilde{z}) = f(1/\tilde{z})$ für $\tilde{z} = 0$ regulär analytisch sein. Bilde ich aber diese Funktion aus obiger Reihe, so erhalte ich die Entwicklung

$$g(\tilde{z}) = \cdots + \frac{a_2}{\tilde{z}^2} + \frac{a_1}{\tilde{z}} + a_0,$$

und das ist eine Entwicklung in eine Potenzreihe an der Stelle $\tilde{z} = 0$, also einfach die einzige an dieser Stelle mögliche Laurentreihe. Je nachdem ob hier endlich oder unendlich viele Glieder auftreten, hätte $g(\tilde{z})$ an der Stelle $\tilde{z} = 0$ einen Pol oder eine wesentliche Singularität und damit $f(z)$ für $z = \infty$ entgegen der Voraussetzung eine Singularität, wenn sich nicht diese Reihe auf a_0 reduzierte. Das letztere muss also eintreten, das heißt $f(z) = a_0$ eine Konstante sein, wie behauptet war. Also:

Satz 4.47. *Außer der Konstanten gibt es keine überall regulär analytische Funktion* $f(z)$.

Wir wollen den Satz noch etwas anders aussprechen, nämlich so, wie ihn Liouville formuliert hat:

Satz 4.48. *Wenn $f(z)$ eine für alle endlichen z reguläre, unter einer festen Grenze M bleibende Funktion ist, dann muss $f(z)$ eine Konstante sein.*

Dieser Satz besagt genau dasselbe wie der vorangehende, da unter Zuhilfenahme des Riemannschen Satzes 4.34 sofort die Regularität von $f(z)$ auch im Unendlichen folgt.

Es sei noch ein anderer Beweis des Liouvilleschen Satzes angedeutet. Häufig nämlich wird so geschlossen: $f(z)$ lässt sich unter Voraussetzung seiner Regularität in eine Potenzreihe entwickeln, bei der der Koeffizient des n-ten Gliedes

$$a_n = \frac{1}{2\pi \mathrm{i}} \int_{\mathfrak{R}} \frac{f(\zeta)}{\zeta^{n+1}}\, \mathrm{d}\zeta$$

ist. Dieser ist nun durch eine leichte Abschätzung zu berechnen.

---

[2]wie schon der Beweis von Satz 4.9 zeigt

Ist nämlich R der Radius der Kreises $\mathfrak{K}$, dann gilt

$$|a_n| \leq \frac{1}{2\pi} \max_{\mathfrak{K}} |f(z)| \int_{\mathfrak{K}} \frac{\mathrm{d}\zeta}{R^{n+1}} = \frac{1}{R^n} \max_{\mathfrak{K}} |f(z)|.$$

Da weiter nach Voraussetzung bei beliebig großem R die Funktion $|f(z)| < M$ ist, folgt weiter $|a_n| < \frac{M}{R^n}$, wobei man R beliebig groß wählen darf. Also ist $a_n = 0$. Dies gilt für alle $n \neq 0$, das heißt, es wird $f(z) = a_0$, eine Konstante, wie behauptet war.

Nun liege ein Polynom vor vom n-ten Grade:

$$f(z) = a_0 + a_1 z + a_2 z^2 + \cdots + a_n z^n.$$

Angenommen, es hätte keine Nullstellen, dann wäre $\frac{1}{f(z)}$ eine überall mit Einschluss des unendlich fernen Punktes reguläre Funktion, also nach dem Liouvilleschen Satze 4.47 eine Konstante. Da dies nicht der Fall ist, sind wir auf einen Widerspruch gekommen, sodass unsere Annahme unhaltbar ist. Damit ist bewiesen:

Satz 4.49. *Jede algebraische Gleichung besitzt wenigstens eine Lösung.*

Das ist der *Fundamentalsatz der Algebra*. Der nächste Schritt bei der Untersuchung der einfachst möglichen Singularitäten ist die Frage nach solchen Funktionen, die an den Stellen, wo ihre Regularität durchbrochen ist, nur Pole haben. Insbesondere wollen wir beweisen:

Satz 4.50. *Die einzigen überall im Endlichen regulären Funktionen, die bloß im Unendlichen einen Pol haben, sind die Polynome.*

Ist nämlich $f(z)$ eine solche Funktion, dann lässt sich, wenn wir die Substitution $\tilde{z} = \frac{1}{z}$ machen, die Funktion $g(\tilde{z}) = f(1/\tilde{z})$ an der Stelle $\tilde{z} = 0$, in deren Umgebung sie analytisch ist, in eine Laurentreihe entwickeln, die mit

$$g(\tilde{z}) = f(1/\tilde{z}) = \cdots + a_2 \frac{1}{\tilde{z}^2} + a_1 \frac{1}{\tilde{z}} + a_0 + a_{-1}\tilde{z} + a_{-2}\tilde{z}^2 + \cdots$$

bezeichnet sei. Der Teil $a_{-1}\tilde{z} + a_{-2}\tilde{z}^2 + \cdots$ muss wegfallen, da sonst entgegen der Voraussetzung $g(\tilde{z})$ an der Stelle $\tilde{z} = \infty$ und damit $f(z)$ an der Stelle $z = 0$ singulär würde; somit bleibt:

$$g(\tilde{z}) = \cdots + a_2 \frac{1}{\tilde{z}^2} + a_1 \frac{1}{\tilde{z}} + a_0,$$

und diese Reihe muss abbrechen, da bei $\tilde{z} = 0$ ein Pol liegen sollte, und zwar geht die Reihe nach links bis zum Glied $a_n \frac{1}{\tilde{z}^n}$, wenn der Pol von n-ter Ordnung ist. Also erhalten wir für $f(z)$ das Polynom n-ten Grades

$$f(z) = a_0 + a_1 z + a_2 z^2 + \cdots + a_n z^n,$$

sodass sich in der Tat die ganzen rationalen Funktionen durch die genannte Eigenschaft funktionentheoretisch charakterisieren lassen. Weiter wollen wir zeigen:

Satz 4.51. *Eine Funktion $f(z)$, die beliebig viele Pole beitzen mag, sonst aber regulär analytisch ist, ist die allgemeine rationale Funktion.*

Dem Beweise schicken wir voraus, dass die Funktion zunächst sicher *nur endlich viele Pole* besitzen kann. Denn außerhalb eines hinreichend großen Kreises kann die Funktion keinen Pol besitzen, außer eventuell den Punkt $z = \infty$, da andernfalls entgegen der Definition des Pols bei $z = \infty$ in beliebig naher Umgebung (auf der Kugel) noch singuläre Stellen lägen. Denken wir uns nun jenen genügend großen Kreis gezogen, außerhalb dessen die Funktion $f(z)$ überall, abgesehen vielleicht von der Stelle $z = \infty$, regulär analytisch ist, dann müsste sie eben, wenn sie unendlich viele Pole hätte, unendlich viele Pole innerhalb des gesamten Kreises haben. Dann könnten wir auf sie den Weierstraßschen Satz von der Existenz einer Verdichtungsstelle für eine in einem beschränkten Gebiet gelegene unendliche Punktmenge anwenden und müssten folgern können, dass die Pole innerhalb oder auf dem Rande des Kreises eine Verdichtungsstelle hätten. Dann wäre dies keine isolierte Singularität, während doch der Pol als solche definiert ist. Wir sind also insofern zu einem Widerspruch gekommen, als unsere Voraussetzung der Existenz nur isolierter Singularitäten doch besagt, dass, wenn wir irgendeine Stelle so ins Auge fassen, die Funktion in einer hinreichend kleinen *Umgebung* dieser Stelle überall regulär analytisch sein muss, mag sie in z_0 selbst einen Pol haben oder dort regulär sein. Damit ist unsere erste Behauptung der Existenz nur endlich vieler Pole bewiesen. Wir können alsdann die *voneinander verschiedenen* Pole bezeichnen mit α_1, α_2, ..., α_k, die von den Ordnungen m_1, m_2, ..., m_k seien. Dann lässt die Funktion $f(z)$ an der Stelle α_1 eine und nur eine Laurententwicklung zu, die lautet:

$$f(z) = \frac{A}{(z-\alpha_1)^m} + \frac{B}{(z-\alpha_1)^{m-1}} + \cdots \Big| + H + \cdots .$$

Der Hauptteil dieser Funktion ist eine rationale Funktion $R_1(z)$, die nur an der Stelle $z = \alpha_1$ einen Pol m_1-ter Ordnung hat, sonst überall regulär analytisch ist. Schreibe ich

$$f(z) = R_1(z) + \text{einem Reste},$$

dann muss also dieser Rest an all den anderen Stellen α_2, ..., α_k die Pole in deren angegebenen Ordnungen haben, während er an der Stelle α_1 keine Singularität mehr hat. Und eine neue Singularität kann dieser Rest nicht haben, weil dies ja zugleich eine Singularität für die Funktion $f(z)$ wäre.

Also haben wir hiermit eine Funktion konstruiert, die gerade den einen Pol α_1 weniger, sonst aber noch alle Pole von $f(z)$ mit den alten Ordnungen hat, während kein weiterer Pol mehr hinzugekommen ist. Indem wir also auch für die übrigen Stellen, wo Pole liegen, die Hauptteile $R_2(z)$, $R_3(z)$, ..., $R_k(z)$ von $f(z)$ aufstellen, gelangen wir nach endlich vielen – nämlich k – Schritten zu einer Zerlegung

$$f(z) = R_1(z) + R_2(z) + \cdots + R_k(z) + g(z),$$

wobei $g(z)$ im Endlichen überall regulär ist und höchstens im Unendlichen einen Pol hat. Folglich ist nach Satz 4.50 $g(z)$ eine ganze rationale Funktion (die sich insbesondere auf eine Konstante reduzieren kann, nämlich dann, wenn $f(z)$ im Unendlichen regulär ist). Da aber eine Summe endlich vieler rationaler Funktionen wieder rational ist, ist $f(z)$, wie behauptet war, rational.

Was wir hier abgeleitet haben, ist einfach die *Partialbruchzerlegung* einer rationalen gebrochenen Funktion $f(z)$. Doch haben wir dies so gemacht, dass wir *nicht* die Rationalität von $f(z)$ *voraussetzten*, sondern bloß eine bekannte notwendige Eigenschaft rationaler Funktionen, und wir haben vielmehr gerade umgekehrt diese Zerlegung benutzt, um den Nachweis zu führen, dass diese Eigenschaft auch hinreichend ist, um die Funktion $f(z)$ als rationale zu charakterisieren.

Die Bedeutung des in diesem Paragraphen bewiesenen Liouvilleschen Satzes zeigt sich schon darin, dass aus ihm unmittelbar der Fundamentalsatz der Algebra zu folgern war, dass jede algebraische Gleichung wenigstens eine Wurzel besitzt. Außerdem sei erwähnt, dass die hier entwickelten Sätze sich in der Theorie der konformen Abbildungen deuten lassen.

Beispielsweise folgt aus ihnen unter der Berücksichtigung unserer früheren Untersuchung über Abbildungen, dass die ganze lineare Funktion die einzige ist, die eine konforme Abbildung der ganzen z-Ebene auf die ganze w-Ebene vermittelt; denn die Polynome sind die einzigen Funktionen, die nirgends im Endlichen einen Pol haben, und nur die vom ersten Grade haben eine (konstante und dann) nirgends verschwindende Ableitung.[3] Von Problemen, die hier entstehen, sei die Frage nach der allgemeinsten Funktion, die das Kreisinnere in das Kreisinnere zu transformieren vermag, erwähnt.

4.7   Der Cauchysche Residuensatz und seine Anwendungen zur Bestimmung von Nullstellen und Polen und zur Auflösung analytischer Gleichungen

Der Cauchysche Residuensatz ist eine Erweiterung des Cauchyschen Integralsatzes, indem bei ihm ein Gebiet zugrunde gelegt wird, das singuläre Stellen enthält. Er lautet folgendermaßen:

Satz 4.52. *Ist eine Funktion $f(z)$ in einem Gebiet G mit Ausnahme einiger isolierter Singularitäten regulär analytisch und zeichnet man in G eine durch keine singuläre Stelle gehende, doppelpunktslose und geschlossene Kurve $\mathfrak{L}$, beschreibt dann um alle innerhalb $\mathfrak{L}$ gelegene Singularitätspunkte kleine Kreise $\mathfrak{k}$ (siehe Abbildung 4.9), so gilt:*

$$\int_{\mathfrak{L}} f(z)\,\mathrm{d}z = \sum \int_{\mathfrak{k}} f(z)\,\mathrm{d}z.$$

---

[3]Die Funktion e^z ist zwar auf der ganzen z-Ebene konform, aber sie ist nicht surjektiv.

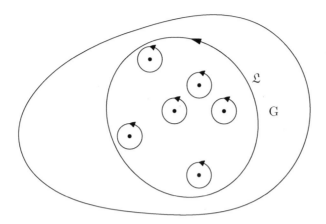

Abbildung 4.9: Die Situation des Residuensatzes

Bewiesen wurde dieser Satz schon auf Seite 163, wo wir den Cauchyschen Integralsatz dadurch verallgemeinerten, dass wir das Gebiet G nicht mehr als einfach zusammenhängend voraussetzten. Entscheidend ist, dass wir die Regularität von $f(z)$ als nur in endlich vielen Punkten innerhalb $\mathfrak{L}$ unterbrochen annehmen. Dass wir $\mathfrak{L}$ selbst durch keine Singularität gehend denken, ist bequemer.

Nun wollen wir diesen Satz noch anders aussprechen, indem wir den Begriff des Residuums einführen. Seien α_1, α_2, α_3, ..., α_r die singulären Stellen. Durch Entwicklung von $f(z)$ an der Stelle α_1 in eine Laurentreihe erhalten wir:

$$f(z) = \cdots + A_{-2}^{\alpha_1}(z-\alpha_1)^{-2} + A_{-1}^{\alpha_1}(z-\alpha_1)^{-1} + A_0^{\alpha_1} + A_1^{\alpha_1}(z-\alpha_1) + \cdots.$$

Dann gilt nach (4.43):

$$\int_{\mathfrak{l}_1} f(z)\,\mathrm{d}z = 2\pi\mathrm{i}A_{-1}^{\alpha_1}.$$

Diesen Faktor $A_{-1}^{\alpha_1}$ nennt Cauchy das *Residuum* von $f(z)$ an der Stelle α_1. Also ist das Integral der Funktion $f(z)$ über die Kurve $\mathfrak{L}$ gleich dem Produkt von $2\pi\mathrm{i}$ mit der Summe der Residuen der im Inneren von $\mathfrak{L}$ liegenden endlich vielen isolierten Singularitätsstellen:

$$\int_{\mathfrak{L}} f(z)\,\mathrm{d}z = 2\pi\mathrm{i}\sum_k A_{-1}^{\alpha_k} = 2\pi\mathrm{i}\big(A_{-1}^{\alpha_1} + A_{-1}^{\alpha_2} + \cdots + A_{-1}^{\alpha_r}\big). \qquad (4.53)$$

Das ist der *Cauchysche Residuensatz*.

Auch für das Äußere der Kurve $\mathfrak{L}$ gilt der Residuensatz, wenn wir zunächst annehmen, dass im unendlich fernen Punkt keine Singularität liegt. Doch ist zu beachten, dass die Kurve $\mathfrak{L}$ so durchlaufen werden muss, dass das Gebiet zur Linken liegt, also im entgegengesetzen Sinne wie vorher. Somit wird für diesen Fall:

$$\int_{-\mathfrak{L}} f(z)\,\mathrm{d}z = \sum \int_{\mathfrak{l}} f(z)\,\mathrm{d}z = 2\pi\mathrm{i}\sum A_{-1},$$

also hat sich das Vorzeichen geändert.

Eine besondere Überlegung erfordert bloß noch der Fall, wo im Unendlichen eine singuläre Stelle ist. Was ist dann unter dem Residuum dort zu verstehen? Wir dürfen doch den Cauchyschen Integralsatz nur auf ein endliches Gebiet anwenden! Da bei $z = \infty$ eine isolierte Singularität liegen sollte, können wir weitere Singularitäten auf der Kugel durch einen kleinen, keine weiteren Singularitäten enthaltenden Kreis um den Nordpol ausschließen, das heißt in der Ebene einen großen Kreis $\Re$ zeichnen, sodass außerhalb dieses Kreises nirgends im Endlichen eine Singularität liegt. Dann versteht man unter dem Residuum von $f(z)$ an der Stelle ∞ bis auf den Faktor $\frac{1}{2\pi i}$ den Wert des Integrals von $f(z)$, wenn man längs $\Re$ im negativen Sinne herum integriert:

$$\frac{1}{2\pi i} \int_{-\Re} f(z)\,dz.$$

Um dieses Integral zu bestimmen, greift man auf die Laurentreihenentwicklung an der Stelle $z = \infty$ zurück. Man führt die Substitution $z = 1/\tilde{z}$ ein und entwickelt $f(1/\tilde{z})$ in eine Laurentreihe:

$$g(\tilde{z}) = f(1/\tilde{z}) = \cdots + A_{-2}\tilde{z}^2 + A_{-1}\tilde{z} + A_0 + A_1\tilde{z}^{-1} + A_2\tilde{z}^{-2} + \cdots.$$

Dann nimmt wegen $\frac{dz}{d\tilde{z}} = -\frac{1}{\tilde{z}^2}$ obiges Integral den Wert

$$-\int \frac{g(\tilde{z})}{\tilde{z}^2}\,d\tilde{z}$$

an, wobei über einen kleinen Kreis der $\tilde{z}$-Ebene um den Nullpunkt im positiven Sinne zu integrieren ist, sodass wir, wenn wir uns die Division durch $\tilde{z}^2$ ausgeführt denken, wieder nach (4.43) erhalten:

$$-\int \frac{g(\tilde{z})}{\tilde{z}^2}\,d\tilde{z} = -A_{-1}2\pi i.$$

Folglich ist, wenn wir uns $f(z)$ an der Stelle $z = \infty$ in die Laurentreihe

$$f(z) = \cdots + A_{-2}\frac{1}{z^2} + A_{-1}\frac{1}{z} + A_0 + A_1 z + A_2 z^2 + \cdots$$

entwickelt denken, dort das Residuum

$$\frac{1}{2\pi i} \int_{-\Re} f(z)\,dz = -A_{-1}, \tag{4.54}$$

nicht etwa $+A_{+1}$, wie man zunächst erwarten könnte.

Bedenken wir nun, dass für das Äußere der Kurve $\mathfrak{L}$ die am besten auf der Kugel zu deutende Formel

$$\int_{-\mathfrak{L}} f(z)\,dz = \sum \int_{\mathfrak{k}} f(z)\,dz + \int_{-\Re} f(z)\,dz$$

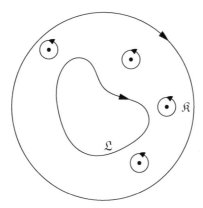

Abbildung 4.10: Geschlossen Kurve ohne Singularitäten im Inneren

besteht (siehe auch Abbildung 4.10), so erhalten wir, indem wir für die Summe der Residuen innerhalb beziehungsweise außerhalb $\mathfrak{L}$ jeweils $\sum_I R$ beziehungsweise $\sum_A R$ einführen:

$$\int_{\mathfrak{L}} f(z)\,\mathrm{d}z = 2\pi\mathrm{i}\sum_I R, \qquad \int_{-\mathfrak{L}} f(z)\,\mathrm{d}z = 2\pi\mathrm{i}\sum_A R.$$

Wenn wir beides zusammennehmen, folgt ein Satz für Funktionen mit beliebig vielen Polen, die sonst überall regulär sind, unter Berücksichtigung des Satzes 4.51 also:

Satz 4.55. *Die Summe der Residuen einer rationalen Funktion ist stets gleich Null.*

Und überhaupt gilt nach dem Vorausgehenden allgemeiner:

Satz 4.56. *Die Summe der Residuen einer analytischen Funktion mit nur endlich vielen isolierten Singularitäten ist Null.*

Besonders bequem folgt die Richtigkeit dieses Satzes, wenn wir als unsere Kurve $\mathfrak{L}$ insbesondere jenen Kreis $\mathfrak{K}$ wählen.

Nun wollen wir den Cauchyschen Residuensatz auf die *logarithmische Derivierte* $\frac{f'(z)}{f(z)}$ von $f(z)$ anwenden, wobei wir $f(z)$ wieder in einem Gebiete, dem eine doppelpunktslose, geschlossene Kurve $\mathfrak{L}$ ganz angehört, bis auf endlich viele Pole als regulär analytisch voraussetzen. Besonders fragen wir nach dem Verhalten von $\frac{f'(z)}{f(z)}$ an den Stellen, wo $f(z)$ eine Nullstelle oder einen Pol besitzt. Zunächst nämlich ist klar, dass in der Umgebung der Stellen, wo $f(z)$ keine Nullstellen und auch keinen Pol hat, der Quotient regulär ist.

Ist die Funktion $f(z_0) = 0$, dann lautet ihre Reihenentwicklung an der Stelle z_0

$$f(z) = a_m(z - z_0)^m + a_{m+1}(z - z_0)^{m+1} + \cdots$$

mit $a_m \neq 0$ und $m \geq 1$, woraus

$$f'(z) = ma_m(z - z_0)^{m-1} + \cdots$$

folgt, und daher

$$\frac{f'(z)}{f(z)} = \frac{ma_m(z - z_0)^{m-1}\left(1 + \frac{(m+1)a_{m+1}}{ma_m}(z - z_0) + \cdots\right)}{a_m(z - z_0)^m\left(1 + \frac{a_{m+1}}{a_m}(z - z_0) + \cdots\right)}$$

$$= \frac{m}{z - z_0}\left[1 + a(z - z_0) + \cdots\right],$$

wo in der eckigen Klammer eine an der Stelle z_0 reguläre Funktion – die dort den Wert 1 hat – steht. Also ist

$$\frac{f'(z)}{f(z)} = \frac{m}{z - z_0} + A + B(z - z_0) + \cdots,$$

womit folgender Satz bewiesen ist:

Satz 4.57. *An den Nullstellen m-ter Ordnung von $f(z)$ hat $\frac{f'(z)}{f(z)}$ einen Pol erster Ordnung, und das Residuum ist dort eine ganze Zahl, nämlich die Ordnungszahl m.*

Die Frage nach dem Verhalten des Quotienten an den Polen von $f(z)$ können wir sehr leicht auf die soeben behandelte zurückführen, indem wir die Funktion $\frac{1}{f(z)} = \varphi(z)$ betrachten, die dort Nullstellen von derselben Ordnung wie $f(z)$ Pole hat. Die Relation

$$\frac{f'}{f} = -\frac{\varphi'}{\varphi^2}\varphi = -\frac{\varphi'}{\varphi}$$

zeigt, wenn wir den letzten Satz auf die logarithmische Derivierte $\frac{\varphi'}{\varphi}$ von φ anwenden, dass folgender Satz gilt:

Satz 4.58. *An den m-fachen Polen von $f(z)$ hat $\frac{f'(z)}{f(z)}$ einen Pol erster Ordnung mit dem Residuum $-m$.*

Aus dem ersten dieser Sätze folgt insbesondere noch, da Pole isolierte Singularitäten waren, dass die *Nullstellen von $f(z)$ isoliert* liegen, wonach $f(z)$ in dem von $\mathfrak{L}$ abgeschlossenen Bereich *nur endlich viele Nullstellen* haben kann, da andernfalls innerhalb G eine Häufungsstelle solcher Punkte läge, die ihrerseits ja nicht isoliert ist. Ebenso müssen auch die den Polen von $f(z)$ entsprechenden Pole von $\frac{f'(z)}{f(z)}$, isoliert liegen und darum in endlicher Anzahl vorhanden sein. Und *andere Singularitäten hat, wie bemerkt, $\frac{f'(z)}{f(z)}$ nicht.*

Wir können uns jetzt $\mathfrak{L}$ so gelegt denken, dass sie durch keinen dieser Punkte hindurchgeht, sodass $\frac{f'(z)}{f(z)}$ auf der ganzen Kurve regulär ist. Endlich soll noch folgende *Festsetzung* getroffen werden:

Definition 4.59. Wenn $f(z)$ an einer Stelle *eine Nullstelle m-ter Ordnung* besitzt, dann will ich sagen, sie besitze dort m *Nullstellen*, sodass die Anzahl der Nullstellen gemäß ihrer Vielfachheit gezählt werden möge. Genauso wollen wir in übertragenem Sinne von einem Pol m-ter Ordnung als von m *Polen* sprechen.

Wenden wir jetzt den Cauchyschen Residuensatz auf die Funktion $\frac{f'(z)}{f(z)}$ an, dann erhalten wir unter Berücksichtigung der beiden letzten Sätze:

$$\frac{1}{2\pi i} \int_{\mathfrak{L}} \frac{f'(z)}{f(z)} \, dz = N - P, \qquad (4.60)$$

wobei N die „Anzahl" der Nullstellen und P die „Anzahl" der Pole von $f(z)$ – gemäß ihrer Vielfachheit gezählt – bedeutet. Diese Formel wird zum Abzählen der Nullstellen wie auch umgekehrt zum Auswerten des links stehenden Integrals verwendet.

Dieselben Betrachtungen können wir auch auf den Bereich außerhalb der Kurve $\mathfrak{L}$ anwenden, nur dass wir dann die Kurve wieder im umgekehrten Sinne zu durchlaufen haben:

$$\frac{1}{2\pi i} \int_{-\mathfrak{L}} \frac{f'(z)}{f(z)} \, dz = N - P.$$

Nun wäre zur Ergänzung noch der Fall einer *im Unendlichen* liegenden isolierten Singulariät gesondert zu behandeln, wobei sich herausstellt, dass die Sätze über den *Wert des Residuums erhalten* bleiben, während die Behauptung des Auftretens eines Pols *gerade erster Ordnung nicht* mehr gilt.

Die auf das Innere und das Äußere von $\mathfrak{L}$ sich beziehenden Formeln gelten wegen der für $f(z)$ hierzu nötigen Voraussetzung für die rationalen Funktionen (Satz 4.51). Ist insbesondere $f(z)$ ein Polynom n-ten Grades, dann lässt sich, wie in der Algebra gezeigt wird, ein (genügend großer) Kreis zeichnen, außerhalb dessen $f(z)$ keine Nullstelle hat, und im Inneren dieses Kreises liegen – wie auch aus dem auf voriger Seite Gesagten hervorgeht – nur endlich viele Nullstellen. Ferner hat $f(z)$ nirgends im Endlichen, also insbesondere nirgends innerhalb des genannten Kreises, eine Singularität, sondern nur im Unendlichen einen Pol, und zwar, wie man unmittelbar sieht, von n-ter Ordnung. Daraus folgt nach dem soeben abgeleiteten Satze, dass die Anzahl ν der Nullstellen von $f(z)$ gleich n ist. Damit ist der *Fundamentalsatz der Algebra* aufs Neue bewiesen, und zwar erscheint er hier gleich in der Gestalt:

Satz 4.61. *Ein Polynom hat so viele Nullstellen, wie sein Grad beträgt, wobei jede Nullstelle gemäß ihrer Vielfachheit zu zählen ist. Diese Nullstellen liegen isoliert, das heißt in der Umgebung einer Nullstelle unter Ausschluss dieser Stelle liegen keine weiteren Nullstellen.*

Es seien α_1, α_2, α_3, ..., α_k die Nullstellen und β_1, β_2, β_3, ..., β_k alle Pole von $f(z)$, wobei jede dieser Stellen so oft hingeschrieben sein soll, wie ihre Ordnung beträgt. Wir wollen nur das Innere einer Kurve $\mathfrak{L}$ betrachen, um damit *das*

Unendliche auszuschließen. Dann hat an einer Nullstelle wie an einem Pol von $f(z)$ die Funktion $\frac{f'(z)}{f(z)}$ einen Pol erster Ordnung. Ist zum Beispiel α_1 eine dreifache Nullstelle, dann ist $\alpha_1 = \alpha_2 = \alpha_3$; dann hat $\frac{f'(z)}{f(z)}$ dort das Residuum 3, somit hat $z\frac{f'(z)}{f(z)}$ dort das Residuum $3\alpha_1 = \alpha_1 + \alpha_2 + \alpha_3$ (vergleiche die Entwicklung für $\frac{f'}{f}$ im Beweis von Satz 4.57). Und Analoges gilt für die Pole von $f(z)$, sodass die Anwendung des Cauchyschen Residuensatzes liefert:

$$\frac{1}{2\pi i} \int_{\mathfrak{L}} z\frac{f'(z)}{f(z)}\,\mathrm{d}z = \sum_{\nu=1}^{k} \alpha_\nu - \sum_{\nu=1}^{k} \beta_\nu. \tag{4.62}$$

Entsprechend gilt allgemein, wenn wir statt z eine beliebige Potenz von z nehmen:

$$\frac{1}{2\pi i} \int_{\mathfrak{L}} z^m\frac{f'(z)}{f(z)}\,\mathrm{d}z = \sum_{\nu=1}^{k} \alpha_\nu^m - \sum_{\nu=1}^{k} \beta_\nu^m. \tag{4.63}$$

Diese Formeln werden häufig benutzt. Wir wollen hier nur eine Anwendung erwähnen, die die *Auflösung einer analytischen Gleichung* $w = f(z)$ betrifft. Wir betrachten eine Stelle z_0, an der $f(z)$ regulär ist und den Wert $w_0 = f(z_0)$ hat, sodass wir uns die Differenz $w - w_0$ in der Umgebung von z_0 in eine nach steigenden Potenzen von $z - z_0$ fortschreitende Taylorreihe entwickelt denken können. Wir wollen annehmen, dass z_0 eine Nullstelle der Funktion und überdies selbst gleich Null sei, was wir ja durch eine Parallelverschiebung der w-Ebene erreichen können: $f(0) = 0$.

Wenn wir nachher nach den Stellen fragen wollen, wo $f(z) = c$ ist, brauchen wir bloß die Nullstellen der Funktion $f(z) - c$ aufzusuchen.

Hier zunächst lautet die Taylor-Entwicklung unserer Funktion an der Stelle 0 folgendermaßen:

$$w = f(z) = a_1 z + a_2 z^2 + a_3 z^3 + \cdots .$$

Dabei sind eventuell manche der Glieder Null. Eine eindeutige Auflösung dieser Gleichung nach z ist ganz sicher nicht möglich, wenn $a_1 = 0$ ist. Wir nehmen also zunächst $f'(0) \neq 0$ an, das heißt, dass die Abbildung bei 0 konform ist, sodass die dort liegende Nullstelle von erster Ordnung ist.

Unter Benutzung der Tatsache der Isoliertheit der Nullstellen (Seite 221) kann ich um 0 einen (genügend kleinen) Kreis schlagen, sodass in dem hierdurch bestimmten Bereiche unter Ausschluss von 0 selber überall $f(z) \neq 0$ ist, und zwar lege ich natürlich bald einen Kreis $\mathfrak{K}$, der ganz innerhalb des zu 0 gehörigen Konvergenzkreises fällt, sodass $f(z)$ in diesem Bereiche überall regulär ist. Dann ist nach (4.60):

$$\frac{1}{2\pi i} \int_{\mathfrak{K}} \frac{f'(\zeta)}{f(\zeta)}\,\mathrm{d}\zeta = 1.$$

Um zu untersuchen, wie viele Stellen innerhalb desselben Kreises $\mathfrak{K}$ es gibt, an denen $f(z)$ einen festen Wert w hat, fragen wir nach den Nullstellen von $f(z) - w$.

Dabei haben wir zu bedenken, dass $f(z)$ überall auf dem Kreise $\Re$ ungleich 0 ist, daher gilt $|f(z)| \geq \mu$, wobei die positive Zahl μ das Minimum des absoluten Betrags von $f(z)$ auf dem Kreise $\Re$ bedeutet. Dann betrachte ich die Umgebung des Nullpunkts der w-Ebene, in der $|w| < \mu$ ist. Darin ist $f(z) - w \neq 0$. Nun sei w_1 eine bestimmte Zahl in der genannten Umgebung G des Nullpunkts der w-Ebene. Dann gibt

$$\frac{1}{2\pi\mathrm{i}} \int_{\Re} \frac{f'(\zeta)}{f(\zeta) - w_1} \, \mathrm{d}\zeta$$

die Anzahl der Nullstellen von $f(z) - w_1$ innerhalb $\Re$ an und muss hiernach eine ganze, von w_1 abhängige, Zahl sein. Andererseits ist es bei der Beschränkung von w_1 auf G, da dort der Nenner von Null verschieden bleibt, eine stetige Funktion von w_1. Folglich ist der Ausdruck für den Variabilitätsbereich G von w_1 überhaupt konstant, und da er für den in G liegenden Wert $w_1 = 0$ gleich 1 ist, ist er dort dauernd 1. Damit ist bewiesen:

$$\frac{1}{2\pi\mathrm{i}} \int_{\Re} \frac{f'(\zeta)}{f(\zeta) - w_1} \, \mathrm{d}\zeta = 1 \qquad \text{für } |w_1| < \mu,$$

und dies besagt:

Satz 4.64. *Die Gleichung $f(z) = w_1$ hat innerhalb $\Re$ eine einzige Auflösung, solange sich w_1 in einer solchen Umgebung von $w = 0$ befindet, dass sein Betrag kleiner ist als das Minimum μ von $|f(z)|$ auf $\Re$.*

Um den Wert der Lösung zu berechnen, wenden wir die Formel (4.62) statt auf $f(z)$ auf die Funktion $f(z) - w_1$ an, die innerhalb $\Re$ keinen Pol und eine einzige Nullstelle z von erster Ordnung hat, und finden:

$$\frac{1}{2\pi\mathrm{i}} \int_{\Re} \frac{\zeta f'(\zeta)}{f(\zeta) - w_1} \, \mathrm{d}\zeta = z.$$

Damit haben wir die Lösung von $w = f(z)$ durch ein bestimmtes Integral dargestellt, das wir auch noch in eine Potenzreihe nach Potenzen von w entwickeln können. Dazu könnten wir ausgehen von der Reihe

$$\frac{1}{f(\zeta) - w} = \frac{1}{f(\zeta)} + \frac{w}{f(\zeta)^2} + \frac{w^2}{f(\zeta)^3} + \cdots,$$

die wegen $\left|\frac{w}{f(\zeta)}\right| \leq \frac{|w|}{\mu} < 1$ eine im Kreise $\Re$ gleichmäßig konvergente Reihe darstellt und als solche nach Multiplikation mit $\zeta \cdot f'(\zeta)$ gliedweise integrierbar ist. So erhält man wegen $(z)_{w=0} = 0$ eine Reihe von der Form

$$z = b_1 w + b_2 w^2 + \cdots,$$

deren allgemeines Glied

$$b_n = \frac{1}{2\pi\mathrm{i}} \int_{\Re} \frac{\zeta \cdot f'(\zeta)}{f(\zeta)^{n+1}} \, \mathrm{d}\zeta$$

lautet.

Auch können wir, nachdem die eindeutige Auflösbarkeit in $\mathfrak{K}$ für $|w| < \mu$ nach z festgestellt ist, nach der *Methode der unbestimmten Koeffizienten* verfahren und etwa die Potenzreihe für z in die bekannte für w eintragen. Dann ergeben sich wegen $a_1 \neq 0$ die Koeffizienten b_n sukzessive, und zwar nur durch rationale Operationen. Die allgemeinen Formeln werden kompliziert.

Bisher hatten wir $f'(0) \neq 0$ angenommen. Bei der Untersuchung der Frage, wie es mit der Umkehrung der Funktion $w = f(z)$ steht, wenn $f'(0) = a_1 = 0$ ist, gehen wir denselben Weg. Eventuell mögen bald noch weitere Ableitungen verschwinden; eine aber muss, wenn nicht $f(z) = 0$ sein soll, existieren, die von Null verschieden ist, und zwar möge dies die m-te sein. Dann lautet die Potenzentwicklung für $f(z)$:

$$w = f(z) = a_m z^m + a_{m+1} z^{m+1} + \cdots$$

mit $a_m \neq 0$ und $m > 1$ ganzzahlig.

Nach (4.60) ist

$$\frac{1}{2\pi \mathrm{i}} \int_{\mathfrak{K}} \frac{f'(\zeta)}{f(\zeta)} \, \mathrm{d}\zeta = m,$$

und analog dem Obigen bei der alten Bedeutung von μ

$$\frac{1}{2\pi \mathrm{i}} \int_{\mathfrak{K}} \frac{f'(\zeta)}{f(\zeta) - w} \, \mathrm{d}\zeta = m$$

für $|w| < \mu$, das heißt, die Gleichung $w = f(z)$ hat jetzt m innerhalb von $\mathfrak{K}$ gelegene Lösungen, von denen man allerdings hiernach noch nicht weiß, ob sie alle voneinander verschieden sind oder zum Teil zusammenfallen. Diese Frage nach der Beschaffenheit der Lösungen können wir auf den oben behandelten Fall zurückführen durch Vergleich unserer Funktion $f(z)$ mit der einfachsten Funktion, die an derselben Stelle $z = 0$ eine m-fache Nullstelle besitzt, nämlich $w = t^m$, wobei t eine neue komplexe Variable bedeutet, die wir nun einführen. Dann wird

$$t^m = a_m z^m + a_{m+1} z^{m+1} + \cdots = a_m z^m \left(1 + \frac{a_{m+1}}{a_m} z + \cdots \right),$$

und wenn wir die m-te Wurzel ausziehen:

$$t = z \sqrt[m]{a_m} \sqrt[m]{1 + zh(z)},$$

wobei $h(z)$ eine reguläre Potenzreihe von z bedeutet. Die Festsetzung der Bedeutung, die wir der Wurzel zu erteilen haben, steht uns noch frei.

Nun beschränken wir z auf $|z| < r$ so, dass daraus $|z \cdot h(z)| < 1$ folgt, und machen von der Tatsache Gebrauch, dass $\sqrt[m]{1 + zh(z)}$ eine im Einheitskreise konvergente Potenzentwicklung zulässt, nämlich eine Entwicklung in die binomische Reihe $1 + \frac{1}{m} zh + \cdots$. Danach wird

$$\frac{t}{\sqrt[m]{a_m}} = z + c_2 z^2 + c_3 z^3 + \cdots.$$

Die hier geführte formale Entwicklung ist erst dann exakt richtig, wenn ich für die m-te Wurzel eine Festsetzung treffe, und zwar soll das so geschehen, dass die damit erhaltenen Werte sich in der Umgebung von $z = 0$ zu einer regulär analytischen Funktion zusammenfassen lassen. Dann wollen wir t lieber durch die letzte Gleichung definieren, wobei wir für $\sqrt[m]{a_m}$ irgendeine der m Wurzeln nehmen. So wird t als eindeutige Funktion von z dargestellt, für die aus der Potenzreihe

$$t = t(z), \qquad t(0) = 0, \qquad t'(0) = \sqrt[m]{a_m} \neq 0$$

folgt. Daher ist $t = t(z)$ auflösbar und liefert

$$z = z(t) = b_1 t + b_2 t^2 + b_3 t^3 + \cdots,$$

und auch dies ist eine regulär analytische Funktion und als solche in eine Potenzreihe entwickelbar. Die Beziehung von z und t ist also umkehrbar eindeutig. Hingegen erhalten wir hieraus:

$$z = \sum_{\nu=1}^{\infty} b_\nu (\sqrt[m]{w})^\nu, \tag{4.65}$$

und diese nach gebrochenen Potenzen von w fortschreitende Reihe stellt die m Auflösungen von $w = f(z)$ dar, von denen man zugleich auch erkennt, dass sie alle voneinander verschieden sind; man bekommt sie, indem man für $\sqrt[m]{w}$ alle möglichen Bestimmungen trifft. Wir sehen, dass *die Umkehrfunktion mehrdeutig ist* und so über das in diesem Kapitel gesteckte Ziel hinaus weist.

Hier soll noch auf einen wichtigen, die Abbildung betreffenden Satz eingegangen werden. Ist $w = f(z)$ in dem von einer Kurve $\mathfrak{L}$ umschlossenen Bereiche regulär analytisch und $f'(z) \neq 0$, dann kann man durchaus noch nicht schließen, dass $w = f(z)$ eine im Innern von $\mathfrak{L}$ umkehrbar eindeutige Abbildung der z- und w-Ebenen vermittelte. Wohl aber gilt folgender Satz:

Satz 4.66. *Wenn eine durch eine Funktion $w = f(z)$ bewirkte analytische Abbildung einer z-Ebene auf eine w-Ebene auf einer doppelpunktslosen, geschlossenen Kurve $\mathfrak{L}$ umkehrbar eindeutig und konform ist, dann ist sie es auch im Innern der Kurve $\mathfrak{L}$.*[4]

Hier wird $f'(z) \neq 0$ nicht vorausgesetzt, sondern gefolgert! Der Beweis beruht auch wieder auf dem auf $f'(z)/f(z)$ angewandten Residuensatz.

Die Anzahl der innerhalb der in der z-Ebene gelegenen Kurve $\mathfrak{L}_z$ liegenden Lösungen von $f(z) = w$ ist

$$\frac{1}{2\pi i} \int_{\mathfrak{L}_z} \frac{f'(\zeta)}{f(\zeta) - w} \, d\zeta.$$

---

[4]Im Original wird hier sogar die Konformität auf der ganzen Ebene behauptet, wofür es aber offensichtliche Gegenbeispiele gibt. Der Beweis zeigt nur diese Aussage.

Daneben stelle ich das analoge Integral in der w-Ebene, indem ich F für $f(\zeta)$ und $\mathrm{d}F$ für $f'(\zeta)\,\mathrm{d}\zeta$ eintrage:

$$\frac{1}{2\pi\mathrm{i}}\int_{\mathfrak{L}_w}\frac{\mathrm{d}F}{F-w}.$$

Dies ist aber nach der Cauchyschen Integralformel

$$\frac{1}{2\pi\mathrm{i}}\int_{\mathfrak{L}_w}\frac{f(F)}{F-w}\,\mathrm{d}F=f(w)$$

wegen $f(w)=f(F)=1$ gleich 1:

$$\frac{1}{2\pi\mathrm{i}}\int_{\mathfrak{L}_w}\frac{\mathrm{d}F}{F-w}=1.$$

Da wir voraussetzten, dass durch die Abbildung $w=f(z)$ die Laufkurve $\mathfrak{L}_z$ in $\mathfrak{L}_w$ umkehrbar eindeutig übergeht, gilt auch

$$\frac{1}{2\pi\mathrm{i}}\int_{\mathfrak{L}_z}\frac{f'(\zeta)}{f(\zeta)-w}\,\mathrm{d}\zeta=1,$$

das heißt, jedem Werte w innerhalb $\mathfrak{L}_w$ entspricht ein und nur ein Wert z im Innern von $\mathfrak{L}_z$.

Außerdem ist zu zeigen, dass ein außerhalb $\mathfrak{L}_w$ gelegener Wert w im Innern von $\mathfrak{L}_z$ sicher nicht angenommen wird. Denn jetzt ist $1/(F-w)$ eine regulär analytische Funktion in einem einfach zusammenhängenden Gebiet und daher auf die geschlossene Kurve $\mathfrak{L}_w$ der Cauchysche Integralsatz anwendbar. Also ist

$$\frac{1}{2\pi\mathrm{i}}\int_{\mathfrak{L}_w}\frac{\mathrm{d}F}{F-w}=0\qquad\text{und daher}\qquad\frac{1}{2\pi\mathrm{i}}\int_{\mathfrak{L}_z}\frac{f'(\zeta)}{f(\zeta)-w}\,\mathrm{d}\zeta=0,$$

womit gezeigt ist, dass $w=f(z)$ keine Auflösung im Innern von $\mathfrak{L}_z$ hat, wenn w irgendeinen Wert im Äußern der Bildkurve $\mathfrak{L}_w$ bedeutet.

Schließlich ist noch zu zeigen, dass einem Punkte z von $\mathfrak{L}_z$ kein anderer Punkt der w-Ebene als einer auf $\mathfrak{L}_w$ entspricht. Entspräche ihm nämlich etwa ein Punkt w im Innern von $\mathfrak{L}_w$, so würde die ganze Umgebung dieses Punktes z, also Punkte im *Äußern von* $\mathfrak{L}_z$, auf die Umgebung von w, also auf Punkte im *Innern von* $\mathfrak{L}_w$ abgebildet.

Damit ist dieser Satz, der von der *Abbildung im Großen* handelt, bewiesen. Natürlich ist dies bloß eine besondere Eigenschaft der *konformen* Abbildung! Eine besondere Bedeutung besitzt der Satz vor allem in der Theorie der elliptischen Funktionen, und auch dort erst lassen sich nicht triviale Beispiele für seine Anwendung angeben, sodass hier darauf verzichtet werden muss.

Um noch die allgemeine Gleichung $\mathfrak{F}(w,z)=0$ zu lösen, müssten wir zunächst wissen, was eine regulär analytische Funktion zweier voneinander unabhängiger komplexer Variablen ist. Doch wollen wir diesen Begriff nicht allgemein definieren, sondern uns auf den Spezialfall beschränken, dass wir es mit einer *algebraischen Gleichung für* w zu tun haben, deren Koeffizienten in der Umgebung von $z = z_0$ regulär analytische Funktionen von z sind, das heißt, das vorgelegt ist:

$$\mathfrak{F}(w, z) = w^n + f_{n-1}(z) \cdot w^{n-1} + f_{n-2}(z) \cdot w^{n-2} + \cdots + f_0(z) = 0.$$

Für jeden festen z-Wert hat die Gleichung n Wurzeln w (nach Satz 4.61); da wir sie nach w auflösen wollen, müssen wir den Cauchyschen Residuensatz in der w-Ebene anwenden, wobei wir uns auf eine Umgebung der Stelle z_0 beschränken müssen, indem uns die Beschränkung auf eindeutige Funktionen zur Durchführung von Betrachtungen bloß im Kleinen zwingt. Setzen wir z_0 in unsere Gleichung ein, dann bekommen wir in

$$\mathfrak{F}(w, z_0) = 0$$

eine algebraische Gleichung für w, von der w_0 eine Wurzel sei.

Setzen wir in ihr für z_0 wieder z ein, dann behaupte ich: *es gibt eine regulär analytische Funktion, die die gegebene Gleichung löst, falls* $\mathfrak{F}'(w_0, z_0) \neq 0$ *ist*, wobei der Strich immer die Ableitung nach w bedeuten soll. Zum Beweise betrachte ich die Funktion $\mathfrak{F}(w, z_0)$. An der Stelle $w = w_0$ liegt eine Nullstelle von ihr, und zwar ist dies wegen der Voraussetzung $\mathfrak{F}'(w_0, z_0) \neq 0$ eine einfache Nullstelle. Dann ist nach dem Residuensatz

$$\frac{1}{2\pi \mathrm{i}} \int_{\mathfrak{K}_w} \frac{\mathfrak{F}'(F, z_0)}{\mathfrak{F}(F, z_0)} \, \mathrm{d}F = 1,$$

und außerdem gilt auf dem kleinen Kreise $\mathfrak{K}_w$:

$$|\mathfrak{F}(F, z_0)| \geq r,$$

wobei r eine feste Grenze bedeutet.

Jetzt wollen wir statt der Konstanten z_0 eine Variable z einführen, die in der z-Ebene auf einen kleinen kreisförmigen Bereich um z_0, der von $\mathfrak{K}_z$ begrenzt werde, beschränkt sein soll, sodass darin $\mathfrak{F}(F, z) \neq 0$ bleibt für alle F auf dem Rande $\mathfrak{K}_w$.

Solange bleibt aber das Integral, in dem z_0 durch z ersetzt zu denken ist, eine stetige Funktion von z, und da es wiederum andererseits nach dem Residuensatz ein ganzzahliges Vielfaches von $2\pi \mathrm{i}$ sein soll, bleibt für diese z nur

$$\frac{1}{2\pi \mathrm{i}} \int_{\mathfrak{K}_w} \frac{\mathfrak{F}'(F, z)}{\mathfrak{F}(F, z)} \, \mathrm{d}F = 1,$$

und der Inhalt dieser Gleichung ist, dass $\mathfrak{F}(w, z) = 0$ innerhalb dieser Bereiche eine einzige Auflösung hat. Nun handelt es sich noch um deren Berechnung und den Nachweis ihrer Analytizität. Da $\mathfrak{F}(w, z)$ keine Pole hat, und da w die einzige Auflösung im Kreise $\mathfrak{K}_w$ ist, folgt nach (4.62):

$$w = \frac{1}{2\pi \mathrm{i}} \int_{\mathfrak{K}_w} F \frac{\mathfrak{F}'(F, z)}{\mathfrak{F}(F, z)} \, \mathrm{d}F,$$

und unser Ziel ist, dieses Integral in eine Potenzreihe zu entwickeln. Dazu entwickeln wir für festes F den Integranden nach Potenzen von $z - z_0$ in eine bei $|z - z_0| \leq d$ konvergente Potenzreihe

$$\frac{\mathfrak{F}'(F, z)}{\mathfrak{F}(F, z)} = \sum_{n=1}^{\infty} a_n(F) \cdot (z - z_0)^n,$$

die gilt, welchen Wert man auch F erteilen mag, und deren Koeffizienten von F abhängen; ob allerdings diese Funktionen $a_n(F)$ regulär sind, das wissen wir nicht. Wir müssen nun zeigen, dass wir diese Reihe gliedweise nach F integrieren dürfen, das heißt, dass sie für alle F auf dem Kreis $\mathfrak{K}_w$ gleichmäßig konvergiert. Die ganze Schwierigkeit beim Beweis besteht überhaupt lediglich an der *wechselnden Auffassung der als variabel betrachteten Größe*! Jetzt müssen wir uns denken, dass z einen festen Wert annimmt, um eine Cauchysche *Abschätzung* vorzunehmen.

Das Maximum des Betrags von $\frac{\mathfrak{F}'}{\mathfrak{F}}(F, z)$ auf dem Kreise $|z - z_0| = d$ ist zugleich eine obere Grenze des Betrages im Innern des Kreises (Satz 4.32), sodass

$$a_n(F) \leq \frac{1}{d^n} \max_{|z-z_0|=d} \frac{\mathfrak{F}'}{\mathfrak{F}}(F, z)$$

gilt für jeden festen Wert F auf dem Kreise $\mathfrak{K}_w$.

Nun nehmen wir eine schlechtere Abschätzung vor, wo F auf dem Kreise $\mathfrak{K}_w$ variiert, indem wir unter den für jedes einzelne F erhaltenen Maximalwerten den größten heraussuchen, der mit M bezeichnet sei. Dann gilt erst recht: $a_n(F) \leq \frac{M}{d^n}$, wobei also M das Maximum des Quotienten $\mathfrak{F}'/\mathfrak{F}$ bedeutet, wenn ich z im Innern des Kreises $\mathfrak{K}_z$ und F auf dem Kreise $\mathfrak{K}_w$ variieren lasse. Demnach konvergiert die Reihe für den Quotienten besser als

$$M \cdot \sum_{n=1}^{\infty} \left| \frac{z - z_0}{d} \right|^n,$$

und diese Majorantenreihe ist von F unabhängig und konvergiert für jedes $|z - z_0| < d$ gleichmäßig im Innern von $\mathfrak{K}_z$. Dann konvergiert auch die Reihe für den Integranden bei festem z gleichmäßig in Bezug auf F und darf daher gliedweise integriert werden, wobei wegen $w_{z=z_0} = w_0$ hervorgeht:

$$w = w_0 + \mathfrak{A}(z - z_0) + \cdots$$

Damit ist es gelungen, die gegebene Gleichung durch eine Potenzreihe, das heißt, durch eine regulär analytische Funktion, zu lösen. Doch gilt dies alles nur in einer hinreichend kleinen Umgebung einer Stelle z_0, w_0. Insbesondere sind diese Betrachtungen auf algebraische Gleichungen anzuwenden, wo die $f(z)$ rationale Funktionen von z sind. Ferner stellt sich heraus, dass man, falls für $z = z_0$ lauter einfache Wurzeln existieren – sodass man diese Betrachtungen für jede durchführen kann – die sämtlichen n Wurzeln dieser Gleichung zu n eindeutigen, regulär analytischen Funktionen zusammenfassen kann.

Die hier angewandte Methode *führt auch allgemein* bei analytischen Funktionen zweier Argumente zum Ziel. Von Sätzen, die in die Theorie der konformen Abbildung gehören, sei der erwähnt, dass die Ebene als Ganzes nicht umkehrbar eindeutig und konform auf sich abgebildet werden kann, außer durch eine ganze Funktion.

Nicht eingegangen sind wir auf die formalen Entwicklungen von Weierstraß und Mittag-Leffler. Es zeigt sich zum Beispiel, dass eine ganze transzendente Funktion – wie e^z – nicht durch ihre Nullstellen zu charakterisieren ist. Mittag-Leffler gibt stattdessen Pole vor. Man kommt so zu einer Verallgemeinerung der Partialbruchzerlegung. Eine Darstellung hiervon findet sich bei Burckhardt [2] besser – allgemeiner und zugleich verständlicher – bei Osgood [15].

Ferner sind hier die Gesichtspunkte der *Potentialtheorie* sehr zurückgetreten; von Interesse ist, dass sich dort ganz entsprechende Sätze aufstellen lassen. Von weitergehenden Sätzen sei erwähnt, dass die längs eines noch so kleinen Kurvenstücks vorgegebenen Werte oder die längs einer geschlossenen Kurve vorgegebenen Werte des Realteils die analytische Funktion überhaupt bestimmen. In der Potentialtheorie entspricht das dem Satze, dass die Gleichung $\Delta U = 0$ bei vorgegebenem Randwert eine Auflösung hat. Dies ist der Ausgangspunkt von Riemanns Arbeiten, der sich auf das „Dirichletsche Prinzip" stützt. Er hat auch die Frage des Minimums von Integralen der Gleichung $\Delta U = 0$ behandelt, wobei Weierstraß auf einen Fehler aufmerksam gemacht hat. Hilbert hat die hier entstandene Lücke ausgefüllt.

Kapitel 5

Theorie der mehrdeutigen analytischen Funktionen — Riemannsche Fläche und Weierstraßsche Theorie der analytischen Fortsetzung

5.1   Die Riemannsche Fläche

Schon früher, als wir die Funktion $\log(z)$, die unendlich vieldeutig ist, behandelten, hatten wir die Riemannsche Fläche kennen gelernt, und ebenso, als wir die allgemeine Potenz z^α auf den Logarithmus zurückführten.

Jetzt wollen wir die einfachste derartige Funktion, $\sqrt{z} = z^{1/2}$, betrachten. Sie ist natürlich auf der Riemannschen Fläche des Logarithmus eindeutig. Aber indem wir gleich unendlich viele Blätter zu Hilfe nehmen, haben wir zu viel getan; wir müssen doch zunächst versuchen, mit zwei Blättern auszukommen, was auch gelingt, wie sich bald zeigen wird.

Dazu erinnern wir uns an die Abbildung $w = z^{1/2}$. Denken wir uns die z-Ebene etwa längs der positiv reellen Achse von 0 bis ∞ aufgeschnitten, dann gibt es darin zwei verschiedene eindeutige regulär analytische Funktionen, die den Namen $z^{1/2}$ führen und mit $+\sqrt{z}$ und $-\sqrt{z}$ bezeichnet seien; sie sind dadurch charakterisiert, dass man vorschreibt, sie sollen an einer Stelle z_0 den Wert $+\sqrt{z_0}$ beziehungsweise $-\sqrt{z_0}$ haben. Beide entwerfen ein Bild der aufgeschnittenen z-Ebene, und zwar die eine auf die obere, die andere auf die untere Hälfte der w-Ebene.

Um die Riemannsche Fläche zu konstruieren, werden wir so verfahren, dass wir *die freien Ränder der beiden Blätter* – der beiden Exemplare der z-Ebene – *so vereinigen, wie die Halbebenen in der w-Ebene zusammenstoßen.*

Dazu betrachten wir zunächst die Funktion $w = z^{1/2}$, die eine Abbildung auf die obere w-Halbebene bewirkt. Lassen wir dabei z vom oberen Ufer des Schnittes ausgehen und sich im positiven Sinne bewegen, so läuft der Bildpunkt w im positiven Sinne von dem rechten zum linken Teil der reellen w-Achse. Gerade umgekehrt verhält sich die andere Funktion $z^{1/2}$; führt man nämlich bei ihr dieselbe Bewegung des Punktes z aus, so bewegt sich der Bildpunkt im positiven Sinne vom linken zum rechten Teil der reellen w-Achse. Es herrschen demnach auf dem oberen Ufer des ersten Blattes dieselben w-Werte einschließlich inbesondere des Vorzeichens wie auf dem unteren Ufer des zweiten Blattes, was im Grenzsinne gemeint ist.

Nun verbinde ich das obere Schnittufer des ersten Blattes mit dem unteren Schnittufer des zweiten Blattes, wodurch ich zwei Windungen der Riemannschen Fläche des Logarithmus bekommen habe. Diese Schraubenfläche mit zwei Windungen hat zwei freie Ränder, von denen der eine ganz oben, der andere ganz unten liegt. Nun genügt es, die beiden Ränder zu vereinigen, wobei jedoch die Fläche sich

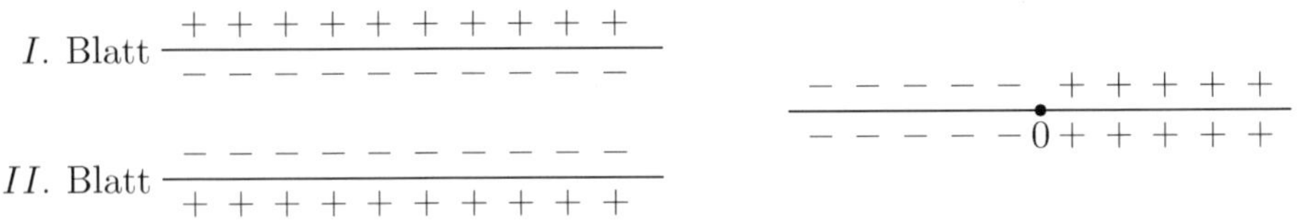

Abbildung 5.1: Links: z-Ebenen; rechts: w-Ebene

durchdringen muss: Das ist ein notwendiges Übel bei der Riemannschen Fläche.

Die Stelle, wo die Überschneidung stattfindet, ist ganz unwesentlich, viel unwesentlicher jedenfalls als der Schnitt, den wir früher legten, und bei dessen Änderung wir eine ganz andere Funktion $\sqrt{z}$ bekamen. Jetzt, nachdem die Riemannsche Fläche konstruiert ist, ist es auf ihr anders. Denn wenn man zunächst von den Stellen der Durchdringung absieht, ist $\sqrt{z}$ auf der Riemannschen Fläche eindeutig.

Nur in den Punkten der Überschneidungslinie hat die Funktion $\sqrt{z}$ zwei Werte, ohne dass hierdurch die Eindeutigkeit der Funktion wirklich gestört würde, wenn man nur diese Punkte als voneinander verschieden auffasst. Bei ihnen hat man auch von zwei Umgebungen auf den beiden Mänteln zu sprechen, wobei die Bedeutung die ist, dass sich die Werte jedesmal eindeutig und stetig aneinander schließen müssen. In diesem Sinne ist also der Begriff der Umgebung zu verstehen. Die beiden auf der Schnittlinie zusammenfallenden Punkte sind oben als ganz voneinander getrennt liegend anzusehen. Dies möge etwa noch dadurch näher erläutert werden, dass bei stetiger Deformation der Riemannschen Fläche gerade solche Punkte sich sehr wohl voneinander beliebig sollen entfernen dürfen, was für benachbarte Punkte nicht der Fall ist.

Übrigens liegt von vornherein noch die Möglichkeit vor, dass die Funktion in zwei übereinander liegenden Punkten denselben Wert annimmt, und das kommt auch bei komplizierten Beispielen tatsächlich vor. Darum *genügt es nicht*, zu sagen, dass man auf einer in der Projektion gezeichneten Kurve eine *stetige Werteänderung* verfolgt, *sondern* erst die Forderung einer *analytischen* Werteänderung bewirkt, dass ein Überspringen von einem auf ein anderes Blatt ausgeschlossen ist. Auf der Riemannschen Fläche verhält sich die Funktion noch über den zuerst gelegten Schnitt hinüber analytisch; sie erschöpft auf der Fläche ihren gesamten Wertevorrat.

Ist in der Projektion eine von einem Punkt z_0 ausgehende Kurve gegeben, so hat die Funktion, wenn ihr Wert im Anfangspunkt z_0 bekannt ist, im Allgemeinen im Endpunkt einen eindeutig bestimmten Wert; es darf nämlich der Weg nur nicht durch den Punkt 0 hindurchgehen, damit er durch die Projektion eindeutig bestimmt ist. Der Punkt 0 also nimmt hier eine Sonderstellung ein; man nennt ihn einen *Windungspunkt* oder *Verzweigungspunkt* der Riemannschen Fläche. Auch im Unendlichen liegt ein Verzweigungspunkt, wie man erkennt, wenn man zur Konstruktion der Riemannschen Fläche statt von der z-Ebene von der z-Kugel ausgeht und sie mit zwei Blättern bedeckt, die längs eines beliebigen, vom Südpol zum Nordpol hinaufreichenden Schnittes zusammenzuheften sind.

Beispiel 5.1. Die Riemannsche Fläche von

$$w = \sqrt{1 - z^2} = (1 + z) \cdot \sqrt{\frac{1 - z}{1 + z}},$$

die bei ± 1 Windungspunkte hat, ist mit der von $\sqrt{z}$ wesentlich identisch – namentlich auf der Kugel, wie sich durch eine lineare gebrochene Substitution erkennen lässt.

Beispiel 5.2. Um in derselben Weise die Riemannsche Fläche von $\sqrt[3]{z}$ zu konstruieren, gehen wir von drei Exemplaren von z-Ebenen, die längs der positiv reellen Achse aufgeschnitten sind, aus, und von denen die erste auf einen Winkelraum von 120° in der w-Ebene, die zweite auf den anschließenden, die dritte auf den dritten Winkelraum abgebildet wird (siehe Abbildung 5.2). Damit ist der gesamte Wertevorrat von $\sqrt[3]{z}$ erschöpft und jeder Wert nur einmal angenommen.

Die drei Blätter hefte ich aneinander und vereinige die freien Ränder, wobei ich zwei Lagen – gleichgültig, an was für Stellen – durchdringen muss. So bekomme ich die Riemannsche Fläche von $\sqrt[3]{z}$. Sie ist ein geschlossenes Gebilde; an der Stelle 0 hat sie wieder einen Windungspunkt, den man hier, wo drei Blätter zusammenhängen, als solchen von zweiter Ordnung bezeichnet – was übrigens wenig geeignet ist.

Beispiel 5.3. Allgemein findet man, dass die Riemannsche Fläche von $\sqrt[n]{z}$ aus n Blättern besteht und an der Stelle 0 einen Windungspunkt $(n-1)$-ter Ordnung hat. Ein ebensovielfacher Windungspunkt liegt im Unendlichen, im Nordpol der Riemannschen z-Kugelfläche.

Abbildung 5.2: Links: z-Ebenen; rechts: w-Ebene

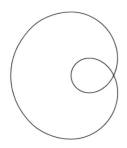

Unser Ziel ist es, eine ebensolche Theorie der auf der Riemannschen Fläche eindeutig regulär analytischen Funktionen zu begründen, wie wir es in der Ebene gemacht haben, indem wir auf ihr die wichtigsten Sätze, insbesondere den Cauchyschen Integralsatz, als gültig nachweisen. Dazu müssen wir unsere alten Begriffe von der Ebene auf die Riemannsche Fläche übertragen; zum Beispiel müssen wir wissen, was ein einfach zusammenhängendes Gebiet ist. Dabei wäre zu beachten, dass beispielsweise bei der Riemannschen Fläche von $\sqrt{z}$ eine den Nullpunkt umschließende Kurve erst nach zweimaligem Umlauf, wie es in der Figur angedeutet ist, geschlossen ist.

Es sei noch bald bemerkt, dass bei einer *aus endlich vielen Windungen* bestehenden Fläche der *Windungspunkt mit zur Fläche gerechnet wird, und sonst nicht.* Bei der Riemannschen Fläche von $\sqrt{z}$ stellt sich heraus, dass sie von einfachem Zusammenhang ist. Doch da unsere bisherigen Beispiele noch zu einfach sind, als dass sie charakteristisch sein könnten, wollen wir, die wir an die Durchführung der hier angekündigten Betrachtungen herangehen, zunächst noch weitere *Beispiele für Riemannsche Flächen* spezieller Funktionen geben.

Beispiel 5.4. Um die Riemannsche Fläche von $w = \sqrt{(z^2 + 1)(1 - z)}$ zu konstruieren, müssen wir zunächst fragen nach der Art der Aufschneidung der z-Ebene, wenn sie durch diese Funktion eindeutig auf die w-Ebene abgebildet werden soll. Unter der Wurzel steht ein Polynom dritten Grades mit den drei Nullstellen $+i$, $-i$ und $+1$, die im Verein mit dem unendlich fernen Punkt Verzweigungspunkte sind. Schneidet man die z-Ebene von $+i$ bis $-i$ und von 1 bis ∞ längs der positiv reellen Achse auf, so wird sie auf die w-Ebene eindeutig abgebildet – obwohl dieses Gebiet nicht einfach zusammenhängend ist, und zwar geschieht dies wegen der Wurzel durch zwei regulär analytische Funktionen, die zusammengenommen den ganzen Wertevorrat der Funktion erschöpfen.

Es fragt sich nun, wie bei den beiden Exemplaren der z-Ebene die Werte w an den Schnitten zusammenhängen. Dazu treffen wir die Festsetzung, dass an der

Stelle $^1/_2$ das Blatt I den Funktionswert $+\sqrt{5/8}$, das Blatt II den Wert $-\sqrt{5/8}$ haben soll. Lassen wir diesen Punkt in I gegen $+1$ rücken, $+1$ in einem kleinen Halbkreise ausweichen und dann auf dem oberen Ufer des Schnittes fortwandern (siehe Abbildung 5.3), so verhält sich dabei der Faktor $\sqrt{1+z^2}$ regulär, nicht aber

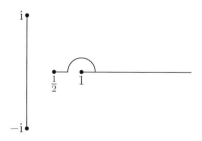

Abbildung 5.3: Umgehung von 1

$\sqrt{1-z}$. Setzen wir $1-z = R \cdot e^{i\varphi}$, sodass $\sqrt{1-z} = \sqrt{R} \cdot e^{i\varphi/2}$ wird, dann hat dieser Faktor an der Stelle des Schnittes, wo der Punkt auf dem Kreise ausbiegt, den Wert $\sqrt{R} \cdot e^{-i\pi/2}$; der Winkel φ variiert oben von 0 bis $-\pi$, unten von 0 bis $+\pi$, sodass die Funktion $\sqrt{1-z}$ auf dem oberen Ufer negativ imaginär, auf dem unteren positiv imaginär ist.

In Blatt II kehrt sich das alles um. Daher habe ich das obere Ufer von Blatt I beziehungsweise II mit dem unteren Ufer von II beziehungsweise I zu verbinden. Ebenso ist zu erkennen, dass man das linke Ufer des Schnittes von $-i$ bis $+i$ von Blatt I beziehungsweise II mit dem rechten von Blatt II beziehungsweise I zu vereinigen hat.

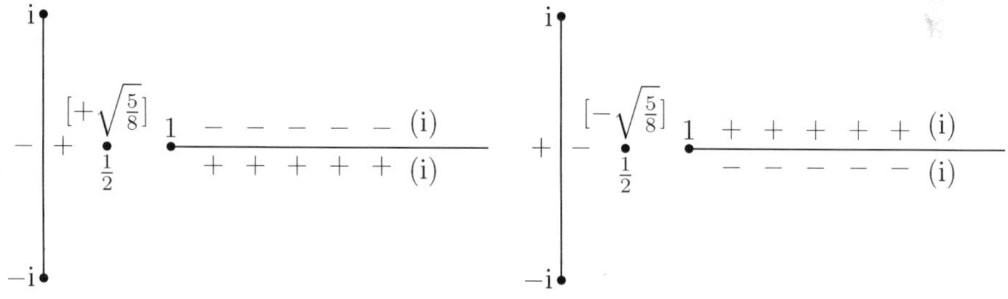

Abbildung 5.4: Links: I. Blatt; rechts: II. Blatt

Die Funktionswerte gehen dann eindeutig und sogar analytisch über die Schnitte hinüber. In $+i$, $-i$, $+1$ und ∞ besitzt die Funktion vier Windungspunkte erster Ordnung. Auf dieser Riemannschen Fläche ist die Funktion $w = \sqrt{(z^2+1)(1-z)}$ eindeutig und regulär. Auf der Riemannschen Fläche wird hier – wie im Beispiel $\sqrt{z}$ – jeder Wert von z, von den Windungspunkten abgesehen, zweimal angenommen, aber jeder Wert w nicht wie früher einmal, sondern dreimal, wie dies aus der Gleichung $w^2 = (1 + z^2)(1 - z)$ unmittelbar evident ist.

Das Wesentliche bei der Riemannschen Fläche sind ihre Analysis-situs-Eigenschaften, zu deren Ermittlung man Wege auf ihr zu verfolgen hat. Hier, wo es sich um eine geschlossene Fläche handelt, muss man zuerst einen Rückkehrschnitt legen. Es zeigt sich, dass die Fläche durch eine geschlossene Kurve nicht zerfällt, sodass sie nicht von einfachem, sondern von höherem Zusammenhang ist, worauf wir später auf Seite 246 noch zurückkommen werden.

Die *Zusammenhangszahl* insbesondere ist das Allerwichtigste; sie ist bei algebraischen Funktionen viel wichtiger als etwa ihr Grad. Auch lässt sich aus Analysis-situs-Gründen der Satz ableiten, dass bei algebraischen Funktionen die Anzahl der Verzweigungspunkte, in richtiger Vielfachheit gezählt, gerade ist. Dabei heißt allgemein ein Verzweigungspunkt oder Windungspunkt von *n-ter Ordnung*, wenn man $(n + 1)$-mal um ihn herum laufen muss, um zu einer geschlossenen Kurve zu kommen.

In der Theorie der elliptischen Integrale handelt es sich um $\int \frac{\mathrm{d}z}{w}$, wobei w die zuletzt betrachtete Funktion bedeutet, und so beherrscht die soeben konstruierte Riemannsche Fläche die Theorie der elliptischen Funktionen. Daraus nur ist ihre doppelte Periodizität zu verstehen, während ja zum Beispiel $\int \frac{\mathrm{d}z}{z}$ einfach periodisch ist.

Beispiel 5.5. Nun betrachten wir ein Beispiel einer nicht explizit gegebenen Funktion w von z, das auch in dem Lehrbuche von Osgood behandelt ist:

$$w^3 - 3w = z.$$

Zunächst ist sofort klar, dass wir drei Exemplare der z-Ebene brauchen werden. Wir fragen nach den singulären Stellen der Funktion, und untersuchen dazu

$$\mathfrak{F}(w, z) = w^3 - 3w - z = 0.$$

An den Stellen z_0 und den zugehörigen w_0, wo $\partial \mathfrak{F} / \partial w \neq 0$ ist, werden die drei Blätter einfach übereinander liegen. Verzweigungspunkte können also nur da liegen, wo neben der vorigen diese Gleichung besteht:

$$\frac{\partial \mathfrak{F}}{\partial w} = 3w^2 - 3 = 0,$$

also an den Stellen $w = \pm 1$, denen $z = \mp 2$ entspricht, sowie im Unendlichen.

Schneide ich die drei z-Ebenen längst der reellen Achsen auf, so wird jede von ihnen eindeutig und konform auf die w-Ebene abgebildet. Nun müssen wir fragen, für welche Punkte w der w-Ebene wir Punkte des Schnittes bekommen, das heißt, solche, für die $w^3 - 3w$ reell ist. Dazu trennen wir z in Real- und Imaginärteil: $z = x + \mathrm{i}y$ mit

$$x = u^3 - 3uv^2 - 3u, \qquad y = v(3u^2 - v^2 - 3),$$

und sehen, dass $y = 0$ ist einmal für $v = 0$, dann für $3u^2 - v^2 - 3 = 0$, das heißt, für Punkte der reellen w-Achse wie für Punkte auf zwei Hyperbelzweigen, die durch die ausgezeichneten Punkte ± 1 der w-Ebene gehen und mit der reellen Achse Winkel von 60° bilden. Diese Linien teilen die w-Ebene in sechs Stücke (siehe auch Abbildung 5.6). Wie bilden sich die zwei mal drei z-Halbebenen auf sie ab? Wir bezeichnen die drei Blätter der z-Ebene mit I, II und III und setzen jedesmal, wenn es sich um die obere, einem positiven Imaginärteil entsprechende Halbebene handelt, das Zeichen $+$, bei der unteren das Zeichen $-$ hinzu. Über

Abbildung 5.5: z-Ebenen

die Art des Abbildens der einzelnen Teile lassen sich nun in verschiedener Weise Festsetzungen treffen. Wir wollen es nicht so machen, wie es bei Osgood geschieht; zweckmäßiger ist nämlich die in Abbildung 5.6 angewandte Nummerierung der Teile der w-Ebene. Die Darstellung bei Osgood ist unsymmetrischer, und an der Stelle $+2$ durchdringt einer der Mäntel die beiden anderen an unwesentlichen Stellen. Solche Vorkommnisse lassen sich allgemein nicht vermeiden, wohl aber hier durch passende Nummerierung. Das Wesentliche jedoch bleibt stets erhalten.

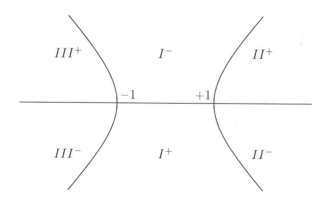

Abbildung 5.6: w-Ebene

Den Beweis, dass die Abbildung umkehrbar eindeutig ist, können wir dadurch führen, dass wir zeigen, dass sie es auf dem Rande der einzelnen Teile ist. Dabei müssen wir wegen der Voraussetzung des Nicht-Verschwindens der Ableitung $\partial \mathfrak{F}/\partial w$ an den singulären Stellen ausbiegen. Eine analoge Bewegung führt alsdann der Bildpunkt z aus. Nehmen wir etwa den mit I^+ bezeichneten Teil der w-Ebene, dann müssen wir noch beachten, dass die zum Ausschluss des Unendlichen einzuführende Abschlusskurve ein Bild liefert, das nach oben zu liegen kommt. Da dann die Abbildung auf dem Rande der einzelnen Gebiete, also auf geschlossenen Kurven, umkehrbar eindeutig ist, ist sie es auch in deren Innern (siehe Satz 4.66).

Nun handelt es sich noch darum, wie die sechs z-Halbebenen zusammenzufügen sind. Welche Stücke der reellen z-Achse also werden auf die einzelnen Begrenzungsstücke der Gebiete der w-Ebene abgebildet? Für $v = 0$ ist $x = u^3 - 3u$, für die Hyperbel $v^2 = 3u^2 - 3$ ist $x = -8u^3 + 6u$. Hieraus sieht man, dass die Stücke folgende Bilder haben:

- Dem I^+ und I^- trennenden Stück von -1 bis $+1$ der reellen w-Achse entspricht das Stück von $+2$ bis -2 der reellen z-Achse;

- dem II^+ und II^- trennenden Stück von $+1$ bis $+\infty$ der reellen w-Achse entspricht das Stück von -2 bis $+\infty$ der reellen z-Achse;

- dem III^+ und III^- trennenden Stück von -1 bis $-\infty$ der reellen w-Achse entspricht das Stück von $+2$ bis $-\infty$ der reellen z-Achse;

- der I^+ und II^- sowie I^- und II^+ trennenden rechten Hyperbel der w-Ebene entspricht das Stück von -2 bis $-\infty$ der reellen z-Achse;

- der I^+ und III^- sowie I^- und III^+ trennenden linken Hyperbel der w-Ebene entspricht das Stück von $+2$ bis $+\infty$ der reellen z-Achse.

Danach können wir uns die Art des Zusammenhangs der drei Blätter der Riemannschen z-Fläche durch das Schema in Abbildung 5.7 verdeutlichen, aus dem

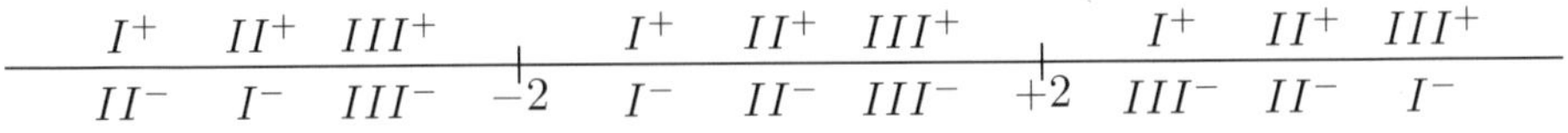

$$\frac{I^+ \quad II^+ \quad III^+}{II^- \quad I^- \quad III^-} \;{}_{-2}\; \frac{I^+ \quad II^+ \quad III^+}{I^- \quad II^- \quad III^-} \;{}_{+2}\; \frac{I^+ \quad II^+ \quad III^+}{III^- \quad II^- \quad I^-}$$

Abbildung 5.7: Schema

wir Folgendes ablesen können. Auf der Strecke von -2 bis $+2$ liegen die drei Blätter schlicht übereinander (Abbildung 5.8). Links von -2 durchdringen sich die Blätter I und II, während III schlichtweg darunter weggeht (Abbildung 5.9). Endlich rechts von $+2$ durchdringen sich die Blätter I und III und gehen noch durch das Blatt II hindurch (Abbildung 5.10).

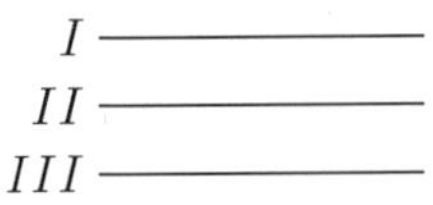

Abbildung 5.8:
Keine Durchdringung

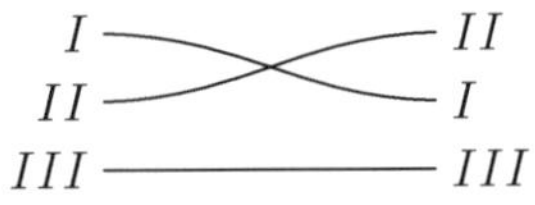

Abbildung 5.9:
Einfache Durchdringung

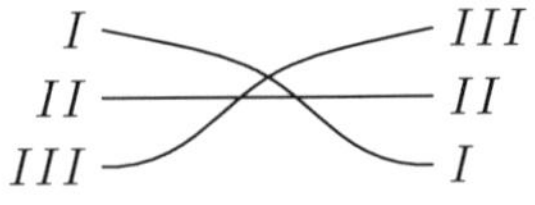

Abbildung 5.10:
Mehrfache Durchdringung

Betrachten wir eine geschlossene Kurve in der Umgebung der Stelle -2, die etwa von I^+ ausgehen und im positiven Sinne durchlaufen werden möge, so gelangt sie der Reihe nach zu II^-, II^+, I^- und zu I^+ zurück, wo sie sich schließt. Die Kurve windet sich zweimal um die Stelle -2, das heißt, dies ist ein Windungspunkt erster Ordnung. In der Tat sind ja hier nur zwei Blätter verzweigt. Dasselbe gilt für die Stelle $+2$: die Durchdringung mit Blatt II ist ganz unwesentlich.

Um das Verhalten im Unendlichen zu untersuchen, gehe ich etwa auf einem großen Kreise um 0 links von -2 aus und im positiven Sinne herum, wobei ich die Blätter etwa so passiere:

$$I^+ \to II^- \to II^+ \to I^- \to III^+ \to III^- \to I^+.$$

Da muss ich also dreimal herumlaufen, bis sich die Kurve schließt, indem dort alle drei Blätter verzweigt sind. Also liegt im Unendlichen ein Verzweigungspunkt zweiter Ordnung.

Hier sind also die Betrachtungen schon recht kompliziert, obwohl die Riemannsche Fläche bloß aus drei Blättern besteht; es zeigt sich, dass sie eine geschlossene Fläche von einfachem Zusammenhang ist. Auf ihr wird jeder Wert w einmal, jeder Wert z – mit Ausnahme der an den Windungspunkten herrschenden – dreimal angenommen.

Beispiel 5.6. Endlich sei noch als gutes Übungsbeispiel das der Lemniskate erwähnt, deren Gleichung

$$F(w, z) = (w^2 + z^2)^2 + 2(w^2 + z^2) = 0. \tag{7.1}$$

lautet. Um die Riemannsche Fläche dieser Funktion $w(z)$ zu konstruieren, muss man zunächst ihre singulären Stellen aufsuchen, für die neben der vorigen Gleichung diese gilt:

$$\begin{aligned}
\frac{\partial F}{\partial w} &= 2(w^2 + z^2) \cdot 2w + 4w \\
&= 4w(w^2 + z^2 + 1) \\
&= 0.
\end{aligned}$$

Eine Lösung von ihr ist $w = 0$, und dafür lautet Gleichung (7.1)

$$z^4 + 2z^2 = 0,$$

und diese hat die Lösungen

$$z = 0, \qquad z = +\mathrm{i}\sqrt{2}, \qquad z = -\mathrm{i}\sqrt{2}.$$

Es zeigt sich, dass an den Stellen $z = \pm\mathrm{i}\sqrt{2}$, $w = 0$ Windungspunkte liegen; anders aber ist es bei $z = 0$, $w = 0$, wo kein Verzweigungspunkt liegt; dort befindet sich eben im reellen Kurvenbild ein Doppelpunkt.

Beispiel 5.7. Nun soll noch ein einfaches Beispiel angegeben werden, das zeigt, dass *nicht* – wie in den früheren Beispielen – *an den Stellen von Doppelwurzeln Windungspunkte zu liegen brauchen.* Dies zeigt das eigentlich triviale Beispiel

$$\mathcal{F}(w, z) = w^2 - z^2 = 0.$$

Die gemeinsame Wurzel dieser Gleichung und von

$$\frac{\partial F}{\partial w} = 2w = 0$$

ist $w = 0$, $z = 0$, und das ist sicher kein Verzweigungspunkt. Vielmehr besteht überhaupt diese Riemannsche Fläche, wie die Zerlegung in $w = z$ und $w = -z$ zeigt, aus zwei Blättern, die einfach übereinanderliegen. Überhaupt kommt man überein, eine solche Funktion gar nicht als eine, sondern als zwei Funktionen aufzufassen.

5.2 Funktionentheorie auf der Riemannschen Fläche

Vorläufig wollen wir, wenn wir von der Riemannschen Fläche sprechen, an die vorangehenden Beispiele denken. Schon die Riemannsche Fläche von $\sqrt{z}$ gibt zu einer ebenso umfassenden Funktionentheorie wie die bisher für die schlichte Ebene entwickelte Anlass. Auf der Riemannschen $\sqrt{z}$-Fläche sind die gebrochen rationalen Funktionen von $\sqrt{z}$ eindeutig. Überhaupt beschäftigen wir uns zunächst mit der Theorie solcher Funktionen, die auf der Riemannschen Fläche eindeutig sind, das heißt die auf ihr so definiert sind, dass jedem Punkt der Fläche *ein* bestimmter Wert der Funktion zugeordnet ist. Wann wollen wir nun eine solche Funktion regulär analytisch nennen?

Dazu denken wir uns, indem wir zunächst von Ausnahmepunkten absehen, in einer kleinen Umgebung eines Punktes auf dem Mantel der Riemannschen Fläche ein Gebiet abgegrenzt, etwa so, dass es sich in der schlichten Ebene als Kreis projiziert. Dann kann man für dieses Gebiet an den alten Definitionen der Regularität beziehungsweise Singularität festhalten und erhält mittels der Entwicklung in eine Laurentreihe für die zu untersuchende Stelle Sätze, die eine Klassifikation der Singularitäten geben, wie es in Abschnitt 4.5 geschehen ist. Dazu wird es nur nötig sein, die grundlegenden funktionentheoretischen Sätze auf die Riemannsche Fläche zu übertragen und die alten Definitionen, an denen wir festhalten können, anzuwenden.

Besondere Untersuchungen und Festsetzungen erfordert bloß noch das Verhalten an Verzweigungspunkten, da wir dort nicht eine nur auf einem Mantel gelegene Umgebung abgrenzen können. Darum entsteht die Frage, was wir hier unter Regularität, und so weiter, verstehen wollen. Die Funktion sei für alle Punkte in der nächsten Umgebung dieses Punktes z_0 erklärt und regulär analytisch, während wir über den Punkt z_0 selbst noch nichts wissen. Der Punkt z_0 selbst sei ein Windungspunkt $p - 1$-ter Ordnung, das heißt, wir mögen in ihm einen Zyklus von p miteinander verzweigten Blättern haben; in seiner Umgebung wollen wir eine Potenzentwicklung herleiten.

Die Riemannsche Fläche wird an der Stelle z_0 so aussehen wie bei $\sqrt[p]{z - z_0}$, indem man da auch p-mal den Punkt z_0 umkreisen muss, um zu einer geschlossenen Kurve zu kommen. Es soll bewiesen werden, dass allgemein unsere Funktion an einer solchen Stelle in eine Potenzreihe entwickelt werden kann, die zwar nicht nach ganzen, aber wenigstens nach gebrochenen Potenzen fortschreitet. Um sie zu gewinnen, vergleichen wir unsere Funktion mit $\sqrt[p]{z - z_0}$.

Die Darstellung erweist sich dann als möglich, indem wir folgendermaßen verfahren: Wir schneiden den Punkt z_0 aus der Riemannschen Fläche mit einer hinreichend kleinen Umgebung heraus. Dann ist auf dem herausgeschnittenen Stück $\sqrt[p]{z - z_0}$ eine eindeutige, regulär analytische Funktion, ausgenommen natürlich in z_0 selbst. Wir wollen uns das Stück etwa durch eine Spirale begrenzt denken, deren Projektion auf die schlichte z-Ebene ein Kreis vom Radius r ist. Da jedem Punkt z, der der Ungleichung $|z - z_0| \leq r$ genügt, ein einziger Wert w der gegebenen Funktion wie auch von $\sqrt[p]{z - z_0} = r^{1/p}$ entspricht, besteht eine umkehrbar eindeutige Beziehung zwischen der vorgegebenen Funktion $w = f(z)$ und der Hilfsfunktion $\sqrt[p]{z - z_0}$. Ich kann also $f(z)$ als eine eindeutige Funktion von $\sqrt[p]{z - z_0}$ auffassen.

Durch die p-te Wurzel nun wird das herausgeschnittene Stück auf einen p-mal überdeckten Kreis einer t-Ebene abgebildet. Pflanze ich also die Werte w hinüber in diese t-Ebene, dann verwandelt sich $f(z)$ in eine eindeutige Funktion $\varphi(t)$ von t, die in der ganzen Umgebung des Punktes $t = 0$ mit Ausnahme dieses Punktes regulär analytisch ist, da der Begriff der analytischen Funktion gegenüber konformer Abbildung invariant ist (dies folgt aus (2.44)).

Nun entwickeln wir einfach $\varphi(t)$ in der Umgebung von $t = 0$ in eine Laurentreihe

$$\varphi(t) = \sum_{n=-\infty}^{+\infty} A_n t^n$$

und bekommen, indem wir darin rückwärts die Substitution $t = \sqrt[p]{z - z_0}$ vornehmen:

$$f(z) = \sum_{n=-\infty}^{+\infty} A_n (z - z_0)^{\frac{n}{p}}. \tag{5.8}$$

Damit haben wir $f(z)$ in der Umgebung des Punktes z_0 in eine nach gebrochenen Potenzen, deren gemeinsamer Nenner p ist, fortschreitende Reihe entwickelt. Nur im Falle $p = 1$, wo kein Windungspunkt vorliegt, haben wir die gewöhnliche Laurentsche Reihe.

Allgemein ist die Funktion $f(z)$ auch hier in der Umgebung von z_0 nur auf eine Art durch eine Reihe darzustellen. Nun treffen wir folgende Festsetzungen – die natürlich für $p = 1$ in die früheren übergehen müssen: Wenn in der Reihe keine negativen Potenzen vorkommen, so sprechen wir von *Regularität der Funktion auf der Riemannschen Fläche* an dem Windungspunkt z_0. Treten endlich viele

Glieder mit negativen Potenzen auf, dann sagen wir, der Punkt sei ein *Pol m-ter Ordnung*, falls das äußerste Glied $A_{-m}(z - z_0)^{-m/p}$ lautet. Diesen *Pol* nennen wir also *nicht* einen solchen von m/p-ter Ordnung! Wir erhalten m/p durch die Potenzentwicklung, p dadurch, dass gesagt wird, wie groß die Ordnung $p - 1$ des Windungspunktes z_0 ist. Aus diesen beiden Daten bestimmt sich m. Haben wir schließlich unendlich viele Glieder mit negativen Exponenten, dann hat $f(z)$ an der Stelle z_0 eine *wesentliche Singularität*.

Die *Entscheidung*, welcher der drei Fälle vorliegt, geschieht, wie sich zeigen lässt, nach denselben Gesetzen wie in der Ebene: Im ersten Falle bleibt $f(z)$ seinem Betrage nach bei Annäherung an z_0 unter einer festen Grenze, und man kann dann der Funktion bei z_0 einen Wert t_0, dessen Betrag höchstens gleich jener oberen Grenze ist, zuschreiben, der sich stetig und sogar analytisch an die Werte der Nachbarpunkte anschließt.

Wächst aber $f(z)$ bei Annäherung an z_0 über jede Grenze, das heißt, ist

$$\lim_{z \to z_0} |f(z)| = \infty,$$

dann hat die Funktion $f(z)$ bei z_0 einen Pol. Bei einer wesentlichen Singularität schließlich besteht die Tatsache, dass in jeder noch so kleinen Umgebung der Windungsstelle die Funktion $f(z)$ jedem Werte beliebig nahe kommt. Die Festsetzungen übertragen sich wie früher auf das Unendliche, den Nordpol der Riemannschen z-Kugel.

Wir hatten in Abschnitt 5.1 Riemannsche Flächen spezieller algebraischer Funktionen konstruiert. Gehen wir von einer allgemeinen algebraischen Funktion aus, die definiert ist durch die Gleichung

$$w^n + R_1(z) \cdot w^{n-1} + R_2(z) \cdot w^{n-2} + \cdots + R_{n-1}(z) \cdot w + R_n(z) = 0,$$

dann ist besonders ihr Verhalten an den Windungspunkten ihrer Riemannschen Fläche von Interesse.

Eine wesentliche Singularität kann die Funktion sicher nirgends besitzen, da ja dann dort die Funktion jedem Werte beliebig nahe kommen müsste, was den einfachsten Eigenschaften der algebraischen Funktionen widerspricht. Also sind insbesondere die Windungsstellen nur daraufhin zu untersuchen, ob dort ein Pol liegt oder Regularität stattfindet. Beispielsweise ist die Funktion $\sqrt{z} = z^{1/2}$ im Windungspunkte 0 von der Ordnung $p - 1 = 1$, während im Unendlichen ein Pol erster Ordnung liegt, wie die Laurent-Entwicklung

$$\left(\frac{1}{z}\right)^{-1/2} + 0 + 0 + \cdots$$

zeigt. Die durch die Gleichung $w^3 - 3w = z$ dargestellte Funktion ist in den Windungspunkten $z = \pm 2$ auf der vorher geschilderten Riemannschen Fläche regulär.

Endlich sei allgemein für algebraische Funktionen erwähnt, dass wir den früher abgeleiteten Satz von der Darstellbarkeit der Wurzeln durch Potenzreihen (siehe (4.65)) unter der Voraussetzung $\frac{\partial F}{\partial w} \neq 0$ hier bequem beweisen können.

Will man die geometrischen Vorstellungen nicht benutzen, so wäre der Nachweis der Konvergenz der Reihen auf rein arithmetischem Wege schwierig. Hier aber, nachdem der Existenzbeweis auf anderem Wege geliefert ist, können wir uns zur Berechnung der Koeffizienten der Methode der unbestimmten Koeffizienten bedienen.

Die nächste Aufgabe besteht nun darin, die ganze Funktionentheorie von der schlichten Ebene auf die Riemannsche Fläche zu übertragen, insbesondere den *Cauchyschen Integralsatz*. Insbesondere ist dabei wichtig, dass das von der doppelpunktslosen, geschlossenen Kurve $\mathfrak{L}$ auf der Riemannschen Fläche umschlossene Gebiet einfach zusammenhängend ist. Diese Forderung des einfachen Zusammenhangs besagt hier viel mehr als früher, da die Ebene selbst einfach zusammenhängend war, was bei der Riemannschen Fläche gewöhnlich durchaus nicht der Fall sein wird.

Ist also das von $\mathfrak{L}$ umschlossene Gebiet einfach zusammenhängend und eine Funktion $f(z)$ überall darin regulär analytisch, so gilt, auch wenn Windungspunkte im Inneren liegen, der Cauchysche Integralsatz in der alten Form

$$\oint_{\mathfrak{L}} f(z)\,\mathrm{d}z = 0.$$

Der Beweis muss hier wieder vollkommen neu durchgeführt werden, verläuft aber ganz ebenso. Die Idee ist auch hier wieder, dass man zunächst im Kleinen die Existenz einer Funktion F nachweist, für die $F' = f$ ist und dann diese in einzelnen Teilgebieten definierten Funktionen F zusammensetzt. Der Ausgangspunkt besteht auch hier darin, dass man eine Quadrateinteilung vornimmt, jetzt aber auf der Riemannschen Fläche. Dabei entstehen an den regulären Stellen einfache Quadrate, genauer Flächen, deren Projektionen auf die z-Ebene Quadrate sind, die einfach überdeckt werden, während an den Windungspunkten doppelt überdeckte, sagen wir „Spiralquadrate" entstehen.

Zunächst handelt es sich darum, ob der Cauchysche Integralsatz in einem solchen Quadrate auf der Riemannschen Fläche gilt. Fassen wir zunächst einen Punkt z_0 auf der Riemannschen Fläche ins Auge, der kein Windungspunkt ist, dann können wir $f(z)$ in der Umgebung dieses Punktes nach positiven Potenzen von $z - z_0$ entwickeln, da wir natürlich $f(z)$ als regulär in z_0 voraussetzen:

$$f(z) = a_0 + a_1(z - z_0) + a_2(z - z_0)^2 + \cdots.$$

Aus dieser Entwicklung folgt sofort, dass es eine Funktion $F(z)$ gibt, von der $f(z)$ die Ableitung ist; man braucht nämlich nur diese Reihe gliedweise zu integrieren, um $F(z)$ zu erhalten. In der nächsten Umgebung eines regulären Punktes, der kein Verzweigungspunkt ist, gilt also der Cauchysche Integralsatz auch auf der Riemannschen Fläche. Ist aber der Regularitätspunkt z_0 der Funktion $f(z)$ ein Verzweigungspunkt $p-1$-ter Ordnung der Riemannschen Fläche, so gilt dort nach Gleichung (5.8):

$$f(z) = a_0 + a_1(z - z_0)^{1/p} + a_2(z - z_0)^{2/p} + \cdots.$$

Diese Reihe hat zum Konvergenzbereich ein p-fach überdecktes spiralförmiges
Stück der Riemannschen Fläche. Auch hier können wir durch gliedweise Integration eine Funktion $F(z)$ angeben, von der $f(z)$ die Ableitung ist:

$$F(z) = \text{const} + a_0(z - z_0) + a_1 \frac{p}{p+1}(z - z_0)^{\frac{p+1}{p}} + a_2 \frac{p}{p+2}(z - z_0)^{\frac{p+2}{p}} + \cdots$$

$$= \text{const} + a_0 t^p + a_1 \frac{p}{p+1} t^{p+1} + a_2 \frac{p}{p+2} t^{p+2} + \cdots,$$

wo $t = (z - z_0)^{1/p}$ gesetzt ist.

Auch diese Reihe stellt, nachdem für die p-te Wurzel eine beliebige feste
Bestimmung getroffen ist, in derselben Umgebung eine eindeutige, regulär analytische Funktion dar, und wechselt man die Bestimmung der p-ten Wurzel, so erhält
man die Darstellung auf allen p in z_0 verzweigten Blättern.

Es muss noch hervorgehoben werden, dass kein Exponent < 0 auftritt, was
bedeuten würde, dass ein Logarithmus bei der Integration hereinkäme; in $f(z)$
tritt eben die -1-te Potenz nicht auf, sondern überhaupt nur positive Potenzen.
Also sind Singularitäten ausgeschlossen. So sehen wir, dass immer der Cauchysche
Integralsatz auf der Riemannschen Fläche im Kleinen gültig ist. Das denken wir
uns für jeden Punkt des betrachteten Gebietes, zunächst also des zugrundegelegten
Quadrates gemacht.

Nun müssen wir noch sehen, ob die Umgebung eines Punktes, in der der
Cauchysche Satz gilt, oberhalb einer festen Grenze bleibt oder etwa immer kleiner
und kleiner wird. Schlagen wir einen kleinen Kreis um einen Punkt und blähen
ihn auf, so konvergiert die in ihm vorgenommene Entwicklung, wenn wir den Kreis
aufblähen, bis er durch einen Windungspunkt, den wir den „nächsten" nennen
wollen, geht, außer wenn der Kreis indessen auf eine singuläre Stelle der Funktion
stößt, wovon wir absehen können, da es an den Betrachtungen nichts Wesentliches
ändert.

Bei dieser Festsetzung für das, was wir den nächsten Windungspunkt nennen,
ist es sehr wohl möglich, dass in der schlichten Ebene ein anderer Windungspunkt
als näher erscheint, das heißt sich innerhalb jenes Kreises projiziert, zu dem wir
gelangten. Es ist eben alles auf der Riemannschen Fläche zu verstehen! Innerhalb
eines jeden solchen Kreises konvergieren dann die zugehörigen Potenzreihen für
$f(z)$. Bei den Windungspunkten verfahren wir analog. Konvergiert in der Umgebung eines solchen die dort auftretende Potenzentwicklung, so stanzen wir ein
genügend kleines Gebiet um ihn heraus und erweitern auch wieder die begrenzen-
de, in sich zurücklaufende Schraubenlinie, bis sie den nächsten Windungspunkt
gerade aufnimmt.

In denselben Gebieten konvergieren auch die gliedweise integrierten Reihen
(und sogar noch besser). Damit haben wir in spiraligen Gebieten um die Windungspunkte sowie in kreisförmigen, einfach überdeckten, teilweise in die vorigen
hineinfallenden Gebieten solche Funktionen F definiert.

Nun wollen wir zu dem ganzen Gebiet G zurückgehen, indem wir zugleich
das Quadratnetz passend legen, wir wollen es nämlich der Bequemlichkeit wegen

so einrichten, dass nie ein Windungspunkt auf die Seite eines Quadrates fällt. Denken wir uns etwa alle Quadrate gleich groß, so können wir das erreichen, wenn wir eine Ecke oder vielleicht eine Mitte eines Quadrates als Koordinatenanfangspunkt wählen, die Quadratseite etwa als Längeneinheit, und dann den Koordinatenanfangspunkt so legen, dass die Koordinaten aller Windungspunkte – und wir setzen die Existenz von nur endlich vielen Windungspunkten voraus – irrational sind.

Liegt kein Windungspunkt in G, so bleibt alles wie früher. Nehmen wir aber an, dass in einem der Quadrate ein Windungspunkt liegt, dann gehen wir so vor: Wir legen in den schraubenförmigen Bereich, der der Konvergenzbereich der hierhin gehörigen Potenzentwicklung ist, ein Quadrat hinein, das ein Spiralquadrat ist, und können es uns wieder herausgestanzt denken. Für dieses Stück der Riemannschen Fläche gilt dann der Cauchysche Integralsatz. Den Rest des Gebietes bedecken wir mit einem Netz von Quadraten, deren Seite wir uns kleiner denken als den halben Konvergenzradius der zum Mittelpunkt gehörigen Potenzentwicklung. Für jedes dieser Quadrate gilt jetzt der Cauchysche Integralsatz.

Nun sammeln wir die „inneren" Quadrate und erbringen für ihre Gesamtheit den Nachweis der Existenz einer Funktion F wieder genau wie in der schlichten Ebene, indem wir einen Geradschnitt durch eine Quadratseite legen, wobei der Bereich unter Voraussetzung des einfachen Zusammenhangs von G zerfällt. In der einen Hälfte möge es eine Funktion F_1, in der anderen F_2 geben, von der f die Ableitung ist. Beide Teile können wir bei unseren Voraussetzungen durch einen Streifen zusammenkleben, der so schmal ist, dass er keinen Windungspunkt enthält, und auf ihm gibt es eine dritte Funktion F_3, deren Ableitung f ist. Der übrige Teil des Beweises vollzieht sich mittels vollständiger Induktion und Grenzübergangs wie früher.

Auch auf der Riemannschen Fläche wird der Cauchysche Integralsatz vielmehr in modifizierter Form benutzt, wenn Singularitäten auftreten. Bei seiner Anwendung ist noch größere *Vorsicht* nötig, weil, wie erwähnt wurde, die Riemannsche Fläche für gewöhnlich nicht *einfach zusammenhängend* sein wird. Die Behauptung der Unabhängigkeit eines zwischen zwei festen Punkten erstreckten Integrals vom Wege gilt natürlich nur, *wenn das von den Wegen bestimmte Gebiet keine Singularität enthält und außerdem einfach zusammenhängend ist.* So zeigt sich, wie die *Zusammenhangszahl der Riemannschen Fläche* von Bedeutung ist.

Das Integral

$$\int_{z_0}^{z} w\,\mathrm{d}z$$

ist bei $w = \sqrt{z}$ eine auf der Riemannschen $\sqrt{z}$-Fläche eindeutige Funktion, während es sich anders verhält, wenn etwa die Funktion $w = \sqrt{(z^2+1)(1-z)}$ ist. Diese Dinge werden in der *Theorie der elliptischen Funktionen* näher erläutert; wir wollen uns damit begnügen, diese Verhältnisse bei dem zuletzt genannten Beispiel näher zu betrachten, indem wir die Zusammenhangszahl von deren früher auf Seite 234 konstruierter Riemannscher Fläche bestimmen.

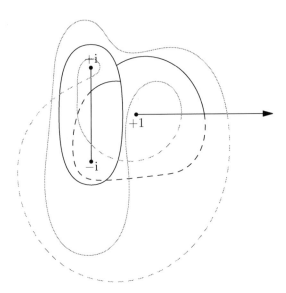

Abbildung 5.11: Aufschneidung der Riemannschen Fläche von $\sqrt{(z^2+1)(1-z)}$

Wir können auf dieser Riemannschen Fläche wie in Abbildung 5.11 einen
Rückkehrschnitt legen und sie dann nochmals zerschneiden, ohne dass sie dabei zerfällt.[1] Die in Abbildung 5.11 – wo die im Blatt II gelegenen Linien gestrichelt sind
– mit grau gezeichnete Kurve läuft in sich zurück und kann nach jedem Punkte geführt werden, ohne dass sie die früheren Schnitte oder sich selbst irgendwo einmal
überschritte. Und dass die Fläche nach dieser zweimaligen Aufschneidung einfach
zusammenhängend ist, erkennt man daraus, dass bei nochmaliger Aufschneidung
längs der dritten Kurve die Fläche zerfällt. Also ist unsere Riemannsche Fläche
gerade vom Zusammenhang des Torus, nämlich 3.

In Abbildung 5.12 ist nochmals die Riemannsche Fläche mit ihren drei Windungspunkten im Endlichen gezeichnet und der Rückkehrschnitt sowie ein Querschnitt angedeutet, durch die die Fläche einfach zusammenhängend wird. Da die
Funktion, die im Integranden von

$$\int_{z_1}^{z_2} \sqrt{(1+z^2)(1-z)}\, \mathrm{d}x$$

steht, überall auf der Riemannschen Fläche mit Ausnahme der Windungspunkte
regulär ist, darf man nach dem Cauchyschen Integralsatz auf irgendeinem Wege von z_1 bis z_2 integrieren, der selbstverständlich durch keinen Windungspunkt
gehen darf, weil dort eine Singularität liegen könnte, und der außerdem keinen
Schnitt überschreitet. Für solche Wege ist das Integral eine reine Ortsfunktion.

---

[1]Hier sind die beiden schwarz gezeichneten Kurven in Abbildung 5.11 gemeint, wobei im
Blatt II gelegene Linien gestrichelt sind.

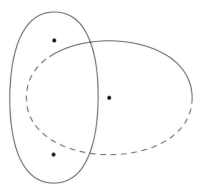

Abbildung 5.12: Zwei geschlossene Kurven und Windungspunkte auf der Riemannschen Fläche von $\sqrt{(z^2+1)(1-z)}$

Integriert man aber auf Wegen, die die Schnitte überschreiten, so bekommt man für das Integral immer wieder andere Werte. Wenn man insbesondere von einem Punkte aus auf Kurven, die den Schnitt nicht überschreiten, bis an beide Seiten der Schnitte heran integriert, nimmt das Integral in diesen Grenzpunkten Werte an, die sich um eine konstante Differenz unterscheiden. Das führt auf eine *doppelte Periodizität* der durch das Integral definierten Funktion.

Wählt man einen festen Ausgangspunkt, so ist im Endpunkt der Wert dieser Funktion unendlich vieldeutig, indem er noch durchaus vom Wege, der auf der Riemannschen Fläche gewählt wird, abhängt. Also ist durch die obere Grenze des Integrals dessen Wert nur bis auf die additive Größe $m_1 w_1 + m_2 w_2$ bestimmt, wo w_1 und w_2 feste Zahlen und m_1 und m_2 irgendwelche ganzen Zahlen bedeuten. Also ist die *Zusammenhangszahl 3 der Riemannschen Fläche unserer Funktion der tiefere Grund für die doppelte Periodizität des Integrals*, die überhaupt nur auf der Riemannschen Fläche zu verstehen ist. Der exakte Beweis dieser Dinge lässt sich mit unseren Mitteln nicht führen; er gehört in das Gebiet der elliptischen Integrale.

Nun wollen wir noch die wichtigsten *Folgerungen aus dem Cauchyschen Satze* auf die Riemannsche Fläche übertragen, zum Beispiel den *Residuensatz*.

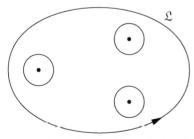

Wir schneiden ein einfach zusammenhängendes Gebiet G aus der Riemannschen Fläche heraus und zeichnen darauf eine doppelpunktslose (die Projektion auf die schlichte Ebene kann natürlich Doppelpunkte haben), geschlossene Kurve $\mathfrak{L}$, in deren Innern nur endlich viele singuläre Stellen – in der Figur nehmen wir drei an – der zu integrierenden Funktion $f(z)$ liegen mögen. Dann folgt wieder, indem man Hilfsquerschnitte legt in dem Gebiete, das entsteht, wenn man die singulären Stellen durch kleine Kreise $\mathfrak{K}$ ausschließt:

$$\int_\mathfrak{L} f(z)\,\mathrm{d}z = \sum \int_\mathfrak{K} f(z)\,\mathrm{d}z,$$

wobei zu beachten ist, dass in dem Falle, wo ein singulärer Punkt ein Verzweigungspunkt ist, anstelle eines einfachen Kreises $\mathfrak{K}$ ein Spiralkreis treten muss. Für einen Punkt, der kein Verzweigungspunkt ist, verstehen wir unter seinem Residuum wie in der schlichten Ebene den in der zugehörigen Laurentreihe auftretenden Koeffizienten

$$A_{-1} = \frac{1}{2\pi\mathrm{i}} \int_\mathfrak{K} f(z)\,\mathrm{d}z,$$

beziehungsweise im Unendlichen $-A_{-1}$ (nicht $+A_{+1}$).

Wie steht es aber *in einem Verzweigungspunkt $p-1$-ter Ordnung*? Dort lautet die Potenzentwicklung für $f(z)$

$$f(z) = \sum_{-\infty}^{+\infty} A_n (z - z_0)^{\frac{n}{p}}.$$

Sie ist als Potenzreihe auf einer nahen Kurve gleichmäßig konvergent und kann daher gliedweise integriert werden, wobei als allgemeines Glied

$$\frac{p}{n+p} A_n (z - z_0)^{\frac{n+p}{p}}$$

hervorgeht, das nach dem Cauchyschen Integralsatz 0 liefert, wovon nur das Glied eine Ausnahme macht, für das $n = -p$ ist und dessen Integral keine Potenz, sondern einen Logarithmus liefert. Also kann allein das Glied

$$A_{-p}\frac{1}{z - z_0}$$

einen Beitrag liefern, und liefert ihn auch, und zwar ist wegen

$$\int_\mathfrak{K} \frac{\mathrm{d}z}{z - z_0} = 2\pi\mathrm{i} \cdot p$$

dieser Wert

$$A_{-p} \int_\mathfrak{K} \frac{\mathrm{d}z}{z - z_0} = 2\pi\mathrm{i} \cdot p \cdot A_{-p},$$

also das *Residuum $p \cdot A_{-p}$*.

Ähnlich findet man für einen Verzweigungspunkt $p-1$-ter Ordnung *im Unendlichen* als Residuum $-p \cdot A_{-p}$. Also wird auch hier der Koeffizient von z^{-1} genommen, nicht von $\left(1/z\right)^{-1}$, wie zu erwarten wäre (vergleiche (4.54)). Damit ist der Residuensatz für die Riemannsche Fläche gerade so wie früher bewiesen; dass die Summe der Residuen Null ist, ist leicht zu übertragen.

In der schlichten Ebene haben wir den Satz kennengelernt, dass eine Funktion, die nur endlich viele Pole hat, rational ist. Ihm entspricht auf der Riemannschen Fläche der Satz:

Satz 5.9. *Ist $W(z)$ auf der Riemannschen Fläche einer Funktion $w(z)$ abgesehen von endlich vielen Polen regulär, so lässt es sich darstellen als rationale Funktion von w und z: $W(z) = R(w, z)$.*

Die Umkehrung dieses Satzes gilt selbstverständlich.

Wollten wir einen Beweis führen, der dem des analogen Satzes 4.51 in der schlichten Ebene entspricht, so müssten wir auf der Riemannschen Fläche eine rationale Funktion von w und z zu konstruieren suchen, die mit $W(z)$ an einer Stelle einen Pol von gleicher Ordnung hat und sonst überall regulär ist, und diese Funktion dann von $W(z)$ subtrahieren.

Die Antwort auf die Frage nach der Existenz einer derartigen Hilfsfunktion lautet aber verneinend. Es gilt nämlich folgender „*Weierstraßscher Lückensatz*":

Satz 5.10. *Es gibt auf der Riemannschen Fläche einer Funktion $w(z)$ rationale Funktionen von w und z, die nur an einer vorgeschriebenen Stelle einen Pol haben; doch lassen sich für ihn nicht alle Ordnungen erreichen, vielmehr nur $p + 1$, $p + 2$, $p + 3$, ..., wobei p das Geschlecht der Riemannschen Fläche ist.*

Dies gilt für alle Punkte außer endlich vielen, so genannten „Weierstraßschen" Punkten. An jeder Stelle aber wird die Ordnung p ausgelassen.

Dieser Satz, dessen Nachweis schwierig ist, zeigt, dass dies kein gangbarer Weg ist. Wir müssen den Beweis etwas anders, auch unter Benutzung der Partialbruchzerlegung, angreifen. Die Behauptung also lautet: W ist eine rationale Funktion von w mit Koeffizienten, die ihrerseits rationale Funktionen von z sind. Der Beweis dieses dritten Satzes soll im Folgenden noch angedeutet werden.

Wir denken uns die Funktion $w(z)$, zu der die Riemannsche Fläche konstruiert sein soll, als algebraische Funktion, sodass sie definiert sei durch die Gleichung

$$F(w, z) = w^n + R_{n-1}(z) \cdot w^{n-1} + \cdots + R_0(z) = 0.$$

Wir setzen der Einfachheit wegen speziell $n = 3$, sodass die Riemannsche Fläche dreiblättrig ist. In der Umgebung eines Punktes z_0, der kein Verzweigungspunkt ist, lassen sich die Wurzeln dieser Gleichung zu drei in der schlichten Ebene regulär analytischen Funktionen $w_1(z)$, $w_2(z)$ und $w_3(z)$ zusammenfassen, und dort lässt sich F darstellen in der Form

$$F(w, z) = \big(w - w_1(z)\big) \cdot \big(w - w_2(z)\big) \cdot \big(w - w_3(z)\big).$$

Dann haben wir noch eine bis auf endlich viele Pole auf der Riemannschen Fläche reguläre Funktion $W(z)$, die wir als eindeutig voraussetzen. Daraus folgt, dass wir in der *Ebene* in der Umgebung von z_0, entsprechend den darüberliegenden drei Blättern der Riemannschen Fläche drei regulär analytische Funktionen $W_1(z)$, $W_2(z)$, $W_3(z)$ haben. Dann bilden wir in Erinnerung an die Partialbruchzerlegung eine Hilfsfunktion Φ, die wir definieren durch

$$\frac{\Phi(w)}{F(w)} = \frac{W_1}{w - w_1(z)} + \frac{W_2}{w - w_2(z)} + \frac{W_3}{w - w_3(z)}.$$

Dieses Φ wird sicher eine ganze rationale Funktion von w vom zweiten Grade, deren Koeffizienten noch von z abhängen:

$$\Phi(w) = A(z) \cdot w^2 + B(z) \cdot w + C(z).$$

Die Hauptsache ist nun, zu zeigen, dass die Koeffizienten A, B, C *rationale* Funktionen von z sind. Der Koeffizient A zum Beispiel ist, da er sich *symmetrisch* aus den Funktionen $w_1(z)$, $w_2(z)$, $w_3(z)$ sowie $W_1(z)$, $W_2(z)$, $W_3(z)$ zusammensetzt, die in z_0 sechs bestimmte Zahlenwerte annehmen, in der Umgebung dieses Punktes eine in der Ebene reguläre Funktion, und da dieser Schluss für jede Stelle durchführbar ist, ist $A(z)$ in der ganzen Ebene regulär analytisch, wenn wir nur von endlich vielen Singularitäten absehen, die an den Verzweigungspunkten der Fläche und an den Polen von $W(z)$ liegen können. Wir behaupten nun, dass diese Ausnahmestellen höchstens Pole sind. Liegt über z_0 etwa ein nullfacher und einfacher Windungspunkt, so stellen sich in dessen Umgebung die Funktionen $w_1(z)$, ..., in der Form

$$w_1(z) = a_{-k}(z - z_0)^{\frac{-k}{2}} + a_{-k+1}(z - z_0)^{\frac{-k+1}{2}} + \cdots,$$

$$w_2(z) = b_{-l}(z - z_0)^{\frac{-l}{2}} + b_{-l+1}(z - z_0)^{\frac{-l+1}{2}} + \cdots,$$

$$w_3(z) = c_{-m}(z - z_0)^{\frac{-m}{2}} + c_{-m+1}(z - z_0)^{\frac{-m+1}{2}} + \cdots$$

dar, und ähnlich $W_1(z)$, $W_2(z)$, $W_3(z)$.

Daraus setzen sich A, B, C nach einfachen Gesetzen zusammen, und zwar entstehen beim Einsetzen Entwicklungen nach Potenzen von $(z - z_0)^{1/2}$, die *nur endlich viele Glieder mit negativen Exponenten* enthalten. Wegen der Eindeutigkeit von $A(z)$, $B(z)$, $C(z)$ (Satz 4.45) müssen aber aus den Entwicklungen die gebrochenen Potenzen herausfallen, und die so entstehenden Laurentreihen zeigen, dass diese drei Funktionen nur endlich viele Pole enthalten, also rational sind.

Daher muss auch $\frac{\Phi}{F}$ eine rationale Funktion von w und z sein. Denken wir uns z fest gewählt, dann sind $w_1(z), \ldots, W_3(z)$ sechs feste Zahlen, und dieser Quotient oben in seine Partialbrüche zerlegt, woraus in der gewöhnlichen Weise folgt:

$$W_1 = \frac{\Phi}{F'}(w_1), \qquad W_2 = \frac{\Phi}{F'}(w_2), \qquad W_3 = \frac{\Phi}{F'}(w_3),$$

wobei $F' = \frac{\partial F}{\partial w}$ gesetzt ist. Variieren wir nachträglich z, so sind, wie die rechten Seiten zeigen, W_1, W_2, W_3 rationale Funktionen von w und z, womit durch einen Umweg über die schlichte Ebene die Behauptung bewiesen ist, dass auf der Riemannschen Fläche $W(z) = R(w, z)$ ist.

Erwähnt sei hier bloß noch, dass zur Riemannschen Fläche ein in Anlehnung an die Zahlentheorie so genannter *Funktionenkörper* gehört, worüber es eine sehr große Theorie gibt. Dabei stellt sich der Windungspunkt der Riemannschen Fläche in Analogie zur Primzahl.

5.3 Der Weierstraßsche Begriff der analytischen Fortsetzung

Dieser Begriff ist nichts weiter als eine Arithmetisierung und Verallgemeinerung der Riemannschen Fläche, zu deren wirklicher Definition wir ihn überhaupt nachher erst benutzen werden. Wir denken uns eine Funktion und zu ihr die Riemannsche Fläche konstruiert, wobei wir vorläufig uns noch auf algebraische Funktionen beschränken müssen.

Wenn wir dann in der Ebene eine Kurve $\mathfrak{L}$ ziehen und sie von einem gegebenen Anfangspunkt aus auf die Riemannsche Fläche übertragen, indem wir auf ihr so fortschreiten, dass die Projektion der Kurve auf die schlichte Ebene die gegebene Kurve ist, so wird, falls kein Windungspunkt passiert wird, schließlich hierdurch der Endpunkt der Kurve eindeutig bestimmt. In ihm hat die Funktion $w = f(z)$ dann einen ganz bestimmten Wert, der seiner Definition nach vom Ausgangspunkt und vom Wege abhängt und durch diese eindeutig bestimmt wird, wenn man nicht nur stetige, sondern analytische Werteänderung verlangt.

Dies drückt Weierstraß aus, indem er sagt: *Der Endwert entsteht aus dem Anfangswert durch analytische Fortsetzung.* Dies wollen wir noch etwas schärfer fassen.

Zu jedem Punkte z_0 der Riemannschen Fläche gehört, wenn wir von Verzweigungspunkten absehen, nicht nur ein bestimmter Wert von w, sondern eine ganze Potenzreihe oder, wie Weierstraß sagt, ein *Funktionselement*:

$$a_0 + a_1(z - z_0) + a_2(z - z_0)^2 + \cdots .$$

Rein formal spricht Weierstraß vom „Mittelpunkt" und „Radius" eines solchen Funktionselementes, worunter er den Mittelpunkt und Radius des Konvergenzkreises versteht. Der erste Koeffizient a_0 ist der Wert der Funktion an der Stelle $z = z_0$.

Zu dem Anfangs- wie Endpunkt der obigen Kurve gehört ein ganz bestimmtes Funktionselement, ebenso zu allen ihren Zwischenpunkten, und zu jedem gehört ein bestimmter Wert. Die *Forderung* der nicht bloßen Stetigkeit, sondern *des analytischen Zusammenhangs* besagt hierbei Folgendes: Es gehöre zu einem Punkte z ein Funktionselement f_z, das den Wert a_z habe, sodass zum Punkte z_0 das Funktionselement f_{z_0} mit dem Werte a_{z_0} gehört. Dann *sollen die in der Nachbarschaft von z_0 auf der Kurve gelegenen Werte dieselben sein, die das Funktionselement f_{z_0} dort besitzt.*

Dieser komplizierte Sachverhalt muss bestehen, damit man von analytischem Zusammenhang der Funktionselemente längs der Kurve $\mathfrak{L}$ reden darf, wofür man auch die Sprechweise zu verwenden pflegt: *Die Funktionselemente längs der Kurve $\mathfrak{L}$ gehen durch analytische Fortsetzung auseinander hervor.* Wir sehen, der Begriff der analytischen Fortsetzung hängt aufs Engste mit dem der Riemannschen Fläche zusammen.

Es ist natürlich *nicht gesagt*, dass man ein Funktionselement längs einer gegebenen Kurve *stets fortsetzen* kann; wenn zum Beispiel die Kurve durch einen *Verzweigungspunkt* geht, so ist dies *unmöglich*. Nun sollten wir unter der *Voraussetzung, dass eine solche Fortsetzung überhaupt zu erzielen* ist, den Satz beweisen:

Satz 5.11. *Ein gegebenes Funktionselement lässt sich längs einer gegebenen Kurve auf nur eine Weise analytisch fortsetzen.*

Gegeben ist also eine Kurve, und der Punkt, in dem sie entspringt, ist der Mittelpunkt des ersten, gegebenen Funktionselementes. Die Begriffe, mit denen wir hier zu operieren haben, sind alle rein arithmetisch.

Unsere Kurve ist nichts als eine gegebene Funktion $z = z(t)$, wobei t einen reellen Parameter bedeutet, sodass jeder Punkt der Kurve durch eine reelle Zahl charakterisiert ist. Zu jedem Punkte t gehört dann ein Funktionselement, das einen bestimmten Konvergenzradius $r(t)$ hat, und von all diesen $r(t)$ setzen wir voraus, dass sie für jedes t einen endlichen, von Null verschiedenen Wert haben, den wir als positiv rechnen. Dass r endlich bleibt, setzen wir voraus, weil wir sonst zu einer in der ganzen Ebene konvergenten Entwicklung kämen, sodass nichts zu fragen bliebe.

Um zu zeigen, dass sie oberhalb einer festen positiven Grenze bleiben, weisen wir die Stetigkeit der Funktion $r(t)$ nach. Wir betrachten einen Punkt t, zu dem z_0 gehöre, und einen im Konvergenzkreise von z_0 gelegenen, zu $t + \Delta t$ gehörigen Nachbarpunkt $z_1 = z_0 + \Delta z$. Das Funktionselement der Stelle z_0 schreitet fort nach Potenzen von $z - z_0$ und konvergiert in einem Kreise mit dem Radius $r(t)$, stellt also dort eine regulär analytische Funktion dar. Der Konvergenzkreis des neuen, nach Potenzen von $z - z_1$ fortschreitenden Funktionselements ist mindestens der Kreis um z_1, der den vorigen von innen berührt, und darin sind die beiden durch die Funktionselemente dargestellten Funktionen identisch, weil sie längs des Kurvenstücks von z_0 bis z_1 übereinstimmen (Satz 4.23). Somit gilt für die Radien

$$r(t + \Delta t) - r(t) \leq |\Delta z|,$$

und daneben erhält man, indem man die Rollen der Punkte vertauscht:

$$r(t) - r(t + \Delta t) \leq |\Delta z|.$$

Daraus folgt die Ungleichung

$$|r(t + \Delta t) - r(t)| \leq |\Delta z|,$$

und das ist der Ausdruck der Stetigkeit der Funktion r, da ja Δz mit Δt gegen Null geht.

Genauer sagt die letzte Relation, die Radien zweier benachbarter Funktionselemente sind höchstens um die Entfernung der beiden Punkte, auf der Kurve gemessen, voneinander verschieden, das heißt, $r(t)$ ist mindestens so gut stetig wie $z(t)$. Lägen nun die Radien nicht oberhalb einer bestimmten positiven Grenze, so würde zufolge der Stetigkeit die Grenze 0 *erreicht*, was der Voraussetzung widerspräche. Also bleiben alle Radien oberhalb einer positiven endlichen Grenze $r_0 > 0$.

Aus diesem Beweise haben wir im Übrigen bereits gelernt, dass man das *Funktionselement eines Nachbarpunktes z_1 von z_0 innerhalb von dessen Konvergenzkreis findet, indem man die Reihe nach Potenzen von $z - z_1$ umordnet*, etwa indem man das allgemeine Glied in der Form $\left((z - z_1) + (z_1 - z_0)\right)^n$ schreibt, die Entwicklung in jedem Gliede vornimmt und dann die einzelnen Glieder passend zusammenfasst. *So kann man auch geradezu die analytische Fortsetzung definieren.*

Nun ist der weitere Nachweis, dass man auf einer Kurve ein Funktionselement auf nur eine Weise analytisch fortsetzen kann, leicht, indem man nun ein Verfahren anzugeben vermag, das es gestattet, in endlich vielen Schritten vom Anfangs- zum Endpunkt zu gelangen. Ich teile die Kurve in eine *endliche Anzahl* von Teilen, derart dass der Kreis um irgendeinen Teilpunkt mit dem Radius r_0 stets den ganzen Bogen zwischen zwei Teilpunkten enthält. Fasse ich nun die Funktionselemente ins Auge, die diesen Teilpunkten zugehören, so sind sie durch die analytische Fortsetzung bestimmt.

Die Funktionselemente in den Teilpunkten bestimmen sich nach den obigen Bemerkungen immer durch Umordnen des Funktionselements des vorangehenden Teilpunkts.

Dies gilt zunächst für den Punkt z_1 in Abbildung 5.13, dann auch für die Punkte des Bogens z_2, z_3, und so weiter, und schließlich für den Endpunkt.

Damit ist die in Satz 5.11 ausgesprochene Behauptung erwiesen, dass die analytische Fortsetzung durch eine Kurve und das Funktionselement im Anfangspunkt eindeutig bestimmt ist, falls sie existiert. Das also ist der Begriff der analytischen Fortsetzung nach Weierstraß.

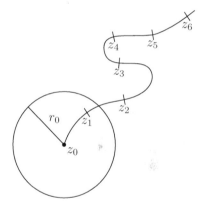

Abbildung 5.13: Zur analytischen Fortsetzung

Zu diesem Satz ist insbesondere vom Anfangspunkt die Existenz einer analytischen Fortsetzung auf der Kurve wesentlich vorausgesetzt. Gesagt ist durchaus nicht, dass man durch Fortsetzung von ihm aus auf verschiedenen Wegen, die zu denselben Endpunkten führen, dort dasselbe Funktionselement erreichen wird. Der Begriff der analytischen Fortsetzung ist eben allgemeiner, und auf jener Verschiedenheit wird gerade die Vieldeutigkeit der analytischen Funktionen beruhen. Dementsprechend wird es bei einer geschlossenen Kurve nicht sicher sein, ob wir durch analytische Fortsetzung wieder zu dem Ausgangselement gelangen werden. Wissen wir etwa vom Logarithmus nur das Funktionselement

$$\frac{z}{1} - \frac{z^2}{2} + \frac{z^3}{3} - \frac{z^4}{4} + \cdots$$

im Punkt 0, das im Einheitskreis konvergiert, und suchen es längs einer Kurve
fortzusetzen, dann verlangen wir durchaus nicht, dass beim Zurückkehren nach
dem Ausgangspunkt derselbe Wert wiedererlangt wird. Wir wissen vielmehr, dass
wir hier keine eindeutige Funktion bekommen, also auf verschiedenen Wegen sehr
wohl andere Resultate erhalten. Aber beispielsweise bei

$$z - z^2 + z^3 - z^4 + \cdots$$

kommen wir zu einer eindeutigen Funktion. Arithmetisch dies nachzuweisen ist
eine recht schwierige Frage; diese grundlegenden Unterschiede sind jedenfalls keineswegs sofort zu erkennen.

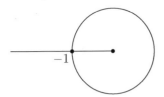

Auch kann es eintreten, dass auf einer Kurve ein
Funktionselement gar nicht fortzusetzen ist über
einen Punkt hinaus, indem die Konvergenzkreise immer bloß bis dorthin heranreichen. Dies ist zum Beispiel der Fall bei $\log(1 + z)$, wo dies für den Punkt -1
zutreffen würde. Also wird es auf einer Kurve Punkte
geben können, über die man nicht hinweg fortsetzen kann.

Ist die Fortsetzung nicht bis ins Unendliche möglich, so wird jedenfalls eine
obere Grenze der Punkte existieren, bis zu denen man analytisch fortsetzen kann,
und diese nennt man einen *singulären oder kritischen Punkt der Kurve*. Dabei ist
es sehr wohl möglich, dass ein Punkt für eine Kurve kritisch ist, während er für
eine andere durch ihn gehende Kurve nicht kritisch ist. Die Analogie auf der Riemannschen Fläche würde sein, dass wir zwei in verschiedenen Blättern verlaufende
Wege haben und auf dem einen die Riemannsche Fläche einen kritischen Punkt
hat, während auf dem anderen Blatte an derselben Stelle kein kritischer Punkt
liegt.

Bis jetzt ist nur die Cauchy-Riemannsche Definition der eindeutigen regulär
analytischen Funktion streng gegeben worden. Nun erst kann nach all diesen Vorbereitungen die *allgemeinste Definition für die vieldeutige analytische Funktion
nach Weierstraß* so gegeben werden:

Definition 5.12. Die Gesamtheit der durch analytische Fortsetzung eines gegebenen Funktionselements nach allen möglichen Seiten entstehenden Funktionselemente heißt eine *analytische Funktion*.

Nach dieser Definition ist es sofort klar, dass die analytische Funktion durch
ihr Ausgangselement vollkommen eindeutig bestimmt wird. Man kann hier nicht
mehr recht vom Werte der Funktion an einer Stelle sprechen, indem zu jedem
Punkt im Allgemeinen unendlich viele Werte gehören werden, nämlich von jedem
dort auftretenden Funktionselement immer der erste Koeffizient.

Weierstraß sagt, die eben definierte Funktion sei eine *monogene* analytische
Funktion, wobei dieser Zusatz heißen soll, dass sie einheitlich erzeugt ist, indem
hier der Begriff aus dem der analytischen Fortsetzung entsprungen ist. Dieser Begriff ist weiter als etwa der der algebraischen Funktion; hingegen ist zum Beispiel

die Funktion $\log e^z$, die bloß die Werte $z, z \pm 2\pi i, z \pm 4\pi i, \ldots$ annimmt, nicht monogen.

Wie hängt nun dieser neue Begriff der monogenen analytischen Funktion mit dem der analytischen Funktion auf der Riemannschen Fläche zusammen? Wir wollen zunächst die Riemannsche Fläche „punktieren", das heißt, ihre Windungspunkte sowie die Punkte, wo die auf ihr zu betrachtende (algebraische) Funktion unendlich wird, ausstechen. Auf der punktierten Riemannschen Fläche entspricht dann immer ein Punkt einem Weierstraßschen Funktionselement. Der Grundgedanke der Riemannschen Vorstellungsweise erscheint hier so, dass man, wenn zwei analytische Fortsetzungen auf verschiedenen Verbindungswegen zweier Punkte der schlichten Ebene trotz der Gleichheit des Ausgangselements zu verschiedenen Funktionselementen führen, die Wege nicht in einer Ebene, sondern auf verschiedenen Blättern einer gewissen Fläche anzunehmen hat.

Wenn wir jetzt den *Begriff der Riemannschen Fläche* allgemein einführen wollen, dann machen wir es so, dass wir ausgehen von der Weierstraßschen Definition der monogenen analytischen Funktionen und sagen, *jedem Funktionselement solle umkehrbar eindeutig ein Punkt entsprechen, der auf der Riemannschen Fläche über dessen Mittelpunkt liegt.*

Und dann soll sich der analytische Zusammenhang der Funktionselemente längs einer Kurve in der schlichten Ebene durch eine stetige Kurve auf der Riemannschen Fläche ausdrücken. Das ist ein Postulat, von dem wir durchaus nicht sagen können, dass es stets erfüllbar ist. Bei $\sqrt{z}$ tritt zum Beispiel eine unvermeidliche Überschneidung ein. Jedenfalls erkennen wir hier deutlich, dass der Weierstraßsche Begriff der analytischen Fortsetzung nichts anderes ist als ein arithmetisches Äquivalent zur Riemannschen Fläche. Um hier alles streng durchzuführen, muss man die Begriffe der *Analysis Situs* auf eine zwei-dimensionale Mannigfaltigkeit von Funktionselementen übertragen, worauf wir nicht eingehen.

Nun müssen wir für die monogenen analytischen Funktionen alles neu definieren, und wollen hier wenigstens die *einfachsten Operationen erklären*. Unter der *Ableitung* einer monogenen analytischen Funktion verstehen wir die Gesamtheit der durch formale gliedweise Differentiation entstehenden Funktionselemente. Setzen wir von z_0 aus die ursprüngliche Potenzreihe längs irgendeiner Kurve analytisch fort, so bekommen wir zu jedem Punkt dieser Kurve ein Funktionselement, und deren Ableitungen müssen als Ableitungen von Potenzreihen wieder analytische Funktionen im früheren Sinne sein, die auch wieder längs der Kurve analytisch zusammenhängen. So bekommen wir längs *jeder* Kurve eine Reihe von analytisch zusammenhängenden Funktionselementen, also durch Fortsetzung eines dieser Elemente alle und nur diese. Das aber besagt: Die so definierte *Ableitung ist auch wieder eine analytische Funktion im Weierstraßschen Sinne.*

Komplizierter ist die Einführung des *Integralbegriffs*, da bei formaler Integration der einzelnen Funktionselemente eine willkürliche Konstante auftritt, über die noch passend verfügt werden muss. Formal integrieren wir zunächst deshalb, weil diese Operation das Inverse der vorigen sein soll. Es muss also über die in dem so gebildeten Ausdruck

$$C + a_0(z - z_0) + \frac{a_1}{2}(z - z_0)^2 + \frac{a_2}{3}(z - z_0)^3 + \cdots$$

auftretende Konstante C noch eine geeignete neue Festsetzung getroffen werden. Vorgegeben ist natürlich ein Anfangspunkt in der z-Ebene und darin ein Funktionselement, von dem wir annehmen, dass es sich längs einer Kurve $\mathfrak{L}$ fortsetzen lässt, was *dann* nach dem früher bewiesenen Satz auf eine und auch nur eine Weise möglich ist.

Hierbei ist dann jedem Punkt t von $\mathfrak{L}$ ein Funktionselement zugeordnet, dessen ersten Koeffizienten wir als den Wert $\varphi(t)$ der Funktion an der betreffenden Stelle t betrachten wollen. Diese Funktion $\varphi(t)$ kann ich nun längs der Kurve $\mathfrak{L}$ im gewöhnlichen Sinne integrieren und erhalte

$$\Phi(t) = \int_0^t \varphi(t)\,\frac{\mathrm{d}z}{\mathrm{d}t}\,\mathrm{d}t.$$

Nun treffen wir die Verabredung, dass diese Funktion $\Phi(t)$ der erste Koeffizient des formal integrierten Funktionselements sein soll, das heißt, wir nehmen an jeder einzelnen Stelle die Konstante C gleich dem dort geltenden Funktionswert $\Phi(t)$. Dabei ist die Normierung so vorgenommen, dass der – an sich willkürliche – Wert der Konstanten am Anfang, das heißt, für $t = 0$, gerade Null ist.

Auf diese Weise erhalte ich zu jedem Punkte der Kurve $\mathfrak{L}$ ein eindeutig festgelegtes Funktionselement, insgesamt also eine einfach unendliche lineare Mannigfaltigkeit von Funktionselementen. Und dies gilt für jede Kurve. Man erkennt, dass, wenn man die gegebenen Funktionselemente analytisch fortsetzen kann, dies auch für die integrierten auf denselben Wegen nach obigen Fortsetzungen in eindeutiger Weise geschehen kann. So bekommt man eine Funktion F, die wieder eine analytisch monogene Funktion sein muss, und von der es klar ist, dass f daraus durch Ableitung entsteht. Also ist F das Integral von f. Auch ergibt sich aus diesem Zusammenhang der Funktionen sofort, dass beide stets gleichmäßig kritische Stellen antreffen.

Ferner wäre noch zu zeigen, dass dieser Begriff des Integrals unabhängig ist vom Ausgangselement, abgesehen natürlich von einer Konstanten. Denn nehmen wir *irgendein* Funktionselement von F zum Ausgangselement, dann können wir das durch eine Differentiation entstehende Funktionselement aus dem ursprünglichen Ausgangselement durch analytische Fortsetzung gewinnen. Daher kann man durch gliedweises Integrieren erreichen, dass auch das neue Ausgangselement von F aus dem alten bis auf eine additive Konstante durch analytische Fortsetzung hervorgeht. So erkennen wir, dass wir bei einem anderen Ausgangselement nur eine um eine additive Konstante geänderte Funktion F erhalten. Damit haben wir auch das Integral im Weierstraßschen Sinne definiert. Die darin auftretende Konstante kann man etwa dadurch festlegen, dass man in einem Punkte auf der Riemannschen Fläche den Wert von F vorschreibt.

Die im Weierstraßschen Sinne definierten analytischen Funktionen sind nun nicht immer eindeutig. Auch wenn f eindeutig ist, braucht F dies keineswegs zu sein. Es kann öfters eintreten, dass man, um eine eindeutige analytische Funktion zu erlangen, die analytische Fortsetzung auf solche Wege beschränken muss, die in einem bestimmten Gebiete verlaufen. Zunächst jedenfalls ist es wahrscheinlich, dass ich in jedem Punkte unendlich viele Werte bekommen werde.

So ist zum Beispiel $\log(1 + z)$ nur dann eine eindeutige analytische Funktion, wenn ich die analytische Fortsetzung auf die Wege beschränke, die in der von -1 bis ∞ aufgeschnittenen Ebene liegen. Man sagt dann, die analytische Fortsetzung sei *monoton*, das heißt, durch Aufschneidung künstlich eindeutig gemacht, und bezeichnet das als *Monotonie*.

Man könnte nun nach Beispielen ein Analogon zum Cauchyschen Integralsatz vermuten: Dass man zu einer eindeutigen Funktion kommt, wenn ein einfach zusammenhängendes Gebiet vorliegt, in dem diese Funktion analytisch ist. Zum Beweis dieses Satzes bedürfen wir folgendes wichtigen Hilfssatzes:

Satz 5.13. *Wenn in einem einfach zusammenhängenden Gebiet die analytische Fortsetzung eines Funktionselementes nicht auf kritische Punkte stößt, so ist die damit definierte Funktion eindeutig.*

Zunächst überzeugen wir uns von der Richtigkeit dieses Satzes im Kleinen, in der Umgebung eines Punktes. Sicher gilt er für die Umgebung, die durch den Konvergenzkreis des zugehörigen Funktionselementes gegeben wird; das ist evident, da ich ja hier durch analytische Fortsetzung, wenn nur Wege im Konvergenzkreis zugelassen werden, selbstverständlich einfach den Wert der Potenzreihe dort bekommen werde. Um aber vom Kleinen auf das Große zu schließen, dazu müssen wir zunächst wissen, ob die Radien der Konvergenzkreise der einzelnen Punkte stets oberhalb einer bestimmten endlichen Grenze bleiben. Dazu dient ein auch an sich wichtiger Satz:

Satz 5.14. *Auf dem Rande des Konvergenzkreises eines Funktionselementes liegt sicher wenigstens ein für die Fortsetzung kritischer Punkt der durch analytische Fortsetzung entstehenden Funktion.*

Den Beweis dieses Satzes, der gleichzeitig die Größe des Konvergenzkreises mitlehrt, führen wir indirekt, indem wir zeigen, dass die Annahme, es gäbe auf dem Konvergenzkreis keinen kritischen Punkt, auf den Widerspruch führt, dass man den Konvergenzkreis vergrößern kann. Liegt auf einem Radius im Endpunkte keine kritische Stelle, dann kann ich dort die Funktion noch ein wenig über den Kreis fortsetzen, indem ich den zu diesem Punkte gehörigen Konvergenzkreis zeichne. Gibt es keine kritische Stelle auf dem Konvergenzkreis, dann kann ich diese Erweiterung der Definition der Funktion in jedem Punkte der Kreisperipherie vornehmen.

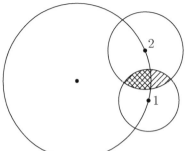

Von den Konvergenzkreisen 1 und 2 in der Abbildung wird ein Gebiet doppelt überdeckt, das teilweise in den ersten Konvergenzkreis hineinfällt, sodass in diesem hineinfallenden und daher auch in dem außen gelegenen Teil die Funktionswerte übereinstimmen, und zwar innen, weil sie dort beide mit dem Wert des gegebenen Funktionselementes übereinstimmen, außen dann nach Satz 4.22.

Wenn wir also, was nach unserer Annahme möglich war, das Funktionselement überall über den Kreis fortsetzen, tritt keine Kollision der Funktionswerte ein. Doch liegen die Radien dieser Konvergenzkreise stets oberhalb einer endlichen positiven und von Null verschiedenen Grenze?

Um diese Frage zu beantworten, denke ich mir den Kreis dargestellt durch die Gleichung $z = z(t)$, wobei t einen reellen Parameter bedeutet und bedenke, dass die für den Konvergenzradius bestehende Relation

$$|r(t + \Delta t) - r(t)| \leq |\Delta z|$$

wieder die Stetigkeit der Funktion $r(t)$ besagt, derzufolge $r(t)$ die untere Grenze wirklich annimmt, die hiernach nicht 0 sein kann, sondern eine Zahl $r_0 > 0$. Alle zu den Punkten der Kreisperipherie gehörigen Potenzreihen konvergieren dann in Kreisen, deren Konvergenzradien $r(t) \geq r_0 > 0$ sind. Indem ich um alle Peripheriepunkte Kreise mit dem Radius r_0 beschreibe, erhalte ich jetzt für die gegebene Funktion einen konzentrischen Kreis mit einem um r_0 größeren Radius, in dem sie auch definiert ist, ohne dass man in den Gebieten, wo mehrere Hilfskreise übereinandergreifen, auf eine Unstimmigkeit käme. Dann wäre entgegen der Voraussetzung dieser größere und nicht der gegebene Kreis der Konvergenzkreis des gegebenen Funktionselementes, womit der gewünschte Widerspruch erzielt ist. So ist unser Hilfssatz bewiesen.

Es sei erwähnt, dass dieser Satz die Konstruktion des Konvergenzkreises um einen Punkt gestattet. Denn innerhalb des Konvergenzkreises liegt natürlich kein kritischer Punkt. Man zeichnet also einfach die kritischen Punkte der durch ein Funktionselement gegebenen Funktion und legt um den Anfangspunkt durch den ihm zunächst gelegenen kritischen Punkt einen Kreis. Das ist der gesuchte Konvergenzkreis.

Nach diesen Vorbereitungen gehen wir zum eigentlichen Beweis von Satz 5.13 über. Gegeben denken wir uns also ein einfach zusammenhängendes Gebiet G und in einem Punkt darin ein Funktionselement, von dem wir voraussetzen, dass es bei Wegen, die nur innerhalb G zugelassen werden, nirgends auf kritische Punkte trifft. Da das Gebiet zusammenhängend ist, ist klar, dass zu jedem Punkte innerhalb G wenigstens ein Funktionselement gehört.

Die Behauptung ist, dass auf Grund des einfachen Zusammenhangs zu jedem Punkte *genau* ein Funktionselement gehört; und diese Funktionselemente konstituieren dann eine eindeutige analytische Funktion $f(z)$, deren Existenz behauptet war.

Zum Beweis ist eine ganz ähnliche Überlegung nötig, wie sie beim Cauchyschen Integralsatz angestellt wurde. Wir überdecken das Gebiet mit einem Quadratnetz und verstehen unter inneren Quadraten solche, die ganz innerhalb G liegen. Für sie konstruieren wir eine Funktion $f(z)$ der verlangten Art, deren Charakter bei Ausschöpfung gewahrt bleibt, sodass sich die Eigenschaft schließlich auf das Gebiet G überträgt. Für den Komplex innerer Quadrate führen wir den Nachweis durch vollständige Induktion, indem wir diese Fläche in zwei Teile teilen und für jeden von ihnen die Behauptung als bewiesen annehmen. Für ein Quadrat ist der Satz schließlich selbstverständlich, da wir die Quadrateinteilung uns so vorgenommen denken können, dass ein erstes Quadrat innerhalb des kleinsten Konvergenzkreises liegt; und ein solcher existiert, da die Radien der einzelnen Konvergenzkreise stets oberhalb einer bestimmten positiven Grenze bleiben. Daher gilt für alle Funktionselemente, die zu den Punkten innerhalb eines Quadrates gehören, stets die Behauptung. Damit ist die Grundlage geschaffen für den Induktionsschluss, indem man durch seine sukzessive Anwendung zu den Quadratzügen gelangt.

Wir haben jetzt also zu zeigen: Wenn ich einen Quadratzug durch einen Geradschnitt in zwei Teile geteilt habe und $f_1(z)$ im linken, $f_2(z)$ im rechten Teil als eindeutige analytische Funktion im Weierstraßschen Sinne definiert ist, dann gilt dies auch für eine Funktion $f(z)$ im ganzen Quadratzug. Setzen wir links ein Funktionselement längs irgendeiner Kurve bis zum Schnitte fort, dann erhalten wir dort ein Funktionselement, dessen Konvergenzkreis zur Hälfte im linken, zur Hälfte im rechten Teile des Quadratzuges gelegen ist. Indem wir es als Funktionselement des rechten Teils umordnen, können wir es als Funktionselement von f_2 auffassen und rechts beliebig fortsetzen.

So ist es gelungen einen Weg anzugeben, auf dem eine eindeutige analytische Fortsetzung über den Schnitt hinüber möglich ist, das heißt, die Stelle des Schnitts kann ich entfernen (siehe Abbildung 5.14). Nun ist es leicht zu zeigen, dass wir den ganzen Schnitt weglöschen können, womit dann der gewünschte Nachweis erbracht sein wird. Ich teile den Schnitt so eng, dass der zu jedem Teilpunkt gehörige Konvergenzkreis immer die beiden Nachbarpunkte enthält. Dann stimmen, wenn ich von der Stelle, wo der Schnitt bereits getilgt ist, nach oben und unten ausgehe, immer zwei benachbarte Funktionselemente im gemeinsamen Meniskus ihrer Konvergenzkreise überein, und zwar links beide mit $f_1(z)$, rechts mit $f_2(z)$, sodass $f_1(z)$ und $f_2(z)$ auch in diesem Gebiete noch analytisch zusammenhängen und eine eindeutige Funktion $f(z)$ konstituieren, sodass man auch diese Stelle als Durchgangsstelle der analytischen Fortsetzung auffassen kann. So kann man weiter schließen und zuletzt den ganzen Schnitt löschen; man kommt nach endlich vielen Schritten zum Ziele, da die Radien der Konvergenzkreise alle oberhalb einer positiven endlichen Grenze liegen. Man kann beliebig oft über den Streifen gehen und erkennt die Monotonie der Funktion $f(z)$ im ganzen Quadratnetz.

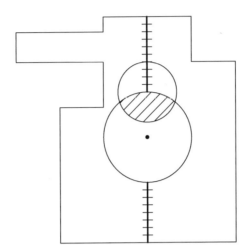

Abbildung 5.14: Zum Beweis der eindeutigen analytischen Fortsetzung auf einfach zusammenhängenden Gebieten

Nun schöpfen wir G aus. Jedesmal, wenn wir zu einem weiteren Bereiche übergehen, ist die darin definierte Funktion $f(z)$ im vorigen Bereich mit deren Funktion identisch. Und so geht es fort, da ich nach Voraussetzung nirgends auf kritische Punkte stoße. Hiermit ist Satz 5.13 bewiesen, aus dem ohne Weiteres der *Weierstraßsche Satz* folgt, der im Wesentlichen den Schlussstein unseres Gebäudes der Funktionentheorie bilden soll:

Satz 5.15. *Ist in einem einfach zusammenhängenden Gebiet G eine analytische monogene Funktion definiert, die dort keine kritischen Punkte hat, so tritt stets Monotonie ein, das heißt, auf was für Wegen innerhalb G ich auch von einem zu einem zweiten Punkte analytisch fortsetzen mag, immer komme ich zu demselben Endfunktionselement.*

Dieser Satz enthält den Cauchyschen Integralsatz, wie er in der schlichten Ebene gilt, als Spezialfall. Damit haben wir unser Hauptziel erreicht und wollen zum Schluss nur noch eine wichtige Bemerkung machen über die *Permanenz einer Funktionalgleichung*, worunter man diese Tatsache versteht:

Satz 5.16. *Wenn analytische Funktionen eine Funktionalgleichung erfüllen, dann hören sie bei analytischer Fortsetzung nicht auf, diese zu erfüllen.*

Es seien also an einer Stelle z_0 zwei Funktionselemente $w_1(z)$ und $w_2(z)$ gegeben, außerdem eine ganze rationale Funktion F von w_1 und w_2, deren Koeffizienten in der ganzen Ebene regulär analytische Funktionen sind. Die Gleichung

$$F(w_1(z), w_2(z), z) = 0$$

bestehe für jeden Wert z des Funktionselementes, wo w_1 und w_2 gemeinsam definiert sind. Dann behaupte ich: Wenn ich $w_1(z)$ und $w_2(z)$ *längs desselben Weges* fortsetze, wobei sie nach den Funktionselementen $w_1^*(z)$, $w_2^*(z)$ gelangen mögen, so soll diese Funktionalgleichung erhalten bleiben, das heißt, auch hier soll gelten:

$$F(w_1^*(z), w_2^*(z), z) = 0.$$

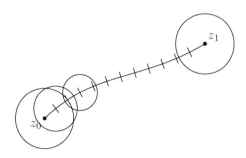

Abbildung 5.15: Zur Fortsetzung von Funktionalgleichungen

Zum Beweise teilen wir den vorliegenden Kurvenbogen, auf dem wir keine für die analytische Fortsetzung kritische Stelle jeder der beiden Funktionen voraussetzen, wieder derart in kleine Stücke, dass in den kleineren Konvergenzkreis jedes Teilpunkts stets die beiden Nachbarstellen hineinfallen (siehe Abbildung 5.15). Ordnen wir dann an einem dem ersten und zweiten Funktionselement gemeinsamen Teil des kleineren der dortigen Konvergenzkreise die Funktionselemente $w_1(z)$ und $w_2(z)$ um in $\tilde{w}_1(z)$ und $\tilde{w}_2(z)$, was wir speziell in dem auf z_0 folgenden Teilpunkt unserer Kurve, der ja innerhalb des ersten Konvergenzkreises liegen soll, tun wollen, so entsteht aus $\Phi(z) = F(w_1^*(z), w_2^*(z), z) = 0$ eine Gleichung:

$$\tilde{\Phi}(z) = F(\tilde{w}_1^*(z), \tilde{w}_2^*(z), z) = 0,$$

die dann in dem gemeinsamen Teile der beiden kleineren Kreise erfüllt ist, folglich auch in dem ganzen kleineren zweiten Konvergenzkreis.

So sieht man, dass für je zwei aufeinander folgende Teilpunkte weiter zu schließen und zu erkennen ist, dass stets für den folgenden Teilpunkt die analytische Funktionalgleichung nicht aufhören kann zu bestehen. Dieses Verfahren führt wegen der Voraussetzung, dass keine kritischen Punkte angetroffen werden, nach endlich vielen Schritten zum Endpunkt des angenommenen Weges. Damit ist die Gültigkeit des Satzes in dem Sinne, in dem er gemeint ist, nämlich *für irgendeinen Weg*, bewiesen. Weiter gilt er selbstverständlich nicht, da ja die durch $w_1(z)$ und $w_2(z)$ definierten monogenen analytischen Funktionen $f_1(z)$ und $f_2(z)$ mehrdeutig sein können.

Diese Sätze über den Weierstraßschen Begriff der analytischen Fortsetzung können nun zur *Konstruktion der allgemeinen Riemannschen Fläche* dienen. Dazu haben wir, wie erwähnt, jedem Funktionselemente einen Punkt der Riemannschen Fläche so zuzuordnen, dass die Beziehung umkehrbar eindeutig ist und dem analytischen Zusammenhang eine stetige Kurve auf der Fläche entspricht. Liegt beispielsweise eine *algebraische Funktion* vor, die durch die Gleichung

$$F(w, z) = w^n + R_{n-1}(z)w^{n-1} + \cdots + R_0(z) = 0$$

definiert ist, so *können* Verzweigungspunkte der zugehörigen Riemannschen Fläche überall da liegen, wo zugleich

$$\frac{\mathrm{d}F}{\mathrm{d}w} = 0$$

ist. Sonst können ja, wie bewiesen, in der Umgebung des Punktes $z = z_0$ die Wurzeln zu n eindeutigen regulär analytischen Funktionen zusammengefasst werden. Ob aber die Gleichungen eine gemeinsame Wurzel w haben, wobei z als fest zu denken ist, das kann man durch das Euklidische Teilerverfahren stets rational entscheiden. Je nachdem die Diskriminante – eine gewisse rationale Funktion – verschwindet oder nicht verschwindet, haben, wie die Algebra lehrt, die Gleichungen eine gemeinsame Wurzel oder nicht.

Die Tatsache, dass diese Gleichung nur endlich viele Nullstellen hat, besagt, dass jedenfalls die Riemannsche Fläche einer algebraischen Funktion auch sicher *nur endlich viele Verzweigungspunkte* haben kann. Ferner zeichne ich noch die *Pole* der algebraischen Funktion, was nur endlich viele Punkte sein können. Dann ordnen sich *in der Umgebung jedes anderen Punktes* – nicht jedoch in der ganzen Ebene, da diese nicht einfach zusammenhängend ist, wenn die einzelnen Punkte etwa durch kleine Kreise ausgeschieden sind – die Lösungen der vorgelegten Gleichung $F(w, z)$ zu n regulär analytischen Funktionen zusammen.

Mache ich die Ebene aber einfach zusammenhängend, indem ich durch alle diese Verzweigungspunkte oder Pole, eventuell noch durch die unendlich fernen Punkte, einen *Schnitt* lege, so gilt dies auch für die ganze aufgeschnittene Ebene, und da kritische Punkte hier sicher ausgeschlossen sind, darf ich den Weierstraß-schen Satz von der Monotonie 5.15 anwenden.

Abbildung 5.16: Schnitt durch alle kritischen Punkte

Danach bekomme ich also n in der aufgeschnittenen Ebene eindeutige, reguläre analytische Funktionen, die Wurzeln der gegebenen Gleichung sind. Somit besteht die *Riemannsche Fläche aus n Blättern*, die ziemlich glatt über der z-Ebene liegen; sie sind in der hierdurch festgelegten Weise zusammenzufügen. Man erkennt auch einen gewissen Grad von Willkürlichkeit im Bau der Fläche, da der Schnitt noch verschiedenartig gelegt werden kann.

Zum Schluss sei noch ein Begriff erwähnt: komme ich bei analytischer Fortsetzung einer Funktion bis an eine Linie, die insbesondere geschlossen sein kann, heran und nicht darüber hinaus, dann nenne ich sie eine *analytische* oder *natürliche*

Grenze. Beispielsweise zeigt sich (Osgood; Seite 386/387), dass es bei der Funktion $\sum z^{n!}$ bereits ihr Konvergenzkreis, der Einheitskreis, ist. Daneben steht der Begriff des *isoliert singulären Punktes*, der folgende Eigenschaft hat: Man kann jeden Punkt in seiner Umgebung, *nicht aber ihn durch analytische Fortsetzung erreichen.*

Literatur

Die Literaturliste im Original enthält nur $[2, 3, 5, 8, 15, 16, 20, 25]$, jeweils mit minimalen Angaben zu jedem Titel. Weyl erklärt noch, [2] sei „zur Einführung am bequemsten", [15] sei „viel eingehender", und [3] habe „Riemanns Ideen zugänglich gemacht", sei „aber veraltet".

[1] William Abikoff, *The uniformization theorem*, Amer. Math. Monthly **88** (1981), no. 8, 574–592.

[2] Heinrich Burckhardt, *Einführung in die Theorie der analytischen Funktionen*, 3rd ed., Verlag von Veit & Comp., Leipzig, 1908 (German).

[3] H. Durège, *Elemente der Theorie der Funktionen einer komplexen veränderlichen Größe*, 5th ed., B. G. Teubner, Leipzig, 1906 (German). Deutsche Übersetzung von L. Maurer.

[4] H.-D. Ebbinghaus, H. Hermes, F. Hirzebruch, M. Koecher, K. Mainzer, A. Prestel, and R. Remmert, *Zahlen*, Grundwissen Mathematik, vol. 1, Springer-Verlag, Berlin, 1983 (German). Edited and with an introduction by K. Lamotke.

[5] Édouard Goursat, *Cours d'analyse mathématique*, Gauthier-Villars, Paris.

[6] Kurt Hensel and Georg Landsberg, *Theorie der algebraischen Funktionen einer Variablen und ihre Anwendung auf algebraische Kurven und Abelsche Integrale*, B. G. Teubner, 1902 (German).

[7] Gustav Holzmüller, *Einführung in die Theorie der isogonalen Verwandtschaften und der conformen Abbildungen verbunden mit Anwendungen auf mathematische Physik*, B. G. Teubner, Leipzig, 1882 (German).

[8] C. Jordan, *Cours d'analyse de l'École Polytechnique, Tomé 1–3*, Gauthier-Villars, Paris (French).

[9] Felix Klein, *On Riemann's theory of algebraic functions and their integrals: A supplement to the usual treatises*, Translated from the German by Frances Hardcastle, Dover Publications Inc., New York, 1963.

[10] Paul Koebe, *Über die Uniformisierung beliebiger analytischer Kurven*, Nachrichten von der Gesellschaft der Wissenschaften zu Göttingen, Mathematisch-Physikalische Klasse (1907), 191–210, 633–669 (German).

[11] Katja Krüger, *Kinematisch-funktionales Denken als Ziel des höheren Mathematikunterrichts – das Scheitern der Meraner Reform*, Math. Semesterber. **47** (2000), no. 2, 221–241 (German, with German summary).

[12] Imre Lakatos, *Proofs and refutations*, Cambridge University Press, Cambridge, 1976. The logic of mathematical discovery; Edited by John Worrall and Elie Zahar. MR0479916 (58 #122)

[13] Klaus Lamotke, *Riemannsche Flächen*, Springer, Berlin, 2005 (German).

[14] Serge Lang, *Algebraic Functions*, Benjamin, 1965.

[15] William Fogg Osgood, *Lehrbuch der Funktionentheorie. Erster Band*, 1st ed., B. G. Teubner, Leipzig, 1907 (German).

[16] Émile Picard, *Traité d'analyse, Tomé 1–3*, Gauthier-Villars, Paris (French).

[17] Reinhold Remmert, *Felix Klein und das Riemannsche Erbe*, Mitt. Dtsch. Math.-Ver. **1** (2001), 22–30 (German).

[18] Bernhard Riemann, *Collected Papers*, Springer, 1990.

[19] David E. Rowe, *Episodes in the Berlin–Göttingen rivalry, 1870–1930*, Math. Intelligencer **22** (2000), no. 1, 60–69.

[20] J.-A. Serret, *Lehrbuch der Differential- und Integralrechnung*, B. G. Teubner, Leipzig, 1884 (German). Deutsche Übersetzung von Axel Harnack.

[21] Jacob Steiner, *Einige geometrische Betrachtungen*, 1826 (German). Neu herausgegeben von R. Sturm, Ostwalds Klassiker der exakten Wissenschaften Nr. 123, Leipzig, 1901, Verlag Wilhelm Engelmann.

[22] Peter Ullrich, *Georg Cantor, Giulio Vivanti und der Satz von Poincaré-Volterra*, Arch. Hist. Exact Sci. **54** (1999), 375–402 (German).

[23] _____, *Die Weierstraßschen „analytischen Gebilde": Alternativen zu Riemanns „Flächen" und Vorboten der komplexen Räume*, Jahresber. Deutsch. Math.-Verein. **105** (2003), no. 1, 30–59 (German, with English summary).

[24] Dirk van Dalen, *The war of the frogs and the mice, or the crisis of the Mathematische Annalen*, Math. Intelligencer **12** (1990), no. 4, 17–31.

[25] Giulio Vivanti, *Theorie der eindeutigen analytischen Funktionen*, B. G. Teubner, Leipzig, 1906 (German). Deutsch herausgegeben von August Gutzmer.

[26] Hermann Weyl, *Die Idee der Riemannschen Fläche*, Teubner-Archiv zur Mathematik. Supplement, vol. 5, B. G. Teubner Verlagsgesellschaft mbH, Stuttgart, 1997 (German). Nachdruck des Originals von 1913 mit Essays von Reinhold Remmert, Michael Schneider, Stefan Hildebrandt, Klaus Hulek und Samuel Patterson; Editiert und mit einem Vorwort und einer Biographie von Weyl von Remmert.

[27] _____, *Axiomatic versus constructive procedures in mathematics*, Math. Intelligencer **7** (1985), no. 4, 10–17, 38. With commentary by Tito Tonietti.

[28] _____, *Über die neue Grundlagenkrise der Mathematik*, Math. Z. **10** (1921), 39–79 (German). Also appeared in his Selecta, Springer, 1956, 211–248, with an interesting Nachtrag of June, 1955.